大数据时代的统计与人工智能系列教材

数据科学的可视化
——Python 与R 的实现

吴喜之　张　敏　编著

中国教育出版传媒集团
高等教育出版社·北京

内容简介

在数据分析的每一个阶段，从对数据的认识及分析规划开始，一直到最终结果，都应该尽可能地使用可视化技术，数据处理的每一步中间结果的直观认识都对下一步决策有重要意义．本书基于 R 和 Python 绘图的基本技能，不仅介绍了初等数据描述中的可视化，而且把大部分篇幅贡献给更深层次的数据建模过程中各阶段的可视化．

本书既可作为本科各专业可视化的入门课程教材，也可供广大实际工作者参考．

图书在版编目（CIP）数据

数据科学的可视化 ： Python 与 R 的实现 ／ 吴喜之，张敏编著．-- 北京 ： 高等教育出版社，2023. 2
ISBN 978-7-04-056805-9

Ⅰ．①数… Ⅱ．①吴… ②张… Ⅲ．①软件工具 - 程序设计 - 高等学校 - 教材 Ⅳ．① TP311.561

中国版本图书馆 CIP 数据核字（2021）第 168872 号

Shujukexue de Keshihua: Python yu R de Shixian

策划编辑 吴淑丽　责任编辑 吴淑丽　封面设计 王　鹏　版式设计 张　杰
插图绘制 杨伟露　责任校对 吕红颖　责任印制 存　怡

出版发行 高等教育出版社
社　　址 北京市西城区德外大街 4 号
邮政编码 100120
印　　刷 大厂益利印刷有限公司
开　　本 787mm×1092mm 1/16
印　　张 22.75
字　　数 560 千字
购书热线 010-58581118
咨询电话 400-810-0598
网　　址 http://www.hep.edu.cn
http://www.hep.com.cn
网上订购 http://www.hepmall.com.cn
http://www.hepmall.com
http://www.hepmall.cn
版　　次 2023 年 2 月第 1 版
印　　次 2023 年 2 月第 1 次印刷
定　　价 59.80 元

物 料 号 56805-00

前　　言

数据科学中的可视化是指对数据包含的信息、数据分析过程的中间及最终结果、研究意图以及规划等的直观表示. 数据可视化工具通过图形、动画、颜色、尺寸、色调等各种可视元素, 提供一种查看和理解数据特征的途径. 数据可视化传达数据与图像的关系, 使得趋势和模式更容易看到.

在应对大数据挑战的过程中, 数据可视化工具和技术对于分析大量信息并做出数据驱动的决策有极其重要的作用. 机器学习使进行诸如预测分析之类的分析变得更加容易, 在机器学习的各个阶段都可能需要呈现有用的可视化. 数据可视化不仅对数据科学家和数据分析人员很重要, 还在金融、市场营销、技术、设计等其他领域有大量的需求.

人脑无法一次理解甚至仅仅是想象大量的数字或文本. 花时间查看成千上万行的数据表格除了增加烦恼之外不会对数据总体有一个起码的认识, 但查看若干来自数据的图形可能会很容易地获取大量关于数据的信息. 人脑并不是为了翻译二进制代码而设计的, 大脑多于一半时间的活动仅专注于视觉处理. 不难想象, 仅仅在屏幕上展示数据表格的演讲者, 即使口才再好, 也无法比展示若干印象深刻的图片的演讲者更能让听众信服.

很多人认为可视化就是对原始数据的初等描述或探索性数据分析, 这是片面及肤浅的. 实际上, 在数据分析的每一个阶段, 从对数据的认识及分析的规划开始, 一直到最终结果, 都应该尽可能地使用可视化技术, 对处理数据的每一步中间结果的认识都对下一步决策有重要意义, 这种认识都会因为可视化而更加准确和深入.

数据初等描述的对象是并非专业人员的大众, 最显著的例子是新闻报道中的各种图表, 它们都很漂亮, 很有吸引力. 但是, 在数据科学中, 更多的可视化是在各种机器学习方法中为进一步决策服务的, 它展示一些较深层次的数据性质. 这些可视化展示不一定那么华丽耀眼, 也不一定有那么多篇幅, 但需要具备相应的知识才能理解. 本书将会尽可能通俗地描述这些非初等的可视化展示的含义.

除了专门介绍 Python 画图和 R 画图的两章只涉及一种语言之外, 各章都会使用 Python 和 R 两种编程语言, 但是并不是平行地同等列举. 平行列举两种不同结构的语言不但没有必要, 也不可能. 因为本书的主旨不是编程语言教学, 而是以编程语言为工具介绍数据可视化, 每章内容通常是通过一种语言来详细介绍内容, 同时提供另一种语言的扼要参照代码.

本书希望通过不同的数据案例及针对不同目标的机器学习领域来理解可视化方法. 可视化应用的领域非常广阔, 不可能穷举. 使用本书来教学不必各章都涉及, 可以根据具体情况选择部分内容 (特别是第二部分). 希望本书有限的应用选择能够给读者一点有益的启发.

吴喜之
2022 年 2 月

前　言

目　　录

第一部分　基础篇 · 1

第 1 章　可视化探索性数据分析: 从案例开始理解 · 3

1.1　案例: 例 1.1 汽车数据 · 4

1.2　案例: 例 1.2 葡萄牙选举数据 · 8

1.3　案例: 例 1.3 睡眠数据 · 15

1.4　案例: 例 1.4 QSAR 生物富集类别数据 · 22

1.5　案例: 例 1.5 部分鸢尾花人造缺失值数据 · 31

1.6　本书使用的一些自编的 Python 函数 · 36

1.7　本章的 R 代码 · 39

1.8　习题 · 59

第 2 章　Python 基本画图技能 · 60

2.1　matplotlib.pyplot 画图工具及基本技能 · 60

2.2　seaborn (sns) 系列画图工具 · 69

2.3　pandas.DataFrame 画图 · 81

2.4　Altair 画图工具 · 88

2.5　Plotly 画图工具 · 94

2.6　pyecharts 画图工具 · 104

2.7　习题 · 107

第 3 章　R 基本画图技能 · 108

3.1　基本的 R 代码画图 · 108

3.2　强有力的画图程序包: ggplot2 · 117

3.3　recharts 画图工具 · 132

3.4　习题 (第 2 章和第 3 章合并) · 136

第 4 章　网络图基本技能 · 137

4.1　R 网络作图 · 137

4.2　Python 网络作图 · 173

4.3　习题 · 179

第二部分　应用篇 · 181

第 5 章 有监督学习的可视化案例 183
5.1 初等可视化描述: 例 5.1 盐度数据 183
5.2 有监督学习回归案例: 例 5.2 混凝土数据 192
5.3 有监督学习分类案例 (自变量为数量变量): 例 5.3 数字笔迹数据 212
5.4 有监督学习分类案例 (自变量多为分类变量): 例 5.4 皮肤病数据 216
5.5 本章的 Python 代码 229
5.6 习题 243
第 6 章 无监督学习的可视化描述 244
6.1 降维: 主成分方法的可视化 244
6.2 聚类案例: 例 6.2 人口学数据 257
6.3 本章的 Python 代码 271
6.4 习题 282
第 7 章 关联规则: 大量比例的计算、展示及解释 283
7.1 概述 283
7.2 一些基本概念和术语 284
7.3 概观例 7.1 的数据 285
7.4 求规则 286
7.5 关联规则的可视化 287
7.6 本章的 Python 代码 292
7.7 习题 296
第 8 章 社交网络的可视化 297
8.1 网络图概述 297
8.2 贸易数据案例 299
8.3 例 8.1 贸易数据的部分: 中国出口占比 303
8.4 中心性度量 305
8.5 本章的 Python 代码 307
8.6 习题 315
第 9 章 词语分析的可视化 316
9.1 通过简单例子概述词语分析 316
9.2 两个词语文献的词频数比较 320
9.3 文本的词频率分析 323
9.4 文本的情感分析 329
9.5 词之间的关系: n 元组 333
9.6 本章涉及的 Python 编程 339
9.7 习题 356

第一部分

基 础 篇

第 1 章　可视化探索性数据分析: 从案例开始理解

本章将通过案例来显示如何在建模前后使用可视化, 但不会过多解释画图的细节, 画图的编程将在随后两章集中介绍. 本章需要计算的部分是用 Python 代码实现的, 本章最后一节附有各个案例的 R 代码. 读者可能不熟悉某个编程语言, 这不要紧, 我们的目的是学习可视化, 而代码仅仅是工具, 我们可以通过学习可视化顺便熟悉编程语言.

首先输入需要的一些程序模块, 因为在计算中可能需要这些模块中的一些函数:

```
import numpy as np
import pandas as pd
import seaborn as sns
import matplotlib
%matplotlib inline
import matplotlib.pyplot as plt
import os
os.getcwd() #得到目前的工作目录
#os.chdir()  #改变目前的工作目录
```

本章选择的案例

本章一共选择了 5 个案例, 它们各有各的特点:

1. 第一个案例为关于汽车的数据 (例 1.1). 这个数据和与其类似的数据是统计教科书、软件说明及各种演示都喜欢用的数据. 这类数据简单明了, 容易上手, 稍微有些统计训练的人就可以产生各种描述性图形, 没有受过统计训练的人中多数也能够明白这些图形.

2. 第二个案例是葡萄牙选举的实时数据 (例 1.2). 这个数据只有 54 个时间点, 却有 2 万多行, 包括了大量的重复信息. 该数据组织安排得很糟糕, 而且可用于图形展示的内容不多, 但在展示图形前的编程准备工作却很烦琐. 这种情况实际上代表了绝大部分的现实世界. 真正如例 1.1 那样简单而又容易可视化描述的数据是凤毛麟角.

3. 第三个案例是睡眠数据 (例 1.3). 这个数据比例 1.1 还要简单, 但是我们用简单的数学模型对它加以描述, 然后又发展成多水平贝叶斯模型. 在这种模型的假定下, 必须有一定的贝叶斯统计、贝叶斯计算和有关编程的知识, 才能理解一系列数学和计算过程中所出现的图形, 并通过图形明白各个步骤的状况和结果的合理性. 这是较前两个案例更深层次的可视化案例.

4. 第四个案例是 QSAR 生物富集类别数据 (例 1.4). 这个数据可以做一些描述性可视化展示, 但着重回归和分类的交叉验证预测, 对于这一数据在做机器学习过程中的一些中间和最后结果的可视化展示则是重点, 虽然图形不多, 也不花哨, 却展示了数据科学的一些重要内容及信息. 对于这个例子, 有一定的机器学习背景知识对于理解其可视化内容会有帮助.

5. 第五个案例 (例 1.5) 是把著名的鸢尾花数据进行删减并添加一些缺失值而形成的人造数据. 目的是介绍如何判断和填补数据中的缺失值.

1.1 案例: 例 1.1 汽车数据

例 1.1 (autocars.csv) 这是数据展示中最常用的若干与汽车有关的数据之一. 该数据有 406 个观测值和 9 个变量, 变量包括: `Name` (汽车名), `Miles_per_Gallon` (耗油量: 每加仑汽油行驶的英里数 (mpg)), `Cylinders` (气缸数), `Displacement` (排气量), `Horsepower` (马力), `Weight_in_lbs` (重量), `Acceleration` (加速性能: 秒), `Year` (年份), `Origin` (品牌地).

1.1.1 马力、耗油量、重量、品牌地关系的散点图

这里产生一个马力和耗油量关系的散点图 (图 1.1.1), 用不同颜色[①] 表示 3 个不同的品牌地, 用点的大小显示车重.

```
w=pd.read_csv('autocars.csv')
f=sns.relplot(x="Horsepower", y="Miles_per_Gallon", hue="Origin",
    size="Weight_in_lbs", sizes=(40, 200), alpha=.8,aspect=2.5,
    height=5, data=w)
f.savefig('vcars0.pdf',bbox_inches='tight',pad_inches=0)
```

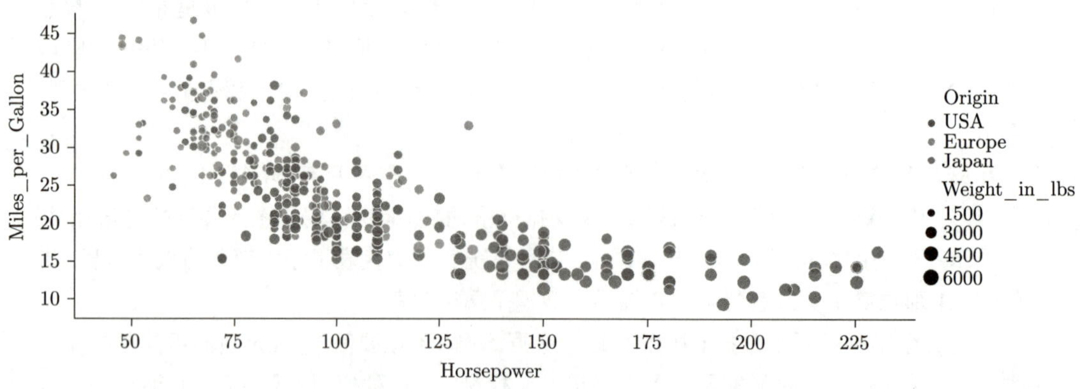

图 1.1.1 例 1.1 马力、耗油量、重量、品牌地的关系

① 编者注: 为了控制成本从而降低本书的价格. 本书所有的图都用单色绘制. 读者可在软件中用代码重现书中所有的图形.

图 1.1.1 显示马力大、重量大的汽车耗油量一般也大 (mpg 小), 而美系车普遍比欧系及日系车油耗大. 当然, 也有例外.

图 1.1.2 实际上是图 1.1.1 按照 3 个 Origin (品牌地) 分解成 3 个图.

```
f=sns.relplot(x="Horsepower", y="Miles_per_Gallon", hue="Origin",
    size="Weight_in_lbs", sizes=(40, 200), alpha=.8,aspect=1,
    palette="muted",
    col='Origin',height=4, data=w)
f.savefig('vcars1.pdf',bbox_inches='tight',pad_inches=0)
```

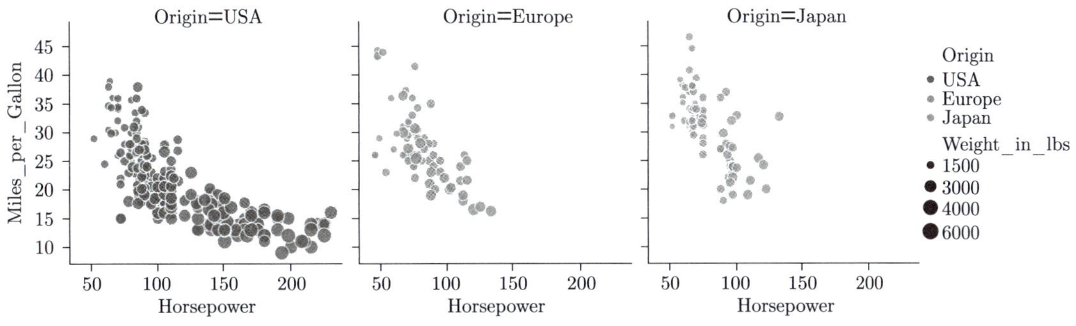

图 1.1.2　例 1.1 马力、耗油量、重量分别按照 3 个品牌地的图

问题与思考

1. 散点图显示两个数值变量之间的关系. 散点图直接关注的是 X 轴 (横轴) 和 Y 轴 (纵轴), 在图中二维散点的基础上可通过颜色或散点的大小尺寸添加其他变量的信息, 比如 sns.relplot 函数的选项 hue="Origin" 和 size="Weight_in_lbs" 就在图中分别显示了一个定性变量及一个定量变量的信息. 请思考这些选项的含义.

2. 请思考代码中选项 col='Origin' 或 palette="muted" 的意图是什么? 可以做其他变化吗? (建议输入 help(sns.relplot) 或 ?sns.relplot). 在此我们不打算对该函数做太多的细节介绍, 因为数据科学时代编码变化太快, 保持与时代同步的最好方式是拥有网络查询帮助并获取知识的能力.

1.1.2　马力、加速性能、重量、气缸数关系的散点图

这里产生一个马力和加速性能关系的散点图 (图 1.1.3), 用不同颜色表示 4 种不同的气缸数, 用点的大小显示车重.

```
f=sns.relplot(x="Horsepower", y="Acceleration", hue="Cylinders",
    size="Weight_in_lbs", sizes=(40, 200), alpha=.8,aspect=2.5,
    height=5, data=w)
f.savefig('vcars2.pdf',bbox_inches='tight',pad_inches=0)
```

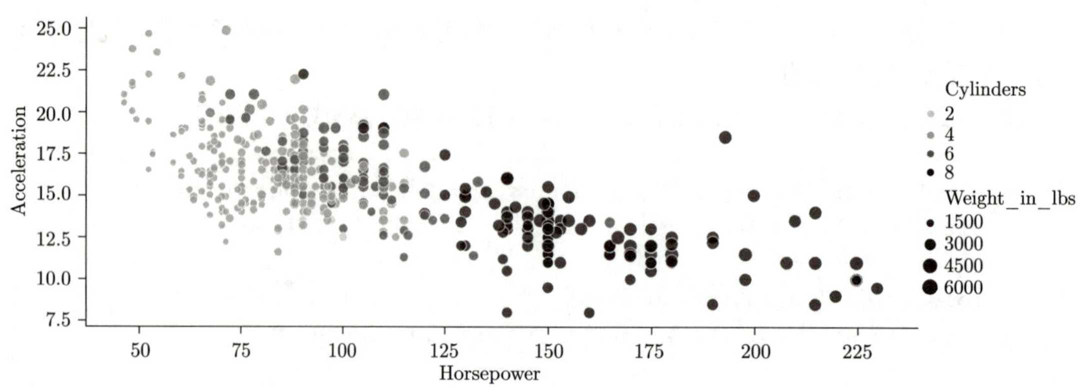

图 1.1.3 例 1.1 马力、加速性能、重量、气缸数的关系

图 1.1.3 显示马力大、重量大、气缸多的汽车一般加速性能好 (加速时间短).

1.1.3 三个品牌系列每加仑汽油行驶的英里数的直方图

三个品牌系列的 `Miles_per_Gallon` (每加仑汽油行驶的英里数) 如图 1.1.4 所示, 不同颜色表示不同的系列.

```
plt.figure(figsize=(15,6))
for i in np.unique(w['Origin'])[::-1]:# 为了使Origin按一定的顺序显示
    plt.hist(w["Miles_per_Gallon"][w['Origin']==i].dropna().tolist(),
    label=i)
plt.legend(loc='best')
plt.title('Histogram of mpg for three origins')
f.savefig('vcars3.pdf',bbox_inches='tight',pad_inches=0)
```

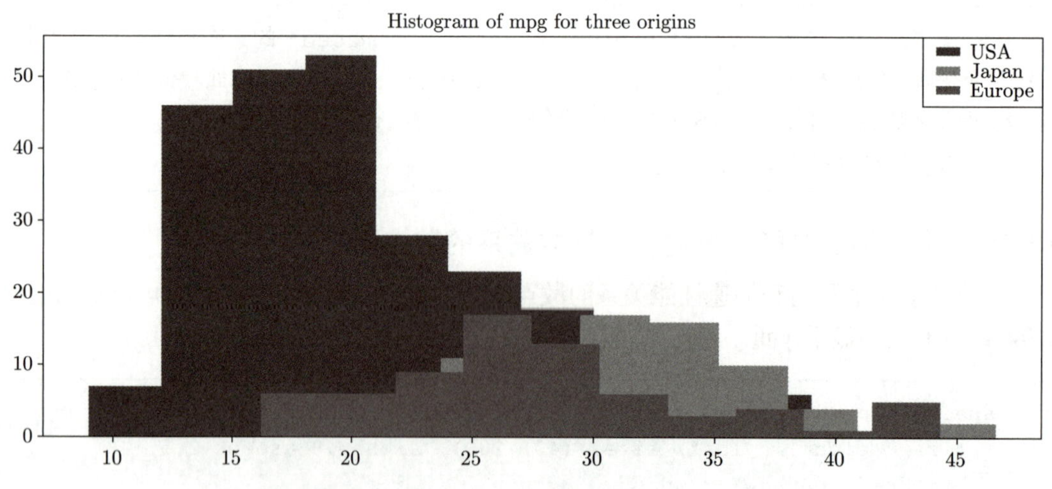

图 1.1.4 例 1.1 的 3 个品牌系列的 mpg 直方图

图 1.1.4 显示美系车的耗油量普遍大, 而日系车最小.

1.1.4　三个品牌系列的 6 项指标均值随着时间的变化

3 个品牌系列的 6 项指标 (耗油量、气缸数、排气量、马力、重量及加速性能) 的均值随着时间变化的图如图 1.1.5 所示, 3 种不同颜色的线条表示 3 个不同的系列.

```
wy=w.groupby(['Origin','Year']).mean().reset_index()
wy.Year=list(map(lambda x: x.split('-')[0],wy.Year))

plt.figure(figsize=(20,8))
for k,i in enumerate(wy.columns[2:]):
    plt.subplot(2,3,1+k)
    for j in np.unique(wy['Origin']):
        plt.plot(wy[wy['Origin']==j].Year,
                 wy[wy['Origin']==j][i],label=j)
    plt.legend(loc='best')
    plt.title(i)
plt.savefig('vcars4.pdf',bbox_inches='tight',pad_inches=0)
```

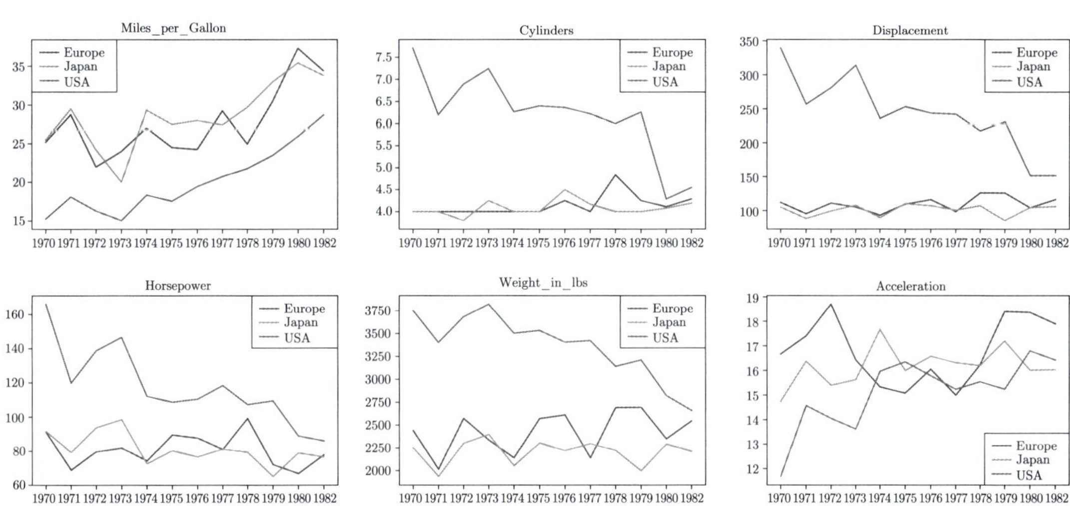

图 1.1.5　例 1.1 的 3 个品牌系列的 6 项指标均值随着时间的变化

图 1.1.5 中, 从品牌角度对比, 随着时间的变化, 三个品牌的加速性能的平均值差异不明显. 其他指标中欧洲和日本品牌走势比较类似. 而美系车独树一帜. 从各个指标角度对比, 可以看到随着时间变化, 美系车平均耗油量有上升趋势、气缸数量减少明显、排气量逐年减少、马力逐年降低、重量大的车型在减少、加速性能在提高. 而欧系和日系车各个指标平均变化相对较稳定, 增加减少交替, 没有足够证据说明存在趋势.

1.1.5　三个品牌系列的 6 项指标的盒形图

为了更方便地产生关于 3 个品牌系列的 6 项指标 (耗油量、气缸数、排气量、马力、重量及加速性能) 的盒形图 (图 1.1.6), 我们先把这些变量标准化后再作图.

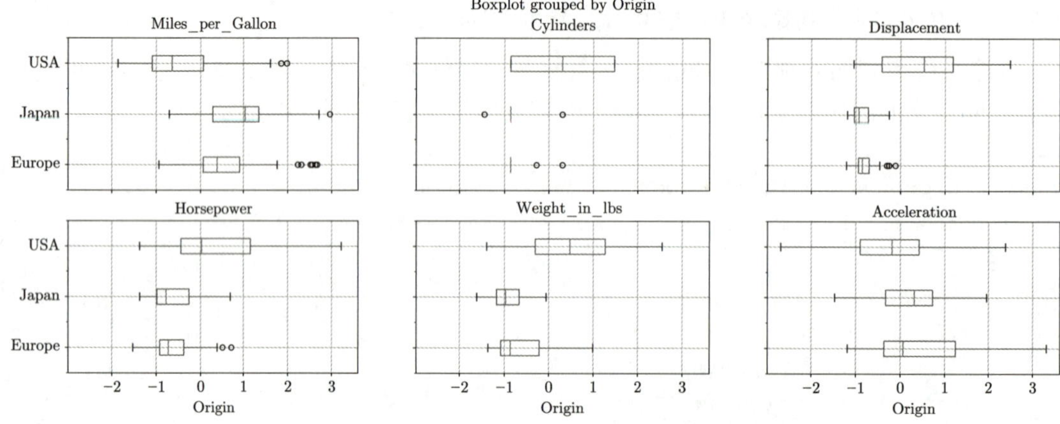

图 1.1.6 例 1.1 的 3 个品牌系列的 6 项指标的盒形图

```
w2 = w.iloc[:,1:7].apply(lambda x:(x - np.mean(x))/np.std(x), axis = 0)
w2['Origin']=w['Origin']
w2.boxplot(column=['Miles_per_Gallon', 'Cylinders', 'Displacement',
        'Horsepower', 'Weight_in_lbs', 'Acceleration'],
           by='Origin',figsize=(20,7),layout=(2,3),vert=False)
plt.savefig('vcars5.pdf',bbox_inches='tight',pad_inches=0)
```

问题与思考

1. 请思考代码中 lambda、map、apply、enumerate 的作用是什么? 查询网络并训练, 相信读者会顺利过关!

2. 在可视化过程中, 为了满足个性化的需求, 需要按照自己的思路调整数据集结构, 或者基于作图函数的具体参数设置来提取匹配该函数所需的数据集格式, 这是编程训练不得不面对的学习方式的变化. 切忌把开源软件作为另一种菜单软件使用, 从而失去挑战的乐趣.

1.2 案例: 例 1.2 葡萄牙选举数据

例 1.2 (ElectionData.csv) 葡萄牙 2019 年实时选举结果数据集. 这是一个描述 2019 年 10 月 6 日葡萄牙议会选举结果演变的数据集.① 数据跨度为 4 小时 25 分钟, 间隔为 5 分钟, 涉及选举活动中 27 个政党的结果. 该数据集是为预测建模任务量身定制的, 主要集中在数值预测任务上.

该数据集的变量为:

1. TimeElapsed (Numeric): 自首次采集数据以来经过的时间 (整数分钟. 实际上完整的记录只有 54 个)

2. time (timestamp): 数据采集的日期和时间 (和上面等价, 以年、月、日、时、分、秒方式记录)

3. territoryName (string): 区域的简称 (区域或全国范围, 20 个区及全国共 21 个)

① Nuno Moniz. Real-time 2019 Portuguese Parliament Election Results Dataset.

4. totalMandates (numeric): 目前当选国会议员数目 (每个区域每个时间对不同的政党都相同)

5. availableMandates (numeric): 目前尚未当选的国会议员数目 (每个区域每个时间对不同的政党都相同)

6. numParishes (numeric): 此区域的教区总数 (每个区域对不同的政党都是常数, 与时间无关)

7. numParishesApproved (numeric): 此区域批准的教区总数 (每个区域每个时间对不同的政党都相同)

8. blankVotes (numeric): 空白票的数目 (每个区域每个时间对不同的政党都相同)

9. blankVotesPercentage (numeric): 空白票的百分比 (每个区域每个时间对不同的政党都相同)

10. nullVotes (numeric): 零票数 (每个区域每个时间对不同的政党都相同)

11. nullVotesPercentage (numeric): 零票百分比 (每个区域每个时间对不同的政党都相同)

12. votersPercentage (numeric): 选民百分比 (每个区域每个时间对不同的政党都相同)

13. subscribedVoters (numeric): 该区域的已注册选民数量 (每个区域每个时间对不同的政党都相同)

14. totalVoters (numeric): 总选民数 (每个区域每个时间对不同的政党都相同)

15. pre.blankVotes (numeric): 空白票数 (上届选举)(每个区域每个时间对不同的政党都相同)

16. pre.blankVotesPercentage (numeric): 空白票百分比 (上届选举)(每个区域每个时间对不同的政党都相同)

17. pre.nullVotes (numeric): 零票数 (上届选举)(每个区域每个时间对不同的政党都相同)

18. pre.nullVotesPercentage (numeric): 零票百分比 (上届选举)(每个区域每个时间对不同的政党都相同)

19. pre.votersPercentage (numeric): 选民百分比 (上届选举)(每个区域每个时间对不同的政党都相同)

20. pre.subscribedVoters (numeric): 该区域的已注册选民数量 (上届选举)(每个区域每个时间对不同的政党都相同)

21. pre.totalVoters (numeric): 总选民数 (上届选举)(每个区域每个时间对不同的政党都相同)

22. Party (string): 政党 (一共 20 个政党, 但并不是每个区域都有所有的政党: 只有 4 个区域有全部的政党, 有 8 个政党并不出现在所有区域, 有的只出现在两三个区域)

23. Mandates (numeric): 目前在给定地区为党选出的国会议员 (每个区域在不同时间对不同的政党不相同)

24. Percentage (numeric): 政党中的选票百分比 (每个区域在不同时间对不同的政党不相同)

25. validVotesPercentage (numeric): 政党中有效选票的百分比 (每个区域在不同时间对不同的政党不相同)

26. Votes (numeric): 投票数 (每个区域在不同时间对不同的政党不相同)

27. Hondt (numeric): 现在根据票数分配的国会议员人数 (每个区域对每个政党不同, 但基本上是常数——偶有变化)

28. FinalMandates (numeric): 地区/国家当选国会议员的最终目标人数 (每个区域对每个政党都是常数, 不随时间而变)

认真读懂数据的编排 (虽然不一定完全明白变量的实际意义) 之后, 可以发现, 只有 54 个时间点的记录, 由于地区和政党的重复, 造成了该数据多达 21 643 行记录.

1.2.1 数据概况

例 1.2 葡萄牙选举数据一共有 21 643 行观测值, 有 28 个变量. 但实际上是每 5 分钟选取一个数据, 一共有 54 个时间点的数据, 而由于 21 个区域 (包括 18 个本土区、2 个群岛自治区及全国领土) 和 21 个政党的重复 (只有 5 个随时间变化的变量与政党有关), 因此这些观测值中有大量的重复. 任何盲目的图形描述都会有误导. 下面是对该数据的一些概括:

1. 前两个变量 (`TimeElapsed` 和 `time`) 实际上是表达方式不同的等价时间变量, 在与时间有关的点图中只能用一个.

2. 从 (第 0 个开始) 第 3 个变量开始到第 20 个变量为止, 除了 `numParishes` 对每个区域是常数并且与政党无关之外, 其他 17 个变量与政党无关, 仅仅与时间和区域有关. 其中有些是百分比, 有些是计数 (整数), 下面是这 17 个变量的名称:

```
['totalMandates', 'availableMandates', 'numParishesApproved',
 'blankVotes', 'blankVotesPercentage', 'nullVotes',
 'nullVotesPercentage', 'votersPercentage',
 'subscribedVoters', 'totalVoters', 'pre.blankVotes',
 'pre.blankVotesPercentage', 'pre.nullVotes',
 'pre.nullVotesPercentage', 'pre.votersPercentage',
 'pre.subscribedVoters', 'pre.totalVoters']
```

3. 在第 21 个变量政党名字 (`Party`) 之后的第 22 到 27 个变量和政党有关:

`['Mandates', 'Percentage', 'validVotesPercentage', 'Votes', 'Hondt', 'FinalMandates']`, 但最后一个变量是只和地区有关的常数.

4. 注意, 在区域变量中取值为 `Território Nacional` 意味着是全国的数据, 因此不可作为一个区的数据. 而 20 个区的名称为:

```
['Aveiro', 'Açores', 'Beja', 'Braga', 'Bragança',
 'Castelo Branco', 'Coimbra', 'Faro', 'Guarda', 'Leiria',
 'Lisboa', 'Madeira', 'Portalegre', 'Porto', 'Santarém',
 'Setúbal', 'Território Nacional', 'Viana do Castelo',
 'Vila Real', 'Viseu', 'Évora']
```

5. 21 个政党名称缩写为:

```
['A', 'B.E.', 'CDS-PP', 'CH', 'IL', 'JPP', 'L', 'MAS', 'MPT',
 'NC', 'PAN', 'PCP-PEV', 'PCTP/MRPP', 'PDR', 'PNR', 'PPD/PSD',
 'PPM', 'PS', 'PTP', 'PURP', 'R.I.R.']
```

关于例 1.2 数据

从前面的分析可看出: 必须对数据结构完全熟悉才能做进一步的工作 (即使是描述性的), 而且其中很多需要编代码来验证, 前面的很多关于数据的断言来自编程计算的结果. 关于这个数据的画图, 有下面几点需要注意:

1. 由于各个变量的量纲和意义不同, 不同的变量不宜画在一张图中.

2. 大部分变量和政党无关, 因此对于同一个变量可以把 20 个区的数据画在一张图内比较, 但不可包括全国的数据, 否则数量差距太大, 不易识别; 此外, 经过计算, 全国数据并不是各区数据的简单汇总 (除了前两个地区外的其他地区的和大约等于全国数据).

3. 由于只有几个变量对不同政党有不同的值, 可以把这些变量与各个政党画在一起比较, 而且对每个地区都可以进行比较.

4. 由于对葡萄牙的选举制度不了解, 所以这里就不对这个数据进一步建模或做过多的解释, 仅限于说明如何通过编程和产生图形来理解数据的结构.

1.2.2　例 1.2 各个变量趋势的各区域比较

1. 根据地区产生子群, 每个元素为一个地区数据

首先, 根据地区产生子群, 每个元素为一个地区数据 (但不包括全国).

```
w=pd.read_csv('ElectionData.csv')
u1=w[w['territoryName']!='Território Nacional'] #提取各地区数据,但要去掉
                                                 全国的数据
u1=u1[u1['Party']=='A'].drop(columns='numParishes').iloc[:,:-7]
#去掉与政党A无关的变量
u2=u1.set_index('TimeElapsed')
grouped2=u2.groupby(['territoryName'])
```

2. 例 1.2 葡萄牙全国各区当选议员人数随着时间的变化

葡萄牙全国各区当选议员人数随着时间的变化恐怕是当时人们最关心的新闻之一 (图 1.2.1).

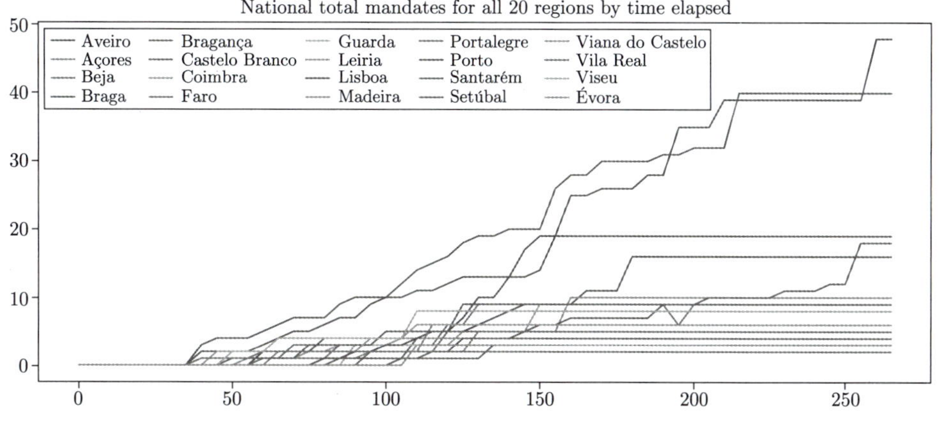

图 1.2.1　例 1.2 葡萄牙全国各区当选议员人数随着时间的变化

下面是相应的代码.

```
plt.figure(figsize=(15,6))
for j,group in grouped2:
    plt.plot(group['totalMandates'],label=j)
plt.title('National total mandates for all 20 regions by time elapsed')
plt.legend(loc='best',ncol=5)
```

图 1.2.1 可以形成面积图, 也就是各个地区当选议员人数总计随时间变化的情况. 下面的代码包括了数据准备和画图 (图 1.2.2).

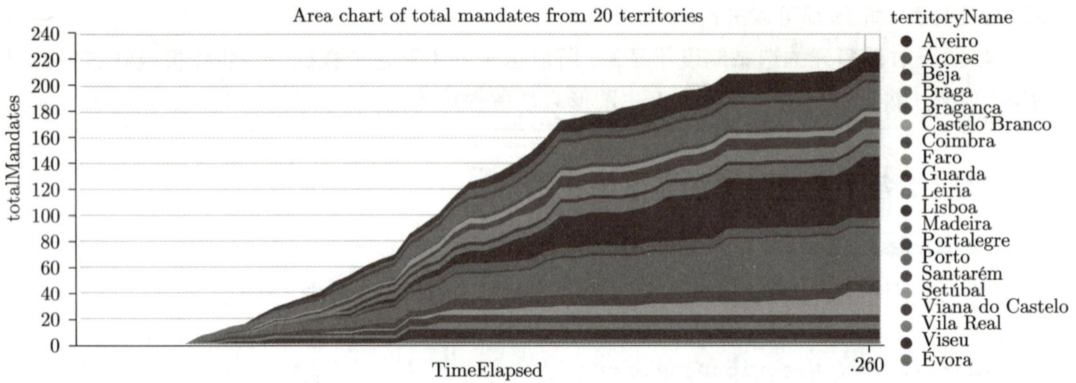

图 1.2.2 各个地区当选议员人数总计随时间变化的面积图

```
V=dict()
for j,group in grouped2:
    V[j]=group['totalMandates']
V=pd.DataFrame(V)
V=V.stack().reset_index()
V.columns=['TimeElapsed','territoryName','totalMandates']

import altair as alt
alt.Chart(V).mark_area(
).encode(
    x="TimeElapsed:T",
    y="totalMandates:Q",
    color="territoryName:N"
).properties(
    width=800,
    height=300,
    title='Area chart of total mandates from 20 territories'
)
```

产生子群的说明

使用 groupby(分类变量名) 实际上是按照所选的分类变量名将数据分成很多子群, 所有群都是有同样列的数据框, 详细说明如下:

1. 如果把代码 for i,j in grouped2: print(type(i),type(j)) 作用于上面的 grouped2 (或者观测如 j.shape 等输出), 则会发现每个元素 (2 元素 tuple) 的第一个为地区名字, 第二个是相应的有 19 列的数据框.

2. 如果用代码 grouped2.first(), 则会得到每个地区各个变量的头一行叠加; 当然, 代码 grouped2.last() 则会得到最后一行的叠加.

3. 代码 grouped2.get_group('区名') (这里的 '区名' 应填入某个地区名字, 如 'Aveiro', 'Beja' 等) 为一个相应于区名的数据框, 与循环代码 for i, j in grouped2: 的 j[i] 意义相同.

3. 例 1.2 各个变量趋势的各区域比较

这里产生与政党无关 (除了图 1.2.1 显示的之外) 的其他 16 个变量的趋势在 20 个区域之间的比较图 (图 1.2.3).

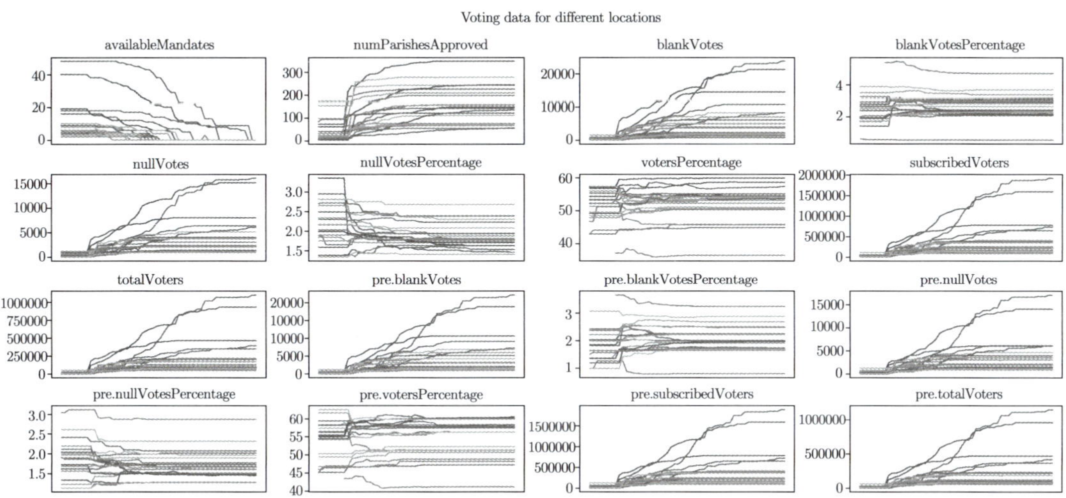

图 1.2.3　例 1.2 的 16 个变量趋势的各区域比较

```
plt.figure(figsize=(25,10))
for k,i in enumerate(u2.columns[3:]):
    plt.subplot(4,4,1+k)
    for key, group in grouped2:
        group[i].plot(xticks=[])
    plt.title(i)
    plt.xlabel("")
plt.suptitle('Voting data for different locations')
```

1.2.3 例 1.2 与政党有关变量趋势比较

问题与思考

例 1.2 并不是一个规则的截面数据, 里面掺杂了一些不同时间的纵向数据. 作图时读者需要根据目标训练如何提取并保存所需的数据集. 以下是根据代码提出的两个小问题, 欢迎读者提出更多的思考和疑问.

1. 如何建立一个包含不同政党相关变量的截面数据框的字典?
2. 根据所建立的字典, 如何提取不同地区的相关变量, 并利用循环语句排布多张图?

1. 产生一个工作 dict, 每个 key 为一个政党

```
n3=['territoryName','Mandates','Percentage','validVotesPercentage',
    'Votes','Hondt']

W0=dict() #每个key为一个政党
for i in np.unique(w['Party']):
    w1=w[w['Party']==i].\
    drop(columns=['Party','numParishes']).\
    set_index('TimeElapsed').drop(columns='time')
    W0[i]=w1[n3]
```

2. 葡萄牙全国各个政党投票数目随时间的变化

例 1.2 葡萄牙全国各个政党投票数目随时间的变化图显示在图 1.2.4 中.

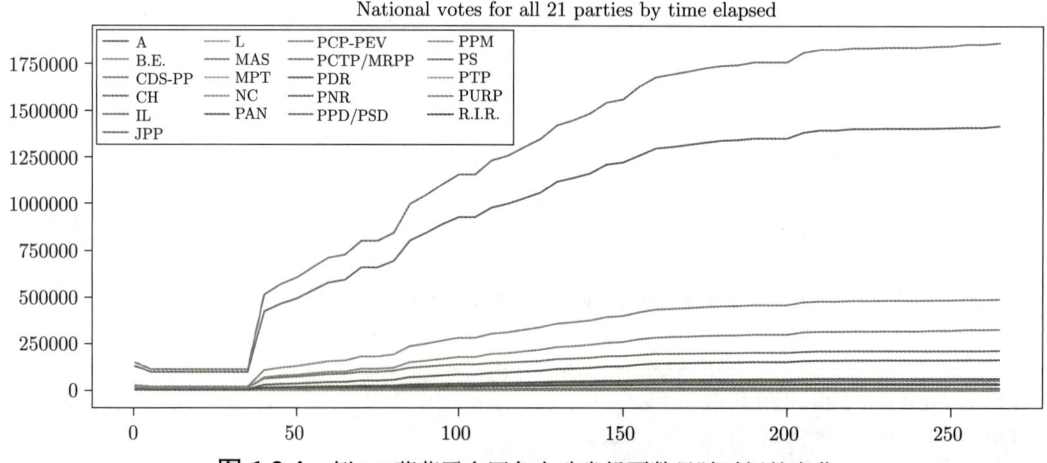

图 1.2.4 例 1.2 葡萄牙全国各个政党投票数目随时间的变化

```
plt.figure(figsize=(15,6))
for j in W0:
    plt.plot(W0[j][W0[j]['territoryName']=='Território Nacional']\
    ['Votes'],label=j)
```

```
plt.title('National votes for all 21 parties by time elapsed')
plt.legend(loc='best',ncol=4)
```

3. 里斯本区和波尔图区若干与政党有关变量趋势比较

这里产生与政党有关的 5 个变量的趋势在最大的两个区 (里斯本和波尔图) 中的比较图 (图 1.2.5).

```
Anames=['Lisboa','Porto']
k=0
plt.figure(figsize=(25,10))
plt.suptitle('Voting data for Lisboa and Porto for 21 parties')
for i in Anames:
    for m in n3[1:]:
        plt.subplot(2,5,1+k)
        for j in W0:
            plt.plot(W0[j][W0[j]['territoryName']==i][m],label=m)
        plt.title(m+' for '+i)
        plt.xticks([])
        k+=1
```

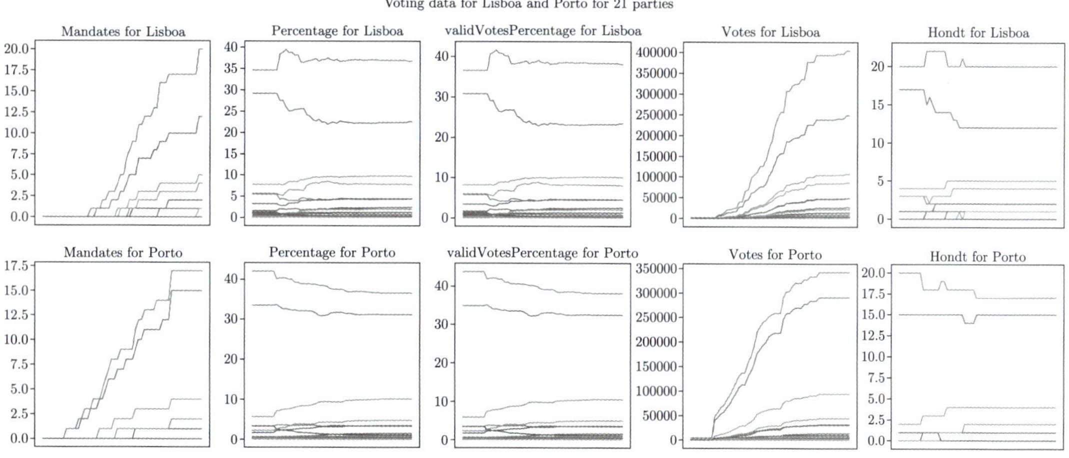

图 1.2.5　例 1.2 里斯本区 (上) 和波尔图区 (下) 与政党有关的 5 个变量趋势比较

1.3　案例: 例 1.3 睡眠数据

例 1.3 (sleepstudy.csv)　这些数据来自 Belenky 等 (2003) 的研究. 这项研究的对象是睡眠不足群体, 研究包括 10 天中不同缺乏睡眠天数的实验对象不同平均反应时间的记录. 该数据在 R 程序包 `lme4` 中提供, 名为 `sleepstudy`. 该数据有 180 个观测值, 三个变量: Reaction (平均反应时间, 单位: 毫秒), Days (睡眠不足的天数), Subject (观察对象的编号). 该数据在 R 中可以用 `data(sleepstudy, package='lme4')` 得到.

关于例 1.3

该数据非常简单, 只有 3 个变量, 其中有 2 个是数量变量, 1 个是对象的识别号码. 这种变量的初步描述也比较简单, 通常用散点图就足够了. 但是为了拟合某些模型 (这里是贝叶斯多水平模型), 需要对数据做更多的考察, 而且在建模之后, 对计算过程和结果做判断性及说明性描述也很必要. 这里我们做了下面几种初等描述:

1. 简单的散点图, 但标明不同对象的位置.
2. 显示不同对象的线性回归直线.
3. 显示变量 (主要是因变量) 的分布.

借助于上面描述的帮助, 我们建立多水平模型①, 在使用 MCMC 方法时, 还产生了下面的图形:

1. 对于 MCMC 过程进行监控的痕迹图, 从这个图形可以知道参数后验分布的收敛情况以及得到结果的可靠性.
2. 一系列解释参数后验分布的具体状况的数值及图像描述.

1.3.1 概述

对于例 1.3, 我们以睡眠不足的天数为自变量, 而以之后的平均反应时间为因变量做回归. 由于我们只有 3 个变量, 把它们都画在一张图上 (图 1.3.1).

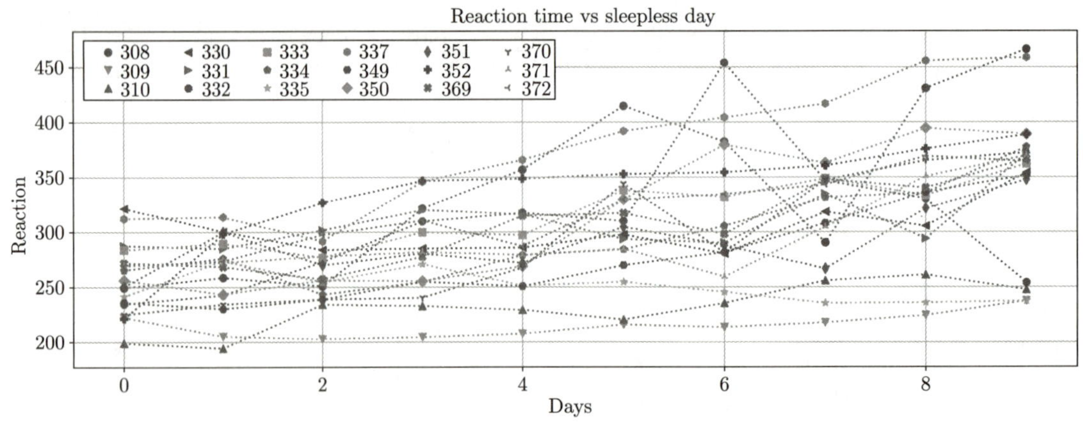

图 1.3.1 例 1.3 睡眠数据的散点图

有许多方法可以产生图 1.3.1 这样的图, 有的远比上面的代码简单, 当然效果也各不相同. 相信读者可以用更简洁的代码产生更有说服力的图形.

```
import pandas as pd
import numpy as np
import matplotlib.pyplot as plt
import seaborn as sns
```

① 可参考吴喜之. 贝叶斯数据分析: 基于 R 与 Python 的实现. 北京: 中国人民大学出版社, 2020.

```
w=pd.read_csv('sleepstudy.csv')

mark=('o', 'v', '^', '<', '>', '8', 's', 'p', '*', 'h',
      'H', 'D', 'd', 'P', 'X','1','2','3','4')
plt.figure(figsize=(15,5))
k=0
for k, i in enumerate(np.unique(w.Subject)):
    plt.plot(w[w['Subject']==i]['Days'],\
             w[w['Subject']==i]['Reaction'],linestyle=':',zorder=1)
    plt.scatter(x=w[w['Subject']==i]['Days'],
                y=w[w['Subject']==i]['Reaction'],label=i,
                marker=mark[k],zorder=2)
plt.legend(loc='best',ncol=6)
plt.xlabel('Days')
plt.ylabel('Reaction')
plt.grid(True)
plt.title('Reaction time vs sleepless day')
plt.savefig('sleep00.pdf',bbox_inches='tight',pad_inches=0)
```

图 1.3.1 显示, 一般来说, 睡眠不足的天数越多, 反应时间越长, 但是, 对于不同的对象(我们数据有 18 个不同的对象), 这两个变量的关系并不相同, 即便用简单线性回归表示, 相应于不同的对象的斜率和截距都不同. 下面对每个对象做一个线性回归, 并作图显示 (图 1.3.2).

```
g=sns.lmplot(x="Days", y="Reaction", hue="Subject",
             ci=None,height=4.5, aspect=3,data=w)
g.set(ylim=(194, 467),xlim=(-.5,9.5))
```

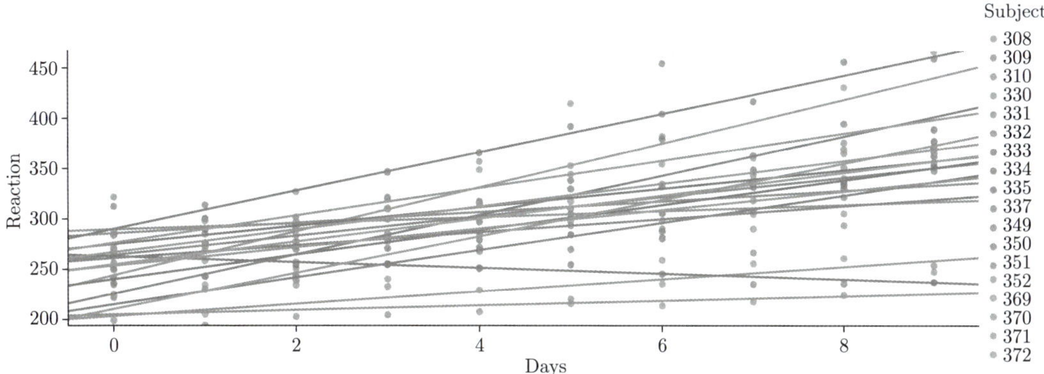

图 1.3.2　例 1.3 睡眠数据的散点图及按照对象作的线性回归图

为了建立参数模型, 需要进一步考察变量的分布情况, 为此产生下面的散点图、直方图、密度估计及全部变量的简单线性回归图 (图 1.3.3).

```
g = sns.jointplot(x="Days", y="Reaction", data=w, kind="kde",color="m")
g.plot_joint(plt.scatter, c="w", s=30, linewidth=1, marker="+")
g.ax_joint.collections[0].set_alpha(0)
g.set_axis_labels("Days", "Reaction")
g1 = sns.JointGrid(x="Days", y="Reaction", data=w)
g1 = g1.plot(sns.regplot, sns.distplot)
```

显然, 从图 1.3.2 和图 1.3.3 均可以看出, 对所有变量一起做线性回归不可能完全覆盖各个对象的情况.

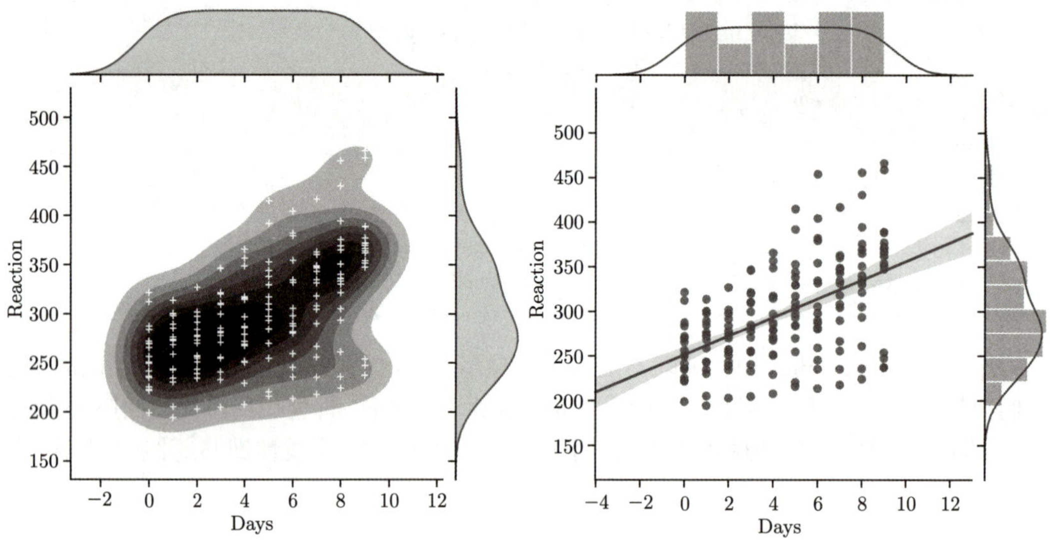

图 1.3.3 例 1.3 睡眠数据的散点图、直方图、密度估计及全部变量的简单线性回归图

1.3.2 例 1.3 睡眠数据的多水平贝叶斯模型

对此最简单的模型是把所有人都看成没有区别, 用一个模型来描述, 如同图 1.3.3 的右图所示. 式 (1.3.1) 中的下标 $j \in \{1,2,\cdots,J\}$ $(J=18)$ 代表 18 个试验对象, 而 $i = 1,2,\cdots,n$ $(n=180)$ 是个体的下标, 这里只有一组回归系数: $\theta=(\alpha,\beta)$.

$$\text{Reaction}_{ij} = \alpha + \beta \times \text{Days}_{ij} + \epsilon,\ \forall i = 1,2,\cdots,n, j=1,2,\cdots,J \tag{1.3.1}$$

式 (1.3.1) 有些太概括了, 没有考虑不同对象的个性. 另一个极端是为每个对象 (根据该对象的数据) 建立一个模型 (如图 1.3.2 所示), 因此有 18 个不同的模型, 总共有 18 组回归系数: $\theta_j=(\alpha_j,\beta_j)$.

$$\text{Reaction}_{ij} = \alpha_j + \beta_j \times \text{Days}_{ij} + \epsilon_j \tag{1.3.2}$$

折中的思维是, 我们假设不同个体的截距 α_j 和倾斜 β_j 来自一个**共同的分布** (这里取正态分布), 以强调它们的共性:

$$\alpha_j \sim \boldsymbol{N}(\mu_\alpha,\sigma_\alpha^2),\ \beta_j \sim \boldsymbol{N}(\mu_\beta,\sigma_\beta^2),\ j=1,2,\cdots,J$$

然后我们估计它们各自的 (对本例一共 18 组) 后验分布, 以体现由不同数据得到的个性. 这就是为什么该模型被称为多水平、多层或部分组合建模 (multilevel, hierarchical or partial-pooling modeling).

按照线性模型的一般记号, 因变量 $\boldsymbol{y}$ 为 $n\times 1$ 维, 自变量 $\boldsymbol{x}$ 为 $n\times K$ 维, 对于每个 $j=1,2,\cdots,J$, 系数 $\boldsymbol{\beta}_j$ 为 $K\times 1$ 维有共同分布的随机变量, 我们要采用的多水平模型如下 (这里的 $j=1,2,\cdots,J, k=1,2,\cdots,K$):

$$p(y|\boldsymbol{x}_j,\boldsymbol{\beta}_j)=\prod_{i=1}^{n}N(\boldsymbol{x}_i^\top\boldsymbol{\beta}_j,\sigma) \tag{1.3.3}$$

$$\boldsymbol{\beta}_{jk}\sim N(\mu_0,\sigma_0) \tag{1.3.4}$$

$$\sigma_0\sim \text{Cauchy}(\mu_c,\beta_0) \tag{1.3.5}$$

$$\sigma\sim \text{Cauchy}(\mu_c,\beta_0) \tag{1.3.6}$$

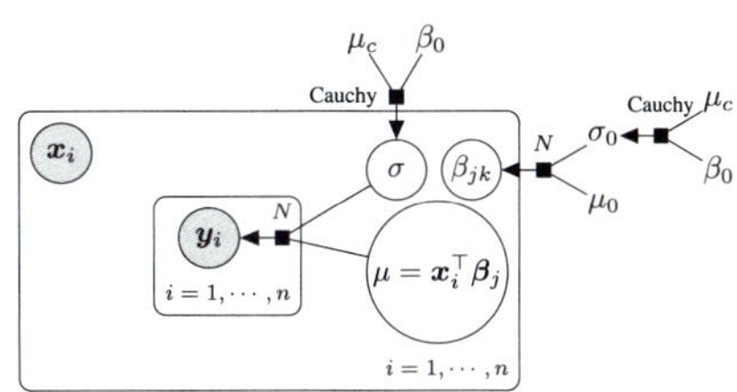

上面公式中的超参数, 在式 (1.3.4) 中取 $\mu_0=0$, 而对于 Cauchy 分布, 在 R/Stan 程序中用通常的 Cauchy 分布 (取超参数 $\mu_c=0,\beta=5$), 其密度为:

$$\text{Cauchy}(y|\mu_c,\beta)=\frac{2}{\pi\beta\left\{1+[(y-\mu_c)/\beta]^2\right\}},\ \beta>0$$

在 Python/PyMC3 程序中用半 Cauchy 分布 (取超参数 $\beta=5$), 其密度为:

$$\text{HalfCauchy}(y|\beta)=\frac{2}{\pi\beta\left[1+(y/\beta)^2\right]},\ y>0,\beta>0$$

1.3.3 应用 Python/PyMC3 代码于例 1.3 的模型 (1.3.3)~ 模型 (1.3.6)

载入可能使用的模块:

```
%matplotlib inline
import matplotlib.pyplot as plt
import numpy as np
import pymc3 as pm
import pandas as pd
import theano
```

输入数据:

```
w = pd.read_csv('sleepstudy.csv')
sub_idx=np.repeat(np.arange(18),10)
n_sub=18
```

输入模型, 并且实行 MCMC 抽样以计算各个后验分布:

```
with pm.Model() as w2_model:
    mu_a = pm.Normal('mu_a', mu=0., sd=100**2)
    sigma_a = pm.HalfCauchy('sigma_a', 5)
    mu_b = pm.Normal('mu_b', mu=0., sd=100**2)
    sigma_b = pm.HalfCauchy('sigma_b', 5)
```

```
    a = pm.Normal('a', mu=mu_a, sd=sigma_a, shape=n_sub)
    b = pm.Normal('b', mu=mu_b, sd=sigma_b, shape=n_sub)
    eps = pm.HalfCauchy('eps', 5)

    Reaction_est = a[sub_idx] + b[sub_idx] * w.Days

    Reaction_like = pm.Normal('Reaction_like', mu=Reaction_est,\
     sd=eps, observed=w.Reaction)
with w2_model:
    w2_trace = pm.sample(draws=2000, n_init=1000)
```

利用下面代码

```
pm.traceplot(w2_trace,varnames=['mu_a','mu_b','a','b'],figsize=(15,6))
```

产生所选参数的后验密度及抽样痕迹图 (图 1.3.4), 这些抽样痕迹图比较稳定, 表明 MCMC 方法收敛得还可以. 这个点图很有必要, 如果痕迹图显示不均匀或者分叉, 则说明我们的数据、模型及方法中至少有不合适的假定或设定. 当然, 一些软件在计算中如果遇到某些不收敛的状况, 也会给出警告或者停止计算.

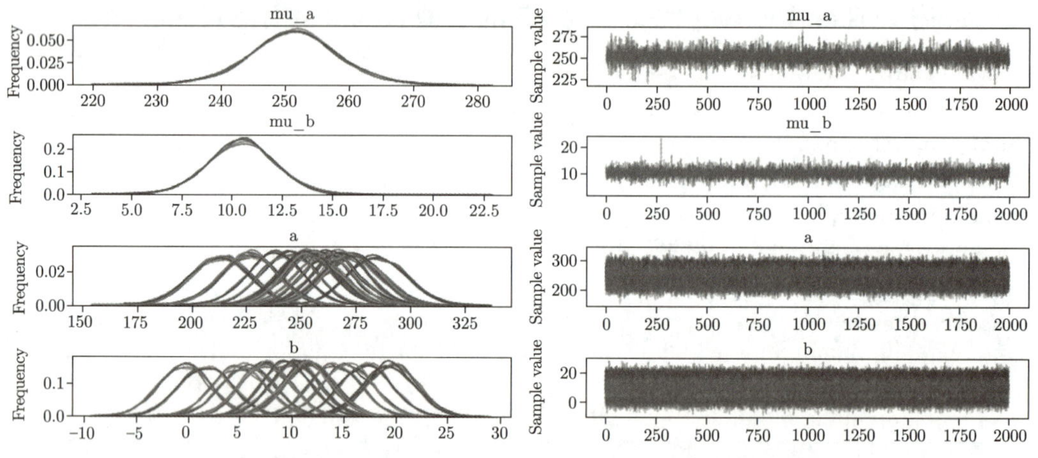

图 1.3.4 例 1.3 所选参数的后验密度及抽样痕迹图

利用代码 `pm.summary(w2_trace)` 打印出汇总结果 (由于篇幅太大, 只显示部分):

	mean	sd	mc_error	hpd_2.5	hpd_97.5	n_eff	Rhat
mu_a	251.341724	6.849988	0.072920	237.013365	264.608846	9097.672570	1.000003
mu_b	10.485767	1.639386	0.016606	7.304934	13.727484	10473.310186	0.999985
a__0	253.152476	12.367735	0.115437	229.211083	277.545802	10844.874598	0.999805
a__1	212.421893	13.322149	0.159193	186.495733	238.730625	7869.859810	1.000325

利用下面代码产生各个参数的后验高密度区域图 (图 1.3.5).

```
import arviz as az
axes=az.plot_forest(w2_trace, kind='forestplot',figsize=(12, 5))
axes[0].set_title('95% Credible Intervals')
```

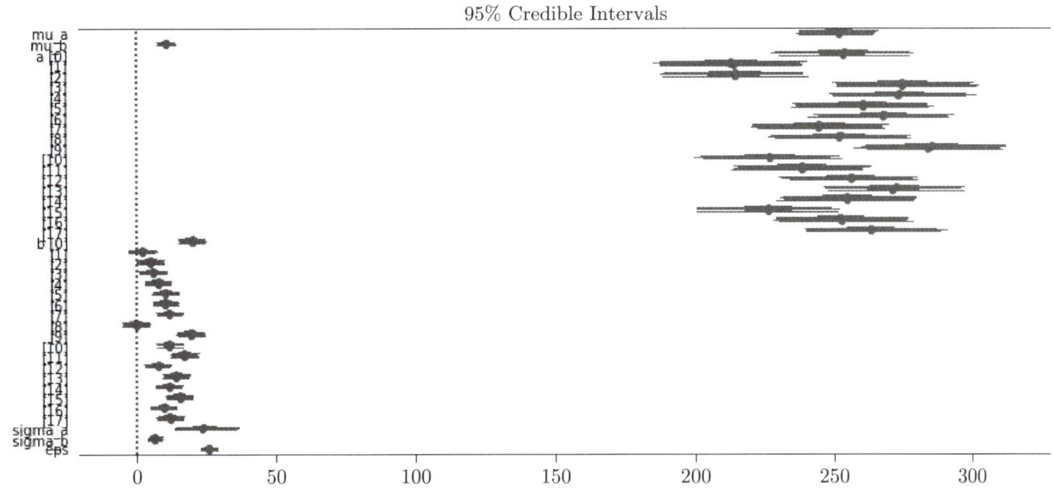

图 1.3.5　例 1.3 各个参数的后验高密度区域图

利用代码

```
from pandas.plotting import scatter_matrix
scatter_matrix(pm.trace_to_dataframe(w2_trace).iloc[:,:3],figsize=(12,4))
```

产生所选的前三个参数的后验密度成对散点图 (图 1.3.6).

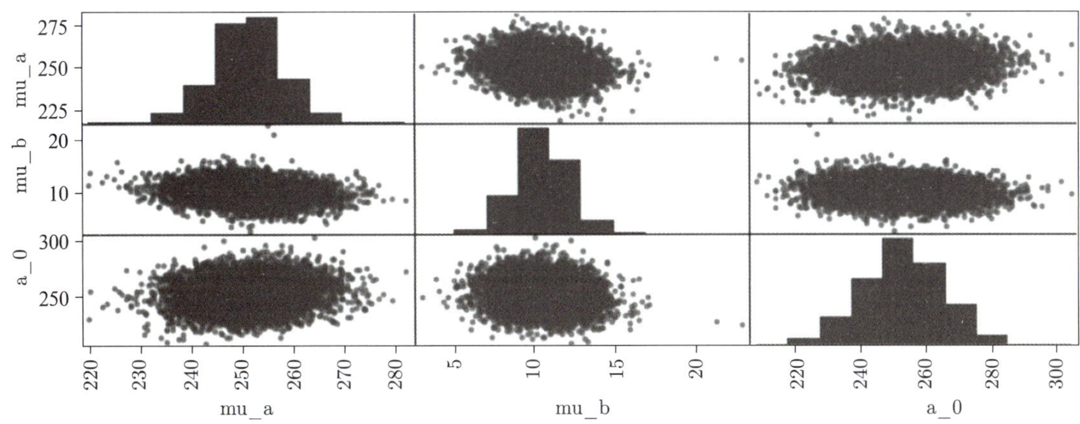

图 1.3.6　例 1.3 所选的前三个参数的后验密度成对散点图

图 1.3.4、图 1.3.5、图 1.3.6 都从直观上显示了参数的后验分布的形态.

1.4 案例: 例 1.4 QSAR 生物富集类别数据

例 1.4 (Grisoni2016EnvInt88.csv) QSAR 生物富集类别数据集, 是关于人工固化的 779 种化学品的 BCF 数据集, 用于确定生物富集的机制, 即预测一种化学品是否: (1) 主要存储在脂质组织内; (2) 具有其他存储位点 (例如蛋白质); (3) 被代谢/消除. 数据被随机分为 584 种化合物的训练集 (占 75%) 和 195 种化合物的测试集 (占 25%), 保留了各类别之间的比例. 使用 CART(分类和回归树) 机器学习技术以及遗传算法开发了 2 个 QSAR 分类树. 该文件包含选定的分子描述符 (9 个) 以及 CAS 数目、SMILES 分子、实验 BCF、实验/预测的 KOW 和机制类 (1、2、3). 原始手稿中提供了有关模型开发和性能以及定义和解释描述符的更多详细信息.①

该数据的变量信息为:

- 3 种化合物标志符:
  - CAS 数目
  - SMILES 分子
  - 训练/测试集划分 (train/test splitting)
- 9 个分子描述符 (独立变量):
  - nHM
  - piPC09
  - PCD
  - X2Av
  - MLOGP
  - ON1V
  - N-072
  - B02[C-N]
  - F04 [C-O]
- 2 个实验响应变量
  - logBCF 生物浓度因子 (bioconcentration factor, BCF), 以对数为单位
  - Class 生物蓄积类 (bioaccumulation class) (3 类)

1.4.1 数据中变量之间的关系

例 1.4 QSAR 生物富集类别数据有很多变量, 前三列变量没有什么建模意义: 前两个是识别名称, 第三个是他们的训练集和测试集标志 (我们不用). 该数据提供者的主要目的是用 9 个独立的分子描述符作为自变量, 对因变量 Class 做分类, 或者对因变量 logBCF 做回归. 因此, 这些自变量和因变量的关系是首先需要弄清楚的.

① F Grisoni, V Consonni, M Vighi, S Villa, R Todeschini. Investigating the mechanisms of bioconcentration through QSAR classification trees, *Environment International*. 2016: 88, 198-205; F Grisoni, V Consonni, S Villa, M Vighi, R Todeschini. QSAR models for bioconcentration: Is the increase in the complexity justified by more accurate predictions?. *Chemosphere*. 2015: 127, 171-179.

1. 成对散点图

利用下面代码得到成对散点图 (图 1.4.1).

```
import numpy as np
import pandas as pd
import seaborn as sns
import matplotlib
%matplotlib inline
import matplotlib.pyplot as plt

w=pd.read_csv('Grisoni2016EnvInt88.csv')#(779, 14)
g=sns.pairplot(w.iloc[:,3:], diag_kind='kde',hue = 'Class')
g.fig.set_size_inches(21,7)
```

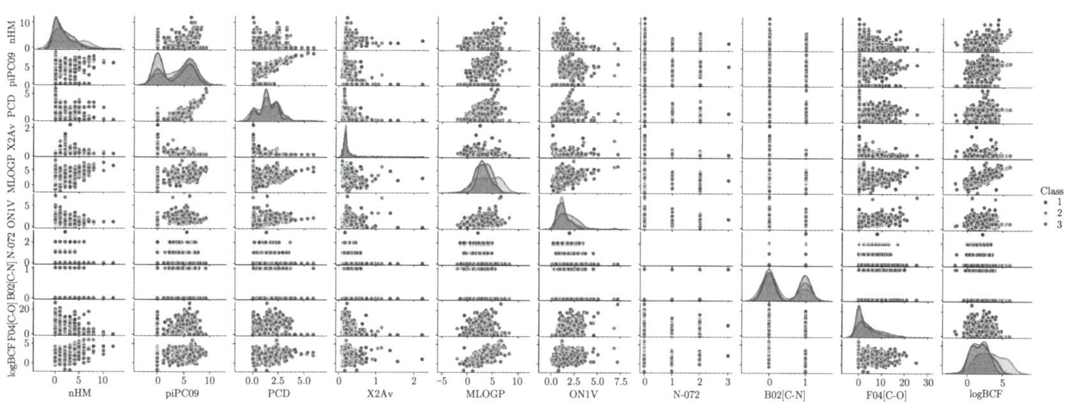

图 1.4.1 例 1.4 变量成对散点图

除了载入可能需要的程序包之外, 产生图 1.4.1 的代码只有一行. 其中的 `hue='Class'` 是按照因变量 `Class` 的水平对每个观测值上色, 而且在对角线图上的非参数密度估计曲线也分别按照该变量的水平分别产生.

从图 1.4.1 可以看出, 那些自变量看上去比较独立, 仅仅 `piPC09` 和 `PCD` 有些相关 (线性相关系数为 0.74), 数量因变量 `logBCF` 和自变量 `MLOGP` 有较大的相关 (线性相关系数为 0.79). 此外, 从图 1.4.1 可以看出, 除了因变量 `Class` 之外, 变量 `N-072` 和 `B02[C-N]` 也分别是 4 个水平及 2 个水平的分类变量.

这些图给了我们关于数据的一个粗略概括. 由于变量较多, 这些图很小, 如果有几千个变量, 那么就要选择性地作图了. 图形并不是万能的, 需要的图形也不是一成不变的, 这些都必须和具体的目标和可能使用的方法相结合.

2. 自变量和因变量之间的点图

实际上, 图 1.4.1 已经包括了自变量和因变量之间的图, 但并不都是合适的, 因为一些自变量和因变量是分类变量, 而图 1.4.1 基本上是为数量变量设计的. 下面分别生成数量因变量与各种自变量的关系点图、分类因变量和各种自变量之间的关系点图.

(1) 数量因变量 `logBCF` 和自变量的点图. 下面给出数量因变量 `logBCF` 和自变量的点图 (图 1.4.2). 这里关注到变量 `N-072` 和 `B02[C-N]` 是分类变量, 因此画的是盒形图. 注意, 在两个盒形图中, 横坐标是因变量 `logBCF`, 而在其他 7 个散点图中, 纵坐标是因变量 `logBCF`.

```
plt.figure(figsize=(20,10))
k=0
for i in w.columns[3:12]:
    plt.subplot(331+k)
    if k==6 or k==7:
        sns.boxplot(y=w[i], x=w['logBCF'],orient='h')
    else:
        plt.scatter(w[i],w.logBCF)
    plt.title('logBCF'+' vs '+i)
    k+=1
```

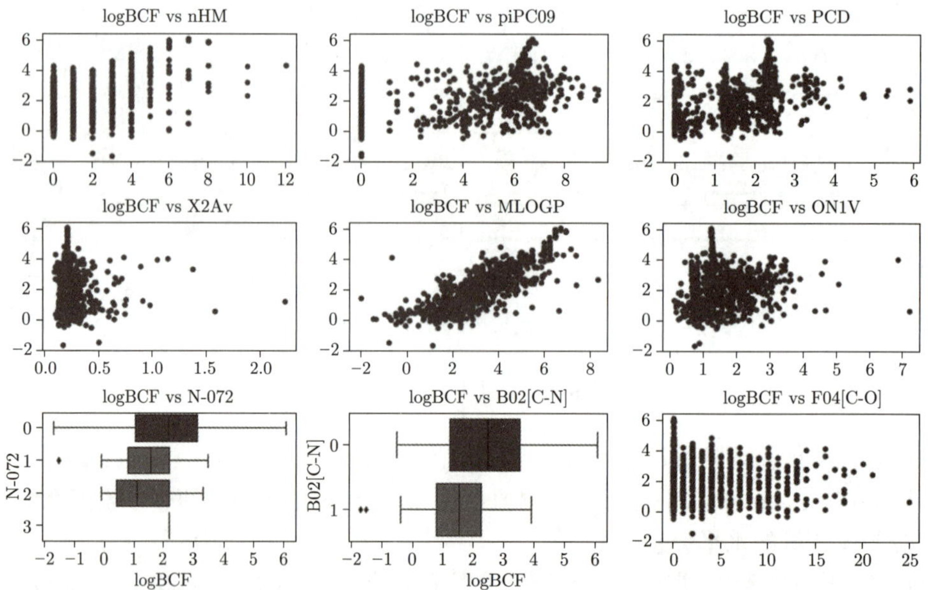

图 1.4.2 数量因变量 `logBCF` 和自变量的点图和盒形图

关于图 1.4.2

虽然图 1.4.2 并不比图 1.4.1 复杂, 但产生该图需要每个图的代码, 其中有 2 个使用 `seaborn` 的画图函数, 有 7 个使用 `matplotlib` 的散点图 (`scatter`) 函数, `seaborn` 和画图模块 `matplotlib` 有亲缘关系. 此外, 这里的图可以分为两类: 描述分类变量和数量变量之间关系的盒形图及描述数量变量之间关系的散点图. 最后, 这里使用了 `matplotlib` 进行简单的多图排列, 它是通过 `subplot` 函数实现的. 后面将会对这些技巧做具体介绍.

(2) 分类因变量 `Class` 和自变量的点图. 下面给出分类因变量 `Class` 和自变量的点图 (图 1.4.3). 这里关注到变量 `N-072` 和 `B02[C-N]` 是分类变量, 因此画的是条形图.

```
ctab1=pd.crosstab(index=w['N-072'],columns=w.Class)
ctab2=pd.crosstab(index=w['B02[C-N]'],columns=w.Class)
fig, axes = plt.subplots(nrows=3, ncols=3,figsize=(20,6))
for k, i in enumerate(w.columns[3:12]):
    if k==6:
        ctab1.plot(kind="barh",stacked=True,
                   ax=axes[int(np.floor(k/3)),k%3])
        plt.title(i+' vs '+'Class')
    elif k==7:
        ctab2.plot(kind="barh",stacked=True,
                   ax=axes[int(np.floor(k/3)),k%3])
        plt.title(i+' vs '+'Class')
    else:
        sns.boxplot(y=w['Class'], x=w[i],
                    ax=axes[int(np.floor(k/3)),k%3],orient='h')
        plt.title('Class'+' vs '+i)
plt.savefig("Q02.pdf",bbox_inches='tight',pad_inches=0)
```

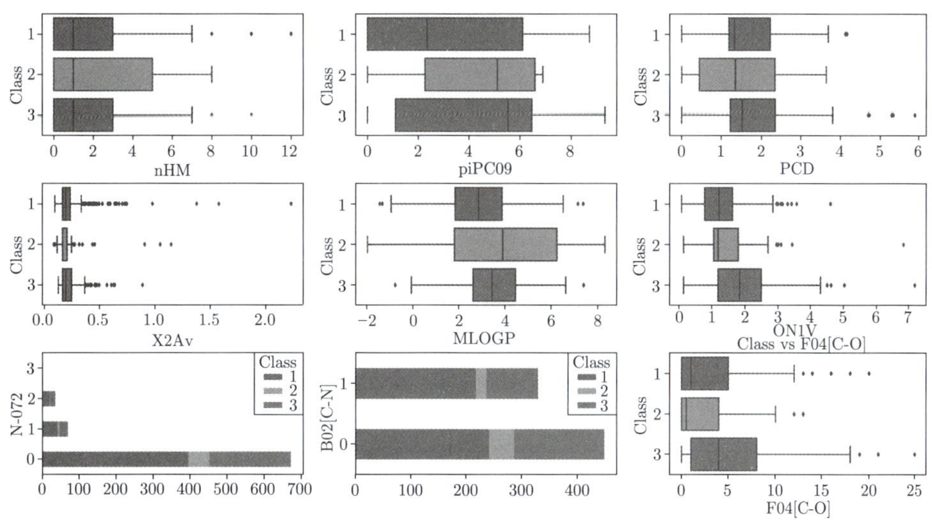

图 1.4.3 分类因变量 `Class` 和自变量的点图

关于图 1.4.3

图 1.4.3 与图 1.4.2 很相似, 其中有 7 个使用 `seaborn` 的盒形图函数, 有 2 个使用 `pandas` 的 `DataFrame` 条形图函数, 这些都和画图模块 `matplotlib` 有亲缘关系; 这里也使用了 `subplot` 函数实现 `matplotlib` 的多图排列, 但实现方式和图 1.4.2 有所不同. 后面将会做具体介绍.

1.4.2 对例 1.4 做回归并对多种方法做预测精度的交叉验证

对例 1.4, 以 `logBCF` 为因变量做 5 种方法回归的 10 折交叉验证并输出预测标准化均方误差 (图 1.4.4) 的代码为 (这里必须先运行第 1.6 节的函数 `RegCV` 及其依赖的函数 `Fold`):

```
#把分类变量哑元化
w[['N-072', 'B02[C-N]','Class']]=w[['N-072', 'B02[C-N]','Class']].\
    astype('category')
yc=w['Class']
yr=w['logBCF']
X = pd.get_dummies(w.iloc[:,3:12], drop_first = False)

#输入各种方法
from sklearn.ensemble import RandomForestRegressor, BaggingRegressor,
    AdaBoostRegressor
from sklearn.experimental import enable_hist_gradient_boosting
from sklearn.ensemble import HistGradientBoostingRegressor
from sklearn.ensemble import BaggingRegressor
from sklearn.ensemble import RandomForestRegressor
from sklearn.linear_model import LinearRegression
names = ['HGBoost',"Adaboost","Bagging", "Random Forest", "Linear Model"]
regressors = [
    HistGradientBoostingRegressor(),
    AdaBoostRegressor(random_state=0, n_estimators=100),
    BaggingRegressor(n_estimators=100),
    RandomForestRegressor(n_estimators=500,random_state=0),
    LinearRegression()]

# 回归交叉验证
REG=dict(zip(names,regressors))
R,A=RegCV(X,yr,REG,Z=10,seed=1010)

#画图并打印输出
BarPlot(A,'NMSE','Model','Comparison of NMSE among various models')
print(A)
```

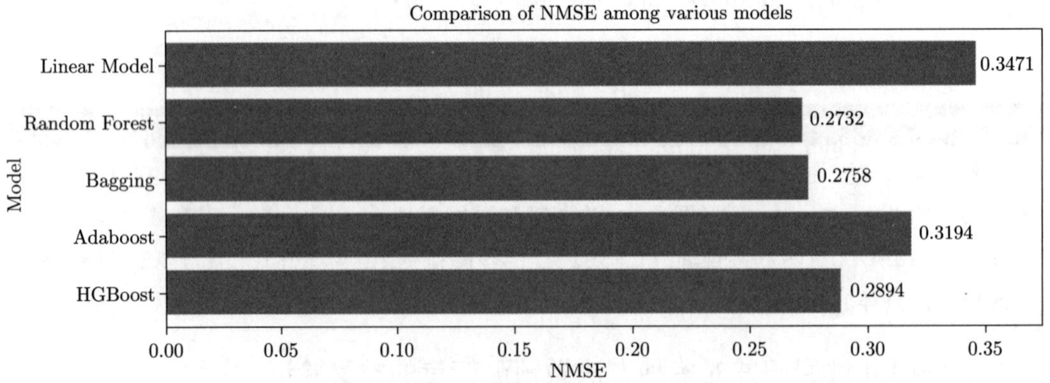

图 1.4.4 例 1.4 对因变量 `logBCF` 做 5 种方法回归的 10 折交叉验证预测 NMSE 的条形图

对因变量 `logBCF` 回归的各种方法交叉验证的 NMSE 输出为:

```
{'HGBoost': 0.2893810393577089,
 'Adaboost': 0.3194039457773411,
 'Bagging': 0.2758057882593928,
 'Random Forest': 0.2731937762875791,
 'Linear Model': 0.34709033448137155}
```

这里的误差为标准化均方误差, 定义为:

$$\mathrm{NMSE}=\frac{\sum_{i=1}^{n}(y_i-\hat{y}_i)^2}{\sum_{i=1}^{n}(y_i-\overline{y})^2}$$

其中, y_i 是因变量的第 i 个观测值; $\hat{y}_i$ 是第 i 个因变量交叉验证预测值; $\overline{y}$ 是因变量的样本均值, 代表了不用任何模型的预测. 如果 NMSE 小于 1, 说明使用模型比没有使用模型 (使用均值) 要强一些, NMSE 越小, 预测精度越高. 如果 NMSE 大于 1, 说明使用相应的模型还不如没有使用模型.

1.4.3 对例 1.4 做分类并对多种方法做预测精度的交叉验证

下面对例 1.4, 以 `Class` 为因变量做 6 种方法分类的 10 折交叉验证并输出误判率 (图 1.4.5) 的代码. 这里使用了第 1.6 节的函数 `ClaCV`、`BarPlot` (这些函数以及它们依靠的函数 `Fold` 必须先运行).

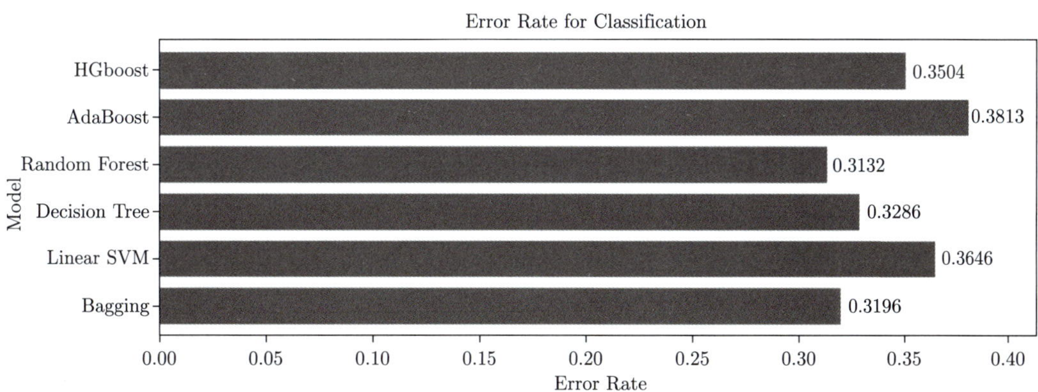

图 1.4.5　例 1.4 对因变量 `Class` 做 6 种方法分类 10 折交叉验证的预测误判率的条形图

```
#输入方法
from sklearn.svm import SVC
from sklearn.ensemble import RandomForestClassifier, AdaBoostClassifier,\
BaggingClassifier
from sklearn.experimental import enable_hist_gradient_boosting
```

```
from sklearn.ensemble import HistGradientBoostingClassifier
LinearDiscriminantAnalysis
from sklearn.tree import DecisionTreeClassifier
names = ["Bagging", "Linear SVM", "Decision Tree",
    "Random Forest", "AdaBoost", 'HGboost']
classifiers = [
    BaggingClassifier(n_estimators=100,random_state=1010),
    SVC(kernel="linear", C=0.025,random_state=0),
    DecisionTreeClassifier(max_depth=5,random_state=0),
    RandomForestClassifier(n_estimators=500,random_state=0),
    AdaBoostClassifier(n_estimators=100,random_state=0),
    HistGradientBoostingClassifier(random_state=0)]
CLS=dict(zip(names,classifiers))

#分类交叉验证计算、画图并打印结果
R,B=ClaCV(X,yc,CLS)
BarPlot(B,'Error Rate','Model','Error Rate for Classification')
print(B)
```

对因变量 `Class` 的 6 种方法分类交叉验证误判率的输出为:

```
{'Bagging': 0.3196405648267009,
 'Linear SVM': 0.3645699614890886,
 'Decision Tree': 0.3286264441591784,
 'Random Forest': 0.31322207958921694,
 'AdaBoost': 0.38125802310654683,
 'HGboost': 0.3504492939666239}
```

1.4.4 对例 1.4 做随机森林回归及分类的变量重要性

对于例 1.4, 无论是回归还是分类, 前面结果显示随机森林方法精度均为最高, 随机森林方法可以给出各个变量的重要性. 图 1.4.6 为各个变量对回归及分类的重要性的条形图. 图形显示, 对因变量 `logBCF` 做回归, 只有一个变量特别突出, 也就是在前面散点图中和因变量线性相关系数比较大的自变量 (`MLOGP`), 但是在对因变量 `Class` 做分类时, 没有特别突出的变量, 显然前两个定性变量都不重要, 而后面重要性最高的是变量 `ON1V`, 但其他定量变量与变量`ON1V` 差距不那么显著. 这也从一个侧面说明该数据的分类与回归性质不同.

1. 随机森林回归及分类重要性代码

```
# 得到回归的变量重要性
RF_R = RandomForestRegressor(n_estimators=500,random_state=0)
RF_R.fit(X, yr)
A=dict(zip(X.columns, RF_R.feature_importances_))
```

```
print(A)

# 得到分类的变量重要性
from sklearn.metrics import confusion_matrix
RF_C = RandomForestClassifier(n_estimators=100, oob_score=True)
RF_C.fit(X, yc)
B=dict(zip(X.columns, RF_C.feature_importances_))
print(B)
```

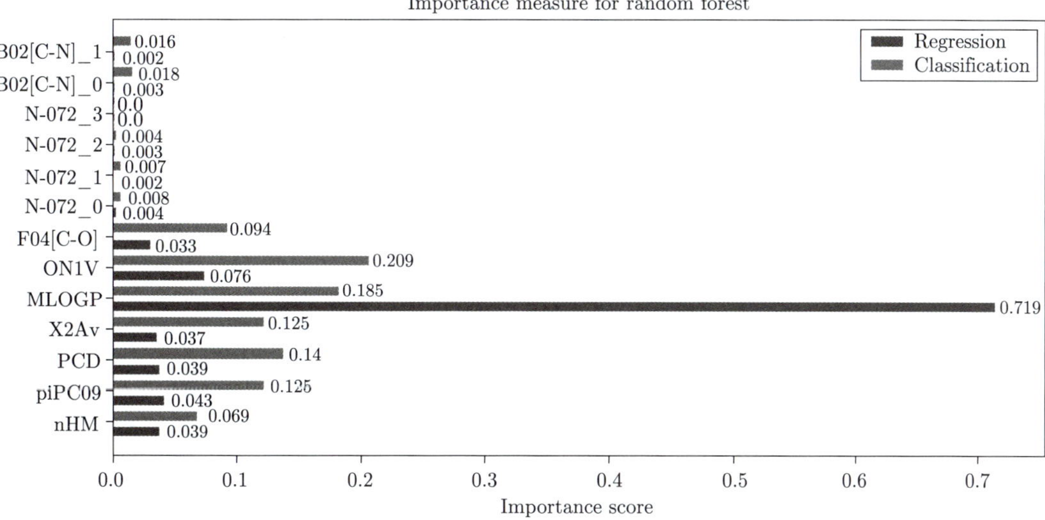

图 1.4.6　对例 1.4 做随机森林回归及分类的变量重要性

2. 生成随机森林回归及分类重要性条形图代码

```
#画出并排的条形图
x = np.arange(len(A))  # the label locations
hight = 0.5  # the width of the bars

fig, ax = plt.subplots(figsize=(10,5))
rects1 = ax.barh(y=x - hight/2, width=A.values(),height=0.35,
    label='Regression')
rects2 = ax.barh(y=x + hight/2, width=B.values(), height=0.35,
    label='Classification')

# Add some text for labels, title and custom x-axis tick labels, etc.
ax.set_xlabel('Importance score')
ax.set_title('Importance measure for random forest')
ax.set_yticks(x)
```

```
ax.set_yticklabels(A.keys())
ax.legend()

def autolabel(rects):
    """每条附加一个显示其长度的标签"""
    for rect in rects:
        width = np.round(rect.get_width(),3)
        ax.annotate('{}'.format(width),
                    xy=(width,rect.get_y()+ rect.get_height()/2),
                    xytext=(.5, 0.1),  #  offset
                    textcoords="offset points",
                    ha='left', va='center')
autolabel(rects1)
autolabel(rects2)
fig.tight_layout()
plt.show()
```

对随机森林回归的变量重要性的输出为:

```
{'nHM': 0.0389058103882l547,
 'piPC09': 0.04260011539801708,
 'PCD': 0.03926680158048455,
 'X2Av': 0.03700334082607364,
 'MLOGP': 0.7189424775134516,
 'ON1V': 0.07581725848214232,
 'F04[C-O]': 0.03254491207926905,
 'N-072_0': 0.004490170043411808,
 'N-072_1': 0.002190980015822603,
 'N-072_2': 0.002903096702251113,
 'N-072_3': 6.952586685591613e-05,
 'B02[C-N]_0': 0.0028176430107806753,
 'B02[C-N]_1': 0.0024478680932242375}
```

对随机森林分类的变量重要性的输出为:

```
{'nHM': 0.06929612419724804,
 'piPC09': 0.12464638674345505,
 'PCD': 0.14027778818604542,
 'X2Av': 0.12456667767652728,
 'MLOGP': 0.18469149289713305,
 'ON1V': 0.20890998017286344,
 'F04[C-O]': 0.0944835645126478,
 'N-072_0': 0.007709796832768892,
```

```
'N-072_1': 0.007284687094013758,
'N-072_2': 0.00381516667284562,
'N-072_3': 0.00022359157998639786,
'B02[C-N]_0': 0.017659674813461833,
'B02[C-N]_1': 0.016435068621003336}
```

1.4.5　对例 1.4 的一个小结

对于例 1.4 来说:

1. 图 1.4.2 和图 1.4.3 给出了变量观测值之间关系的初等描述, 但无法给出任何更深一步的信息, 必须实行有监督学习的实践.

2. 图 1.4.4 和图 1.4.5 给出了各种有监督学习模型的效果评价, 选出随机森林作为回归和分类的首选模型.

3. 图 1.4.6 给出了随机森林两种有监督学习模型实施时得到的变量重要性度量, 这显然涉及了例 1.4 数据研究的初衷.

要理解图 1.4.4、图 1.4.5 及图 1.4.6, 必须对有监督学习有初步的理解, 否则不会明白. 进行了交叉验证计算, 图 1.4.4 及图 1.4.5 就仅仅是结果数字的简单条形图加上一些数字而已; 而对图 1.4.6 的理解需要对随机森林具备更进一步的知识, 其并排条形图形的产生和前面两个条形图类似, 但稍微复杂一些.

1.5　案例: 例 1.5 部分鸢尾花人造缺失值数据

例 1.5　部分鸢尾花人造缺失值数据 (iris9na.csv) 是从著名的鸢尾花数据 (iris.csv) (后文例 3.2 对该数据有较详细解释)① 中选取 9 行并制造了 14 个缺失值而成的. 这个数据的样本量很小, 而缺失值数目较多, 很难准确填补, 但本例主要是展示如何显示和填补缺失值, 故使用比较直观的小数据.

1.5.1　读取和展示数据

这个数据的缺失值在数据文件中有几种形式: `N/A`、`nan`、`?`、`'999'` 及空格. 在使用 `pd.read_csv` 读取数据时, 有些符号 (比如 `N/A` 和 `nan`) 及空格会自动认为是缺失值, 而诸如符号 `'?'` 和 `'999'` 等不规范的字符就必须在读数据时在选项 `na_values` 中标明. 下面是我们要用的一些模块和数据的读入代码:

```
import numpy as np
import pandas as pd
import missingno as msno
from missingpy import MissForest
import sklearn.neighbors._base
```

① Fisher R A. The use of multiple measurements in taxonomic problems. *Annals of Eugenics*, 1936, 7, Part II, 179-188.

```
sys.modules['sklearn.neighbors.base'] = sklearn.neighbors._base

wm=pd.read_csv('iris9na.csv',na_values=['999','?'])
print(wm)
```

输出的全部数据为:

```
   Sepal.Length  Sepal.Width  Petal.Length  Petal.Width     Species
0           4.9          3.0           NaN          0.2         NaN
1           4.6          3.1           1.5          0.2      setosa
2           5.4          NaN           1.7          NaN      setosa
3           NaN          3.2           4.5          1.5  versicolor
4           NaN          2.3           NaN          1.3         NaN
5           5.7          2.8           NaN          1.3  versicolor
6           5.8          2.7           NaN          1.9         NaN
7           NaN          2.9           NaN          1.8   virginica
8           7.6          3.0           6.6          NaN   virginica
```

1.5.2 缺失值信息的图表示

下面代码计算各列及整个数据缺失值数目:

```
print(wm.isna().sum()) #按列计算, 等价于 u_nan.isna().sum(axis=0)
print('Total number of missing values =',wm.isna().sum().sum())
```

输出为:

```
Sepal.Length    3
Sepal.Width     1
Petal.Length    5
Petal.Width     2
Species         3
dtype: int64
Total number of missing values = 14
```

1. 缺失值的矩阵图表示

可以用直观的矩阵图表示缺失值在数据中的位置及规模 (见图 1.5.1), 请结合上面数值展示结果理解.

```
miss_df = wm.columns[wm.isnull().any()].tolist()#有缺失值的列名
msno.matrix(wm[miss_df])
plt.show()
```

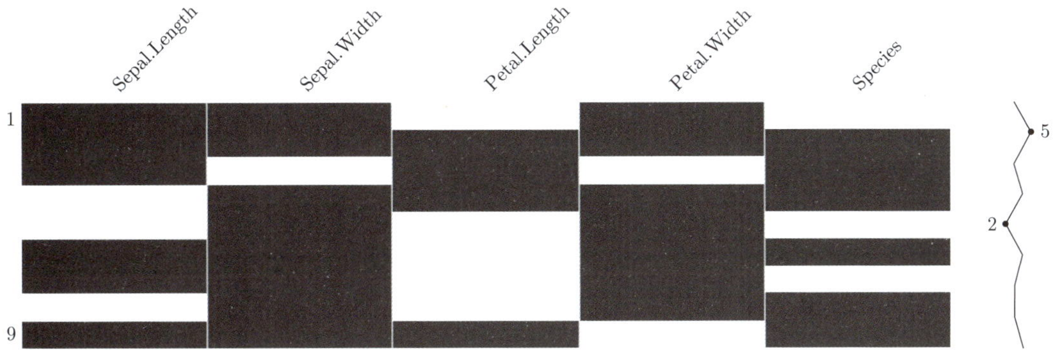

图 1.5.1　例 1.5 缺失值的矩阵图

2. 缺失值的柱状图表示

也可以用直观的柱状图表示缺失值在数据中的位置及规模 (不是缺失值的数量) (见图 1.5.2).

```
msno.bar(wm[miss_df], color="blue", log=True, figsize=(15,5))
plt.show()
```

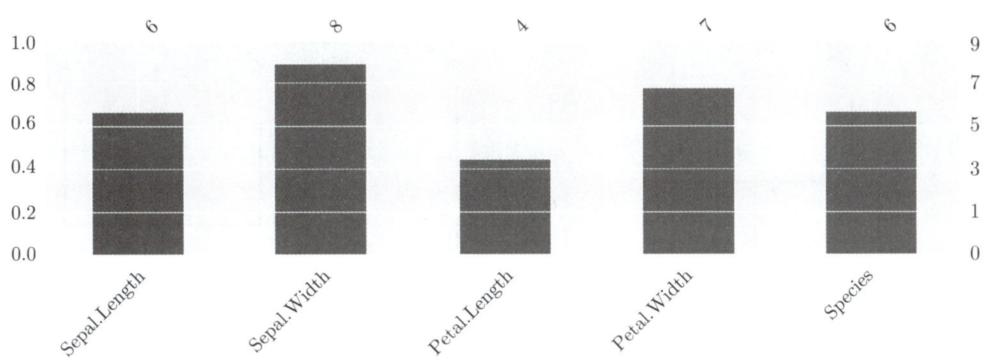

图 1.5.2　例 1.5 缺失值的柱状图

3. 缺失值的交叉关系图表示

可以用直观的关系图表示各个变量缺失值的交叉关系 (见图 1.5.3). 请结合相应的数据框来理解.

```
msno.heatmap(wm[miss_df], figsize=(21,7))
plt.show()
```

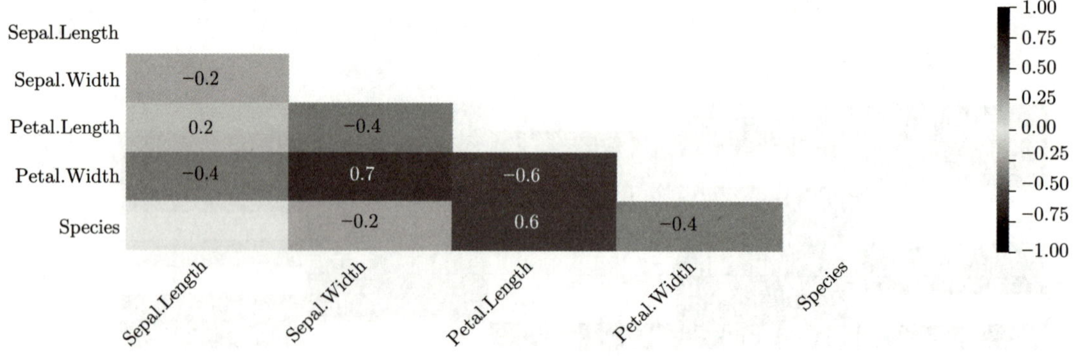

图 1.5.3 例 1.5 缺失值的交叉关系图

4. 缺失值的树状图表示

可以用直观的树状图从另一个角度显示各个变量缺失值的关系 (见图 1.5.4).

```
msno.heatmap(wm[miss_df], figsize=(21,7))
plt.show()
```

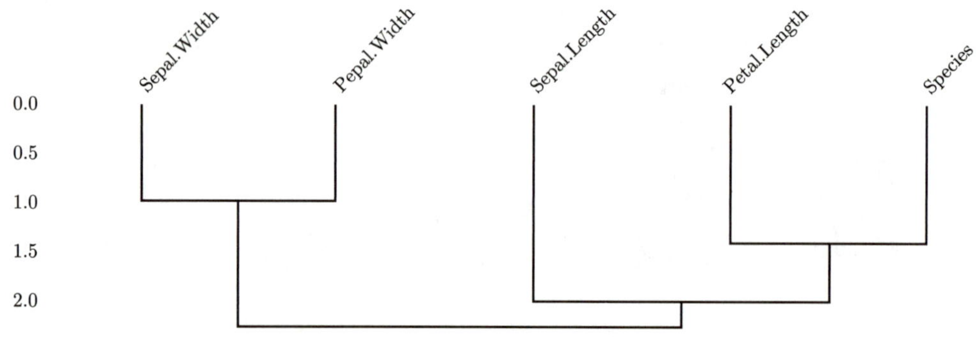

图 1.5.4 例 1.5 缺失值的树状图

1.5.3 缺失值的填补

虽然这一小节没有图形, 但讨论缺失值时不能不提到如何填补缺失值. 缺失值的处理有很多方法, 最简单的方法是删除, 但可能会同时删除很多有用的信息. 另外一种方法就是对数量型数据用同一个变量未缺失值的均值或中位数来填补, 而对分类数据用同一个变量的众数填补, 这些方法也过于简单. 更复杂一些的方法是用未缺失数据建模来填补. 下面就是这样一种建模填补的方法.

这里只介绍一个非常有效的可以同时处理数量变量和分类变量缺失值的 `MissForest` 函数所代表的填补缺失值的方法.① MissForest 函数使用“随机森林”以迭代方式估算缺失

① Stekhoven, Daniel J, Peter Bühlmann. MissForest—non-parametric missing value imputation for mixed-type data. *Bioinformatics*, 2011, 28.1: 112-118.

值. 在默认情况下, 我们把缺失值最少的变量 (列) 称为候选列, 并且从该列开始来插补 (该列的) 缺失值. 第一步用初始猜测填充剩余的非候选列的所有缺失值: 用均值填补数量变量的缺失值; 用众数填补分类变量的缺失值. 此后, 以候选列作为因变量、非候选列作为自变量, 用随机森林方法来利用无缺失值的候选列建模, 然后用所得到的模型预测候选列的缺失值. 此后, 再寻找下一个候选列, 重复刚才的计算和填补. 把所有有缺失值的变量都当成候选列之后, 再重复这个过程, 这时非候选列中的缺失值就是上一次随机森林估计的值 (而不是均值或众数). 这样, 不断重复直到满足停止条件为止. 停止标准由连续迭代中插补数组之间的 "差异" 来决定. 对于数量变量, 其差异定义为:

$$\frac{\sum_{j=1}^{J}\sum_{i=1}^{n_j}(x_{ij}^{(new)}-x_{ij}^{(old)})^2}{\sum_{j=1}^{J}\sum_{i=1}^{n_j}(x_{ij}^{(new)})^2}$$

这里的 $x_{ij}^{(new)}$ 表示第 j 个有缺失值的数量变量第 i 个缺失值的新填补值, 而 $x_{ij}^{(old)}$ 为该缺失值前一次循环填补的值, J 为有缺失值数量变量 (列) 的总数, n_j 为第 j 列缺失值的总数. 对于分类变量, 差异定义为全部数据中新填补的值不等于先前填补的值占总缺失值的比例. 当这两个差异皆满足标准之后, 迭代就会停止.

具体代码为:

```
wm=pd.read_csv('iris9na.csv',na_values=['999','?'])
#把 Species 的各个水平转换成数字
u_nan=wm

MM=list(set(u_nan['Species']))#[NAN, 'setosa', 'virginica', 'versicolor']
S=u_nan['Species']
SS=np.zeros(len(S))>0
for i in np.arange(1,len(MM)):
SS=SS+(S==MM[i])*i
u_nan['Species']=SS

u_nan['Species']=u_nan['Species'].mask(SS==0) #只有data frame有mask函数
# print(u_nan)

#用MissForest填补缺失值
from missingpy import MissForest
imputer = MissForest(random_state=1010)
imputed = imputer.fit_transform(u_nan, cat_vars=4)#标明第4个是分类变量
# imputed 得到的是np.array

u2=pd.DataFrame(imputed,columns=wm.columns) #转换成数据框
```

```
#把哑元转换成原先字符串:
u2['Species']=u2['Species'].map({2.0:'setosa', 3.0:
                                'versicolor',1.0:'virginica' })

print(u2)
```

填补后的数据为:

```
  Sepal.Length  Sepal.Width  Petal.Length  Petal.Width     Species
0        4.900        3.000         2.151        0.200   virginica
1        4.600        3.100         1.500        0.200   virginica
2        5.400        2.975         1.700        0.648   virginica
3        5.557        3.200         4.500        1.500      setosa
4        5.732        2.300         4.224        1.300      setosa
5        5.700        2.800         4.224        1.300      setosa
6        5.800        2.700         4.413        1.900      setosa
7        6.372        2.900         5.023        1.800  versicolor
8        7.600        3.000         6.600        1.559  versicolor
```

1.6 本书使用的一些自编的 Python 函数

本书 (包括本章) 使用了一些自编的机器学习函数, 这些方法不一定和画图有关, 为了编程方便, 我们编写了一些函数, 列举在这一节. 如果代码中使用了其中的函数, 则应该首先运行这些函数及它们所依赖的函数.

1.6.1 分折交叉验证分子集函数

1. 照顾某分类变量均衡的 Z 折交叉验证划分子集函数

```
def Fold(u,Z=10,seed=8888):
    u=np.array(u).reshape(-1)
    id=np.arange(len(u))
    zid=[];ID=[];np.random.seed(seed)
    for i in np.unique(u):
        n=sum(u==i)
        ID.extend(id[u==i])
        k=(list(range(Z))*int(n/Z+1))
        np.random.shuffle(k)
        zid.extend(k[:n])
    zid=np.array(zid);ID=np.array(ID)
    zid=zid[np.argsort(ID)]
    return zid
```

2. Z 折交叉验证划分子集函数

```
def Rfold(n,Z,seed):
    zid=(list(range(Z))*int(n/Z+1))[:n]
    np.random.seed(seed)
    np.random.shuffle(zid)
    return(np.array(zid))
```

1.6.2　有监督学习交叉验证函数

1. 多方法回归交叉验证函数

```
def RegCV(X,y,regress, Z=10, seed=8888, trace=True, u=[1]):
    from datetime import datetime
    n=len(y)
    if len(u)>1: zid=Fold(u,Z,seed)
    else: zid=Rfold(n,Z,seed)
    YPred=dict();
    M=np.sum((y-np.mean(y))**2)
    A=dict()
    for i in regress:
        if trace: print(i,'\n',datetime.now())
        Y_pred=np.zeros(n)
        for j in range(Z):
            reg=regress[i]
            reg.fit(X[zid!=j],y[zid!=j])
            Y_pred[zid==j]=reg.predict(X[zid==j])
        YPred[i]=Y_pred
        A[i]=np.sum((y-YPred[i])**2)/M
    if trace: print(datetime.now())
    R=pd.DataFrame(YPred)
    return R,A
```

2. 单方法回归交叉验证函数

```
def RCV(reg,X,y,zid):
    y_pred=np.zeros(len(y))
    for j in np.unique(zid): #j has Z kinds of values
        reg.fit(X[zid!=j],y[zid!=j])
        y_pred[zid==j]=reg.predict(X[zid==j])
    return(y_pred)
```

3. 多方法分类交叉验证函数

```
def ClaCV(X,y,CLS, Z=10,seed=8888, trace=True):
    from datetime import datetime
    n=len(y)
    Zid=Fold(y,Z,seed=seed)
    YCPred=dict();
    A=dict()
    for i in CLS:
        if trace: print(i,'\n',datetime.now())
        Y_pred=np.zeros(n)
        for j in range(Z):
            clf=CLS[i]
            clf.fit(X[Zid!=j],y[Zid!=j])
            Y_pred[Zid==j]=clf.predict(X[Zid==j])
        YCPred[i]=Y_pred
        A[i]=np.mean(y!=YCPred[i])
    if trace: print(datetime.now())
    R=pd.DataFrame(YCPred)
    return R, A
```

4. 单方法分类交叉验证函数

```
def CCV(clf,X, y,Zid):
    y_pred=np.array(y)
    for j in np.unique(Zid): #j has Z kinds of values
        clf.fit(X[Zid!=j],y[Zid!=j])
        y_pred[Zid==j]=clf.predict(X[Zid==j])
    error=np.mean(y!=y_pred)
    return(error,y_pred)
```

1.6.3 画条形图的函数

该条形图函数是为展示有监督学习交叉验证精度而做的，目的比较单一，但也完全适用于任何目的.

```
def BarPlot(A,xlab='',ylab='',title='',size=[20,20,30,20,15]):
    import matplotlib.pyplot as plt
    plt.figure(figsize = (20,7))
    plt.barh(range(len(A)), A.values(), color = 'navy')
    plt.xlabel(xlab,size=size[0])
    plt.ylabel(ylab,size=size[1])
    plt.title(title,size=size[2])
    plt.yticks(np.arange(len(A)),A.keys(),
```

```
        size=size[3])
    for v,u in enumerate(A.values()):
        plt.text(u, v, str(round(u,4)), va = 'center',color='navy',
            size=size[4])
    plt.show()
```

1.7　本章的 R 代码

1.7.1　例 1.1 汽车数据代码

1. 马力、耗油量、重量、品牌地关系的散点图

包括读入数据并产生例 1.1 关于马力、耗油量、重量、品牌地关系的散点图的代码和输出图形 (图 1.7.1) 的 R 代码如下.

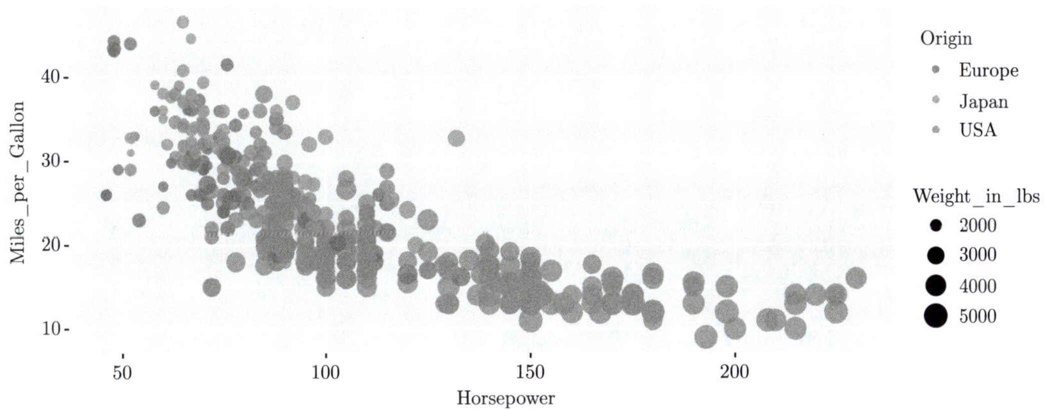

图 1.7.1　例 1.1 马力、耗油量、重量、品牌地的关系

```
w=read.csv('autocars.csv')
library(ggplot2)
ggplot(w,aes(x=Horsepower, y=Miles_per_Gallon))+
  geom_point(aes(color=Origin,size=Weight_in_lbs),alpha=0.8)
```

下面是产生关于图 1.7.1 的分解图的代码, 即分别按照 3 个品牌地作马力、耗油量、重量的散点图 (图 1.7.2).

```
p=ggplot(w,aes(x=Horsepower, y=Miles_per_Gallon))+
  geom_point(aes(color=Origin,size=Weight_in_lbs),alpha=0.8)
p + facet_wrap(~Origin)
```

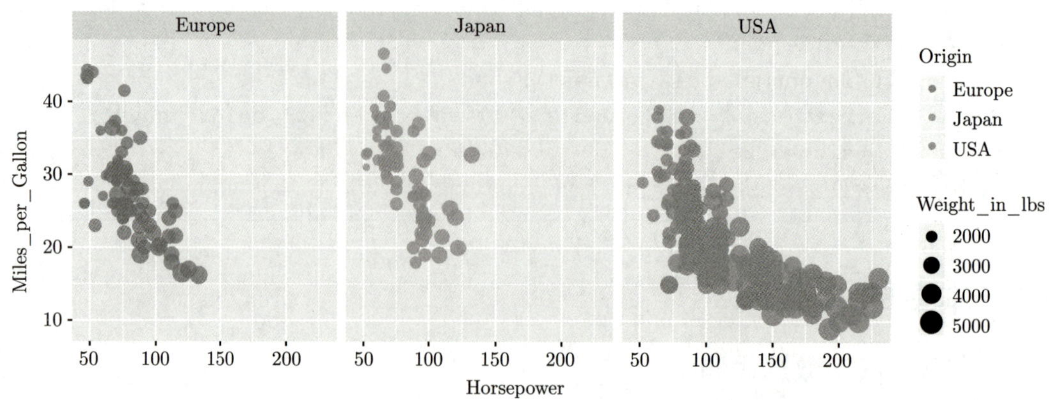

图 1.7.2 例 1.1 马力、耗油量、重量分品牌地的图

2. 马力、加速性能、重量、气缸数关系的散点图

同样, 生成关于例 1.1 数据的马力、加速性能、重量、气缸数关系的散点图 (图 1.7.3) 的代码为:

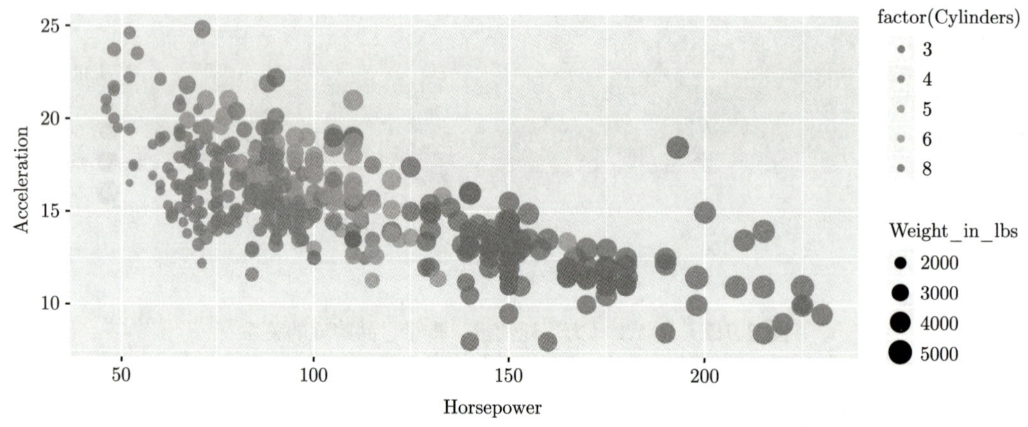

图 1.7.3 例 1.1 马力、加速性能、重量、气缸数的关系

```
ggplot(w,aes(x=Horsepower, y=Acceleration))+
  geom_point(aes(color=factor(Cylinders),size=Weight_in_lbs),alpha=0.8)
```

3. 三个品牌系列每加仑汽油行驶的英里数的直方图

三个品牌系列每加仑汽油行驶的英里数直方图 (图 1.7.4) 的代码为:

```
p0=ggplot(w,aes(Miles_per_Gallon,fill=Origin))+
  geom_histogram()
p1=p0+labs(title = 'Histogram of mpg for three origins',
           x=NULL,y=NULL)+
```

```
  theme_bw()+
  theme(plot.title=element_text(hjust = 0.5,face='plain'),
        legend.position = c(0.95,0.8))
```

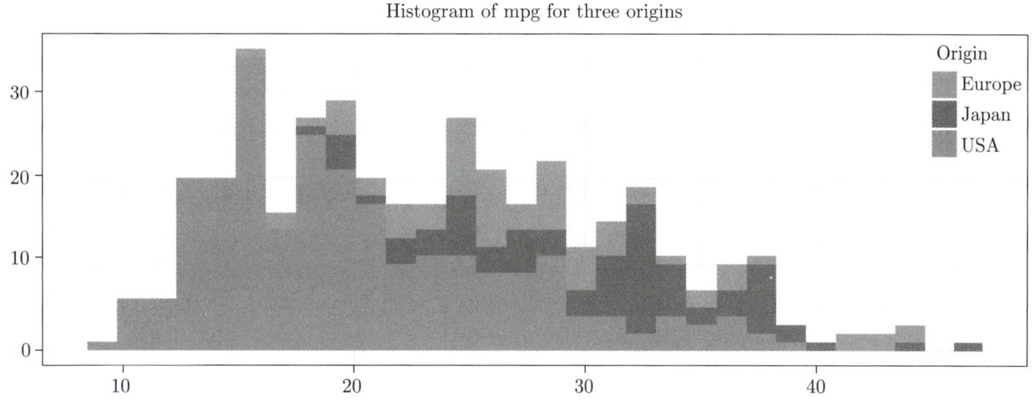

图 1.7.4　例 1.1 3 个品牌系列的 mpg 直方图

4. 三个品牌系列的 6 项指标均值随着时间的变化

下面是 3 个品牌系列耗油量、气缸数、排气量、马力、重量及加速性能 6 项指标的均值随着时间变化的折线图 (图 1.7.5) 相关的代码:

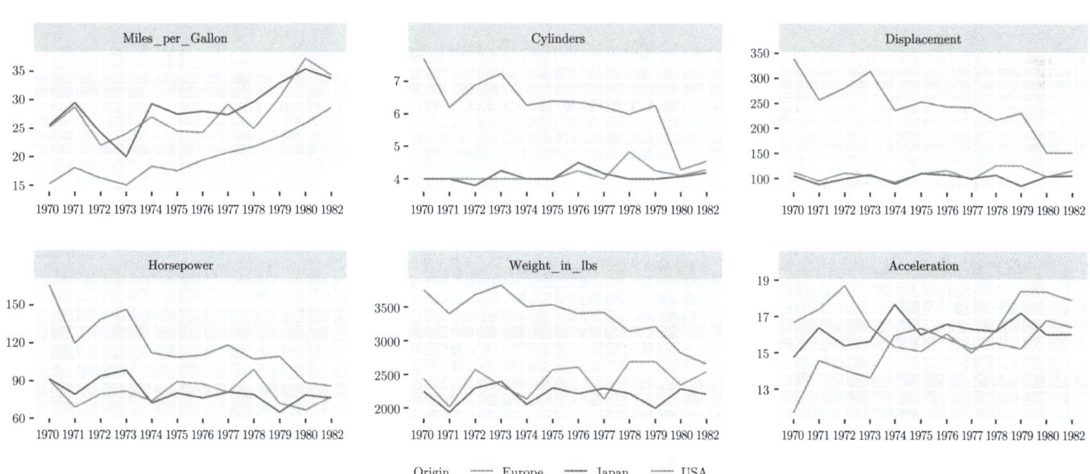

图 1.7.5　例 1.1 3 个品牌系列的 6 项指标均值随着时间的变化

```
library(tidyverse);library(reshape2)
wy=w%>%group_by(Origin,Year)%>%
  summarise_if(is.numeric, mean,na.rm = TRUE)
wy$Year=sapply((wy$Year),
```

```
  function(x)strsplit(as.character(x),'-')[[1]][1])
wm = melt(wy)
ggplot(wm, aes(x=Year,y=value,group=Origin))+
  geom_line(aes(color=Origin))+
  facet_wrap(variable~.,scales='free',nrow=2,ncol=3)+
  theme(axis.text = element_text(size=6),legend.position = 'bottom' )+
  labs(x=NULL,y=NULL)
```

5. 三个品牌系列的 6 项指标的盒形图

图 1.7.6 是 3 个品牌系列 6 项指标 (耗油量、气缸数、排气量、马力、重量及加速性能) 的盒形图.

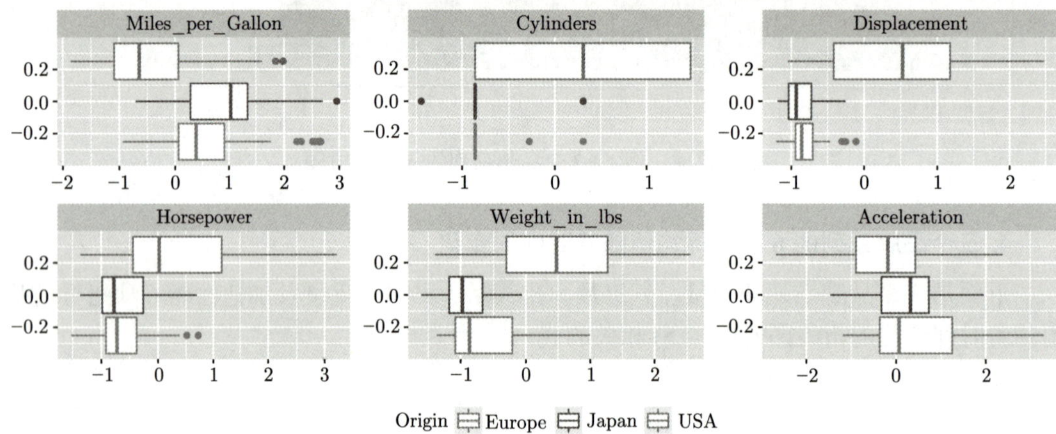

图 1.7.6 例 1.1 3 个品牌系列的 6 项指标的盒形图

产生图 1.7.6 的代码为:

```
ws=apply(w[,2:7],2,scale);ws=cbind(ws,w['Origin'])
m=melt(ws)
ggplot(m,aes(value,group=Origin,color=Origin))+
  geom_boxplot()+
  facet_wrap(variable~.,scales='free',nrow=2,ncol=3)+
  theme(legend.position = 'bottom' )+
  labs(x=NULL,y=NULL)
```

1.7.2 例 1.2 葡萄牙选举数据代码

1. 各个变量趋势的各区域比较

首先对各个变量各区域趋势进行比较, 选择覆盖区域比较广泛的政党 (`Party=='A'`), 去掉全国性区域数据, 同时提取与政党无关的变量, 得到一个新数据集为 `w1`. 具体代码为:

```
library(tidyverse); library(cowplot);library(patchwork)
w=read.csv('GoesGold/ElectionData.csv')
w1=filter(w,Party=='A',territoryName!='Território Nacional') %>%
  select(-c('numParishes','time','Party':'FinalMandates'))
```

生成随着时间的变化各区当选议员人数变化图 (图 1.7.7) 的代码为:

```
p1=ggplot(w1,aes(x=TimeElapsed,y=totalMandates,color=territoryName))+
  geom_line()+
  labs(title =
    'National total mandates for all 20 regions by time elapsed')
p1+guides(color = guide_legend(ncol = 2))
```

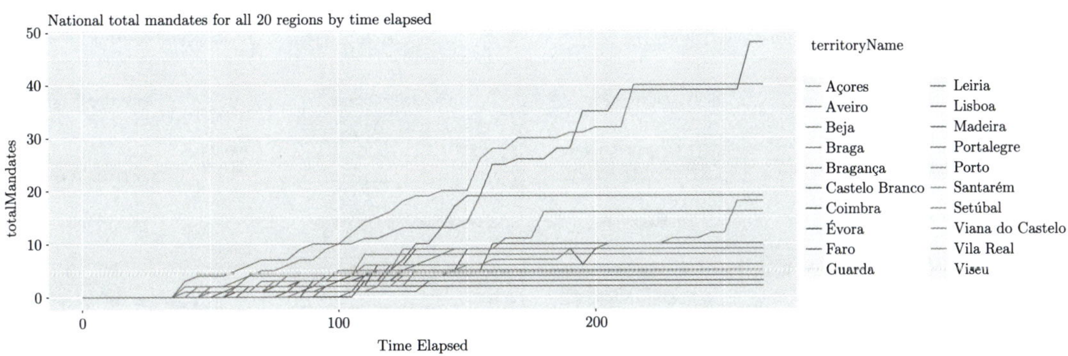

图 1.7.7 例 1.2 葡萄牙全国各区当选议员人数随着时间的变化

进一步直观观察各个地区当选议员人数随时间变化的情况, 得到面积图 (图 1.7.8).

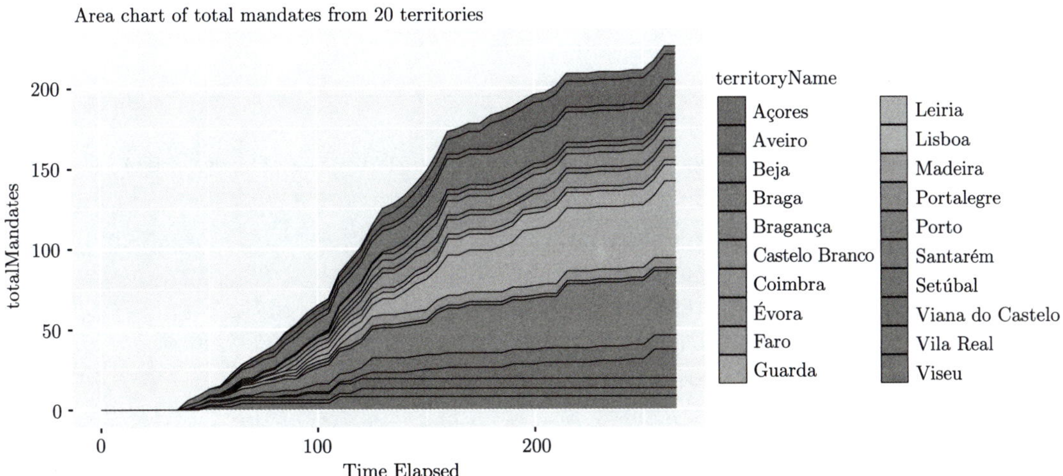

图 1.7.8 各个地区当选议员人数总计随时间变化的面积图

面积图 1.7.8 的具体代码如下:

```
p2=ggplot(w1,aes(x=TimeElapsed,y=totalMandates,fill=territoryName))+
  geom_area(color="black",size=0.2,alpha=0.8)+
  ggtitle('Area chart of total mandates from 20 territories')
p2+guides(fill = guide_legend(ncol = 2))
```

图 1.7.9 是关于其他与政党无关的 16 个变量趋势在 20 个区域的比较. 首先编制出一个变量各个地区趋势的图形函数 MM, 再利用 map 映射多个图形, 最后调用 cowplot 中的 plot_grid 函数进行排布.

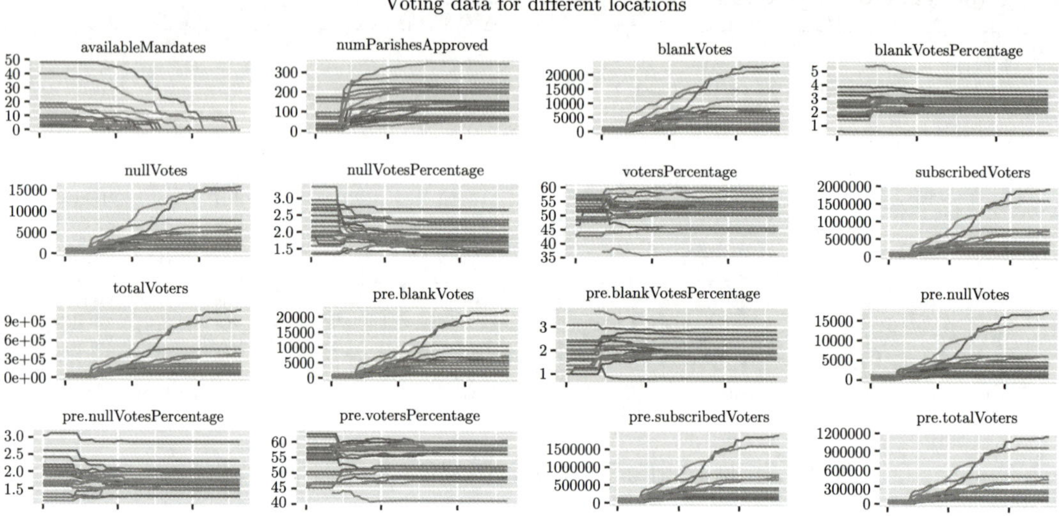

图 1.7.9　例 1.2 的 16 个变量趋势的各区域比较

图 1.7.9 的具体代码如下:

```
MM=function(w1,y){
  ggplot(w1,aes_string(x='TimeElapsed',y=y,color='territoryName'))+
  geom_line(show.legend = FALSE)+
  labs(title=y,x=NULL,y=NULL)+
  theme(plot.title=element_text(size=8,hjust=0.5),
        axis.text.x = element_blank())
}
A=map(names(w1)[4:19],~MM(w1,.x))
AP=plot_grid(plotlist = A)
AP+plot_annotation(
    title = 'Voting data for different locations',
    theme=theme(plot.title = element_text(hjust = 0.5)))
```

2. 政党有关变量趋势比较

前面使用 ggplot 作图, 这里主要利用 R 语言基本语言作图. 为了顺利生成政党有关变量趋势图 (图 1.7.10), 我们提取所需数据, 并按照一定格式将其保存. 产生一个 list, 按照政党名称分类, 提取与政党有关的变量, 将其建立数据框, 分别存入 list.

```
W=list()
for (i in unique(w$Party)){
 W[[i]]=w[w['Party']==i,]%>%
    select('TimeElapsed','territoryName','Mandates':'Hondt')
}
```

生成葡萄牙全国各个政党投票数目随时间变化的趋势图 (图 1.7.10) 的代码为:

```
plot(0,xlim=c(0,265),ylim=c(0,max(W$PS$Votes)),
     type='n',xlab="",ylab="")
mtext ('National votes for all 21 parties by time elapsed')
for( i in 1:length(names(W))){
 lines(x=W[[i]][W[[i]]$territoryName==
        'Território Nacional',]$TimeElapsed,
        y=W[[i]][W[[i]]$territoryName==
        'Território Nacional',]$Votes,
  col=i+1,lwd=1.5)
}
legend('topleft',names(W),col=2:22,lwd=1.5,ncol=2,cex=0.4)
```

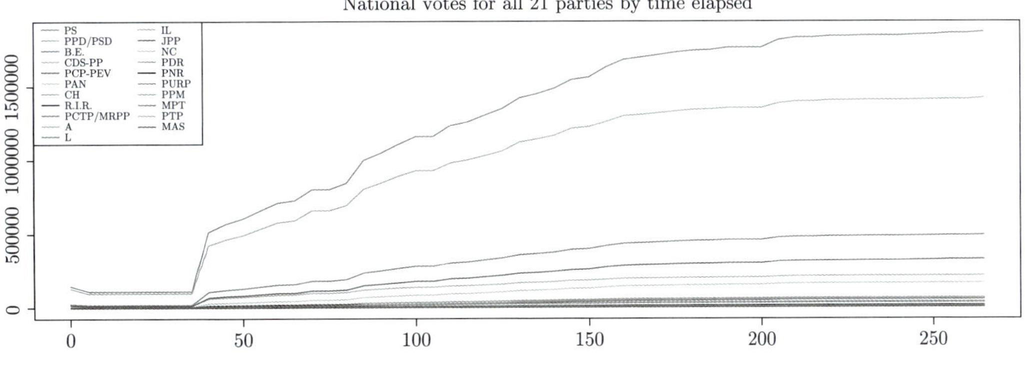

图 1.7.10 例 1.2 葡萄牙全国各个政党投票数目随时间的变化

下面选择里斯本和波尔图地区, 分别对这两个区域与政党有关的 5 个变量进行趋势比较 (图 1.7.11).

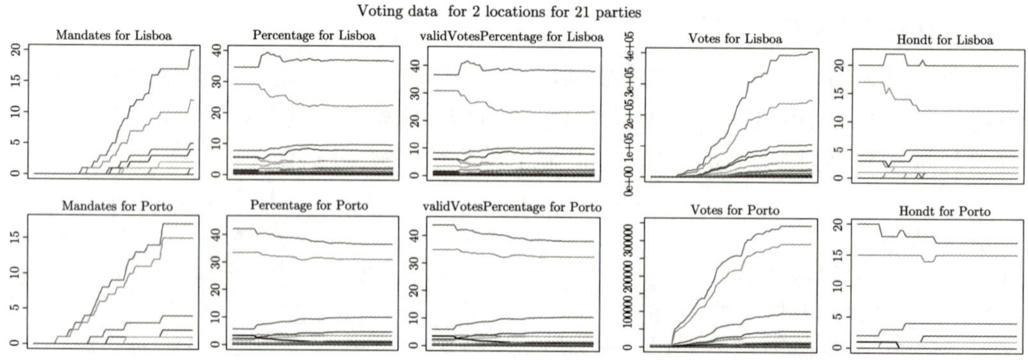

图 1.7.11 例 1.2 里斯本区 (上) 和波尔图区 (下) 与政党有关的 5 个变量趋势比较

产生图 1.7.11 的代码为:

```
Anames=c('Lisboa','Porto')
n3=names(W$PS)[3:7]
M=cbind(c(20,40,45,400000,22),c(17.5,45,45,350000,20))
par(mfrow=c(2,5))
for (k in 1:length(Anames)){
  for (j in 1:length(n3)){
    plot(0,xlim = c(0,265), ylim=c(0,M[,k][j]), type='n',
      xlab ="", ylab="", xaxt="n")
    title(main= paste(n3[j] ,'for',Anames[k]),cex.main=0.5,line=0.2)
    for( i in 1:length(names(W))){
      m=W[[i]]
      lines(x=m[m$territoryName==Anames[k],]$TimeElapsed,
        y=m[m$territoryName==Anames[k],][,j+2],
      col=i+1,lwd=1.5)
    }
  }
}
mtext('Voting data for 2 locations for 21 parties', side=3, line=-1.5,
  outer=T)
```

1.7.3 例 1.3 睡眠数据代码

使用 ggplot 生成针对不同个体睡眠不足天数与平均反应时间的关系图 (图 1.7.12) 的代码为:

```
w=read.csv('sleepstudy.csv')
set.seed(789)
Cmap=sort(paste0('#',as.hexmode(sample(16^3:16^6,18)))) #十六进制显示颜色
ggplot(w,aes(x=Days,y=Reaction,color=factor(Subject)))+
  geom_line(linetype='dashed')+
```

```
    geom_point(aes(shape=factor(Subject)))+
    scale_shape_manual(values = c(1:18))+
    scale_color_manual(values = Cmap)+
    labs(title='Reaction time vs sleepless day',
         shape='Subject',col='Subject')+
    guides(col = guide_legend(ncol = 2),
           shape = guide_legend(ncol = 2))
```

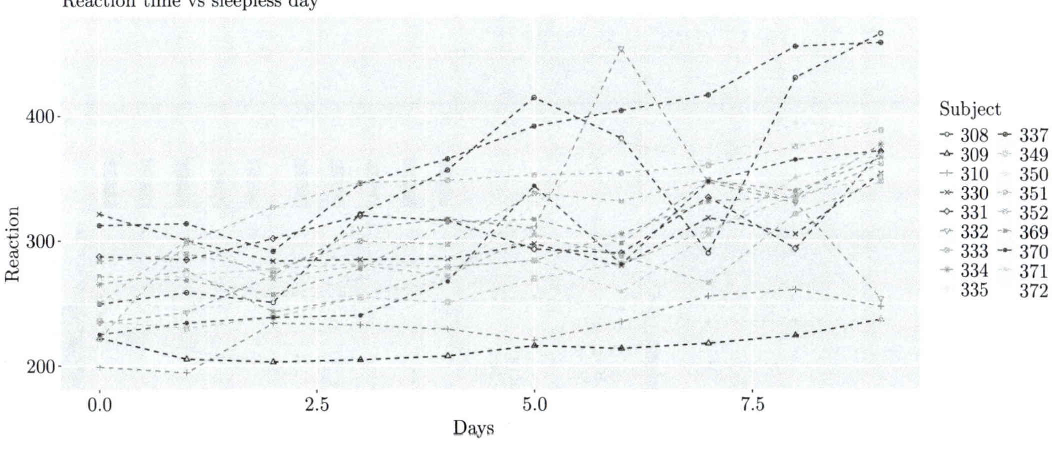

图 1.7.12　例 1.3 睡眠数据的散点图

同时, 对每个对象做一个线性回归并画图 (图 1.7.13) 的 R 代码为:

```
ggplot(w, aes(x=Days, y=Reaction,color=factor(Subject)))+
  geom_smooth(method = lm, se=F)+
  geom_point(size=0.7)+
    guides(col = guide_legend(ncol = 2))
```

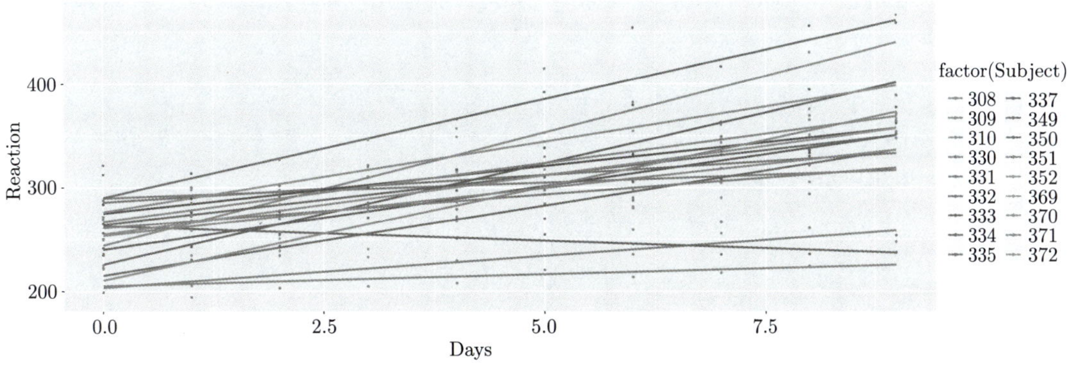

图 1.7.13　例 1.3 睡眠数据的散点图及按照对象的线性回归图

生成散点图、直方图、密度估计及全部变量的简单线性回归图 (图 1.7.14) 代码为:

```
library(ggplot2);library(ggExtra)
p=ggplot(w, aes(x=Days,y=Reaction))+
  geom_point(shape=3, size=0.9,col='white')+
  stat_density2d(aes(color = ..level..))
p2 <- ggMarginal(p, type="density")
p1=ggplot(w, aes(x=Days,y=Reaction))+
  geom_point(size=0.9)+
  geom_smooth(method = lm)
p3 <- ggMarginal(p1, type="histogram")
p2;p3
```

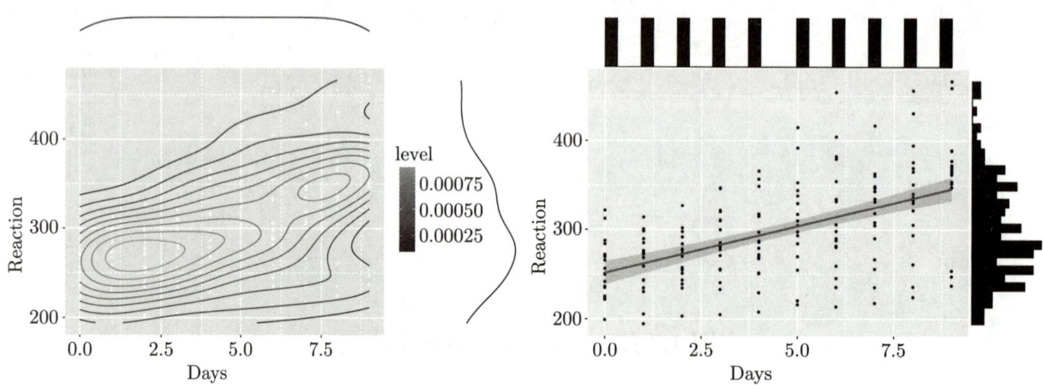

图 1.7.14 例 1.3 睡眠数据的散点图、直方图、密度估计及全部变量的简单线性回归图

应用 R/Stan 代码于例 1.3 的模型 (1.3.3) ~ 模型 (1.3.6)

首先把模型 (1.3.3) ~ 模型 (1.3.6) 用 Stan 代码 (作为字符串) 描述:

```
XX="
data {
  int N;
  int J;
  int K;
  int id[N];
  matrix[N,K] X;
  vector[N] y;
}
parameters {
  vector[K] gamma;
  vector[K] tau;

  vector[K] beta[J];
```

```
    real sigma;
  }
  model {
    vector[N] mu; //linear predictor
    //priors
    gamma ~ normal(0,5);
    tau ~ cauchy(0,5);
    sigma ~ cauchy(0,5);

    for(j in 1:J){
     beta[j] ~ normal(gamma,tau);
    }

    for(n in 1:N){
      mu[n] = X[n] * beta[id[n]];
    }

    //likelihood
    y ~ normal(mu,sigma);
  }
  "
```

然后用 R 语句读入数据, 并且用程序包 rstan 的函数在 R 中执行上面模型的 Stan 代码:

```
library(rstan)
w=read.csv("sleepstudy.csv")
ss=list(N=nrow(w),J=18,K=2,id=rep(1:18,each=10),
          X=cbind(1,w[,2]),y=w[,1])
m_s0<-stan(model_code = XX,data=ss,chains = 2)
```

利用代码 summary(m_s0) 可得到以下输出:

```
$summary
              mean se_mean   sd    2.5%    25%    50%   75%  97.5% n_eff Rhat
gamma[1]      1.90   0.097  5.4   -8.74   -1.7   1.89   5.5   12.5  3068    1
gamma[2]      9.63   0.033  1.5    6.64    8.7   9.64  10.6   12.4  2073    1
tau[1]      254.61   1.061 44.1  187.22  223.5 248.18 278.8  359.2  1731    1
tau[2]        6.06   0.032  1.2    4.04    5.2   5.91   6.8    8.9  1440    1
beta[1,1]   254.31   0.344 15.1  224.96  244.0 254.47 264.7  283.1  1919    1
beta[1,2]    19.50   0.064  2.8   14.07   17.6  19.54  21.3   25.0  1847    1
beta[2,1]   197.85   0.300 14.2  170.18  188.2 198.04 207.2  226.6  2243    1
beta[2,2]     3.83   0.055  2.6   -1.23    2.1   3.79   5.7    8.9  2312    1
beta[3,1]   199.66   0.311 14.0  171.26  190.8 199.38 208.6  227.9  2035    1
beta[3,2]     6.92   0.057  2.6    1.81    5.3   6.92   8.6   12.0  2012    1
```

```
beta[4,1]   283.05  0.306 13.8  256.69  273.7  283.18  292.1  310.4  2018  1
beta[4,2]     4.43  0.056  2.4   -0.51    2.9    4.49    6.0    9.0  1876  1
beta[5,1]   280.96  0.316 14.0  253.28  271.3  280.95  290.2  308.4  1956  1
beta[5,2]     6.24  0.057  2.6    1.18    4.5    6.21    8.0   11.4  2037  1
beta[6,1]   263.25  0.311 14.2  235.86  254.0  263.39  272.8  290.6  2079  1
beta[6,2]     9.72  0.054  2.6    4.42    7.9    9.80   11.4   14.7  2260  1
beta[7,1]   273.64  0.316 14.1  246.62  264.0  273.67  283.2  300.9  1983  1
beta[7,2]     9.41  0.054  2.5    4.58    7.7    9.41   11.1   14.2  2195  1
beta[8,1]   241.52  0.322 13.8  213.94  232.4  241.51  250.9  267.7  1840  1
beta[8,2]    11.86  0.058  2.5    6.88   10.1   11.92   13.5   16.9  1929  1
beta[9,1]   251.43  0.358 14.6  222.10  241.8  251.46  260.8  280.4  1658  1
beta[9,2]    -0.34  0.064  2.7   -5.74   -2.2   -0.39    1.5    5.0  1835  1
beta[10,1]  296.99  0.298 14.0  269.53  287.6  297.05  306.1  324.0  2202  1
beta[10,2]   17.38  0.055  2.5   12.40   15.8   17.44   19.0   22.2  2077  1
beta[11,1]  217.51  0.290 13.8  191.17  208.0  217.58  226.9  244.1  2268  1
beta[11,2]   12.86  0.054  2.5    7.94   11.2   12.81   14.5   17.6  2077  1
beta[12,1]  232.86  0.328 14.4  205.22  222.7  232.93  243.0  260.9  1927  1
beta[12,2]   17.81  0.062  2.7   12.42   15.9   17.87   19.7   22.9  1912  1
beta[13,1]  257.77  0.328 14.4  229.58  248.2  257.63  267.2  285.2  1925  1
beta[13,2]    7.15  0.058  2.6    1.95    5.5    7.17    8.9   12.2  2036  1
beta[14,1]  279.21  0.326 13.7  252.51  269.8  278.68  288.4  307.0  1761  1
beta[14,2]   12.89  0.059  2.5    8.03   11.2   12.93   14.5   17.9  1816  1
beta[15,1]  255.49  0.299 13.9  227.49  246.5  255.64  264.1  283.4  2176  1
beta[15,2]   11.11  0.054  2.5    6.24    9.5   11.09   12.7   16.2  2231  1
beta[16,1]  216.87  0.308 14.4  189.17  207.0  216.90  226.4  245.8  2180  1
beta[16,2]   16.53  0.056  2.6   11.25   14.8   16.43   18.3   21.7  2173  1
beta[17,1]  252.87  0.281 13.6  226.12  243.9  252.90  261.8  280.7  2340  1
beta[17,2]    9.38  0.052  2.4    4.77    7.8    9.37   11.1   14.0  2196  1
beta[18,1]  268.35  0.293 13.9  240.85  258.9  268.38  277.9  295.3  2252  1
beta[18,2]   11.03  0.053  2.5    5.98    9.3   11.11   12.7   15.9  2265  1
sigma        25.64  0.035  1.6   22.89   24.6   25.52   26.6   29.0  2086  1
lp__       -838.99  0.186  5.1 -849.79 -842.1 -838.65 -835.4 -829.7   747  1
```

把上面所有参数都画出来没有必要, 下面选择部分参数得到后验均值估计和高密度区间 (图 1.7.15).

```
plot(m_s0,pars=c("beta[1,1]", "beta[1,2]", "beta[2,1]", "beta[2,2]"))
```

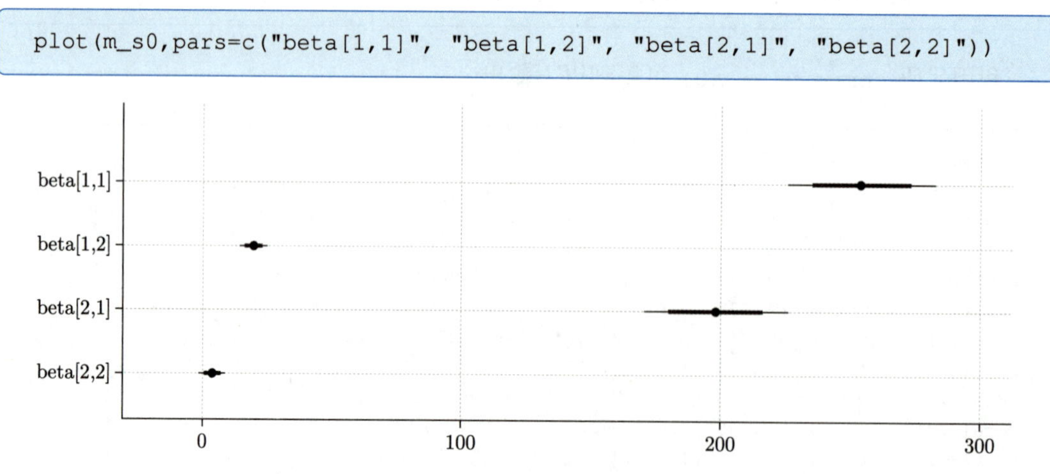

图 1.7.15 例 1.3 中部分参数的后验均值估计和高密度区间

生成部分参数 MCMC 抽样痕迹图 (图 1.7.16).

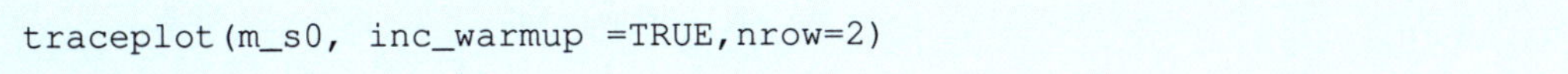

```
traceplot(m_s0, inc_warmup =TRUE,nrow=2)
```

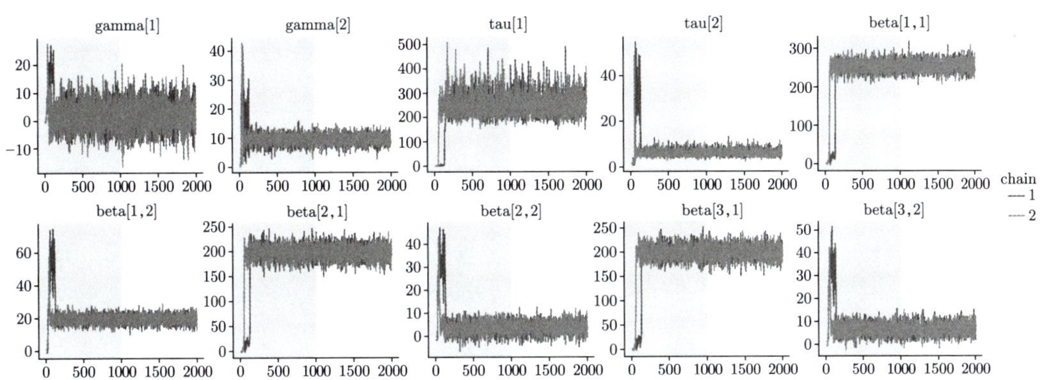

图 1.7.16　例 1.3 中部分参数的 MCMC 抽样痕迹图

生成部分参数成对后验分布散点图 (图 1.7.17).

```
pairs(m_s0, inc_warmup=TRUE, pars=c("gamma[1]", "tau[1]",
  "beta[1,1]", "beta[1,2]"))
```

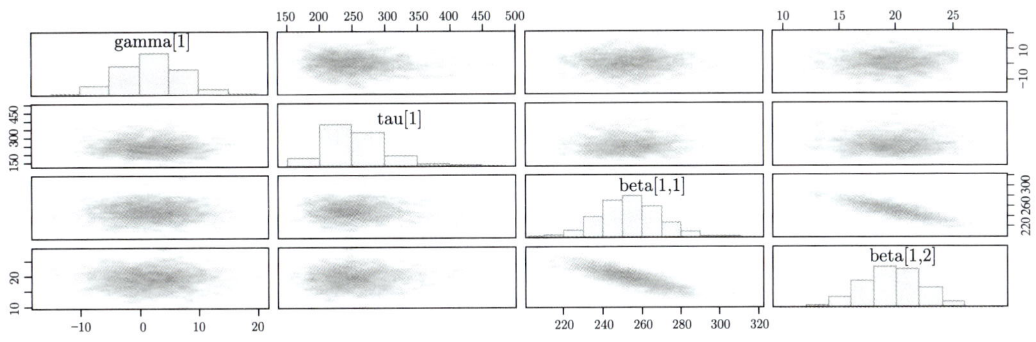

图 1.7.17　例 1.3 中部分参数成对后验分布散点图

1.7.4　例 1.4 QSAR 生物富集类别数据代码

1. 数据中变量之间的关系

使用 R 程序包 `GGally` 产生成对散点图 (图 1.7.18). 在作图之前把数据中用整数 (第 7、8、10 个变量) 表示的分类变量标出来, 因而不同变量之间生成的图形形式也不一样. (1) 在数量变量之间: 左下边用散点图显示; 右上边给出线性相关系数. (2) 在分类变量和数量变量之间: 均用各种条形图显示. (3) 在不同分类变量之间: 左下边用多个直方图表示; 右上边用盒形图显示. 对于图中的各个小图及相关系数等均按照因变量 3 个水平分别显示.

```
library(GGally)
w=read.csv('Grisoni2016EnvInt88.csv')
ww=w[4:14]
for (i in c(7,8,10)) {
  ww[,i]=factor(ww[,i])
}
ggpairs(ww,aes_string(color='Class',alpha=0.5))
```

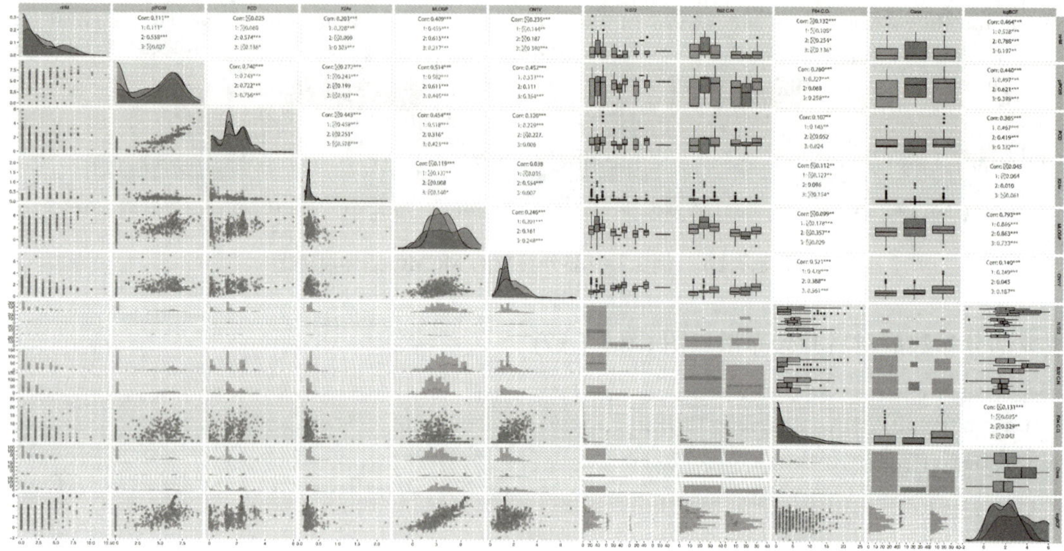

图 1.7.18　QSAR 生物富集类别数据成对散点图

下面生成数量因变量 logBCF 与自变量的点图和盒形图 (图 1.7.19).

```
DF=function(ww,x){
  ggplot(ww,aes_string(x,'logBCF'))+
  geom_point(aes(col=factor(Class)),show.legend = FALSE)+
  labs(title=paste('logBCF', 'vs' ,x),x=NULL,y=NULL)
}

DC=function(ww,x){
ggplot(ww,aes_string('logBCF',x,col=x))+
  geom_boxplot(show.legend = FALSE)+
  labs(title=paste('logBCF', 'vs' ,x),x=NULL,y=NULL)
}
ww$N.072=factor(ww$N.072)
ww$B02.C.N.=factor(ww$B02.C.N.)
nm=names(ww)
DA=map(c(nm[1:6],nm[9]),~DF(ww,.x))
```

```
DC=map(nm[7:8],~DC(ww,.x))
library(cowplot)
DAP=plot_grid(plotlist =c(DA,DC))
```

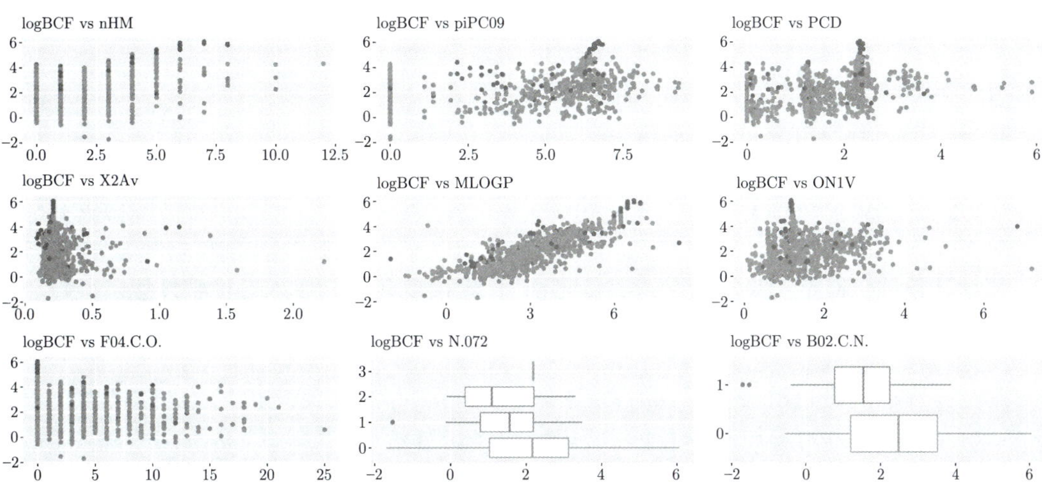

图 1.7.19　数量因变量 `logBCF` 与自变量的点图和盒形图

再对分类因变量 Class 和自变量做盒形图和条形图 (图1.7.20), 具体代码为:

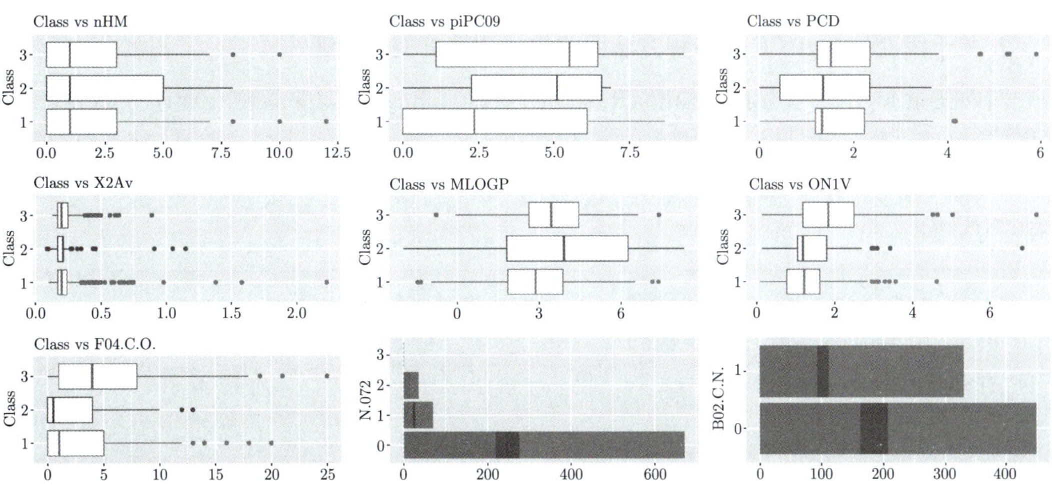

图 1.7.20　分类因变量 `Class` 和自变量的盒形图和条形图

```
CA=function(ww,x){
ggplot(ww,aes_string(x,'Class',col='Class'))+
  geom_boxplot(show.legend = FALSE)+
  labs(title=paste('Class', 'vs' ,x),x=NULL)
}
```

```
CAR=function(ww,x){
ggplot(ww,aes_string(x,fill='Class'))+
  geom_bar(position = "stack",show.legend = FALSE)+
  coord_flip()+
  labs(y=NULL)
}

CAQ=map(c(nm[1:6],nm[9]),~CA(ww,.x))
CARR=map(nm[7:8],~CAR(ww,.x))
DAPP=plot_grid(plotlist=c(CAQ,CARR))
```

在计算各种机器学习算法的交叉验证之前, 首先读取数据和导入各种软件包.

```
library(tidyverse);library(randomForest);library(mboost)
library(rpart);library(ipred);library(adabag);library(nnet)
library(kernlab);library(kknn);library(e1071)
w=read.csv('Grisoni2016EnvInt88.csv')
ww=w[,4:14]
ww$Class=factor(ww$Class)
ww$N.072=factor(ww$N.072)
ww$B02.C.N.=factor(ww$B02.C.N.)
```

2. 关于因变量 logBCF 做多种方法回归的预测精度交叉验证

对因变量 logBCF 使用随机森林 (Random Forest)、Bagging、决策树 (rpart)、mboost、神经网络 (nnet) 和支持向量机 (svm) 6 种方法做回归的预测精度 10 折交叉验证. 注意, 这里为了平衡分类自变量 `B02.C.N.`, 使用了 1.7.6 节中的函数 `Fold`, 应该首先运行该函数. 结果显示在图 1.7.21 中.

```
wl=ww[-10];nml=names(wl) #从2个因变量中选择1个(数量变量)
D=8;Z=10;n=nrow(ww);seed=1010
mm=Fold(wl,Z,D,seed)
DY=10
M=mean((wl[,DY]-mean(wl[,DY]))^2)
pred=matrix(99,n,6)
gg=formula(logBCF~.)
a="~btree("; b=")+btree("
gg1=formula(paste0(nml[10],a,paste(nml[-(10)],collapse = b),')'))
set.seed(1010)
for (i in 1:Z){
  m=mm[[i]]
  pred[m,1]=randomForest(gg,wl[-m,]) %>% predict(wl[m,])
  pred[m,2]=ipred::bagging(gg, wl[-m,]) %>% predict(wl[m,])
```

```
  pred[m,3]=rpart(gg,wl[-m,]) %>% predict(wl[m,])
  pred[m,4]=mboost(gg1,wl[-m,]) %>% predict(wl[m,])
  pred[m,5]=nnet(logBCF/max(logBCF)~., wl[-m,], maxit=1000,
    size=6, decay=0.05, trace=F) %>%
  predict(wl[m,])*max(wl$logBCF)
  pred[m,6]=svm(gg,wl[-m,]) %>% predict(wl[m,])
}
nmse=apply((sweep(pred,1,wl[,DY],'-'))^2,2,mean)/M

NMSE=data.frame(Method=c('RF', 'Bagging', 'rpart', 'mboost', 'nnet',
  'svm'),NMSE=nmse)
ggplot(NMSE,aes(x=Method,y=NMSE))+
  geom_bar(stat='identity',width=.5,fill='navyblue')+
  labs(title='Normalized MSE for 6 Methods',xlab='Method')+
  geom_text(aes(label=round(NMSE,4)),hjust=1,color='white',size=5)+
  theme(axis.text.x=element_text(angle=65,vjust=0.6))+
  coord_flip()
```

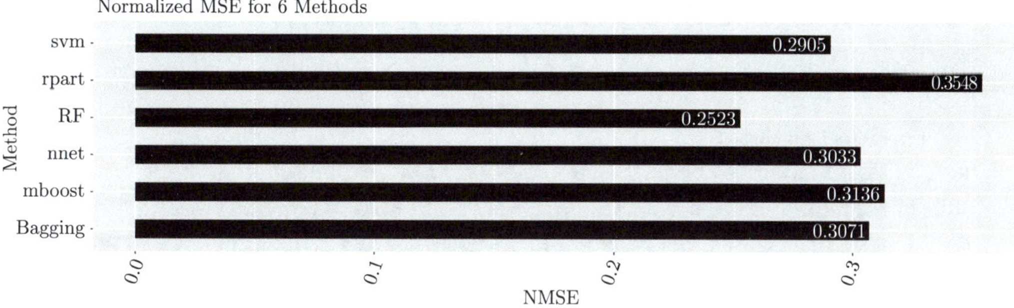

图 1.7.21　关于因变量 logBCF 做 6 种方法回归的 10 折交叉验证预测 NMSE 的条形图

3. 关于因变量 Class 做多种方法分类的预测精度交叉验证

对因变量 Class 做随机森林 (Random Forest)、Bagging、决策树 (rpart)、AdaBoost、神经网络 (nnet)、支持向量机 (svm) 6 种方法的预测精度 10 折交叉验证, 结果在图 1.7.22 中. 注意, 为了平衡因变量各个水平, 使用了 1.7.6 节中的函数 `Fold`, 应该首先运行该函数.

```
wc=ww[-11];nmc=names(wc)
D=8;Z=10;n=nrow(ww);seed=1010
mm=Fold(wc,Z,D,seed)
DY=10
z=sample(levels(ww$Class),n,rep=T)
pred=data.frame(z,z,z,z,z,z)
gg=formula(Class~.)
```

```
set.seed(1010)
for (i in 1:Z){
  m=mm[[i]]
  pred[m,1]=randomForest(gg,wc[-m,])%>%predict(wc[m,])
  pred[m,2]=ipred::bagging(gg,wc[-m,])%>%predict(wc[m,])
  pred[m,3]=rpart(gg,wc[-m,]) %>% predict(wc[m,],type='class')
  a=boosting(gg,wc[-m,]); pred[m,4]= predict(a,wc[m,])$class
  pred[m,5]=nnet(gg,wc[-m,], size=10, range=0.01,
    decay=5e-4, maxit=300, trace=F)%>%
  predict(wc[m,],type='class')
  pred[m,6]=ksvm(gg,wc[-m,])%>%predict(wc[m,])
}
err=apply(sweep(pred,1,wc[,DY],'!='),2,mean)
error=data.frame(Method=c('RF', 'Bagging', 'rpart', 'AdaBoost',
  'nnet', 'svm'),error=err)
ggplot(error,aes(x=Method,y=error))+
  geom_bar(stat='identity',width=.5,fill='navyblue')+
  labs(title='Error rates for 6 Methods',xlab='Method')+
  geom_text(aes(label=round(error,4)),hjust=1,color='white',size=5)+
  theme(axis.text.x=element_text(angle=65,vjust=0.6))+
  coord_flip()
```

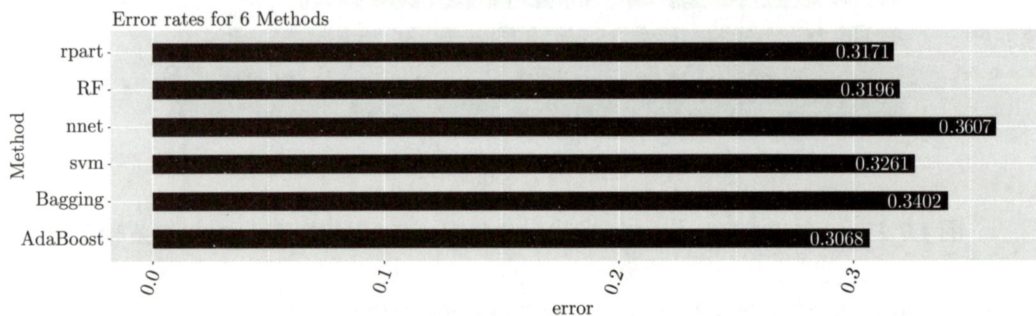

图 1.7.22 对因变量 Class 做 6 种方法分类的 10 折交叉验证预测误判率的条形图

4. 随机森林回归及分类的变量重要性

生成随机森林回归及分类的变量重要性的条形图 (图 1.7.23), 其代码如下:

```
a=randomForest(logBCF~., importance=T, localImp=T, data=wl)
reg=a$importance[,1]
b=randomForest(Class~.,importance=T,localImp=T,wc)
cls=b$importance[,1]
I=data.frame(NN=names(ww[1:9]),reg,cls)
library(reshape2)
II=melt(I)
```

```
ggplot(II,aes(x=NN, y=value, fill=variable))+
  geom_bar(position="dodge", stat = "identity")+
  labs(title='Importance measure for random forest',
       x=NULL, y='Importance score')+
  geom_text(aes(label=round(value,4),group = variable), position =
    position_dodge(width = 0.9), hjust=0, color='blue', size=6)+
  coord_flip()
```

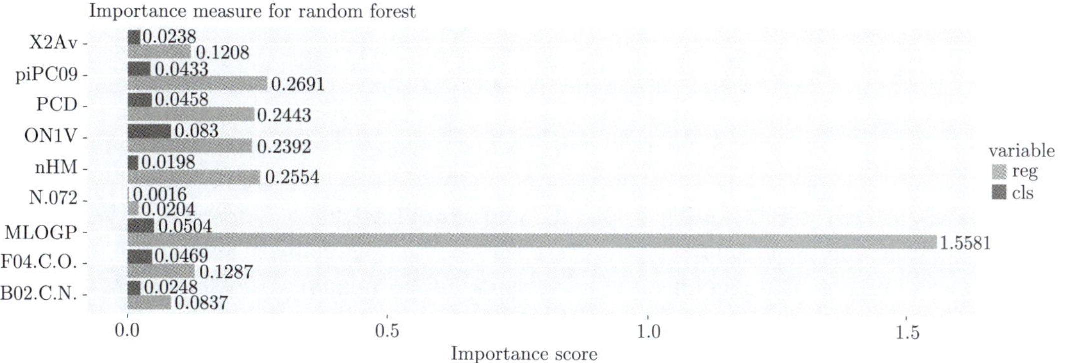

图 1.7.23　对例 1.4 做随机森林回归及分类的变量重要性的条形图

1.7.5　例 1.5 部分鸢尾花人造缺失值数据问题的 R 代码

1. 输入数据及图形展示缺失值

得到例 1.5 缺失数据 (按变量) 的柱状图及缺失模式矩阵图 (图 1.7.24) 的代码如下:

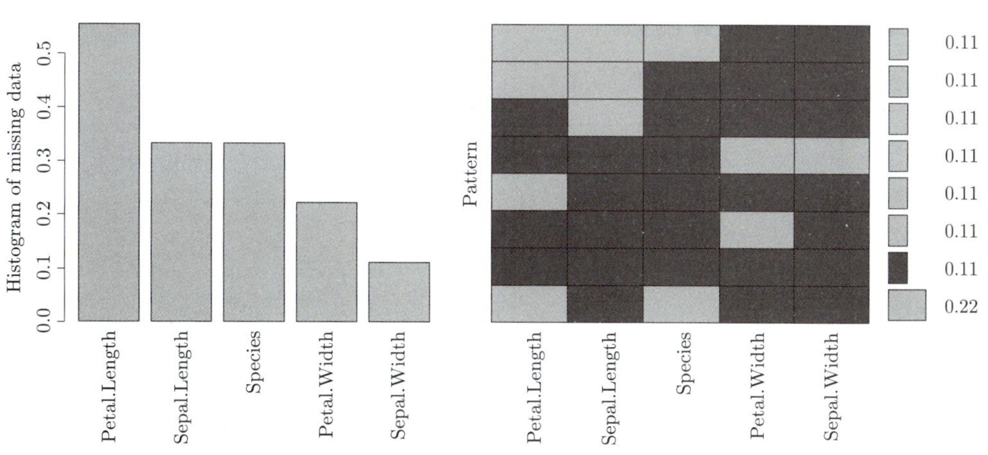

图 1.7.24　例 1.5 缺失数据 (按变量) 的柱状图及缺失模式矩阵图

```
wm=read.csv('iris9na.csv',na.strings = c('999','?','N/A','nan',''),
           stringsAsFactors = T)
```

```
library(VIM)
aggr_plot <- aggr(wm, col=c('navyblue','red'), numbers=TRUE,
  sortVars=TRUE, cex.axis=.5, gap=3,
  ylab=c("Histogram of missing data","Pattern"))
```

2. 用 missForest 填补缺失值

```
library(missForest)
u2=missForest(wm)$ximp
u2
```

输出为:

```
  Sepal.Length Sepal.Width Petal.Length Petal.Width    Species
1        4.900    3.000000        1.945       0.200     setosa
2        4.600    3.100000        1.500       0.200     setosa
3        5.400    2.891917        1.700       0.682     setosa
4        5.602    3.200000        4.500       1.500 versicolor
5        5.711    2.300000        4.060       1.300 versicolor
6        5.700    2.800000        4.060       1.300 versicolor
7        5.800    2.700000        4.949       1.900  virginica
8        6.340    2.900000        5.000       1.800  virginica
9        7.600    3.000000        6.600       1.710  virginica
```

1.7.6 本章使用的自编 R 函数

分折交叉验证分子集函数的代码如下:

```
Fold=function(w,Z,D,seed){
  n=nrow(w);d=1:n;dd=list()
  e=levels(factor(w[,D]));T=length(e)#因变量有T类
  set.seed(seed)
  for(i in 1:T){
    d0=d[w[,D]==e[i]];j=length(d0)
    ZT=rep(1:Z,ceiling(j/Z))[1:j]
    id=cbind(sample(ZT,length(ZT)),d0);dd[[i]]=id
  }
  #上面每个dd[[i]]是随机分析1:Z及i类的下标集组成的矩阵
  mm=list()
  for(i in 1:Z){
    u=NULL;
    for(j in 1:T)u=c(u,dd[[j]][dd[[j]][,1]==i,2])
    mm[[i]]=u #mm[[i]]为第i个下标集i=1,2,…,Z
```

```
    }
    return(mm) #输出Z个下标集
}
```

1.8　习题

1. 下载吉他和弦手指位置数据集 (chord-fingers.csv), 并且读入该数据. 下面是参考 R 代码:

```
df=read.csv('chord-fingers.csv',stringsAsFactors = T,sep = ';')
```

对该数据进行可视化探索性分析. 为此读者可能需要提前了解如何使用乐器的相关信息, 有兴趣的学生不妨进行实践尝试.

2. 参照案例 1.2 的葡萄牙选举数据, 在联合国数据网站首栏信息中的贸易数据 (Commodity Trade Statistics Database) 中选择一个感兴趣的内容作可视化探索分析.

3. 下载学生表现数据集 (Student Performance Data Set). 参考例 1.1 和例 1.3 关于数据的初步描述性分析与机器学习建模, 进行类似研究. 数据属性包括学生成绩、人口统计学、社会和学校相关特征, 并通过使用学校报告和调查表等手段收集、整理及分析数据.

第 2 章 Python 基本画图技能

本章使用一些简单数据通过 Python 产生各种图形, 并且描述这些图形代码的含义和用法. 大家可以通过模仿和进一步查资料来学到更多的画图知识. 这些内容旨在学习 (主要是自学) 基本的作图, 而不是进入每个细节的"绘图大全"或编码手册. 这里仅介绍各种图形的产生, 更多的和应用有关的作图及图形解释将在后面的各部分介绍.

首先输入可能需要的一些程序包 (为了方便, 很多都给出简称):

```
import numpy as np
import scipy.stats as stats
import pandas as pd
import seaborn as sns
import matplotlib.cm as cm
from matplotlib.colors import ListedColormap
import matplotlib
%matplotlib inline
import matplotlib.pyplot as plt
import altair as alt
import os
os.getcwd() #得到目前的工作目录
#os.chdir()  #改变目前的工作目录
plt.rcParams["font.family"]="SimHei" #在图中加入汉字
```

2.1 matplotlib.pyplot 画图工具及基本技能

本节主要介绍 matplotlib.pyplot 即 plt 的工具, 并且通过产生散点图附带介绍其他一些画图函数 (如简称的 sns 及 pd 系列) 和画图要点. 至于sns 及 pd 模块所拥有的画图工具将在后续各节更详细地介绍.

Python 中最常用的画图程序包为 matplotlib (主要是 matplotlib.pyplot 即 plt)、seaborn (或 sns)、altair (或 alt)、基于 pandas.DataFrame, 它们有亲缘关系, 但又有所不同, 我们将根据作图目的来介绍这些产生图形的代码和规则. 这里使用的试验数据为钻石数据 (例 2.1), 这和前面的汽车数据 (例 1.1) 类似, 是许多软件的"小白鼠数据", 这两个数据本章都会频繁使用.

例 2.1 (diamonds.csv) 这个数据[①] 包含了几乎 54 000 个钻石的价格和其他特征, 所包含的 10 个变量为:

1. price (价格, 单位: 美元)
2. carat (重量, 单位: 克拉 (carat))
3. cut (切割质量, 5 个水平: Fair, Good, Very Good, Premium, Ideal)
4. color (颜色, 从 D (最好的) 到 J (最差的))
5. clarity (钻石净度的度量: I1 (最差), SI2, SI1, VS2, VS1, VVS2, VVS1, IF (最佳))
6. x (长度, 单位: mm)
7. y (宽度, 单位: mm)
8. z (深度, 单位: mm)
9. depth (总深度百分比 $\frac{2z}{x+y}$)
10. table (钻石顶部相对于最宽点的宽度)

2.1.1 多个散点图: 点的颜色、大小等 (`plt.scatter` 和 `sns.scatterplot`)

下面对例 2.1 用 `plt.scatter` 和 `sns.scatterplot` 各自做两 `price` 对 `carat` 的散点图 (图 2.1.1), 分别用不同颜色描述 `color` 和 `clarity`, 并分别用不同点的大小描述 `depth` 和 `table`.

```
w=pd.read_csv('diamonds.csv')
fig=plt.figure(figsize=(20,10))
ax1 = fig.add_subplot(221)
ax1.scatter('carat','price',c=w.color.astype('category').cat.codes,
            s='depth',data=w)
ax1.set_xlabel('carat')
ax1.set_ylabel('price')
plt.title('plt.scatter')
ax2 = fig.add_subplot(222)
ax2=sns.scatterplot(x="carat", y="price",hue="color",style="color",
                    size='depth',sizes=(43,79),data=w)
plt.title('sns.scatterplot')
ax3=fig.add_subplot(223)
ax3.scatter('carat', 'price', c=w.clarity.astype('category').cat.codes,
            s='table',cmap=plt.cm.get_cmap('Blues', 3),data=w)
ax3.set_xlabel('carat')
ax3.set_ylabel('price')
plt.title('plt.scatter')
ax4=fig.add_subplot(224)
ax4=sns.scatterplot(x="carat", y="price", hue="clarity",
        size='table', sizes=(43,95),
        palette=['green', 'orange', 'brown', 'dodgerblue', 'red', 'blue',
          'grey', 'black'], style="clarity",data=w);
```

① 可以在 R 的 ggplot2 包中找到, 数据名为 diamonds.

```
plt.title('sns.scatterplot')
fig.suptitle('Scatter plots for carat, price, color, clarity, table, \
    depth of diamonds data')
plt.savefig("D00.pdf",bbox_inches='tight',pad_inches=0)
```

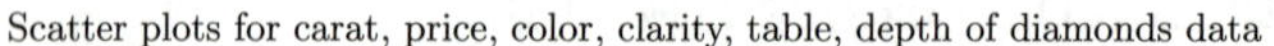

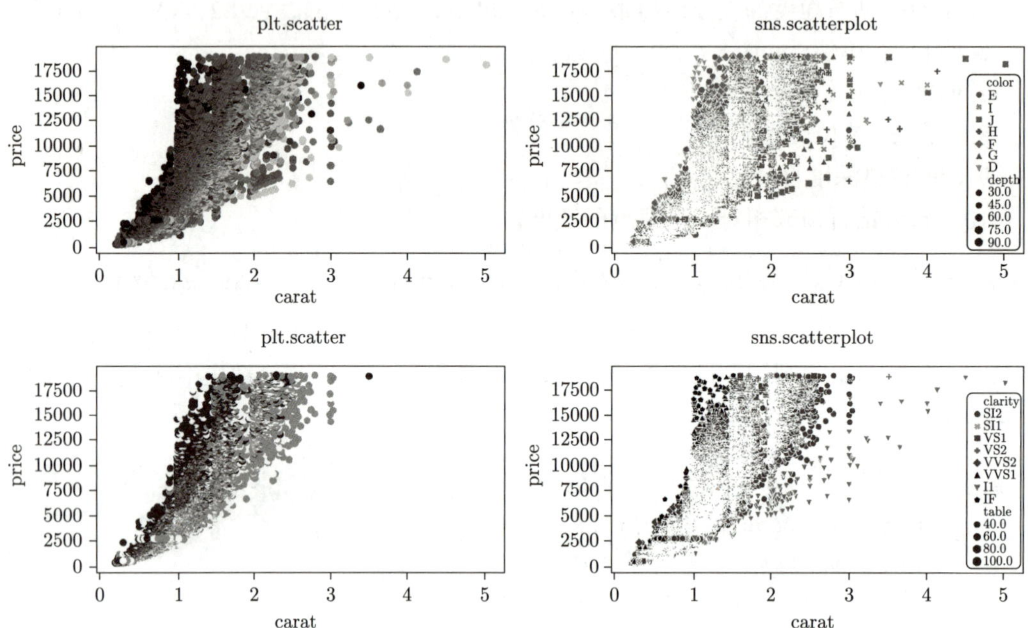

图 2.1.1 用不同模块函数所做的例 2.1 的包含多种信息的散点图

图 2.1.1 的说明

在图 2.1.1 中, 我们用了两个模块的产生散点图的函数, 并且对多个图进行排列显示, 简单总结如下:

1. 它们**横轴变量和纵轴变量**的表示都类似, 这和诸如 R 等其他软件相同.

2. **点的颜色和形状:**

(1) 对于 `plt.scatter`, 颜色选项 (c=) 必须是数量值, 不能是分类变量, 因此使用诸如 `w.color.astype('category').cat.codes` 的代码把分类变量转换成整数. 这时有两种选择, 或者用默认的颜色地图 (color map), 如图 2.1.1 左上图那样, 或者选择一个 (用 `cmap=`), 得到不同的颜色效果. 在图 2.1.1 左上图, 颜色用变量 `color` 确定; 在图 2.1.1 左下图, 颜色用变量 `clarity` 确定.

(2) 对于 `sns.scatterplot`, 涉及 (但不限于) 颜色的选项 (hue=) 及符号形状的选项 (`style`) 可以是分类变量, 它也有默认的颜色安排, 也可以用 `palette=` 来定义颜色. 在图 2.1.1 右上图, 颜色和形状用变量 `color` 确定; 在图 2.1.1 右下图, 颜色和形状用变量 `clarity` 确定.

3. **点的大小:**

(1) 对于 `plt.scatter`, 点大小选项 (`s=`) 用数量变量. 在图 2.1.1 左上图, 大小用变量 `depth` 确定; 在图 2.1.1 左下图, 大小用变量 `table` 确定.

(2) 对于 `sns.scatterplot`, 点大小选项 (`size=`) 用数量变量; 还有一个关于点大小范围的选项 `sizes`, 它用两个数目给出最小及最大值. 在图 2.1.1 右上图, 大小用变量 `depth` 确定; 在图 2.1.1 右下图, 大小用变量 `table` 确定.

4. 多个图的排列比较复杂, 这里是比较标准的一种. 就图 2.1.1 的代码来说, 先定义了一个 `fig`, 然后增加, 这里的 `ax1=fig_add.subplot(221)` 或者更标准的 `ax1=fig.add_subplot(221)` 意味着代码后面的图是 2 行、2 列的 4 个图中的第 1 个. 实际上, 可以不用 (如 `ax1=...`) 赋值, 直接用 `plt.subplot(...)` 及 `plt.scatter` 等会更方便, 但这可能失去一些自主定义图形的灵活性.

2.1.2 多个散点图: 点的颜色、大小等 (使用函数 DataFrame.plot.scatter, plt.scatter 和 sns.scatterplot)

模块 `pandas` 的 `DataFrame.plot.scatter` 函数和 `plt.scatter` 类似. 下面是例 1.1 数据对于 3 种函数 `DataFrame.plot.scatter`, `plt.scatter` 和 `sns.scatterplot` 的一个显示 (图 2.1.2).

```
u=pd.read_csv('autocars.csv')
from matplotlib.colors import ListedColormap
np.random.seed(789)
cmap = ListedColormap(np.random.rand(8,4))#RGBA
cMap = ListedColormap(['white', 'green', 'blue','red'])
fig, axes = plt.subplots(1,3, figsize=(20,6))
u.plot.scatter(x='Displacement',
                     y='Miles_per_Gallon',#s='table',
                     c=u.Cylinders.astype('category').cat.codes,
                     colormap='viridis',ax=axes[0])
axes[0].set_title('DataFrame.scatter')
axes[1].scatter('Horsepower','Miles_per_Gallon',
                c=u.Cylinders.astype('category').cat.codes,
            data=u,cmap=cMap)
axes[1].set_ylabel('Miles_per_Gallon')
axes[1].set_xlabel('Horsepower')
axes[1].set_title('plt.scatter')
sns.scatterplot('Acceleration','Horsepower',
                palette=cmap,
                hue='Cylinders',data=u,ax=axes[2])
axes[2].set_title('sns.scatterplot')
fig.suptitle('Scatter plots for autocars data with 3 functions')
#fig.savefig("D001.pdf",bbox_inches='tight',pad_inches=0)
```

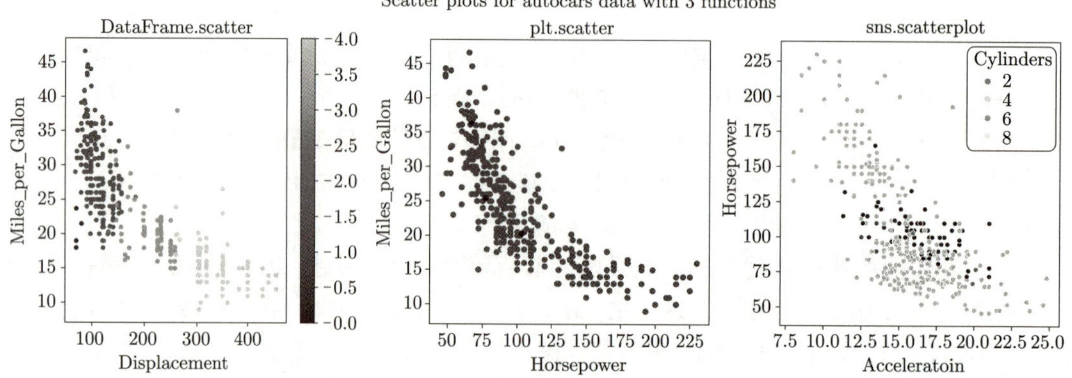

图 2.1.2 例 1.1 数据对于 3 种函数的散点图

图 2.1.2 的说明

在图 2.1.2 中, 我们用了三个模块产生散点图的函数, 并且把多个图排列, 其中画图的基本形式和图 2.1.1 类似. 但排列各个图使用了不同的方式, 总结如下:

1. 代码 `fig, axes = plt.subplots(1,3, figsize=(20,6))` 给出了图形阵为 1 行 3 列 (算是一维的), 于是在每个图中, 必须标明 "坐标", 比如 `axes[0]`、`axes[1]` 等. 如果是二维的, 比如 `plt.subplots(2,3...)`, 那么 "坐标" 也需要是两维, 如 `axes[0,1]`、`axes[1,0]` 等.

2. 在`DataFrame.plot.scatter` 和 `sns.scatterplot` 的图中都有选项 `ax=`, 可以插入 `axes[.]`, 但是在 `plt.scatter` 中没有这个选项, 只能在前面标明, 如代码所示.

3. 在颜色方面, `DataFrame.scatter` 的选项是 `colormap`, 而 `plt.scatter` 的选项为 `cmap`, `sns.scatterplot` 的是 `palette`.

2.1.3 颜色地图的获得: ListedColormap

颜色的选择方式很多, 下面介绍通过 `matplotlib.colors` 的 `ListedColormap` 函数得到各种颜色调色板. 请看下面通过例 1.1 的散点图显示调色板的应用 (图 2.1.3).

```
from matplotlib.colors import ListedColormap
plt.figure(figsize=(20,7))
cMap = ListedColormap(['white', 'green', 'blue','red','black'])
cMap1 = ListedColormap(['b', 'g', 'r', 'c', 'm', 'y', 'k', 'w'])
np.random.seed(1010)
cMap2 = ListedColormap(np.random.rand(5,3))#RGB
cMap3 = ListedColormap(np.random.rand(8,4))#RGBA
plt.subplot(221)
plt.scatter(x='Displacement',y='Miles_per_Gallon',s='Horsepower',
    c=u.Cylinders.astype('category').cat.codes,cmap=cMap,data=u)
```

```
plt.xlabel('Displacement')
plt.ylabel('Miles_per_Gallon')
plt.title('Miles_per_Gallon vs Displacement')
plt.colorbar()
plt.subplot(222)
plt.scatter(x='Horsepower',y='Miles_per_Gallon',s='Displacement',
    c=u.Cylinders.astype('category').cat.codes,cmap=cMap1,data=u)
plt.colorbar()
plt.xlabel('Horsepower')
plt.ylabel('Miles_per_Gallon')
plt.title('Miles_per_Gallon vs Horsepower')
plt.subplot(223)
plt.scatter(x='Acceleration',y='Miles_per_Gallon',s='Displacement',
    c=u.Cylinders.astype('category').cat.codes,cmap=cMap2,data=u)
plt.colorbar()
plt.xlabel('Acceleration')
plt.ylabel('Miles_per_Gallon')
plt.title('Miles_per_Gallon vs Acceleration')
plt.subplot(224)
plt.scatter(x='Horsepower',y='Miles_per_Gallon',s='Displacement',
    c=u.Cylinders.astype('category').cat.codes,cmap=cMap3,data=u)
plt.colorbar()
plt.xlabel('Horsepower')
plt.ylabel('Miles_per_Gallon')
plt.title('Miles_per_Gallon vs Horsepower')
plt.suptitle('Plots for color maps')
plt.savefig("Dcolor.pdf",bbox_inches='tight',pad_inches=0)
```

图 2.1.3 的说明

1. 在图 2.1.3 中, 我们用 `ListedColormap` 函数产生了 4 个不同的调色板, 它们包括:

(1) 程序中 `cMap` 的变量是固有颜色名字的字符串, 而默认的调色板的颜色是下面颜色的循环:

```
{'tab:blue', 'tab:orange', 'tab:green', 'tab:red',
 'tab:purple', 'tab:brown', 'tab:pink', 'tab:gray',
 'tab:olive', 'tab:cyan'}
```

(2) 程序中 `cMap1` 的变量是一些颜色名字规定的缩写:

```
['b', 'g', 'r', 'c', 'm', 'y', 'k', 'w']
```

(3) 程序中 `cMap2` 的变量由一些若干行及 3 列的 (0,1) 间的随机数组成, 每行代表一个颜色, 每行的 3 个数字代表红、绿、蓝 (Red、Green、Blue, RGB) 三种颜色的比例.

(4) 程序中 `cMap3` 的变量由若干行及 4 列的 (0,1) 间的随机数组成, 每行 (颜色) 的 4 个数字代表红、绿、蓝及不透明度 (RGBA) 的比例, 其中 A(Alpha) 是不透明度.

(5) 还有许多方式产生调色板, 比如 matplotlib.cm、sns 都有自己的调色板产生器, 这里不赘述, 相信读者会从实践中学到更多的技能.

2. 图 2.1.3 中的 4 个图就是简单地重复 plt.subplot(...), 而每个画图代码都是独立的, 完全可以单独作图, 因此, 可以很方便地把单独图的各种设置放到这一组图的每一个之中.

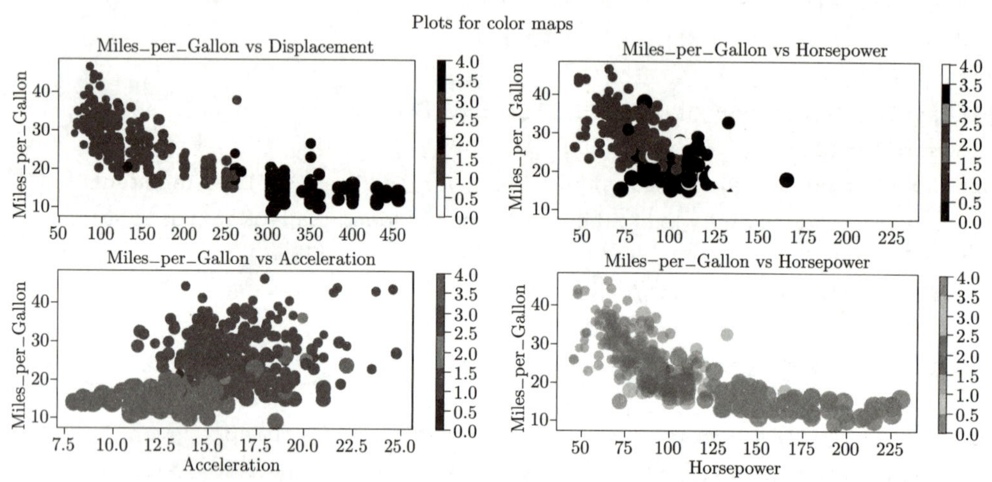

图 2.1.3 通过例 1.1 的散点图显示调色板的应用

2.1.4 matplotlib.pyplot (plt) 中的 plot、boxplot、hist、bar、pie

下面介绍在 matplotlib.pyplot(plt) 中的几个主要画图函数, 它们包括画线条的 plot、生成盒形图的 boxplot、生成直方图的 hist、生成条形图的 bar、生成饼图的 pie.

1. plot 是产生线条的主要函数, 线条形状和颜色都在字符串中, 比如 'r:' 代表红色虚线, 'b-' 代表蓝色实线, 等等.

2. boxplot 是产生盒形图的函数, 但是它在一个图中按照某些分类变量来产生多个盒形图不如 sns、DataFrame、valair 等方便.

3. hist 是产生直方图的函数, 但是它在一个图 (或多个图) 中按照某些分类变量来产生多个直方图不如 sns、DataFrame、valair 等方便.

4. bar(或者 barh) 是产生条形图的函数.

5. pie 是产生饼图的函数.

为了演示上面一些画图函数, 我们使用了例 2.1 数据 (w)、例 1.1 数据 (u)、例 2.1 数据变量clarity 的描述 (w01) 及一个人造数据 (x), 其中, 产生 w01 及 x 的代码如下:

```
w01=w.groupby('clarity').describe()
np.random.seed(789)
x=pd.DataFrame(columns=['A','B','C','D'],
```

```
    data=np.random.randn(20,4))
```

基于这些数据, 下面程序产生了 7 个图 (图 2.1.4).

```
plt.figure(figsize=(25,9))
plt.subplot(2,3,1)
plt.plot('price',data=w01,label=w01['price'].columns)
plt.legend(loc='best')
plt.title('Summary for price vs clarity for diamonds data')

plt.subplot(2,3,2)
plt.boxplot(x.T,vert=False)
plt.yticks([1,2,3,4],x.columns)
plt.title('Boxplot for x')

plt.subplot(2,3,3)
for i, j in enumerate(np.unique(u.Origin)):
    plt.boxplot(u[u.Origin==j]['Miles_per_Gallon'].dropna().tolist()
    ,positions=[i],widths = 0.6,vert=False)
plt.yticks([0, 1, 2], np.unique(u.Origin))
plt.title('Summary of mpg vs origin for autoscars data')

plt.subplot(2,4,5)
for k in np.unique(w['clarity']):
    plt.hist(w[w['clarity']==k]['price'],alpha=.3,label=k)
plt.legend(loc='best')
plt.title('Summary of price vs clarity for diamonds data')

plt.subplot(2,4,6)
for i,j in enumerate(w01.columns[24:32]):
    plt.plot(w01[j],':',label=j[1])
    plt.scatter(w01.index,w01[j])
plt.legend(loc='upper right',ncol=2)
plt.title('Summary of price vs clarity for diamonds data')

plt.subplot(2,4,7)
plt.bar(np.unique(w.cut), w.cut.value_counts())
plt.title('Bar plot for cut count of diamonds data')

plt.subplot(2,4,8)
plt.pie(w.cut.value_counts(),labels=np.unique(w.cut),
    autopct='%1.1f%%',shadow=True)
plt.title('Pie chart for cut count of diamonds data')
plt.savefig("Dplt.pdf",bbox_inches='tight',pad_inches=0)
```

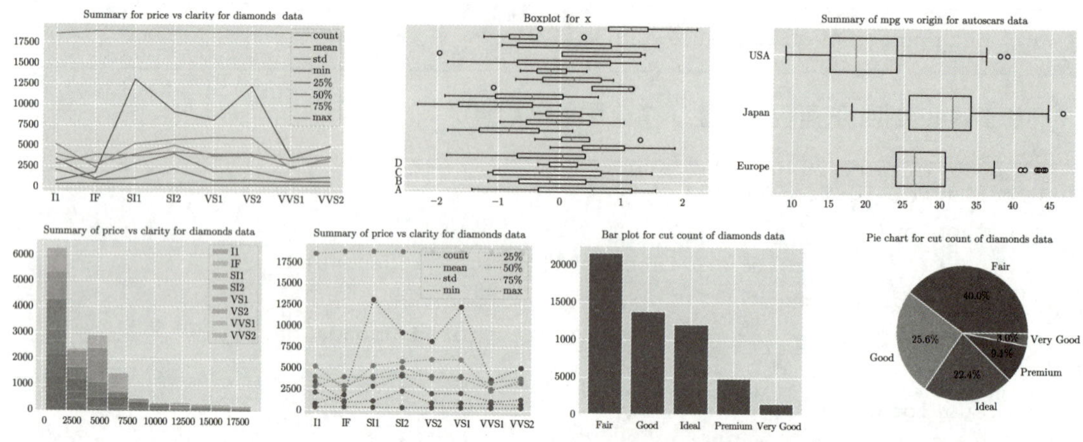

图 2.1.4 `matplotlib` 中几个主要画图函数的使用例子

关于图 2.1.4

图 2.1.4 显示了 `matplotlib.pyplot(plt)` 的几个主要画图程序, 下面对这几个图做简要说明:

1. 几个图的安排. 这几个图的 `subplot` 的编号是按照矩阵位置排列的: 上面 3 个为 $(2,3,1)$、$(2,3,2)$、$(2,3,3)$, 这意味着如果在 2×3 矩阵中按照行顺序排列, 它们是第 1、第 2、第 3 个; 而下面 4 个图的编号是 $(2,4,5)$、$(2,4,6)$、$(2,4,7)$、$(2,4,8)$, 这意味着如果在 2×4 矩阵中按照行顺序排列, 它们是第 5 到第 8 个. 当然, 具体的图形并不是 $2\times 3=6$ 或 $2\times 4=8$ 个.

2. 上面一排左边两个图, 即编号为 $(2,3,1)$、$(2,3,2)$ 的图, 都是一行代码产生多条线条和多个盒形图, 每条线或每个盒形图相应于数据框的一列 (左边第 1 个图每条线代表数据框 `w01` 的 1 列) 或一行 (左数第 2 个图每个盒形图代表 `x.T` 的 1 行).

3. 上面一排最右边的标为 $(2,3,3)$ 的盒形图不是来自一个数据框的列变量, 而是按照一个分类变量的各个水平产生的, 它不能用一个 `plt` 语句, 必须用多个语句或者循环语句一个一个按照指定位置放入, 其他模块对于这种图要简单得多.

4. 下面一排最左边的标为 $(2,4,5)$ 的直方图也不是来自一个数据框的列变量, 而是按照一个分类变量的各个水平产生的, 在 `plt` 不能用一个语句, 必须用多个语句或者循环语句, 其他模块对于这种图也要简单得多.

5. 下面一排左数第 2 个标为 $(2,4,6)$ 的线条图和上面最左图一样, 但故意用循环语句放入 (有些多此一举).

6. 下面一排左数第 3 个及第 4 个标为 $(2,4,7)$ 和 $(2,4,8)$ 的为计数的条形图及饼图. 这些比较标准, 如用 `plt` 的函数产生多个并排条形图, 则需多个语句或者循环.

2.1.5 利用 `plt.hist` 产生并列、叠加和重叠直方图

除了图 2.1.4 左下图的重叠直方图之外, 还可以利用 `plt.hist` 产生并列及叠加直方图, 图 2.1.5 就是利用例 2.1 的分类变量 cut 来分解直方图. 图 2.1.5 的中图 (叠加直方图) 的

外形和不区分 cut 类型的直方图相同，只是这里用不同颜色区分了 cut 变量的不同水平，而图 2.1.5 的左图和右图的 y 值类似，仅仅区别于并排排列还是竖直叠加.

```
x=[]
for i in np.unique(w['cut']):
    x.append(w[w.cut==i]['price'])
plt.figure(figsize=(20,6))
plt.subplot(131)
plt.hist(x,label=np.unique(w['cut']))
plt.legend(loc='best')
plt.subplot(132)
plt.hist(x,stacked=True,label=np.unique(w['cut']))
plt.legend(loc='best')
plt.subplot(133)
for k in np.unique(w['cut']):
    plt.hist(w[w['cut']==k]['price'],alpha=.5,label=k)
plt.legend(loc='best')
plt.suptitle('Side by side, stacked and overlapped histogram')
plt.savefig("Dhist3.pdf",bbox_inches='tight',pad_inches=0)
```

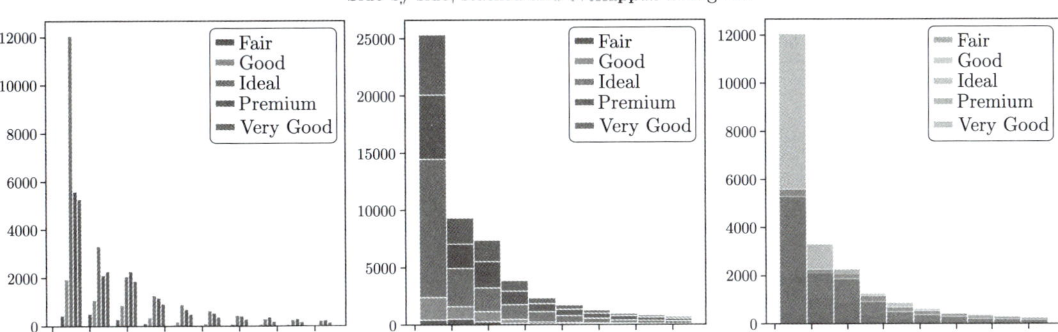

图 2.1.5 利用 plt.hist 产生的并列、叠加和重叠直方图

2.2 seaborn (sns) 系列画图工具

和 matplotlib.pyplot (plt) 有密切关系的 seaborn (sns) 是非常强大的画图工具，而且还在不断发展. 前面已经零星介绍了部分函数，这里将介绍更多，当然，不可能穷尽.

2.2.1 sns.scatterplot、sns.lineplot 与 sns.relplot

和 plt 有密切亲缘关系的 sns.scatterplot、sns.lineplot 与 sns.relplot 往往比 plt.scatter 及 plt.plot 要方便得多. 它可以很方便地产生各种格式的图形.

1. sns.scatterplot 和 sns.lineplot

sns.scatterplot 与 sns.lineplot 很类似, 选项很多, 下面就是一个对比的例子 (图 2.2.1).

```
plt.figure(figsize=(20,7))
plt.subplot(121)
sns.scatterplot(x='Horsepower',y='Miles_per_Gallon',hue='Origin',
    palette=sns.color_palette("muted",n_colors=len(np.unique(u.Origin))),
    size='Weight_in_lbs',data=u)

plt.subplot(122)
sns.lineplot(x='Horsepower',y='Miles_per_Gallon',hue='Origin',
    style='Origin',palette=sns.color_palette("muted",
    n_colors=len(np.unique(u.Origin))),markers=True,ci=None,data=u)
plt.savefig("Dsns0sns2.pdf",bbox_inches='tight',pad_inches=0)
```

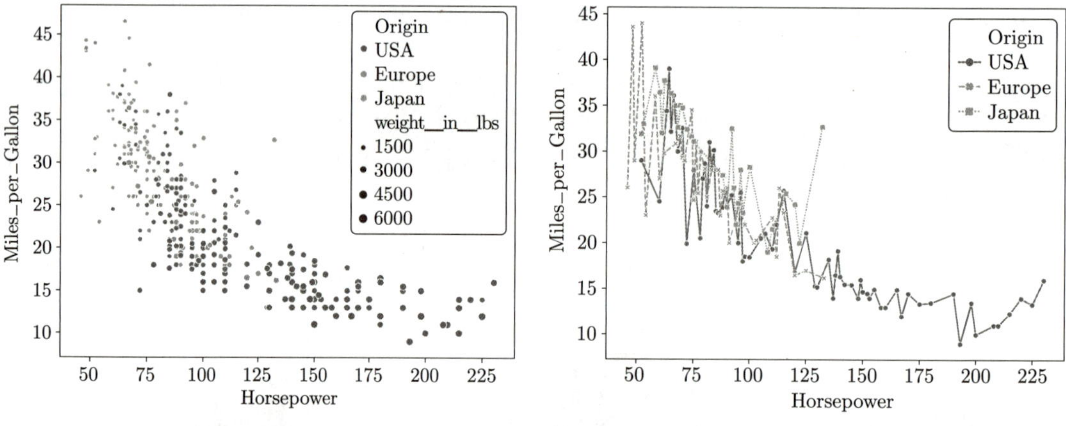

图 2.2.1 sns.scatterplot 和 sns.lineplot 作图比较

关于图 2.2.1

这两个图的代码及图形非常类似, 下面说明几点:

1. hue 的作用:

(1) 图 2.2.1 的两图都用了 hue='Origin' 对分类变量 Origin 不同水平来分配不同颜色的点或线.

(2) 如果用连续变量, 比如 hue='Displacement', 也可以运行, 但赋予 palette 的颜色地图必须有相应多的颜色, 否则会报错; 这时, 对sns.scatterplot 来说, 颜色不能完全随机, 最好是渐变的, 否则会看不明白; 而对于 sns.lineplot 来说, 在 hue 用连续变量可能会显示很多破碎的线段.

2. 如果没有标明 style 代表什么, 并确定 markers=True, 就不会点出点的标记.

3. 如果没有 ci=None, 那么 sns.lineplot 会产生 "置信带", 这是我们不需要的.

4. 和前面的 plt 点图一样, 安排多个图及图形尺寸完全可以用 plt.subplot 及 plt.figure 等来控制, 这两个函数都有 ax 选项, 在安排多个图时很方便.

5. 如果 size 用某个变量表示, 那么:

(1) 在 sns.scatterplot 中代表了点的大小和该变量有关;

(2) 在 sns.lineplot 中代表了线条的粗细和该变量有关, 但会显示许多碎片化的线段.

2. sns.relplot 及其两个选项: kind='scatter' 及 kind='line'

sns.relplot 的两个选项 kind='scatter'(默认的) 及 kind='line' 使得图类似于 sns.scatterplot 与 sns.lineplot, 但是 sns.relplot 要灵活得多. 我们还是用例 1.1 数据, 为了画图简单, 这里增加一个描述排气量多少的变量 DS:

```
u=pd.read_csv('autocars.csv')
u.loc[u.Displacement<=151,'DS']='small'
u.loc[u.Displacement>151,'DS']='large'
```

下面我们用 sns.relplot (默认 kind='scatter') 产生以分类变量 DS 的两个水平为行、以分类变量 Origin 的 3 个水平为列的 2×3 散点图阵 (图 2.2.2).

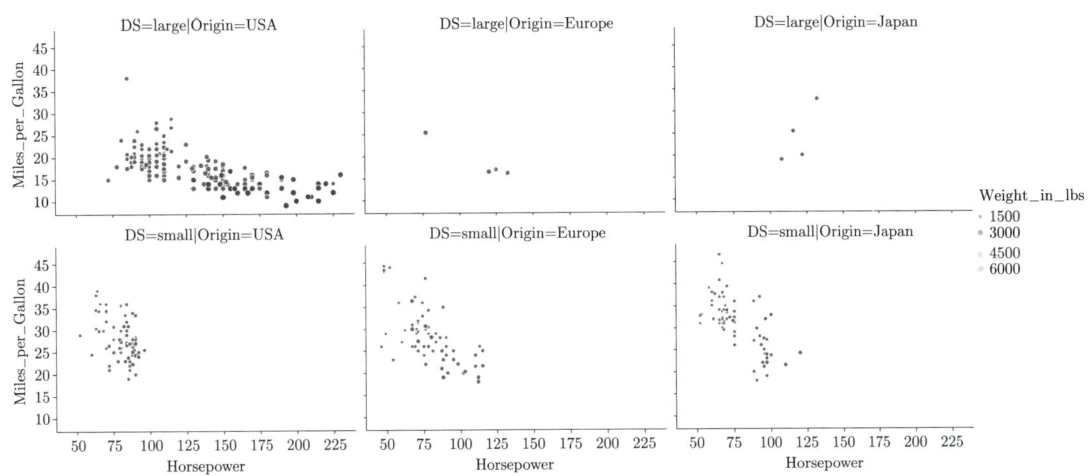

图 2.2.2　用 sns.relplot 做的散点图阵

```
from matplotlib.colors import ListedColormap
cmap = ListedColormap([[.2,.6,.1,.5],[.7,.3,.2,.5],
      [.5,.3,.8,.5],[.1,.3,.8,.2]])
g=sns.relplot(x='Horsepower',y='Miles_per_Gallon',col='Origin',row='DS',
         palette=cmap,size='Weight_in_lbs',
         height=4,aspect=1.5,hue='Weight_in_lbs',data=u )
g.savefig("Dsns031.pdf",bbox_inches='tight',pad_inches=0)
```

再用 sns.relplot(kind='line') 产生以分类变量 DS 的两个水平为行、以分类变量 Origin 的 3 个水平为列的 2 × 3 线条图阵 (图 2.2.3).

```
g=sns.relplot(x='Horsepower',y='Miles_per_Gallon',hue='Origin',
    col='Origin',palette=sns.color_palette("muted",
    n_colors=len(np.unique(u.Origin))),row='DS',style='Origin',
    markers=True,kind='line',height=4,aspect=1.5,ci=None,data=u)
g.savefig("Dsns032.pdf",bbox_inches='tight',pad_inches=0)
```

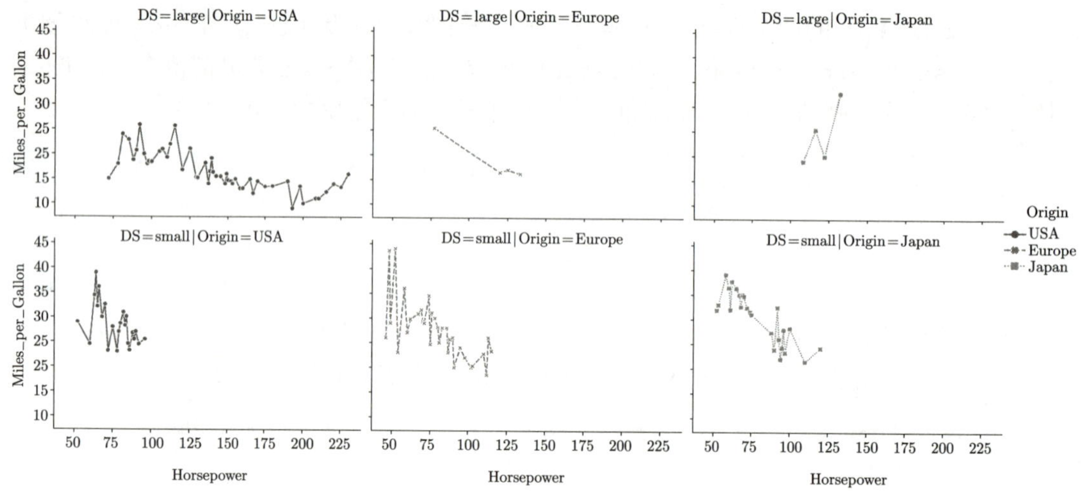

图 2.2.3 用 sns.relplot(kind='line') 做的线条图阵

关于图 2.2.2 和图 2.2.3

这两个图用的代码很像, 在 kind='scatter' 时, 与 sns.scatterplot 的选项类似; 在 kind='line' 时, 与 sns.lineplot 的选项类似. 下面是sns.relplot 的一些特殊点:

1. row 和 col 分别标明图阵的行和列是按照哪个变量的水平分配的.

2. 图形的大小和比例是用选项 height 和 aspect 控制的, 宽度是图高 height 和 aspect 的乘积, 因此, aspect 越大, 图形越宽. 在其他情况下用的诸如 plt.figure(figsize=(.,.)) 不能控制图形的大小.

3. 由于这两个图本身是图阵 (即使是一行一列, 即不给 row 和 col 赋值的情况), 不能用诸如 plt.subplot 或别的图组合, 它也没有选项 ax 来排列图形.

4. 注意线条画图都有一个默认选项 sort=True, 这意味着在画图之前会按照 x 变量的升序排列的次序把 y 变量也排序.

当然, 如果不给 row 和 col 赋值, 则产生单独的图形. 下面是上面例子的重复 (只不过每次只产生一个图), 产生单独的散点图 (图 2.2.4).

```
from matplotlib.colors import ListedColormap
cmap = ListedColormap([[.2,.6,.1,.5], [.7,.3,.2,.5],
    [.5,.3,.8,.5], [.1,.3,.8,.2]])
g=sns.relplot(x='Horsepower',y='Miles_per_Gallon',
            palette=cmap,size='Weight_in_lbs',
            height=4,aspect=2.5,hue='Weight_in_lbs',data=u )
g.savefig("Dsns0311.pdf",bbox_inches='tight',pad_inches=0)
```

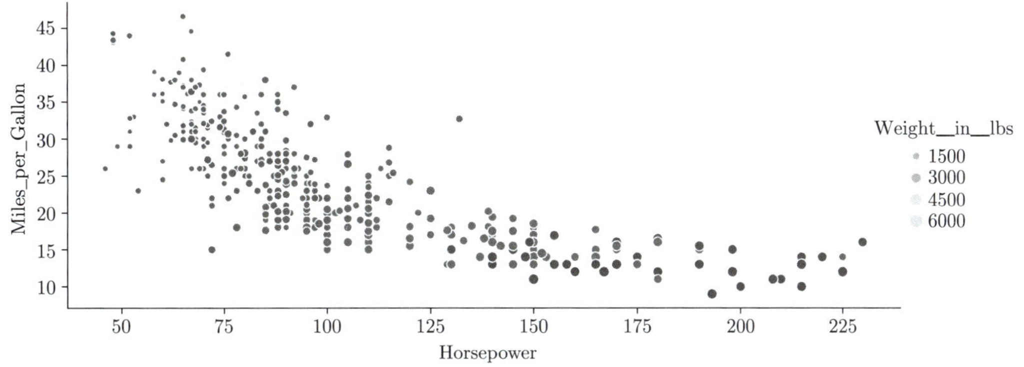

图 2.2.4　用 sns.relplot 产生单独的散点图

下面语句产生单独的线条图 (图 2.2.5).

```
g=sns.relplot(x='Horsepower',y='Miles_per_Gallon',hue='Origin',
    palette=sns.color_palette("muted",n_colors=len(np.unique(u.Origin))),
    style='Origin',markers=True,kind='line',height=4,
    aspect=2.5,ci=None,data=u)
g.savefig("Dsns0321.pdf",bbox_inches='tight',pad_inches=0)
```

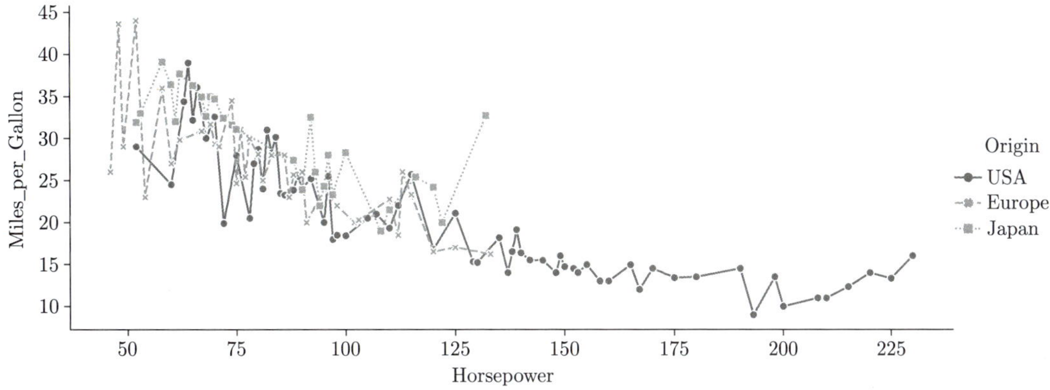

图 2.2.5　用 sns.relplot 产生单独的线条图

2.2.2 sns 的条形图

条形图比较简单, 我们用加了变量 DS 的例 1.1 数据, 并产生变量 Miles_per_Gallon 均值关于不同品牌地的条形图 (图 2.2.6).

```
u=pd.read_csv('autocars.csv')
u.loc[u.Displacement<=151,'DS']='small'
u.loc[u.Displacement>151,'DS']='large'
u1=u.groupby(['Origin','DS'])['Miles_per_Gallon'].mean()
u1=u1.reset_index()

plt.figure(figsize=(10,3))
sns.barplot(y="DS", x="Miles_per_Gallon",hue='Origin', data=u1)
plt.savefig("Dsnsbar0.pdf",bbox_inches='tight',pad_inches=0)
```

上面的多种选项前面已经见过.

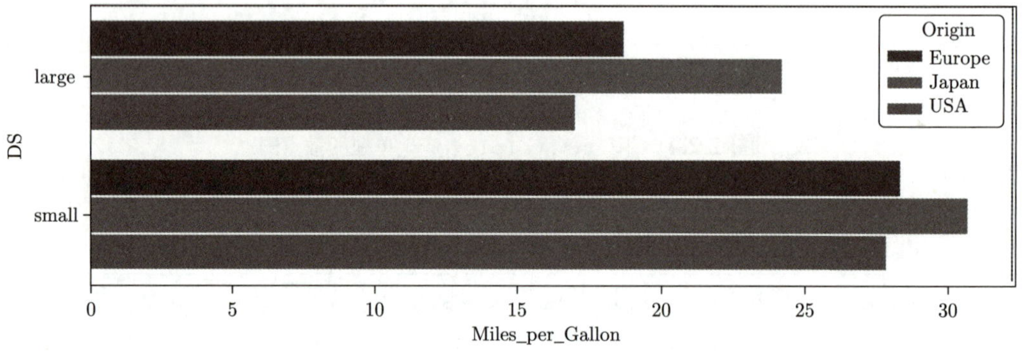

图 2.2.6 用 sns.barplot 产生的条形图

2.2.3 sns 的盒形图

sns 的盒形图使用的函数是 sns.boxplot, 还有一个函数 sns.swarmplot 可以按照分类变量画散点图.

还是使用例 1.1 数据 (增加一个变量 DS), 图 2.2.7 显示了其上面两个图 (数量变量按两个分类变量生成盒形图, 数量变量按两个分类变量生成散点图) 的叠加形成下面的图.

```
u=pd.read_csv('autocars.csv')
u.loc[u.Displacement<=151,'DS']='small'
u.loc[u.Displacement>151,'DS']='large'

plt.figure(figsize=(20,6))
plt.subplot(221)
sns.boxplot(y="Origin", x="Miles_per_Gallon", hue="DS",
                data=u, dodge=True,orient='h')
```

```
plt.subplot(222)
sns.swarmplot(x="Miles_per_Gallon", y="Origin", dodge=True,
    orient='h', hue="DS",
data=u, color=".75")
plt.subplot(212)
sns.boxplot(x="Miles_per_Gallon", y="Origin", hue="DS",
    dodge=True, orient='h', data=u)
sns.swarmplot(x="Miles_per_Gallon", y="Origin", dodge=True,
    orient='h', hue="DS",
data=u, color=".75")
plt.savefig("Dsnsbox0.pdf",bbox_inches='tight',pad_inches=0)
```

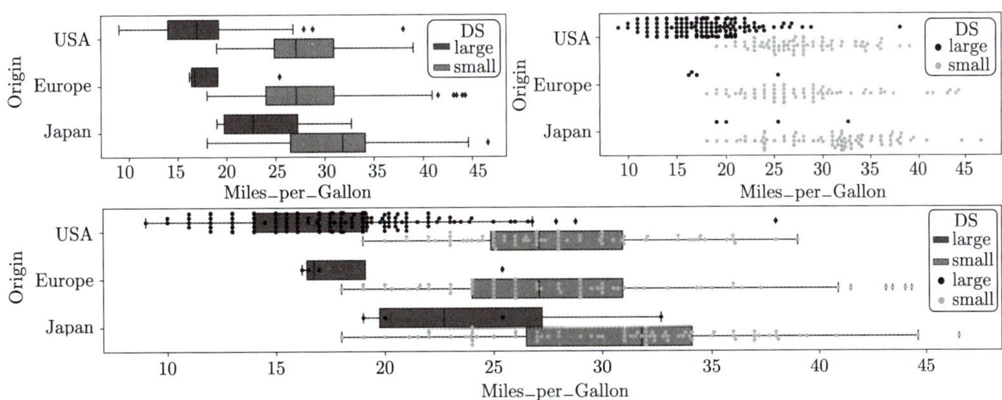

图 2.2.7　盒形图及散点图的叠加

2.2.4　sns.catplot 按照分类变量分别画出的若干盒形图

和 sns.relplot 的用法类似, 对例 1.1 数据 (增加一个变量 DS) 可以用 sns.catplot 按照分类变量水平分别画出不同的盒形图 (图 2.2.8).

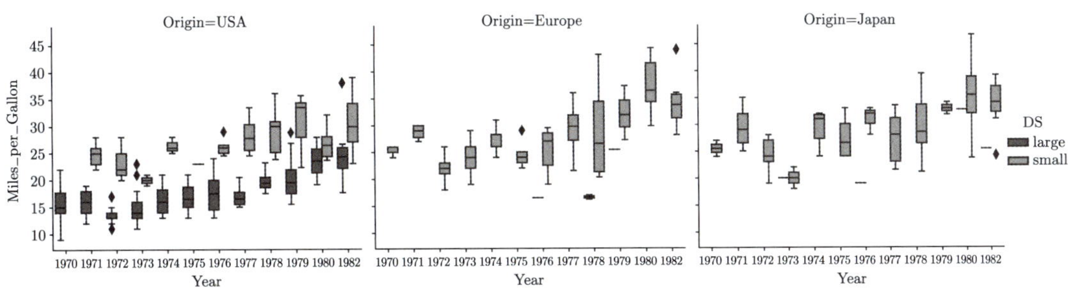

图 2.2.8　根据分类变量水平画的盒形图阵

```
U['Years']=pd.DataFrame([U.Year[x][:4]for x in range(U.shape[0])])
g = sns.catplot(x="Year", y="Miles_per_Gallon",
            hue="DS", col="Origin",data=u, kind="box",
```

```
        dodge=True,height=4, aspect=1.2);
g.savefig("Dsnscat0.pdf",bbox_inches='tight',pad_inches=0)
```

2.2.5 sns 的直方图及核密度估计图

sns 的直方图使用的函数是 sns.distplot (也可以通过更一般函数sns.distplot 的直方图选项kind='hist' 来生成直方图), 它结合了 plt.hist、sns.kdeplot (核密度估计) 及 sns.rugplot 等函数, 还能够拟合 scipy.stats 的分布, 并点出对数据估计的密度函数. 下面还是用例 1.1 数据 (产生图 2.2.9).

```
import scipy.stats as stats
x=np.random.randn(200)
plt.figure(figsize=(15,4))
plt.subplot(131)
sns.distplot(u['Horsepower'].dropna(), kde=True, rug=True);
plt.subplot(132)
sns.kdeplot(u['Horsepower'].dropna(), bw=1.8, label="bw=1.8")
sns.kdeplot(u['Horsepower'].dropna(), bw=5, label="bw=5")
plt.legend();#显示图例
plt.subplot(133)
sns.distplot(u['Acceleration'], kde=False, fit=stats.gamma)
plt.savefig("Dsnsdist0.pdf",bbox_inches='tight',pad_inches=0)
```

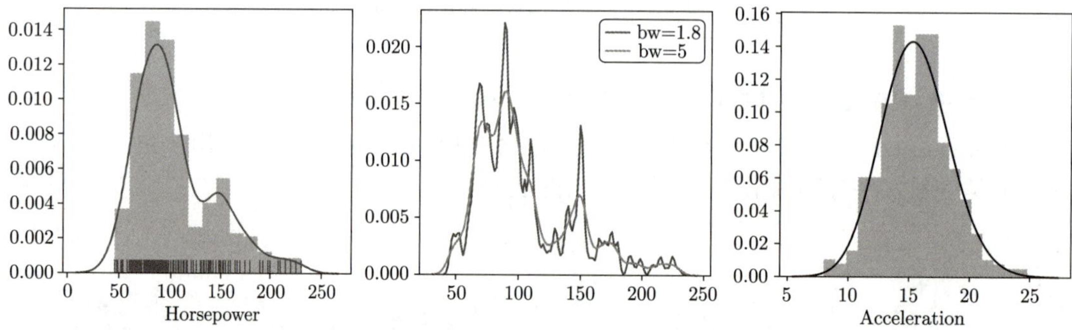

图 2.2.9 直方图 (带有 rug 和 kde)(左)、两种不同带宽的核密度估计 (中)、估计的密度函数 (右)

2.2.6 sns.distplot 多个直方图同框

多个直方图同框比较简单. 用例 1.1 数据 (增加一个变量 DS) 对品牌地循环点出多个直方图和密度估计图 (图 2.2.10).

```
fig, ax = plt.subplots(figsize=(15,5))
for a in np.unique(u.Origin):
    sns.distplot(u[u.Origin==a]['Miles_per_Gallon'].dropna(),
```

```
        ax=ax, kde=True, label=a)
fig.legend(loc='upper right')
fig.savefig("Dsnsdist1.pdf",bbox_inches='tight',pad_inches=0)
```

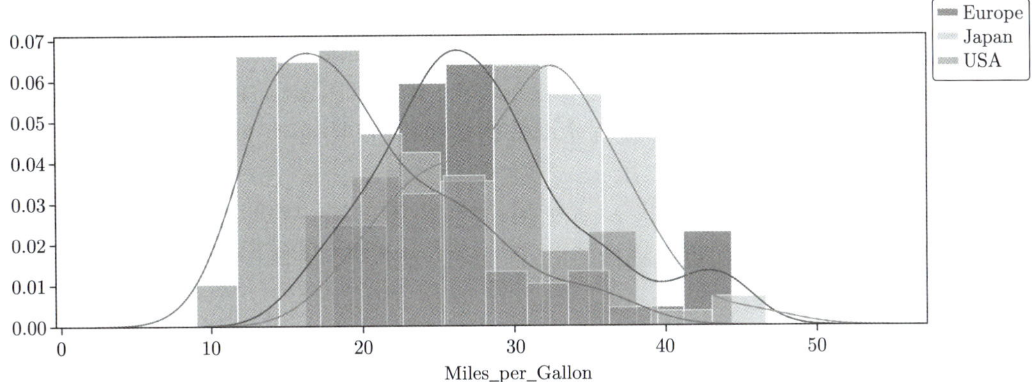

图 2.2.10　多个直方图同框

2.2.7 sns.jointplot

sns.jointplot 画的图是在二维图的基础上加上边缘分布而形成的. 二维图可以是散点图或其他形式 (根据选项 kind), 包括: scatter (散点图)、reg (线性回归图)、resid (线性回归残差图)、kde (二维核密度估计图)、hex (六角点云图) (图 2.2.11), 当然, 这仅仅是示意, 并不是所有的图都有必要.

```
sns.jointplot("Horsepower", y="Displacement", data=u, kind='scatter')
sns.jointplot("Horsepower", y="Displacement", data=u, kind='hex')
sns.jointplot("Horsepower", y="Displacement", data=u, kind='kde')
sns.jointplot("Horsepower", y="Displacement", data=u, kind='resid')
sns.jointplot("Horsepower", y="Displacement", data=u, kind='reg')
```

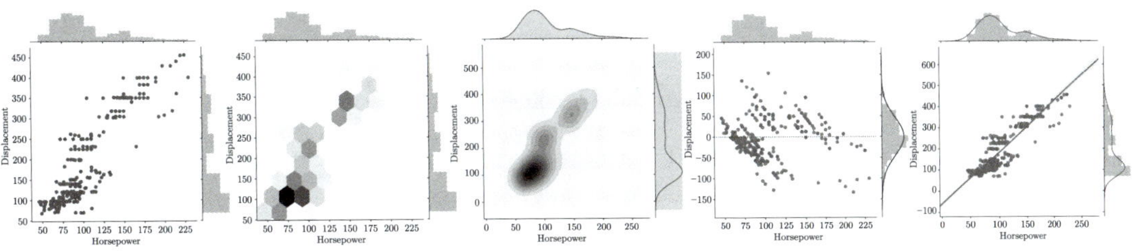

图 2.2.11　多种 sns.jointplot(从左到右: scatter、hex、kde、resid、reg)

2.2.8 seaborn.FacetGrid

sns.relplot 和 sns.catplot 可以很方便地根据分类变量的水平来画各种图形. 这实际上是使用了 seaborn.FacetGrid.

sns.FacetGrid 初始化 matplotlib 图形和 FacetGrid 对象, 可以用于绘制条件关系的多图网格. 它将数据集映射到排列在与数据集中变量级别相对应的行和列网格中的多个轴上.

正如我们在 sns.relplot 和 sns.catplot 的使用中所经历的, 在选项中使用 hue 参数表示第三个变量的级别, 该参数以不同的颜色绘制不同的数据子集 (根据分类变量的不同水平). 结合 sns.FacetGrid 为不同方法量体裁衣所做的函数 (如 sns.relplot、sns.catplot、sns.lmplot 和 sns.pairplot) 比直接用 sns.FacetGrid 更好.

sns.FacetGrid 的基本工作流程是用数据集和构造网格的变量把 FacetGrid 对象初始化. 然后通过调用 FacetGrid.map 或 FacetGrid.map_dataframe 将一个或多个绘图函数 (不限于 sns, 也可以是 plt 画图函数) 应用于每个子集. 最后, 可以使用其他方法来调整绘图, 以执行诸如更改轴标签 (axis label), 使用不同的刻度线 (tick) 或添加图例 (legend) 的操作.

在使用 sns 时往往要进一步设置美学 (aesthetic) 参数, 这相当于 R 的 ggplot 中的 aes 参数. 比如, 希望后面画的每个 sns 图都用 sns.axes_style='ticks', 而且颜色按照 sns.color_palette 的值来定.

```
sns.set(style="ticks", color_codes=True)
```

下面是对例 1.1 使用 sns.FacetGrid 的一些例子.

1. 散点图阵

生成散点图阵 (图 2.2.12).

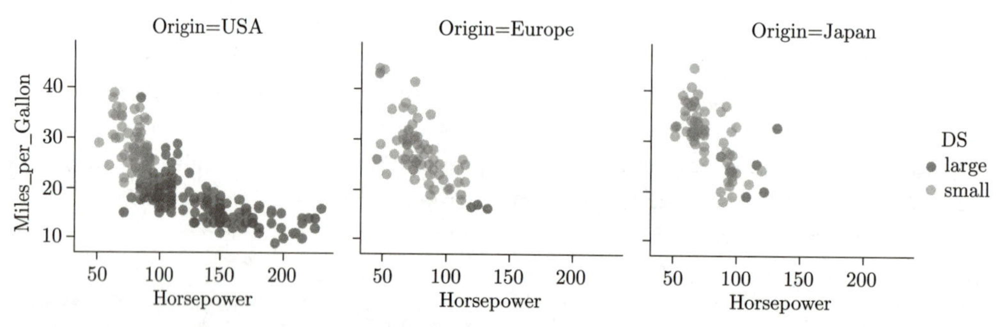

图 2.2.12 散点图阵

```
u=pd.read_csv('autocars.csv')
u.loc[u.Displacement<=151,'DS']='small'
u.loc[u.Displacement>151,'DS']='large'

g = sns.FacetGrid(u, col="Origin", hue="DS")
g.map(plt.scatter, x="Horsepower", y="Miles_per_Gallon", alpha=.5)
g.add_legend()
g.savefig("DsnsSF1.pdf",bbox_inches='tight',pad_inches=0)
```

2. 直方图阵

生成直方图阵 (图 2.2.13).

```
g = sns.FacetGrid(u, hue="Origin", col='DS',height=4,aspect=1.5)
g.map(plt.hist, 'Miles_per_Gallon',alpha=.5)
g.add_legend()
g.savefig("DsnsSF5.pdf",bbox_inches='tight',pad_inches=0)
```

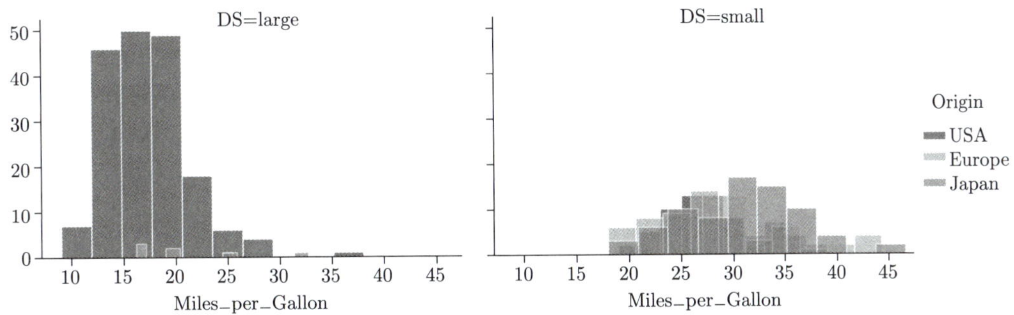

图 2.2.13 直方图阵

3. 小提琴图阵

生成小提琴图阵[①] (图 2.2.14).

```
g = sns.FacetGrid(u, hue="Origin", col='DS',height=4, aspect=1.2,
                  margin_titles=True)
g.map_dataframe(sns.violinplot, x="Miles_per_Gallon")
g.savefig("DsnsSF3.pdf",bbox_inches='tight',pad_inches=0)
```

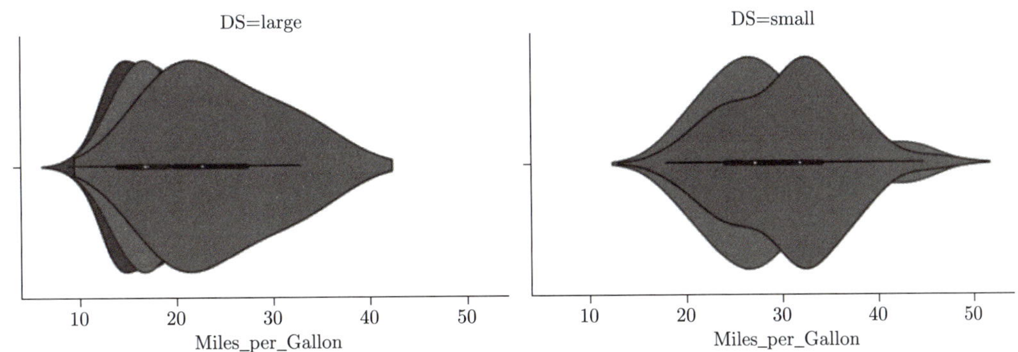

图 2.2.14 小提琴图阵

① 小提琴图的作用类似于盒形图. 它显示了定量数据在一个或多个分类变量的多个水平的分布, 这样这些分布就可以进行比较. 盒形图中的组件对应实际的数字, 而小提琴图更像是潜在分布的核估计.

4. 条形图阵

生成条形图阵: 对变量 Horsepower 按 3 个分类变量的均值做条形图 (图 2.2.15).

```
u2=u.groupby(['Origin','DS','Year'])['Horsepower'].mean()
u2=u2.reset_index()

g = sns.FacetGrid(u2, col="Origin", hue='Year',
                  hue_order=np.unique(u2.Year),height=4, aspect=1.2)
g.map(sns.barplot, "Horsepower",'DS',order=np.unique(u2.DS))
g.add_legend()
g.savefig("DsnsSF4.pdf",bbox_inches='tight',pad_inches=0)
```

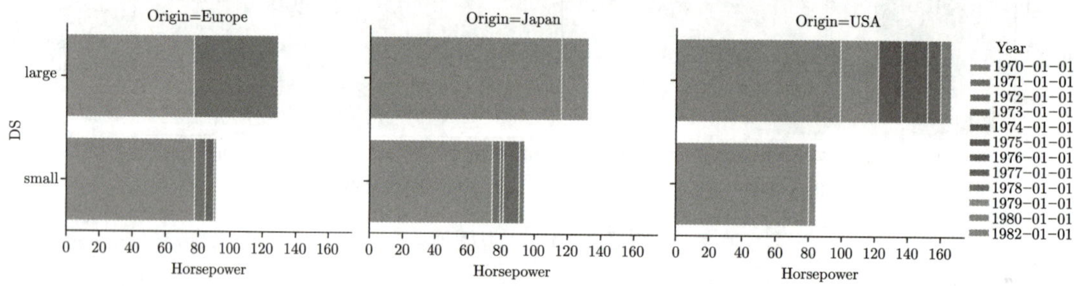

图 2.2.15　条形图阵

5. 密度估计-直方图阵

生成密度估计-直方图阵 (图 2.2.16).

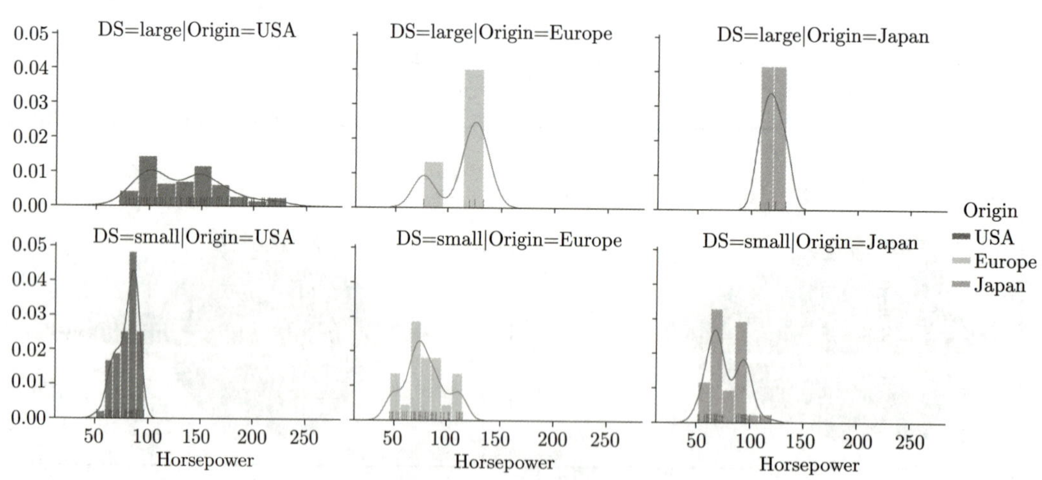

图 2.2.16　密度估计-直方图阵

```
g = sns.FacetGrid(u, col="Origin", row='DS',hue='Origin',height=4,
        aspect=1.5)
g.map(sns.distplot, "Horsepower", hist=True, rug=True)
```

```
g.add_legend()
g.savefig("DsnsSF6.pdf",bbox_inches='tight',pad_inches=0)
```

关于 sns.FacetGrid 对象

在例子中:

1. 先建立一个 sns.FacetGrid 对象, 并且表明图阵是按照什么分类变量设置颜色 (hue), 以及按照什么分类变量设置行和列 (row 和 col) 数目, 或者索性确定每行有几个小图 (col_wrap); 也通过 height 和 aspect 设定图的大小.

2. 通过 sns.FacetGrid.map 导入画图函数, 并设定需要的参数. 根据经验, 并不是每个画图函数的参数都能恰当地被接受或实行, 相信随着新版本的完善会改进这些问题.

2.3 pandas.DataFrame 画图

使用 pandas 的数据框 (pd.DataFrame) 本身直接画图是很方便的, 当然往往要使用 plt 的一些工具.

2.3.1 pd.DataFrame.plot

1. 不同线条为数据框的不同列

最简单的例子就是构造几个同样长度的变量 (这里是 4 个一维随机游走) 作为数据框的列, 并且画出轨迹图 (图 2.3.1).

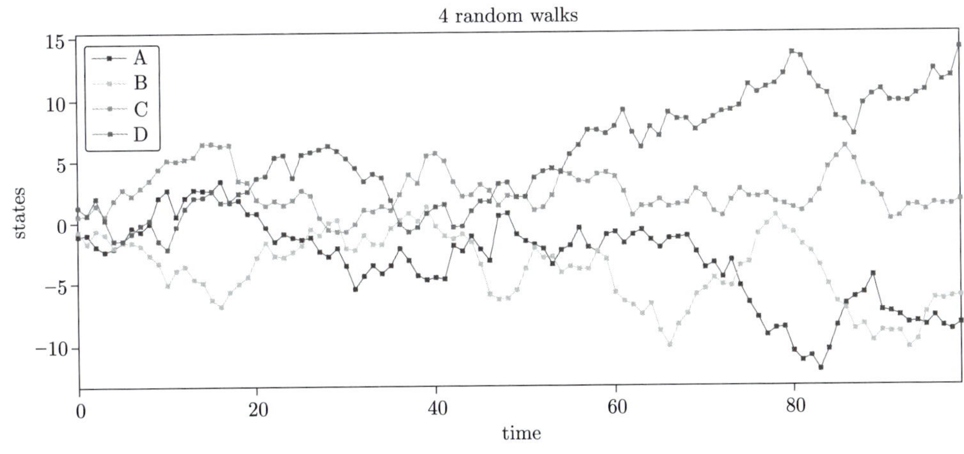

图 2.3.1　4 个一维随机游走图

```
np.random.seed(789)
df = pd.DataFrame(np.cumsum(np.random.randn(100, 4),axis=0),
                  columns=list('ABCD'))
ax=df.plot(marker='s', markersize=2, linewidth=.5,figsize=(10,4))
```

```
ax.set_xlabel('time')
ax.set_ylabel('states')
ax.set_title('4 random walks')
ax.get_figure().savefig("DPD01.pdf",bbox_inches='tight',pad_inches=0.1)
```

为对不同的随机游走设置不同的点和线的标记, 我们用下面程序 (为了看清楚, 只点了部分点) 产生图 2.3.2.

```
mark=['.','^','s','x']
line=['-','--','-.',':']
for k,i in enumerate(df.columns):
    ax=df[i][:30].plot(marker=mark[k],linestyle=line[k],markersize=2,
               linewidth=.5,figsize=(10,4))
ax.set_xlabel('time')
ax.set_ylabel('states')
ax.set_title('4 random walks')
ax.legend()
plt.savefig("DPD02.pdf",bbox_inches='tight',pad_inches=0.1)
```

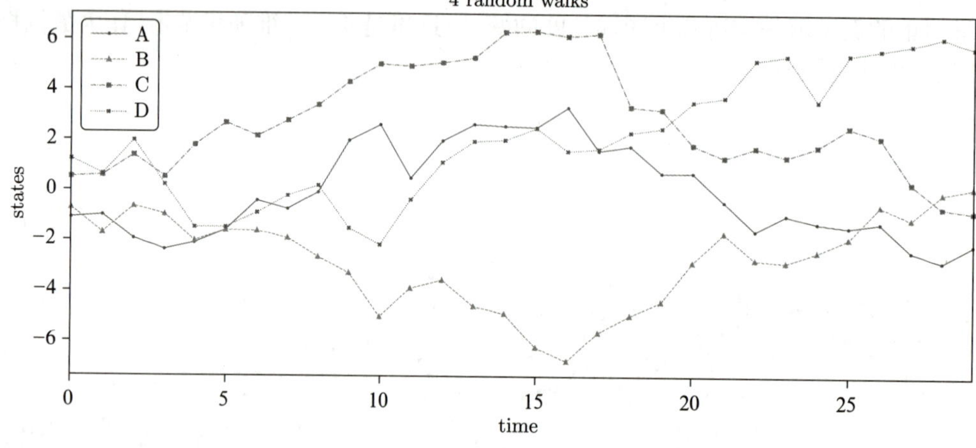

图 2.3.2 4 个一维随机游走图 (不同的点线标记)

关于图 2.3.1 和图 2.3.2 的程序

从编写图 2.3.1 和图 2.3.2 的程序至少可以得到下面经验:

1. 对于单独的点图, 图的大小不能用 `plt.figure(figsize=(...))` 控制, 必须在画图函数中用 `figsize` 标明 (但对于多个图, 可通过诸如 `fig,axes=plt.subplots(1,2,figsize=(...))` 之类的代码及画图函数的 `ax=axes[...]` 选项来设定图阵的总体大小和次序).

2. `pd.DataFrame` 的 `plot` 可以同时画点线.

3. 为了画不同的点线标记, 可以在图 2.3.1 的程序中做, 但图 2.3.2 的程序的循环语句似乎更简单些. 在图 2.3.2 中, 图例不能自动产生, 必须加上 `legend()`.

4. 把图存到文件时, 可以用 `get_figure().savefig`, 也可以使用 `plt.savefig` (或`fig.savefig`).

2. x 变量和 y 变量为数据框的两列, 不同线条相应于某分类变量的不同水平

我们以例 1.1 为例来作图 (图 2.3.3).

```
u=pd.read_csv('autocars.csv')
mark=['.','^','s','x']
line=['-','--','-.',':']
ax = plt.gca() # gca 为 'get current axis' 的缩写
for k,i in enumerate(np.unique(u['Origin'])):
    u[u.Origin==i].sort_values(by='Displacement',
    ascending=True).plot(kind='line',x='Displacement',
    y='Miles_per_Gallon',marker=mark[k],linestyle=line[k],
    markersize=3, linewidth=.8,figsize=(10,4),ax=ax)
ax.legend(np.unique(u['Origin']))
plt.savefig("DPD021.pdf",bbox_inches='tight',pad_inches=0.1)
```

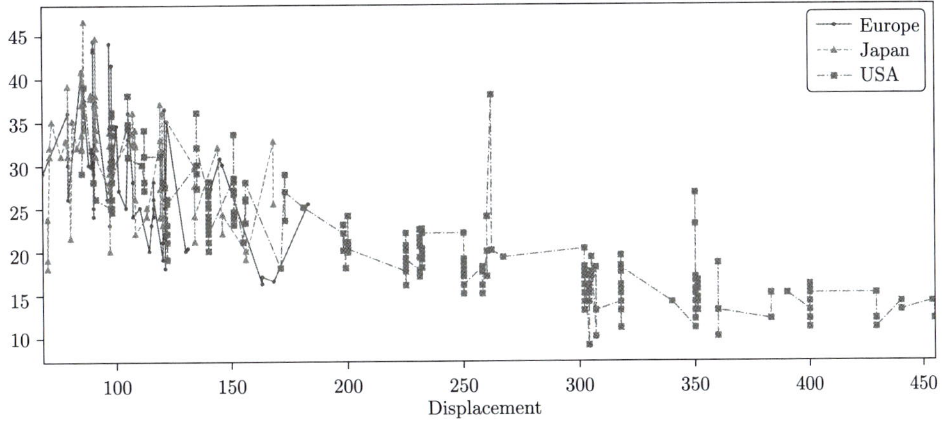

图 2.3.3　例 1.1 的散点-线条图

图 2.3.3 的说明

图 2.3.3 用了图 2.3.2 的许多点线元素代码, 图 2.3.3 和前面图不同的是:

1. 用了 x 变量 (及 y 变量), 而前面的图则自动以 index 作为 x 变量.

2. 利用 `sort_values` 对 x 变量进行了排序 (这里没有 `sort` 选项).

3. 如果不指明图例的文字为 `np.unique(u['Origin'])`, 则在图例中的三条线都会标以同样的 `Miles_per_Gallon`.

4. 这里的 `plot(kind='line')` 等价于 `plot.line`. 如果在画图函数的选项中注明

kind='scatter' 或者用 plot.scatter 则产生散点图.

5. 请思考在实现图 2.3.3 的代码中, 选项 ax=plt.gca() 与 ax=ax 有何意图?

2.3.2 pd.DataFrame.plot.bar 和 pd.DataFrame.plot.pie

可用 pd.DataFrame.plot.bar 或者pd.DataFrame.plot(kind='bar') 产生条形图 (水平条形图用 barh); 并且用 pd.DataFrame.plot.pie 或者用完全等价的函数 pd.DataFrame.plot(kind='pie') 产生饼图. 下面对例 1.1 的 Miles_per_Gallon 和 Horsepower 变量按不同分类变量做均值来产生条形图和饼图 (图2.3.4).

```
u=pd.read_csv('autocars.csv')
u.loc[u.Displacement<=151,'DS']='small'
u.loc[u.Displacement>151,'DS']='large'
u1=u.groupby(['Origin','DS'])['Horsepower'].mean()
u1=u1.reset_index()
u3=u1.pivot(index='Origin',columns='DS',values='Horsepower')

fig,axes=plt.subplots(2,2,figsize=(25,12))
u3.plot(kind='barh',stacked=False,ax=axes[0,0])
axes[0,0].get_legend().set_bbox_to_anchor((.8, 0.4))
u3.plot(kind='barh',stacked=True,ax=axes[0,1])
axes[0,1].get_legend().set_bbox_to_anchor((1, .4))
u.groupby('Origin')['Miles_per_Gallon'].mean().plot(kind='barh',
    ax=axes[1,0])
u.groupby('Origin')['Miles_per_Gallon'].mean().plot.pie(ax=axes[1,1])
fig.savefig("DPD03.pdf",bbox_inches='tight',pad_inches=0.1)
```

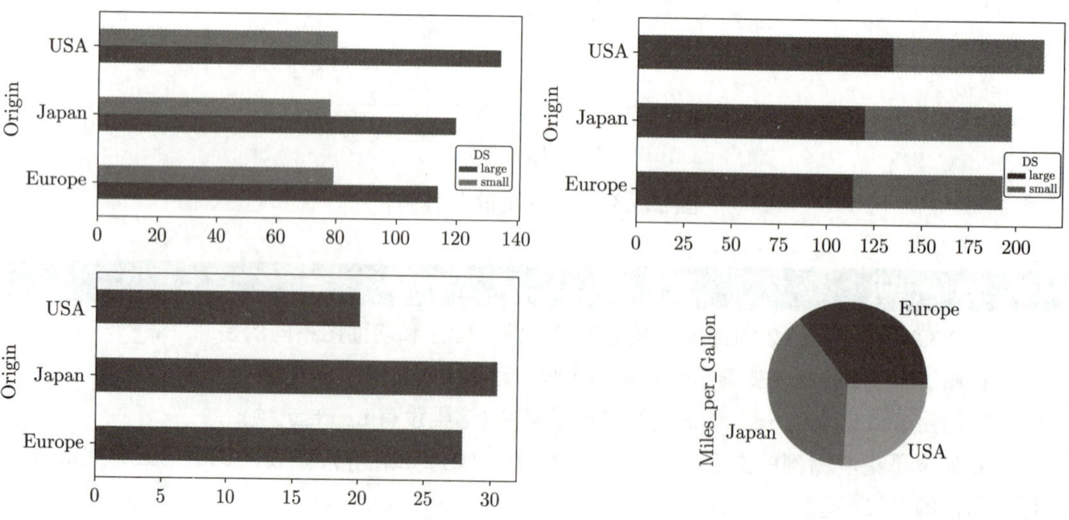

图 2.3.4 例 1.1 中 Miles_per_Gallon 和 Horsepower 变量均值的 3 种条形图和饼图

2.3.3 直方图 (pd.DataFrame.plot.hist)

从数据框产生直方图有几种情况, 下面予以介绍:

1. 单纯一个直方图

生成单纯一个直方图 (图 2.3.5), 这里用 hist 或者 plot.hist 区别不大.

```
ax=u.Horsepower.hist(figsize=(10,3.5))
ax.set_title('Histogram of Horsepower')
ax.get_figure().savefig("DPDh0.pdf",bbox_inches='tight',pad_inches=0.1)
```

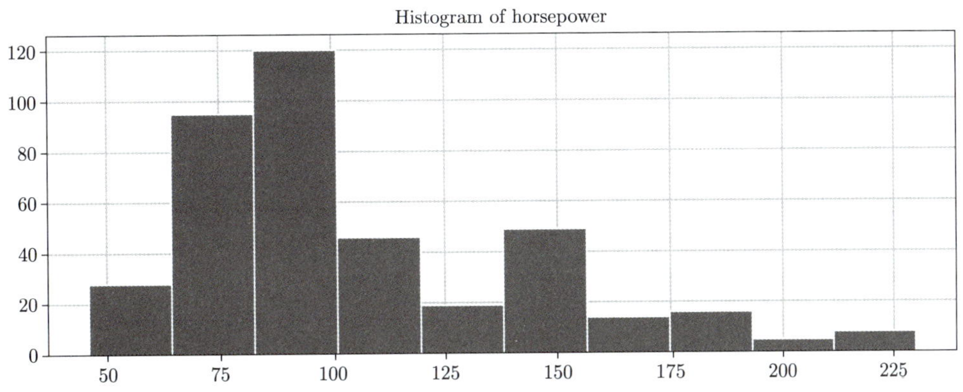

图 2.3.5　例 1.1 变量 Horsepower 的简单直方图

2. 按照某分类变量区分的直方图

生成按照某分类变量区分的直方图 (图 2.3.6). 这里首先重新生成一个按照某分类变量 (这里取例 1.1 的 Origin) 水平分成不同列的某数量变量 (这里取例 1.1 的变量 Horsepower) 的数据框 (注意: 该数据框各个列的长度不同, 用 NaN 填补缺失值).

```
U=dict()
for i in np.unique(u.Origin):
    U['Horsepower for '+i]=u.set_index('Origin')['Horsepower'][i].\
    reset_index(drop=True)
U=pd.DataFrame(U)
```

问题与思考

1. 此处通过建立一个字典的方式来提取并保存数据集, 这不一定是最有效率的方式. 请读者设计不同的运作方式.

2. 可视化作图各个函数的选项中, 有些是专门针对分类变量的, 如 by='Origin', hue="Origin" 等, 此时的数据框是什么结构? 如果不这样, 则需要采取哪些方式来作图以显示这些分类变量所包含的信息?

具体产生两个直方图: 一个竖直叠加 (图 2.3.6 左图), 一个互相覆盖 (图 2.3.6 右图).

```
fig,axes=plt.subplots(1,2,figsize=(20,5))
U.plot.hist(stacked=True, bins=20,alpha=.8,ax=axes[0])
U.plot.hist(stacked=False, bins=20,alpha=.8,ax=axes[1])
fig.savefig("DPDhh.pdf",bbox_inches='tight',pad_inches=0.1)
```

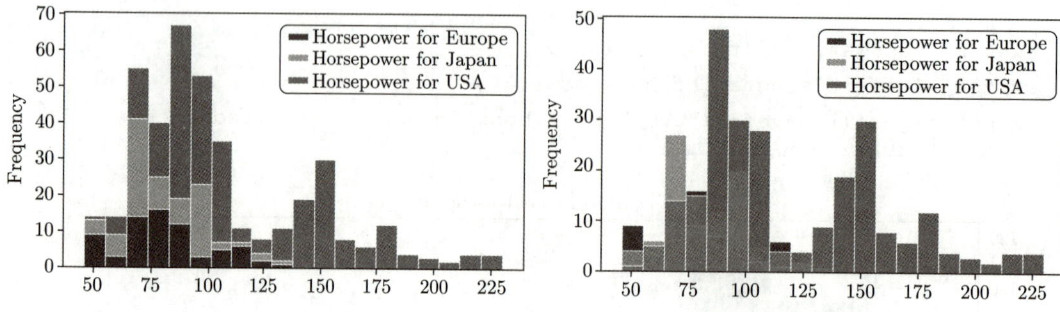

图 2.3.6 例 1.1 变量 Horsepower 按照变量 Origin 分的直方图

3. 按照某分类变量分开的若干直方图

生成按照某分类变量分开的若干直方图 (图 2.3.7), 这里是对例 1.1 的变量 `Origin` 的 3 个水平产生 3 个 Horsepower 的直方图.

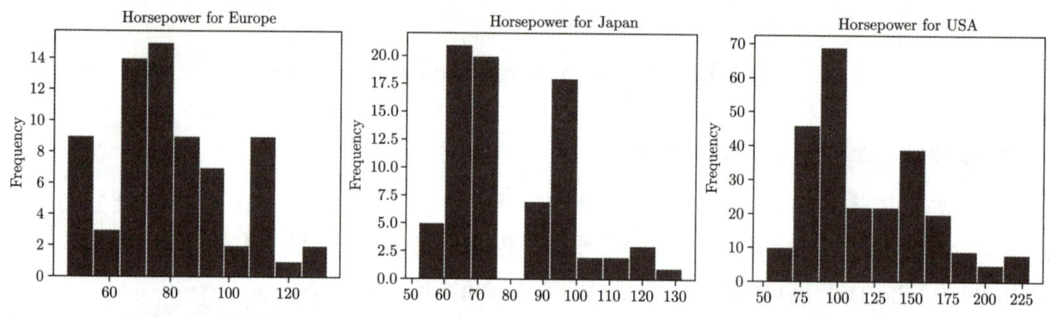

图 2.3.7 例 1.1 变量 Horsepower 按照变量 Origin 的 3 个水平产生的直方图

```
fig,axes=plt.subplots(1,3,figsize=(20,5))
for k,i in enumerate(U.columns):
    U[i].plot.hist(ax=axes[k])
    axes[k].set_title(i)
fig.savefig("DPDh3.pdf",bbox_inches='tight',pad_inches=0.1)
```

2.3.4 核密度估计及盒形图 (plot.kde 和 plot.box)

我们仍然使用前面来自例 1.1 的数据 (`u` 和 `U`) 产生核密度估计图和盒形图.

1. 变量 Horsepower 不区分 Origin 和区分 Origin 的核密度估计图及盒形图

图 2.3.8 的 4 个图分别是变量 Horsepower 不区分 Origin 和区分 Origin 的核密度估计图及盒形图.

```
fig,axes=plt.subplots(2,2,figsize=(20,6))
u['Horsepower'].plot.kde(ax=axes[0,0])
U.plot.kde(ax=axes[0,1])
u['Horsepower'].plot.box(ax=axes[1,0],vert=False,rot=90)
U.plot.box(ax=axes[1,1])
fig.savefig("DPDkde0.pdf",bbox_inches='tight',pad_inches=0.1)
```

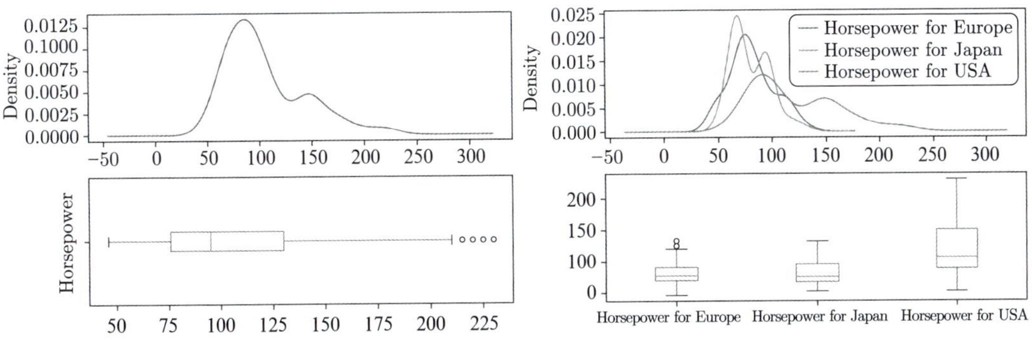

图 2.3.8 例 1.1 变量 Horsepower 不区分 Origin 和区分 Origin 的核密度估计图及盒形图

2. 变量 Horsepower 区分 Origin 的 3 个核密度估计图及 3 个盒形图

例 1.1 变量 Horsepower 区分 Origin 的 3 个核密度估计图及 3 个盒形图 (图 2.3.9).

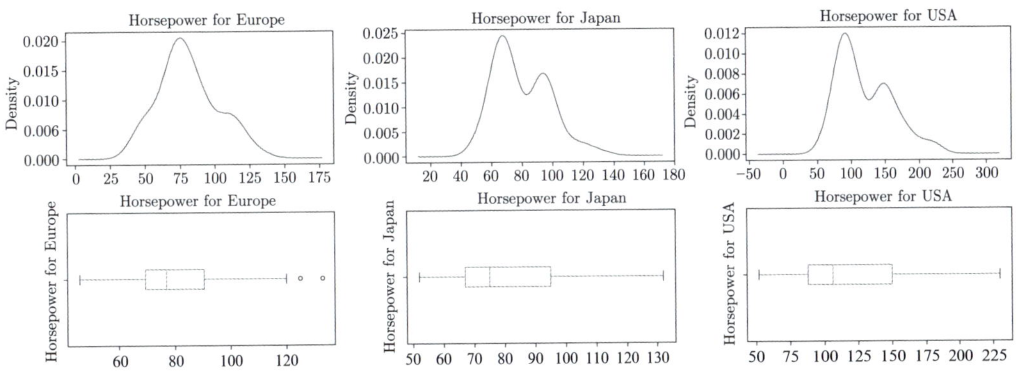

图 2.3.9 例 1.1 变量 Horsepower 区分 Origin 的 3 个核密度估计图及 3 个盒形图

```
fig,axes=plt.subplots(2,3,figsize=(25,8))
for k,i in enumerate(U.columns):
    U[i].plot.kde(ax=axes[0,k])
    axes[0,k].set_title(i)
for k,i in enumerate(U.columns):
    U[i].plot.box(ax=axes[1,k],vert=False,rot=90)
    axes[1,k].set_title(i)
fig.savefig("DPDkde.pdf",bbox_inches='tight',pad_inches=0.1)
```

2.4 Altair 画图工具

2.4.1 简单介绍

Altair 是基于 Vega 和 Vega-Lite 的用于 Python 的声明式统计可视化模块. 它语法简单但又十分强大, 能够快速实现各种统计可视化任务. 和前面的几个画图模块不同, Altair 不依赖 matplotlib, 但和 pandas 及 numpy 有关. 当然, 必须首先载入必要的模块:

```
import altair as alt
import pandas as pd
import numpy as np
```

下面给出例 1.1 数据一个散点图的代码. 该数据及一些其他常见的数据都可以在模块 vega_datasets 的data 之中找到. 比如, 可以用下面语句得到著名的鸢尾花数据 (以 iris 命名) 和例 1.1 数据 (以 cars 命名):

```
from vega_datasets import data
iris = data.iris()
cars = data.cars()
```

2.4.2 产生一个散点图

还是用例 1.1 数据 (仍然用修改过的 u) 点出一个散点图 (图2.4.1).

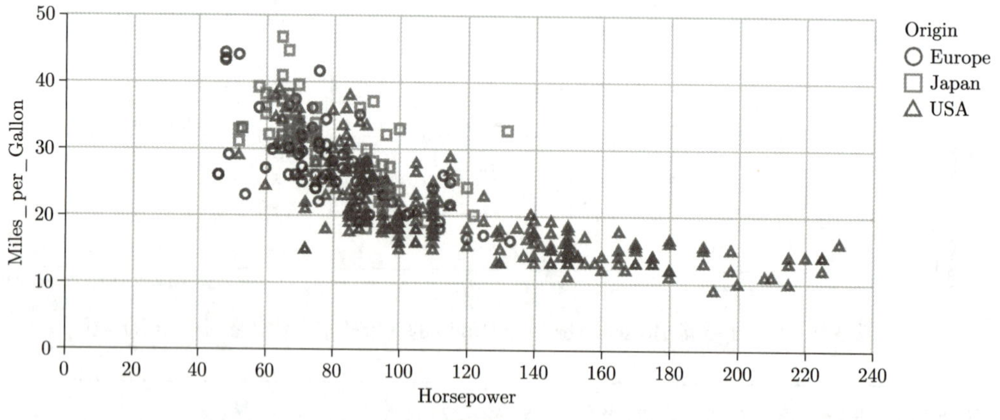

图 2.4.1 例 1.1 数据的一个散点图

```
u=pd.read_csv('autocars.csv')
u.loc[u.Displacement<=151,'DS']='small'
u.loc[u.Displacement>151,'DS']='large'

fig=alt.Chart(u).mark_point().encode(
```

```
        x='Horsepower',
        y='Miles_per_Gallon',
        color='Origin',
        shape='Origin'
    ).properties(
        width=500,
        height=200)
    fig #打印出图
```

关于图 2.4.1 的代码结构

我们通过图 2.4.1 的代码来介绍 altair(alt) 的部分结构:

1. 首先 `fig=alt.Chart(u)` 定义了一个图形对象, 后面的所有元素都是对它的各种功能的确定及描述.

2. 第二部分 `mark_point()` 属于 mark 部分, 定义将要画什么样子的图, 类似的还有 `mark_line`、`mark_bar`、`mark_boxplot` 等.

3. 后面接着的是 encode 部分, 定义图形横轴和纵轴的变量、确定颜色和形状等.

4. 上面代码的最后部分是图形的性质, 这里列出了输出图形的尺寸, 还可以有其他别的选项.

5. 一个图形还可以有其他的部分, 每个部分都有很多选项, 需要的时候可附加相应的部分.

2.4.3 放在一起的若干独立图

下面用例 1.1 数据通过 `mark_bar` 产生 4 个独立的条形图 (图 2.4.2), 其中有两个实际上是直方图.

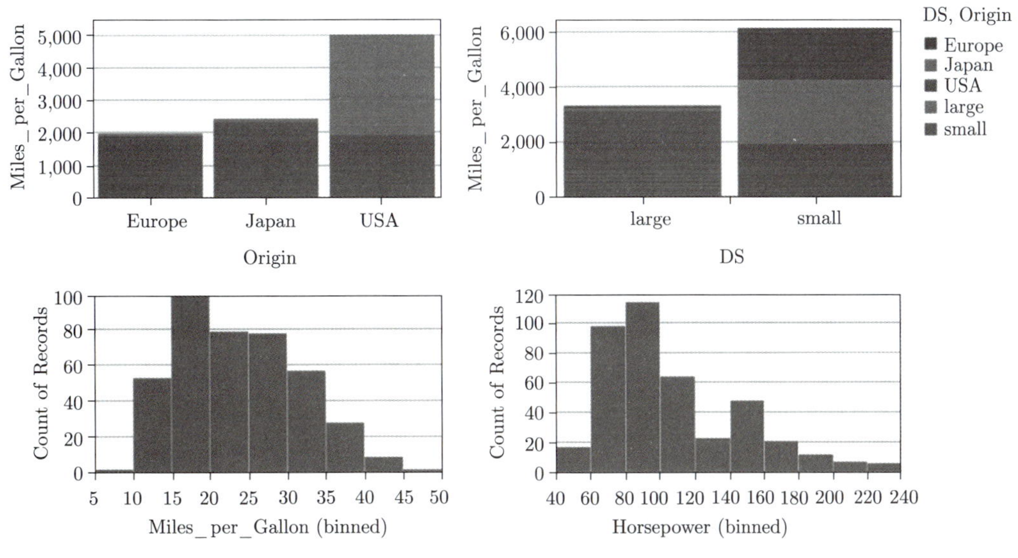

图 2.4.2　例 1.1 数据产生的 4 个独立条形图/直方图

产生图 2.4.2 的代码如下:

```
f1=alt.Chart(u).mark_bar().encode(
        x='Origin',
    y='Miles_per_Gallon:Q',
    color='DS:N',
).properties(
    width=300,
    height=150
)
f2=alt.Chart(u).mark_bar().encode(
        x='DS',
    y='Miles_per_Gallon:Q',
    color='Origin:N',
).properties(
    width=300,
    height=150
)
f3=alt.Chart(u).mark_bar().encode(
    alt.X("Miles_per_Gallon:Q", bin=True),
    y='count()',
).properties(
    width=300,
    height=150
)

f4=alt.Chart(u).mark_bar().encode(
    alt.X("Horsepower:Q", bin=True),
    y='count()',
).properties(
    width=300,
    height=150
)

alt.vconcat(f1|f2,f3|f4) #或者使用 (f1|f2)&(f3|f4)
```

图 2.4.2 的说明

1. 图 2.4.2 的 4 个图虽然都用 `mark_bar`, 但下面两个图实际上是直方图, 使用了 `alt.X("Horsepower:Q", bin=True)` 及 `y='count()'`, 而不是直接使用变量名.

2. 在变量后面加 `Q` (quantitative: 数量变量) 或者 `N` (nominal: 分类变量) 是为了强调这些变量的类型, 其实并不总是必要的, 比如字符型的数据不会被认为是数量变量; 但有时数量变量通过存储或变换会被认为是字符变量, 也有时数量变量需要被当成分类变量, 这时表明数据类型就是必要的了.

3. 每个图形给了名字 (这里是 `f1`, `f2`, `f3`, `f4`), 如果要并排放置, 则用符号 “|”; 如果要竖直叠放, 则用符号 “&” 或者使用 `alt.vconcat(.,.)`. 最后一行代码可以改成 `(f1|f2)&(f3|f4)`, 效果相同.

2.4.4 几个图同框

下面的代码把同样的数据产生的散点图、线条图及竖直线图 (如同 R 的 `plot(type='h')`) 放置在一个框中 (图 2.4.3), 这在 `plt` 及其他软件及模块中使用重复画图命令即可, 这里也类似.

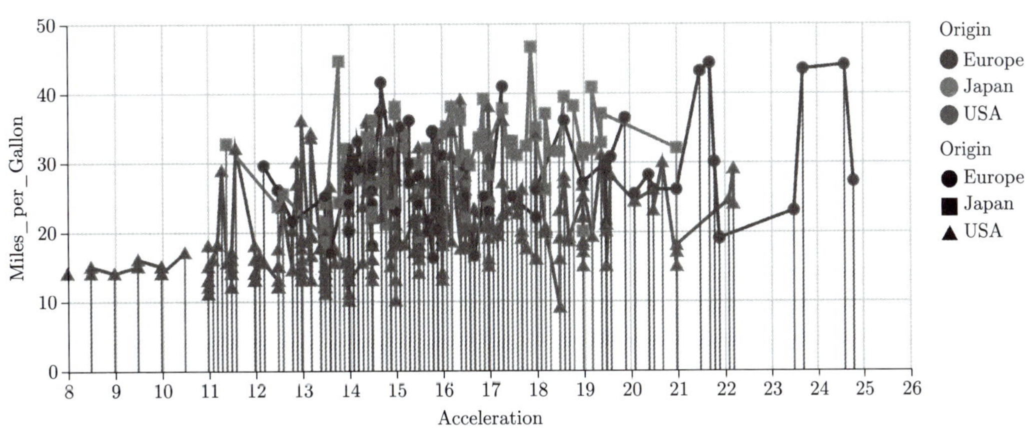

图 2.4.3　三个图合一

```
base=alt.Chart(u).encode(
    x='Acceleration',
    y='Miles_per_Gallon',
    color='Origin',
    shape='Origin'
).properties(
    width=500,
    height=200)
base.mark_line()+ base.mark_point()+base.mark_rule()
```

图 2.4.3 说明

图 2.4.3 分两步进行:

1. 先定义一个画图对象 (`base`), 给出了 x 变量和 y 变量等信息, 但没有给出画什么图, 即没有给出 `mark` 的信息.

2. 第二步把若干不同的 `mark` 信息用 “+” 号连接起来.

3. 第二步也可以用下面的代码代替:

```
alt.layer(
  base.mark_line(),
  base.mark_point(),
  base.mark_rule()
).interactive()
```

其中，.interactive() 可以通过鼠标变换图形 (比如放大缩小)，如果没有 interactive, 结果就和用“+”号连接的一样.

2.4.5 重复画图: 按照横纵轴变量不同排成图形矩阵

下面利用 repeat 代码把散点图按照横纵轴变量不同排成图形矩阵 (图 2.4.4).

```
alt.Chart(u).mark_point().encode(
    alt.X(alt.repeat("column"), type='quantitative'),
    alt.Y(alt.repeat("row"), type='quantitative'),
    color='Origin:N'
).properties(
    width=200,
    height=100
).repeat(
    row=['Miles_per_Gallon', 'Acceleration'],
    column=['Displacement', 'Horsepower']
).interactive()
```

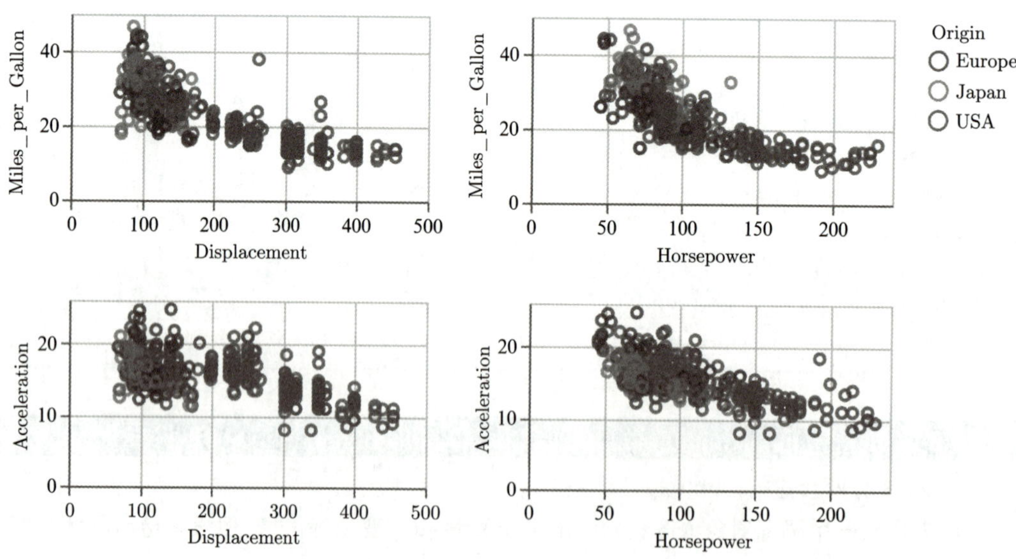

图 2.4.4　两个 x 变量及两个 y 变量形成 4 个散点图

2.4.6 变换及用循环语句画图

下面使用了 altair 诸多变换之一的密度估计, 并且利用循环语句对不同带宽产生不同的密度估计结果 (图 2.4.5). 这里展示的密度估计图形类型属于 "面积图" (mark_area).

```
base=alt.Chart(u).mark_area().encode(
    x="Horsepower:Q",
    y='density:Q',
).properties(
    width=600,
    height=40
)
chart=alt.vconcat(data=u)
for bw in [.8,5,10]:
    col=base.transform_density(
        'Horsepower',
        as_=['Horsepower', 'density'],
        bandwidth=bw,
        extent= [0, 240]
    ).properties(
    title='Density estimation with bandwidth = '+str(bw)
    )
    chart&=col
chart
```

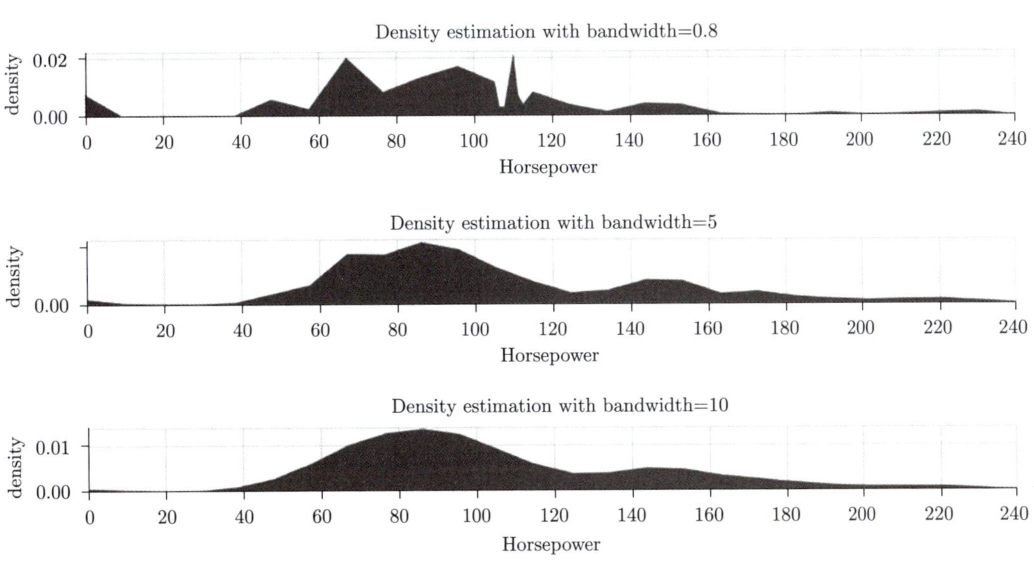

图 2.4.5 对不同带宽产生不同的密度估计

图 2.4.5 的说明

图 2.4.5 的程序除了使用了变换 (transform) 中的一种之外, 没有什么新的内容. 但从这里的程序可以看出, 任何一部分程序块都可以重复和补充, 比如 properties 就出现了两次, 一次是确定每个图形大小, 另一次是在循环中给出每个图形包括的带宽信息的独立标题.

2.5 Plotly 画图工具

2.5.1 概述

Python 版的 plotly 库 (plotly.py) 是一个交互式的开源绘图模块, 支持 40 多种独特的图表类型, 涵盖统计、财务、地理等三维图的应用.

plotly.py 是基于 Plotly JavaScript 库 (plotly.js) 建立的, 使 Python 用户可以创建基于 Web 的漂亮的交互式可视化效果, 可以显示在 Jupyter notebook 的界面中, 既可以保存为独立的 HTML 文件, 也可以利用 Dash 作为纯粹基于 Python 的 Web 应用程序. 为此需要在终端做些安装 (软件版本在持续更新中, 请读者自主查询网络):

```
pip install plotly==4.6.0
pip install jupyterlab==1.2 "ipywidgets>=7.5"
```

或者

```
conda install -c plotly plotly=4.6.0
conda install jupyterlab=1.2
conda install "ipywidgets=7.5"
```

由于与 orca 图像导出实用程序进行了深度集成, plotly.py 还为非 Web 内容提供了强大的支持. 例如, 将 notebook 以 png 形式或高质量矢量图的 pdf 形式导出. 这需要在终端导入相应的程序, 比如使用下面代码于终端[①]:

```
conda install -c plotly plotly-orca
```

或者

```
pip install psutil requests
```

使用 plotly.py 不需要连接互联网、账户或付费. 在版本 4 之前, 此库可以于在线或脱线模式下运行. 在版本 4 中, 所有在线功能已从 plotly 软件包中删除, 但可在单独可选的 chart-studio 软件包中使用. 目前的 plotly.py(版本 4) 仅是脱线版, 不包含任何将

① 这个下载如果遇到困难, 可以点击右上角相机图标把图形存成 png 文件.

图形或数据上传到云服务的功能. 为使用 chart-studio, 需要在终端下载:

```
conda install -c plotly chart-studio=1.0.0
```

或者

```
pip install chart-studio==1.0.0
```

为了得到地理画图库 Geo 的支持, 需要做以下终端下载①:

```
conda install -c plotly plotly-geo=1.0.0
```

或者

```
pip install plotly-geo==1.0.0
```

下载后需要首先输入可能用到的各个模块.

```
import numpy as np
import pandas as pd
import plotly.express as px
import plotly.graph_objects as go
import chart_studio
from plotly.subplots import make_subplots
from plotly import tools
import chart_studio.plotly as py
from plotly.offline import iplot, init_notebook_mode

from vega_datasets import data
```

2.5.2 产生单独的图 (相关的图阵)

Plotly 主要有两种方法产生单独的图: 一种是 “Plotly 快车” (Plotly Express). 它是 Plotly 的易于使用的高级界面, 可以对整理好的数据进行操作并生成易于样式化的图形. 它的每个函数都会返回一个 graph_objects.Figure 对象. 对象的数据和布局已根据提供的参数进行了预填充. Plotly Express 以前是需要自己单独安装 plotly_express 软件包, 但现在是 plotly 的一部分, 可以通过 import plotly.express as px 导入. 另一种是 plotly.graph_objects (go). 它是低层的画图方式, 可以构造比较复杂的图形结构或组合.

下面用例 1.1 数据介绍这两种画图, 载入数据:

① 这个下载如果遇到困难, 由于我们的例子没有使用它, 不影响后面的代码操作.

```
u=pd.read_csv('autocars.csv')
u.loc[u.Displacement<=151,'DS']='small'
u.loc[u.Displacement>151,'DS']='large'
```

1. Plotly Express (px) 条形图

```
fig = px.bar(data_frame=u, x="DS", y="Miles_per_Gallon",
    color="Origin", barmode="group",
             #facet_col="Origin",
             height=350,width=800,
             category_orders={"Origin": ["Europe", "Japan", "USA"],
                              "DS": ["small", "large"]})
fig.update_layout(
    margin=dict(l=0, r=0, t=0, b=0)
)
# fig.write_image('ply001.pdf')
fig.show()
```

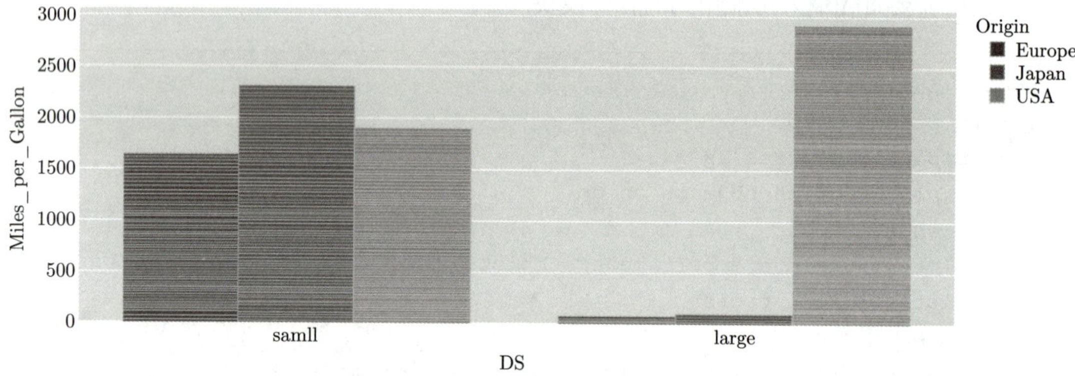

图 2.5.1 例 1.1 数据通过 px 的条形图

图 2.5.1 的说明

图 2.5.1 的程序和其他软件画图程序类似, 这里:

1. data_frame 的位置要输入数据框形式的数据名称.

2. x 和 y 给出了相应于两个数轴的变量.

3. color 给出了反映颜色的变量.

4. barmode 是专门为条形图设置的选项, 这里用 group 意味着产生并排的条形图, 还有 overlay 及 relative 两种选项, 不妨试试以观察不同的效果.

5. 代码中注释掉的 facet_col="Origin" 会按照 Origin 的不同产生多个并排的图; 还可以用 facet_row, facet_col 及 facet_wrap 分别表示产生多少行、列或按照哪些变量分行列.

6. category_orders 用来把分类变量人为排次序, 如果不填写这一选项则按照原始数据分类变量排序.

7. 用选项 height 和 width 设定图形尺寸.

8. 关于展示及输出图形 (这里是 fig), 有下面几点需要说明:

(1) 使用 fig,iplot(fig)(从 plotly.offline 装入 iplot) 或者 fig.show() 都可以在屏幕上显示图形. 还可以点击图上的照相机图标存成 png 格式文件 (在 download 路径).

(2) 使用 (plotly.offline 的) plot(fig, filename='xxx.html') 可以存成网络文件, 图形会显示在浏览器上 (除非用选项 auto_open=False).

(3) 如果下载了 orca, 则可以用程序中的fig.write_image() 把图形按指定位置存成 pdf 矢量图文件或 png 形式文件等.

2. plotly.graph_objects (go) 画图

下面散点图 (图 2.5.2) 是通过 go 方式画出来的.

```
fig = go.Figure(data=go.Scatter(
mode='markers',
        x=u['Horsepower'],
        y=u['Miles_per_Gallon'],
        marker=dict(color='LightSkyBlue',size=u['Weight in_lbs']*.005,
           line=dict(color='MediumPurple',width=2)),
        showlegend=False),
        layout=dict(height=400, width=800, title_text="Scatter plot",
            title={
             'text': "Scatter plot",
             'y':0.95,'x':0.5,'xanchor': 'center','yanchor': 'top'},
                  margin=dict(l=0,r=0,b=0,t=0,pad=10))
    )
# fig.write_image('ply002.pdf')
fig.show()
```

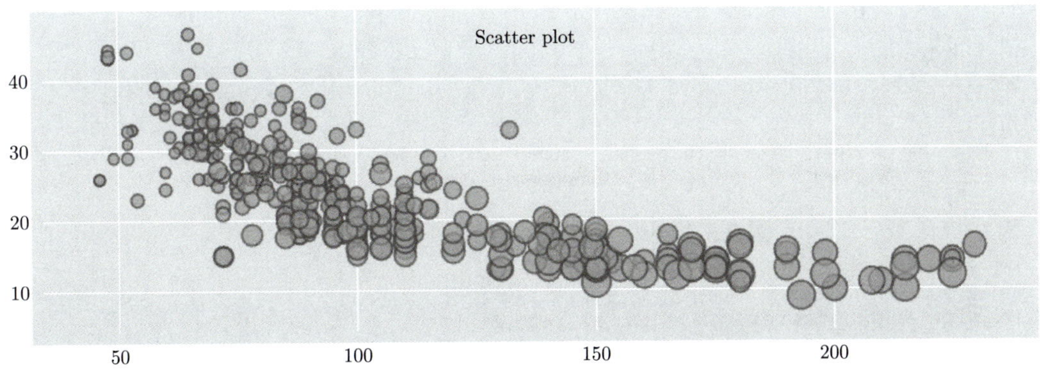

图 2.5.2　例 1.1 数据通过 px 的散点图

图 2.5.2 的说明

图 2.5.2 的要点如下:

1. 首先建立一个 `go.Figure()` (这里赋予名字 `fig`).

2. 然后添加 `data`. 它不是诸如数据框那样的数据, 而是各种图形 (这里是 `go.Scatter`). 它不一定加在 `go.Figure()` 的括号中, 可以在后面以 `fig.add_trace()` 的方式加入. 如果有多个图形, 还要标明位置.

3. `mode` 这里指明是散点记号, 默认是线条.

4. 然后给出 x 和 y 变量的数据. 如此就完成了图形的基本结构.

5. 附加的部分 (不选择则有默认值顶替), 这里只有两个 (都是以 dict 形式):

(1) `go.Scatter` 的附加部分: `marker` 是仅仅描述每个散点如何画: 颜色、大小 (这里取重量)、圆圈边线的颜色和宽度; `showlegend` 选择不要图例 (对此图无意义).

(2) `go.Figure` 的附加部分这里为 `layout`, 包括了图形尺度 (`height` 和 `width`)、边际距离 (`margin`) 及标题 `title`. 标题部分是个 dict, 包括文字内容 (`text`)、标题坐标 (`x,y`), 而 `xanchor` 说明标题文字 (作为一整块) 和坐标点的关系. 如果只输入标题文字 (其他使用默认值), 则输入 `title_text="Scatter plot"` 即可. `layout` 部分可以用 `.update_layout()` 加在 `go.Figure()` 后面, 也可以等价地用 `fig.update_layout()` 的形式独立出现. 还可以用 `fig['layout'].update()` 的形式出现.

3. 通过 px 产生的散点图阵

下面是通过 `px` 产生的散点图阵 (图 2.5.3).

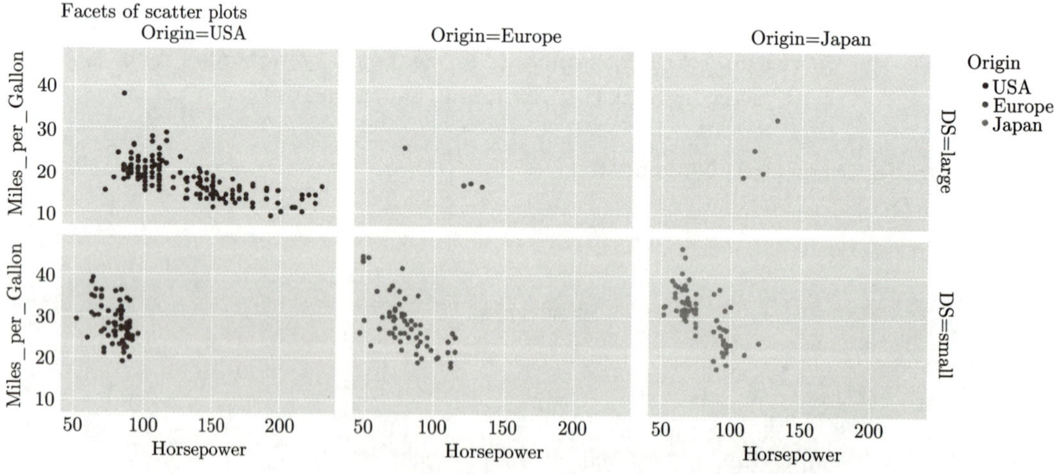

图 2.5.3 例 1.1 数据通过 `px` 产生的散点图阵

```
px_plot = px.scatter(u, y='Miles_per_Gallon',
                     x='Horsepower', color='Origin',
                     facet_row='DS',facet_col='Origin',
```

```
                     height=500,width=1200,
                     title="Facets of scatter plots")
# 设置边距(上, 左, 下, 右):
px_plot.layout.margin.update({'t':40, 'l':0,'b':0,'r':0})
# px_plot.write_image('px000.pdf')
```

图 2.5.3 的说明

图 2.5.3 和条形图 2.5.1 的代码很像, 只不过这里把 facet_row 和 facet_col 具体化了, 产生了 6 个图 (2 × 3 图阵).

4. 用 px 产生的带“毯子”边缘的直方图

下面是用px 产生的带“毯子”边缘的直方图 (图 2.5.4).

```
fig = px.histogram(u, x="Miles_per_Gallon", color="Origin",
    barmode = 'overlay', marginal="rug",height=400,width=1000)
fig.update_layout(margin=dict(l=0, r=0, t=0, b=0))
# fig.write_image('px001.pdf')
fig.show()
```

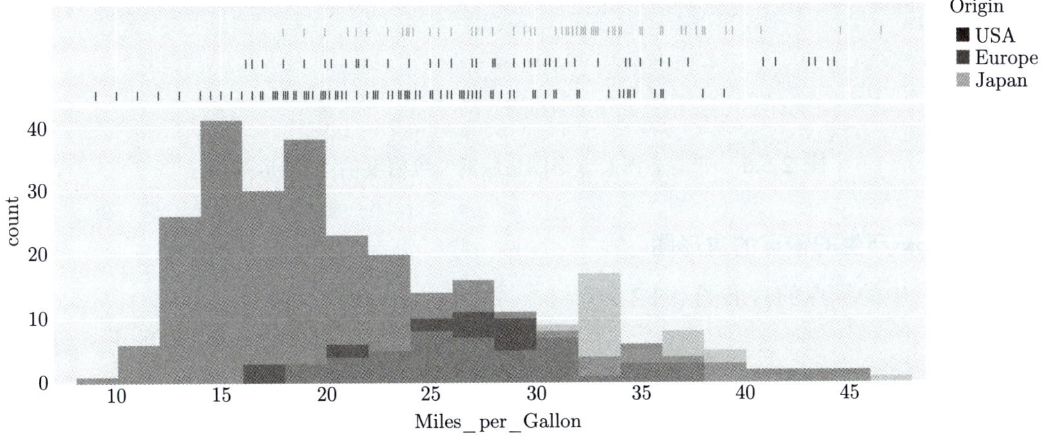

图 2.5.4 带“毯子”边缘的直方图

图 2.5.4 的说明

图 2.5.4 和前面几个图的代码很像, 这里加了一个 marginal(选择的是 'rug', 默认在上面). 这里的 barmode='overlay' 意味着互相覆盖, 如果用 barmode ='group' 则为并排的直方图, 如果用默认值 barmode = 'relative' 则为直方图的竖直叠加, 这和条形图的选项是相同的.

5. 用 px 产生的带直方图及盒形图边缘的二维密度估计

用px 产生的带直方图及盒形图边缘的二维密度估计 (地形图)(图 2.5.5).

```
fig = px.density_contour(u, x="Horsepower", y="Acceleration",
    color="Origin", marginal_y="box", marginal_x="histogram",
    height=500,width=1000)
fig.update_layout(margin=dict(l=0, r=0, t=0, b=0))
# fig.write_image('px003.pdf')
fig.show()
```

图 2.5.5 的说明

图 2.5.5 和前面几个图的代码无多大区别, 这里加了 marginal_x 和 marginal_y 并做了相应图形选项 ('box' 和 'histogram').

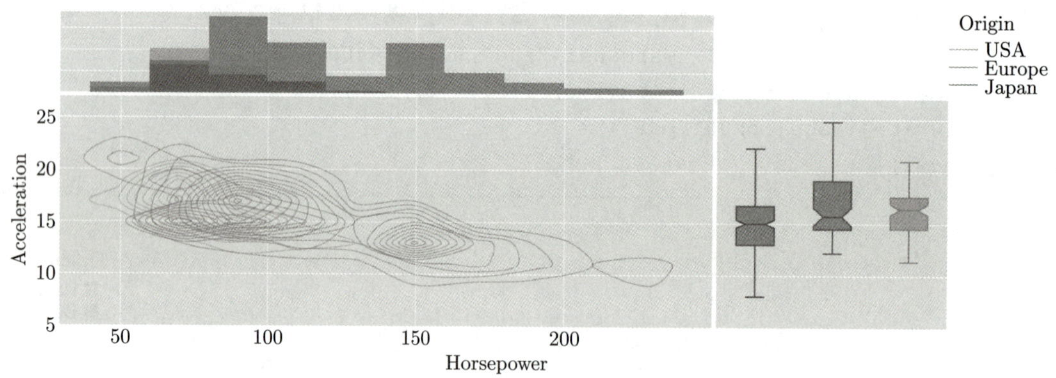

图 2.5.5 带直方图及盒形图边缘的二维密度估计 (地形图)

6. 用 px 产生的带点的盒形图

用px 产生的带点的盒形图 (图 2.5.6).

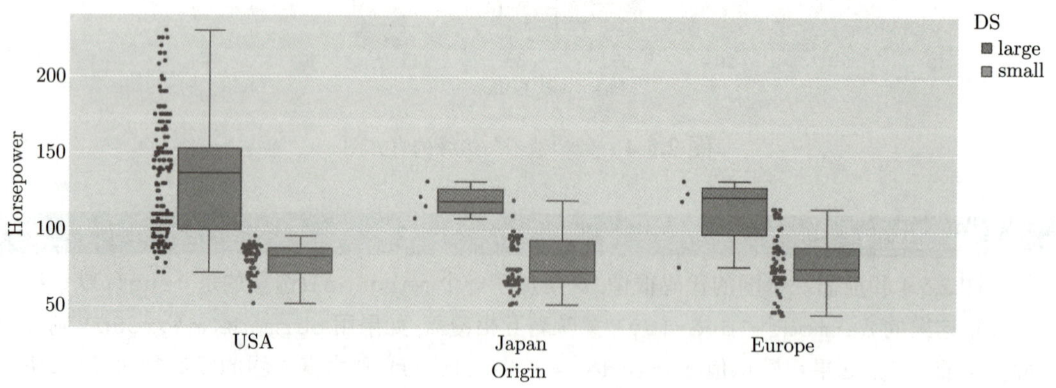

图 2.5.6 带点的盒形图

```
fig = px.box(u, x="Origin", y="Horsepower", points="all",color='DS',
             height=500,width=1000)
fig.update_layout(margin=dict(l=0, r=0, t=0, b=0))
# fig.write_image('px002.pdf')
fig.show()
```

图 2.5.6 的说明

图 2.5.6 和前面几个图的代码无多大区别, 这里加了一个选项 `points='all'`.

7. 用 px 产生的 3D 散点图

用px 产生的 3D 散点图 (图2.5.7), 这里用的是例 2.1 数据.

```
w=pd.read_csv('diamonds.csv')

fig = px.scatter_3d(w, x='carat', y='clarity', z='price',
         color='cut', symbol='color',height=500,width=1000)
fig.update_layout(margin=dict(l=0, r=0, t=0, b=0))
# fig.write_image('ply004.pdf')
fig.show()
```

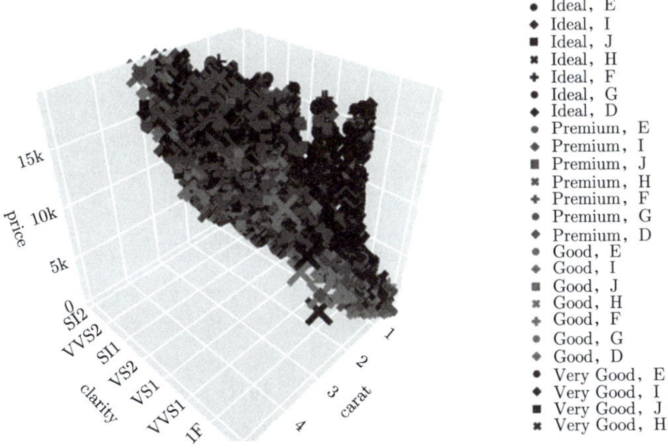

图 2.5.7　用 px 产生的 3D 散点图

图 2.5.7 的说明

图 2.5.7 的 `color` 与 `symbol` 的选项给出了点的形状和颜色.

2.5.3 关于 go.Figure 多个 trace 画图的基本结构: 单图和多图

下面涉及 `go.Figure` 的基于例 2.1 数据的画图包括了多个 `trace` 形成单图和多图的情况.

1. 形成单个图形

用 go.Figure 形成单个图形. 这里利用了 fig.add_trace 来增加图层, 每一次产生一个图层 (图 2.5.8).

```
w=pd.read_csv('diamonds.csv')

fig = go.Figure()
for i in np.unique(w['cut']):
    fig.add_trace(go.Histogram(x=w[w['cut']==i]['price'],name=i))

fig.update_layout(barmode='relative',height=500,width=1000,
                  title='Histogram of price by cut',
                margin=dict(l=0, r=0, t=50, b=0))
fig.update_traces(opacity=0.55)#不透明度
# fig.write_image('vpgo001.pdf')
fig.show()
```

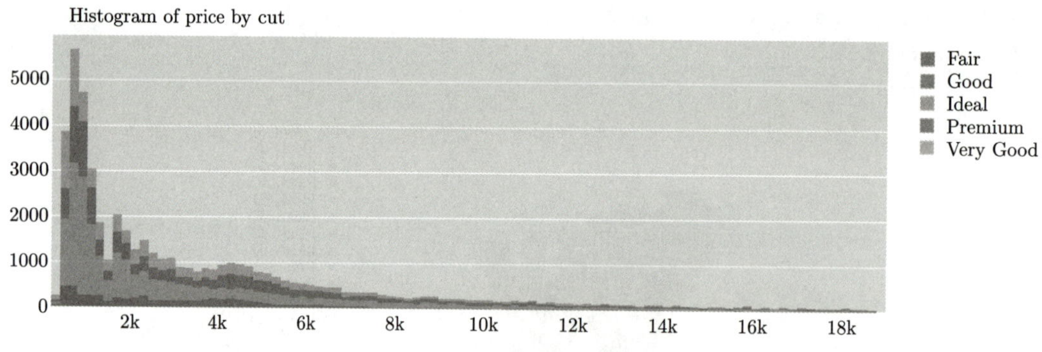

图 2.5.8 3 部分叠加的直方图

2. 形成多个图形排列

用 go.Figore 形成多个图形排列. 这里主要利用 make_subplots 用例 2.1 数据画 4 幅图形 (图 2.5.9). 这里利用变量 cut 的频数来做条形图、极坐标图、饼图, 并且用变量 carat、clarity 和 price 做 3D 散点图, 以 2×2 图阵放置. 我们通过图 2.5.9 的产生说明 make_subplots 及go 的一些基本结构.

```
fig = make_subplots(row_heights=[0.4,0.6],column_widths=[0.6,0.4],
    rows=2, cols=2,
    specs=[[{"type": "xy"}, {"type": "polar"}],
           [{"type": "domain"}, {"type": "scene"}]])

fig.add_trace(go.Bar(x=w.cut.value_counts().index,
```

```
    y=w.cut.value_counts()), row=1, col=1)
fig.add_trace(go.Barpolar(theta=[0,360/5,360*2/5,360*3/5,360*4/5],
            r=w.cut.value_counts()),row=1, col=2)
fig.add_trace(go.Scatter3d(x=w['carat'], y=w['clarity'],z=w['price'],
        mode="markers",
        marker=dict(size=5,color=w['price'], colorscale='Viridis',
        opacity=0.5)),row=2, col=2)
fig.add_trace(go.Pie(values=w.cut.value_counts(),
        text=w.cut.value_counts().index), row=2, col=1)

fig.update_layout(margin=dict(l=0, r=0, t=0, b=0),
                  height=500, width=1000,showlegend=False)

fig.show()
# fig.write_image('vpgo00.pdf')
```

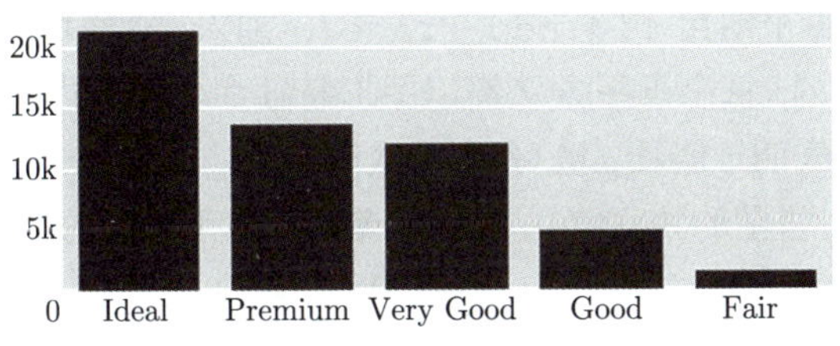

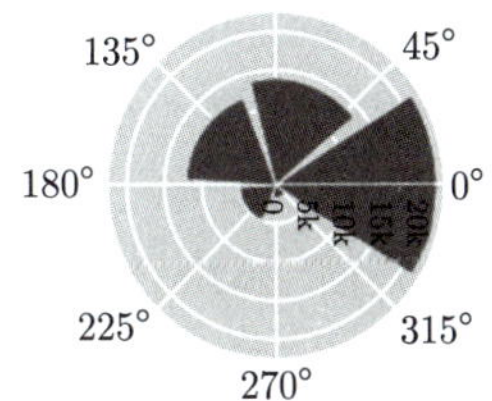

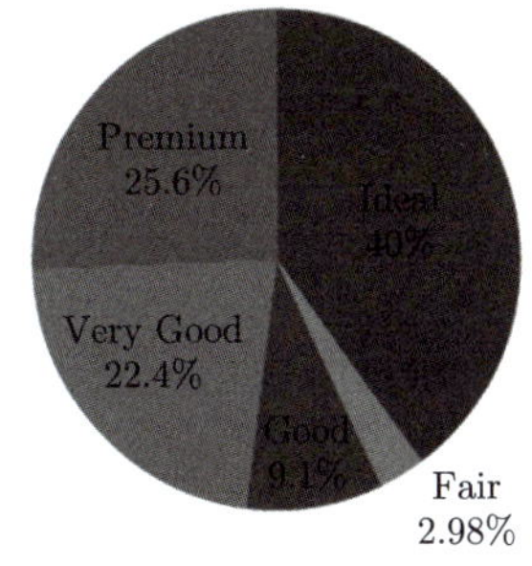

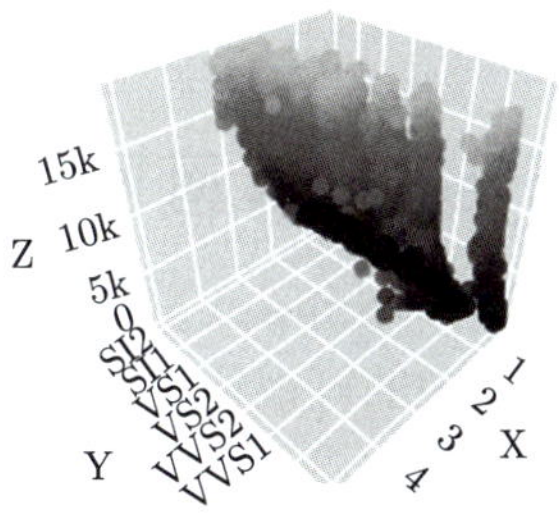

图 2.5.9　例 2.1 数据产生的 4 幅图

关于图 2.5.9 的说明

从图 2.5.9 和相关代码可以看出:

1. 利用了 `make_subplots` 来产生一个有多个图的对象 (称为 `fig`), 而且图阵有 2 行 2 列 (`rows=2, cols=2`), 两行的高度比和两列的宽度比分别用 `row_heights=[0.4,0.6]` 和 `column_widths=[0.6,0.4]` 来确定.

2. `make_subplots` 中的 `specs`(默认值为 `None`) 是一个 "两行两列" 的 list, 每个元素为一个 dict, 其 key 可以是

(1): `'type'`(这里用的), 可能取的值有:

- `'xy'` 代表 2D 图形, 如散点图、条形图等;
- `'scene'` 代表 3D 笛卡儿坐标散点图、圆锥曲图等;
- `'polar'` 代表极坐标散点图、条形图等;
- `'ternary'` 代表散点三元图;
- `'mapbox'` 代表地图型散点图;
- `'domain'` 代表独立定位的诸如饼图及平行分类图等;
- `'trace'` 用来定义类型.

(2) `secondary_y` 取 bool 值 (即 `True` 或 `False`), 默认值为 `False`, 如果取值 `True` 则产生第二个 y 坐标于图的右边组, 仅当 `type='xy'` 时有效.

(3) `colspan` 取整数, 默认值为 1, 表明该子图的列范围, 比如 `{"colspan": 2}` 表明该子图占据两个图的列位置.

(4) `rowspan` 取整数, 默认值为 1, 表明该子图的行范围, 比如 `{"rowspan": 3}` 表明该子图占据 3 个图的行位置.

(5) 到左右上下子图距离的四个选项 (默认值为 0.0): `l`(left)、`r`(right)、`t`(top)、`b`(bottom).

3. 在 `make_subplots()` 之后, 每个图用 `fig.add_trace()` 加入. 这里的图是用 `plotly.graph_objects` (`go`) 产生的, 每个画图方法都以图形特征命名, 这里是 `Bar`、`Barpolar`、`Scatter3D`、`Pie`; 然后就表明 x 值及 y 值 (条形图或散点图), x、y 及 z 值 (三维图), 极坐标图的幅角 (`theta`) 及模 (`r`), 饼图的独立值 (`value`); 最后, 说明每个图是在哪一行 (`row`) 及哪一列 (`col`). 注意: 常用产生图的方式很多, 还有一种是用 `plotly.express` (`px`) 产生的, 但`px` 产生的图不太容易放到这些图阵中.

4. 最终, 补充了 `update_layout`, 这部分可以加入图的长宽尺度、标题等内容.

2.6 pyecharts 画图工具

这里对 `pyecharts` 作图工具进行简单的介绍, 建议有兴趣的读者寻求网络帮助, 以掌握持续更新中的可视化技术.

2.6.1 简单介绍

Echarts 是一个基于 JavaScript 的开源可视化图表库, 凭借着良好的交互性, 精巧的图表设计, 得到了众多开发者的认可. 初学者可以首先通过直观展示的可视化效果, 再选择其中一些来借鉴, 按照规定的语法代码规范来模仿, 轻松快速入门.[①] Python 是一门富有表达力的语言, 很适合用于数据处理. 当数据分析遇上数据可视化时, pyecharts 就诞生了. 它有着如下特性:

(1) 简洁的 API 设计, 支持链式调用.

(2) 囊括了 30 多种常见图表.

(3) 支持主流 Notebook 环境: Jupyter Notebook 和 JupyterLab.

① 当然, 这与掌握核心技术还有一段距离, 这 (对某些人来说) 还有可能造成把编码软件当成菜单软件的倾向.

(4) 可轻松集成至 Flask, Django 等主流 Web 框架.

(5) 高度灵活的配置项, 可轻松搭配出精美的图表.

(6) 详细的文档和示例, 帮助开发者更快地上手.

(7) 包含 400 多个地图文件以及原生的百度地图, 为地理数据可视化提供强有力的支持.

2.6.2 基本语法及多图叠加展示

安装后导入模块如下:

```
import pyecharts
from pyecharts.charts import Bar, Line
from pyecharts import options as opts
```

下面仅介绍该工具的基本作图以及将多张图进行重叠的功能 (图 2.6.2 由图 2.6.1 左右两图叠加), 与其他作图工具相比较, pyecharts 增添了一定的新意.

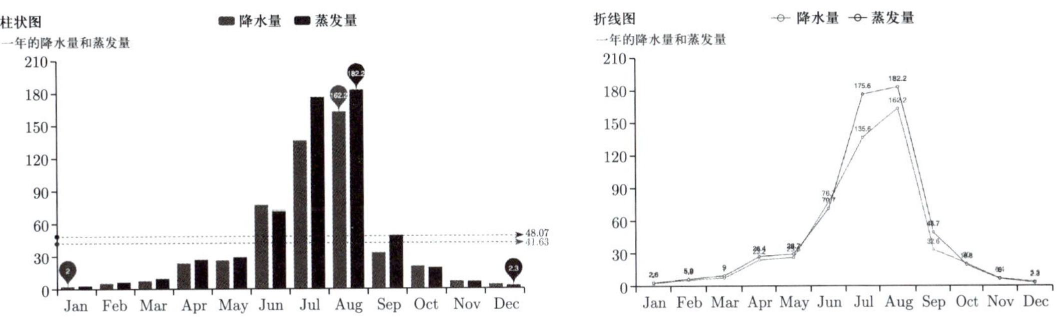

图 2.6.1　Pyecharts 柱状图 (左) 和折线图 (右)

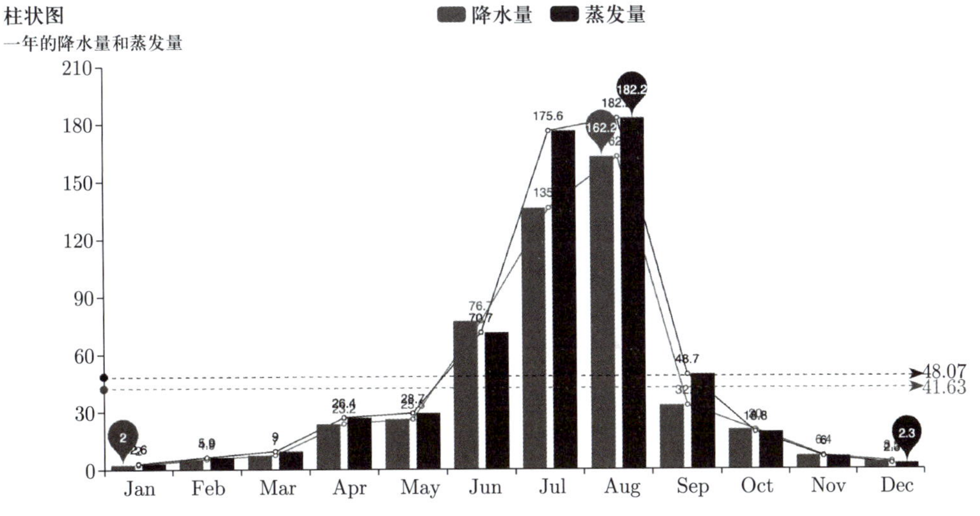

图 2.6.2　pyecharts 作图柱状图和折线图叠加

```
#柱状图
columns = ["Jan", "Feb", "Mar", "Apr", "May", "Jun", "Jul",
           "Aug", "Sep", "Oct", "Nov", "Dec"]
data1 = [2.0, 4.9, 7.0, 23.2, 25.6, 76.7, 135.6, 162.2,
         32.6, 20.0, 6.4, 3.3]
data2 = [2.6, 5.9, 9.0, 26.4, 28.7, 70.7, 175.6, 182.2,
         48.7, 18.8, 6.0, 2.3]

bar = (Bar(init_opts=opts.InitOpts(width="1000px", height="500px"))
       .add_xaxis(columns)
       .add_yaxis('降水量',data1)
       .add_yaxis('蒸水量',data2)
       .set_series_opts(label_opts=opts.LabelOpts(is_show=False),
                        markpoint_opts=opts.MarkPointOpts(data=
                 [opts.MarkPointItem(type_="max", name="the maximum "),
                  opts.MarkPointItem(type_="min", name="the minimum ")]))
       .set_series_opts(label_opts=opts.LabelOpts(is_show=False),
                        markline_opts=opts.MarkLineOpts(data=
                 [opts.MarkLineItem(type_="average", name="the average")]))
       .set_global_opts(title_opts=opts.TitleOpts(title="柱状图",
                        subtitle=" 一年的降水量和蒸发量"))
      )

bar.render_notebook()

#折线图
line=(Line()
    .add_xaxis(xaxis_data=columns)
    .add_yaxis("降水量",data1)
    .add_yaxis("蒸水量",data2)
    .set_global_opts(
        title_opts=opts.TitleOpts(title="折线图",
        subtitle=" 一年的降水量和蒸发量")
    )
)

line.render_notebook()

#重叠功能
bar.overlap(line)
bar.render_notebook()
# bar.render("overlap_bar_line.html")
```

关于图 2.6.1 和图 2.6.2 的说明

`pyecharts` 有独特的语法规范和要求, 然而其配置项目丰富且动态交互显示效果较佳, 根据笔者初步探索和体验, 其全局配置项和系列配置项组件有一定吸引力和挖掘潜力. 此处无法详细列举, 请读者通过实践操作来熟悉. 这里简要介绍构成 `pyecharts` 的四个函数:

1. `pyecharts` 使用 `bar = Bar()` 创建图表对象.
2. 利用 `.add()` 方法导入数据和图表横纵坐标设置 (此时采用了链式调用).
3. 输入 `.set_*_opts()` 对图表的各个方面进行设置 (建议读者根据需求查询并调试).
4. 使用 `render` 保存为多种格式文件.

2.7 习题

本章习题与第 3 章习题合并展示在第 3 章末尾.

第 3 章　R 基本画图技能

这一章使用一些简单数据通过 R 产生各种图形, 并且描述这些图形代码的含义和用法. 大家可以通过模仿和进一步查资料来学到更多的画图知识. 这些内容旨在学习 (主要是自学) 基本作图, 绝对不是进入每个细节的 "绘图大全" 或编码手册. 这里仅仅介绍各种图形的产生, 更多和应用有关的作图及图形解释将在后面的各部分介绍.

本章主要介绍基本的 R 画图, 着重介绍 ggplot 画图.

3.1　基本的 R 代码画图

例 3.1 (WtoTrade.csv, 部分数据: trade13.csv)　这是联合国网站的商品贸易数据. 该数据有 4 个变量: `Country_or_area` (包含各个国家、地区及经济区域等)、`Year` (1946 年到 2019 年)、`Flow` (3 个水平: Exports, Imports, Insurance-Freight Cost), `Trade_value` (贸易额, 单位: 美元). 我们选取了中国和 12 个工业化国家 1993 年到 2019 年的只有出口 (Exports) 及进口 (Imports) 的 27 年数据并存为数据 trade13.csv 文件.

3.1.1　最基本的 R 画图函数

为了介绍基本画图函数, 我们不用 `ggplot` 函数, 但是为了整理数据, 使用 `tidyverse` 包, 它自动打开包括 `ggplot2` 在内的若干有用的包.

下面我们用 `trade13.csv` 数据来画出 13 个国家 27 年的进口和出口曲线图 (图 3.1.1). 首先把数据转换成每个国家一列, 每一行只有某一年的进口或出口值的两个数据框. 由于 Year 是固定的, 我们把它删除, 以增加代码的易读性.

```
library(tidyverse)
w=read.csv('trade13.csv')
Imports =w %>% subset(Flow=='Imports') %>% select(-Flow) %>%
  spread(key = "Country_or_area", value = "Trade_value") %>%
  select(-Year)
Exports =w %>% subset(Flow=='Exports') %>% select(-Flow) %>%
  spread(key = "Country_or_area", value = "Trade_value") %>%
  select(-Year)
```

下面介绍上面产生数据框 `Imports` 的代码, 这里我们用了管道函数 `%>%` 及与程序包 `tidyverse` 有关的其他一些函数:

1. 管道函数在敲代码、看中间结果等方面都很方便, 下面两个是等价的代码:

(1) `sin(log(abs(mean(rnorm(100)))))`

(2) `rnorm(100) %>% mean() %>% abs() %>% log() %>% sin()`

虽然第二个长一些, 但很方便修改和添加, 在 RStudio 中, 可以用快捷键 `Shift+command+m` (Mac) 或者 `Shift+Ctrl+m` (PC) 得到 "`%>%`" 符号.

2. 从读入数据到 `w`, 然后使用 `w %>% subset(Flow=='Imports')` 挑选出来变量 `Flow` 只等于一个值 `Imports` 的数据, 这样数据的行数减少一半, 而且变量 `Flow` 由于只有一个值而没有意义了, 因此用 `select(-Flow)` 把这一列删除.

3. 代码 `spread(key = "Country_or_area", value = "Trade_value")` 使得变量 `Country_or_area` 的 13 个国家成为 13 列, 而每列的值为 (进口的) `Trade_value`. 另外, 为了使数据集满足需求, 后文会涉及 `gather` 和 `mutate` 等数据变换函数, 其中数据变换函数 `pivot_wider` 和 `pivot_longer` 对应于 `spread` 和 `gather`, 而前两种函数的功能更丰富, 请读者独立练习并运用.

4. 为了后面代码易读, 我们用 `select(-Year)` 去除变量 `Year`, 这其实没有必要, 但由于它很简单, 可以随时用 `1993:2019` 代替.

5. 整理后的数据框名字为 `Imports`, 类似地产生数据框 `Exports`.

下面是生成图 3.1.1 的代码:

```
plot(0,xlim=c(1993,2019), ylim=c(0,max(Imports)), type = 'n',
  xlab = 'Year', ylab = 'Imports',
  main='Commodity imports of 13 countries')
for (i in 1:dim(Imports)[2]){
  lines(1993:2019, Imports[,i], type='b', col=i, lty=i, pch=i,
    lwd=2, cex=.5)}
legend('topleft', names(Imports), title='Countries', seg.len =3,
       inset=.005, col=1:13, pch=1:13, lty=1:13,
       lwd=2, cex=.7, ncol=2)
```

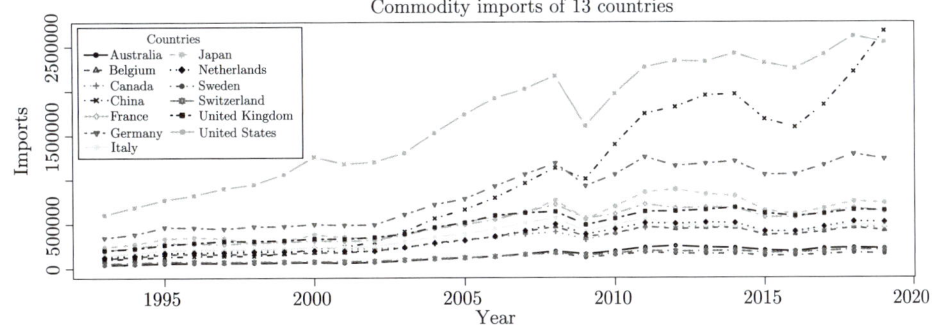

图 3.1.1　13 个国家 27 年的商品进口额

图 3.1.1 的说明

图 3.1.1 使用了最基本的画图代码, 但故意用了过多的选项以使得读者明白它们的用法, 其实很大部分选项使用默认值即可.

1. `plot` 的默认输出 (如果不选 `type`) 是散点图, 但是我们选了 `type = 'n'`, 这说明只是准备一个框, 并不准备画任何图 (当然可以画第一条线, 但这会使得代码烦琐重复), 第一个元素是 x 变量 (这里是 0), 其他选项为:

(1) `ylim=c(0,max(Imports))` 表示图上 y 轴的范围, 如果仅仅画一条线, 这个选项没有意义, 因为软件会自动调整, 但这是个空框, 我们还有 13 条线要画, 其中很多数值超出这第一条线的范围, 因此设了此项.

(2) `xlim=c(1993,2019)` 表示 x 轴范围.

(3) `xlab = 'Year',ylab = 'Imports'` 要标注横轴和纵轴变量的名称, 而往往缺省值不能满足这个要求.

(4) `main='Commodity imports of 13 countries'` 给出了标题, 独立地使用 `title('...')` 可得到同样效果.

2. 在用过一次 `plot` 之后, 不能再用 `plot`, 因为这会重新开始一个新图. 因此如果要在一个图上加新图形则用 `lines`(加线条) 或者 `points`(加点). 这里用的是 `lines`, 所用的选项如下 (全部都来自 `plot` 的选项):

(1) x 变量为 `1993:2019`, 第二个是 y 变量, 这里是数据第 i 列 ($i = 1, 2, \cdots, 13$), 即 `Imports[,i]`.

(2) `type = 'b'` 表示既要有点又要有线条 (both). 除了 `'b'` 之外还有其他选项, 比如 `'l'` 代表线条、`'p'` 代表点 (默认)、`'s'` 代表阶梯形式、`'h'` 代表竖直线、`'n'` 代表没有图, 仅准备一个框架 (如我们的 `plot` 所选) 等.

(3) `lwd=2,cex=.5` 表示线的宽度和点的大小 (通常用缺省值); 这里 `col=i, lty=i, pch=i` 表示颜色、线条及点的形状选择均为默认的第 i 个.

3. `legend` 为图例, 它首先确定了位置, 这里是 `'topleft'` (左上角, 还有 `'topright' 'top' 'bottom' 'bottomright' 'bottomleft' 'right' 'left'` 等), 如果不用这些简易位置, 还可以指定图例左上角的坐标 (分别为两个数字), 而具体内容为各个国家的名字, 即数据 `Imports` 的变量名字. 在图例中:

(1) 选项 `title='Countries',seg.len =3,inset=.005` 一般都不选, 而用默认值, 比如标题 `title='Countries'` 没有多大意义, `seg.len = 3` 表示图例线段长度, `inset` 表示图例框是不是挨着图框 (默认是挨着的: `inset=0`).

(2) 选项 `col=1:13,pch=1:13,lty=1:13,lwd=2,cex=.5` 和前面图中的必须一致, 否则就不能说明问题了.

(3) 图例列数选项 `ncol` 在内容少的时候一般不选 (默认是一列), 这里选了 2 列 (`ncol=2`), 以免图例太长.

完全类似于图 3.1.1 的图可以由下面代码产生, 这里 (图 3.1.2) 是出口数据.

```
library(magrittr) #为了使用操作符%$%
Exports %>%
  ts(start=1993,end=2019)%>%
  plot.ts(plot.type="single", type='b',
    xlab='Year', ylab='Exports',
    pch=1:13, col=1:13, lty=1:13, cex=.7) %$%
legend("topleft", names(Exports),
  pch=1:13, col=1:13, lty=1:13, cex=.7)
title('Commodity exports of 13 countries')
```

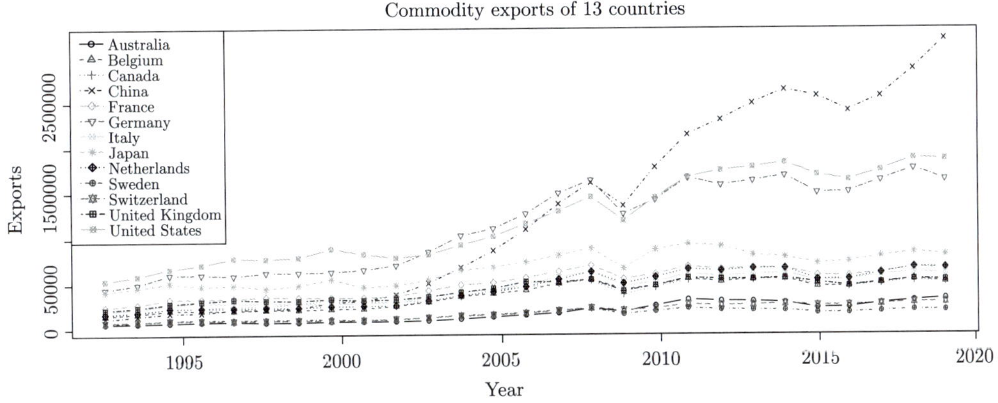

图 3.1.2　13 个国家 27 年的商品出口额

图 3.1.2 的说明

1. 用 `plot.ts` (也可以只用 `plot`, 因为它自动将时间序列数据转换成 `plot.ts`) 把数据 `Exports` 转换成时间序列的形式.

2. 这里的选项 `plot.type="single"` 把 13 条线画在一张图内, 否则默认值为 `plot.type="multiple"`, 理论上应该产生 13 张独立的图, 但会报错, 因为最多只能输出 10 张图.

3. 使用`library(magrittr)` 是为了引入操作符 `%$%`. `%$%` 能使其右边的函数计算其包含的左边数据 (必须是 list、数据框等) 变量的函数值, 比如:

```
set.seed(789)
list(x=rnorm(500)) %$%
  {
   hist(x, col=8, probability = T)
   lines(density(x), lwd=2)
  rug(x)
  }
```

产生带有“地毯” (rug) 和非参数密度估计的灰色 (`col=8`) 直方图 (图 3.1.3).

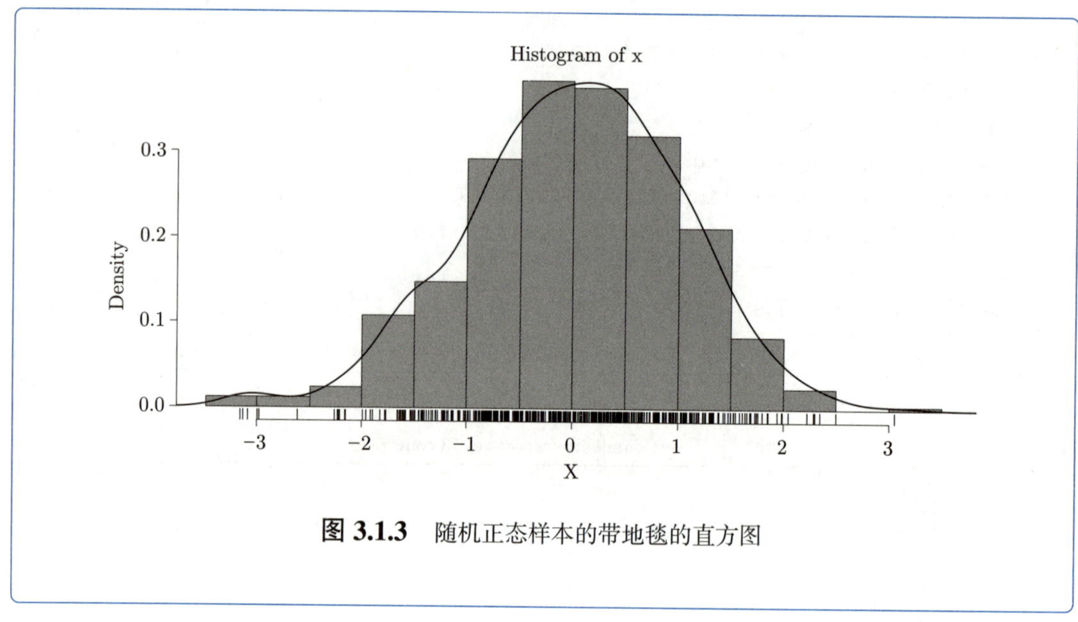

图 3.1.3 随机正态样本的带地毯的直方图

3.1.2 条形图和多图安排

下面产生例 3.1 的三张条形图 (图 3.1.4):

(1) 中、美、德、日 4 个国家 5 年 (2015 年至 2019 年) 并排的商品进口额条形图 (4 组并排条).

(2) 2015 年至 2019 年中、美、德、日 4 个国家并排的商品出口额条形图 (5 组并排条).

(3) 13 个国家 2019 年的商品进出口额条形图 (13 组并排条).

```
# 选择4个国家:
C4=c("China","Germany","Japan","United States" )
# 下面[23:27,]为相应于2015—2019年数据的23—27行
DI1519=Imports[C4][23:27,] #4个国家的2015—2019年进口数据
DE1519=Exports[C4][23:27,] #4个国家的2015—2019年出口数据
IE19=rbind(Imports[27,],Exports[27,]) #13个国家的2019年进出口数据
#画图:
layout(matrix(c(1,2,3,3),nrow = 2,by=T))#安排图阵
#左上图
barplot(as.matrix(DI1519), beside = TRUE, col=grDevices::rainbow(5))
title('Imports of 4 countries in 5 years')
legend('top', cex=0.7, ncol=4, legend=2015:2019,
  fill=grDevices::rainbow(5))
#右上图
barplot(t(as.matrix(DE1519)), names.arg=2015:2019, beside = TRUE,
  col=grDevices::rainbow(5))
title('Exports of 4 countries in 5 years')
legend('topleft', cex=.6, ncol=4, legend=C4, fill=grDevices::rainbow(4))
```

```
#下图
par(mar=c(4,7,2,1))#把左边边缘增加以放置国家名字
barplot(as.matrix(IE19), beside = TRUE, col=grDevices::rainbow(2),
        cex.names=0.5, horiz = TRUE, las=1)
title('Imports and exports of 13 countries in 2019')
legend('right', cex=0.7, legend=c('Imports','Exports'),
  fill=grDevices::rainbow(2))
```

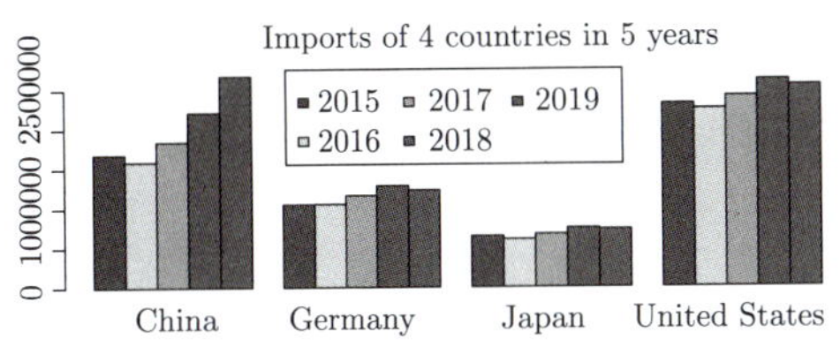

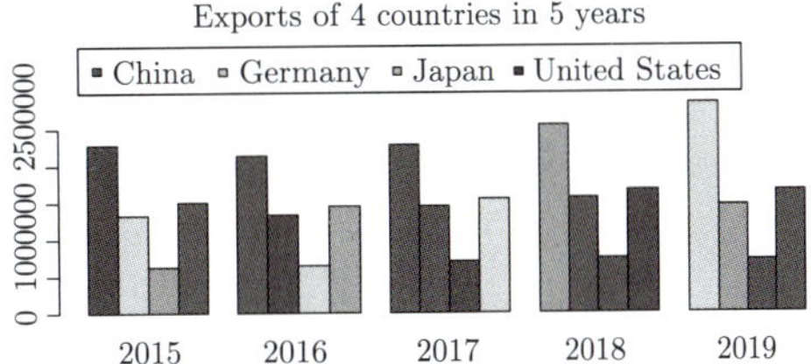

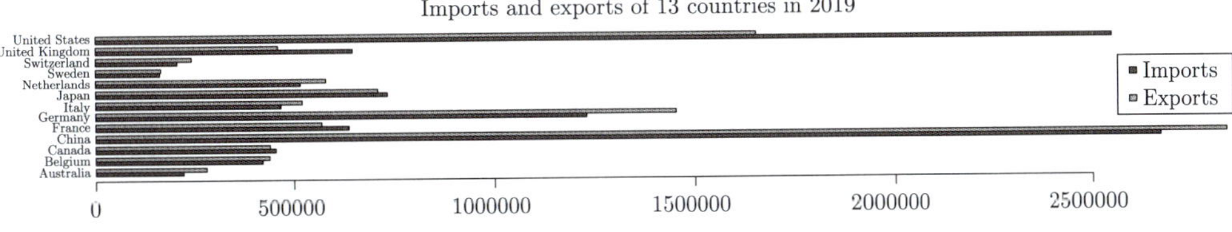

图 3.1.4　一些国家进出口额的条形图

图 3.1.4 的说明

下面对图 3.1.4 的代码做说明.

1. `layout` 中的 `matrix(c(1,2,3,3),nrow = 2,by=T)` 产生了一个 2×2 矩阵

```
> matrix(c(1,2,3,3),nrow = 2,by=T)
     [,1] [,2]
[1,]    1    2
[2,]    3    3
```

这表明第一个图 (代号 1) 在左上角, 第二个图 (代号 2) 在右上角, 这两个图在 2×2 图阵中每个只占一个位置, 而第三个图 (代号 3) 占据了图阵下面两个位置.

2. 下面的 `barplot` 是条形图的主要函数, 它要求变元是一个向量或矩阵 (不是数据框), 因此我们用函数 `as.matrix` 把数据框转换成矩阵类. 对于矩阵类的变元, 其规则为:

(1) 如果 `beside = TRUE`, 将产生和列数相等的条形组, 而每组中条的个数等于行数 (条的长度等于相应数值).

(2) 如果 `beside = FALSE`, 将产生和列数相等的条, 而每条是行数的条数值叠加 (不同色调的条摞起来).

3. `barplot` 函数中 (`beside` 之外) 的其他选项为:

(1) `names.arg` 为每条下面的名字, 如果矩阵有列名字, 这条就默认为列名字, 但第二

张图用的是转置矩阵, 必须用这个选项.

(2) col 说明用什么颜色填充那些并列的条, 我们选了程序包 grDevices 中的 rainbow (彩虹) 颜色图谱中的颜色.

(3) 下面三个选项出现在第三个图中: cex.names 表示字体大小, 这里选了 0.5, 如果用默认值, 有些国家名字出不来; horiz = TRUE 代表图横着放 (horizontal), 而 las=1 表示那些名字要水平放置. las 参数允许更改轴标签的方向的规则为: las=0 表示始终平行于轴, las=1 表示始终水平, las=2 表示始终垂直于轴, las=3 表示始终垂直.

4. par(mar=c(4,7,2,1)) 表示按下、左、上、右次序的边缘尺寸, 这里为了国家名字放得下, 把第二个边缘 (左边) 放大 (取 7).

5. title 给出标题, 和其他图形 (如 plot) 一致.

6. legend 的选项如下 (和前面对 plot 的类似):

(1) 头一个 (如 'topleft''right') 表示图例位置.

(2) cex 表示字体大小.

(3) ncol 表示图例的列数.

(4) legend 表示图例要说明的文字.

(5) fill 表示矩形中填充的颜色, 我们取的必须与 barplot 的选项一致: grDevices:: rainbow.

3.1.3 更多的示例

下面利用例 1.1 数据产生盒形图及散点图, 并排放在 1×2 图阵中 (图 3.1.5).

```
u=read.csv('autocars.csv',stringsAsFactors=T)#字符型变量因子化
library(grDevices) #输入颜色程序包
par(mfrow=c(1,2)) #安排并排两个图
#盒形图
boxplot(Miles_per_Gallon~Origin, col=grDevices::topo.colors(3),
        horizontal =TRUE, xlab='mpg', ylab='Origin', data = u)
#散点图
plot(Miles_per_Gallon~Horsepower, cex=Weight_in_lbs/1000, data=u, pch=21,
     col=c("red", "green3", "blue")[unclass(u$Origin)])
legend('topright', pch=21, levels(u$Origin),
   col=c("red", "green3", "blue"))
mtext("Boxplot plot and scatter plot", side = 3, line = -1, outer = TRUE)
```

图 3.1.5 的说明

图 3.1.5 的程序要点为:

1. par(mfrow=c(1,2)) 形成按行次序的 1×2 图阵, 由于只有一行, 所以与按列 (mfcol=c(1,2)) 相同, 这和前面的 layout(t(1:2)) 等价. 用这种代码安排规则方图阵比较方便, 比如按行的次序排列 2×3 图阵的代码为 par(mfrow=c(2,3)).

2. 对于 boxplot(注明数据 data=u 之后可以直接引用其变量):

(1) 公式 (y~x) 中 "~" 前面的是数量变量, 后面是分类变量或整数.

(2) 这里的颜色采用了 grDevices::topo.colors(3).

(3) horizontal = TRUE 意味着图形横着放, 但 xlab、ylab 并不自动置换, 必须手工输入.

3. 散点图要说明的:

(1) 公式 (y~x) 中 "~" 前面的是 y 变量, 后面的是 x 变量.

(2) 描述点大小的选项 cex 使用了重量 (Weight_in_lbs), 但因为数目太大所以除以 1 000, 这样点越大表示相应的车越重. 点的形状选项为 pch(选了 21).

(3) col=c("red", "green3", "blue")[unclass(u$Origin)] 表示点的颜色为红、绿、蓝三色, 分别代表 Origin 的 3 个水平, 函数 unclass 把 3 个水平转换成 1、2、3 的整数.

(4) legend 的含义和前面图的类似.

4. 函数 mtext 给出了总标题, 其中选项 mtext 代表 margin text; 选项 side = 3 表示将其放置在第 3 个位置, 即上面 (按次序是 1: 下, 2: 左, 3: 上, 4: 右); 参数 line = -1 表示将展示位置偏移 1 行 (从边缘往下是负数); 选项 outer = TRUE 表示可以使用外部边缘区域.

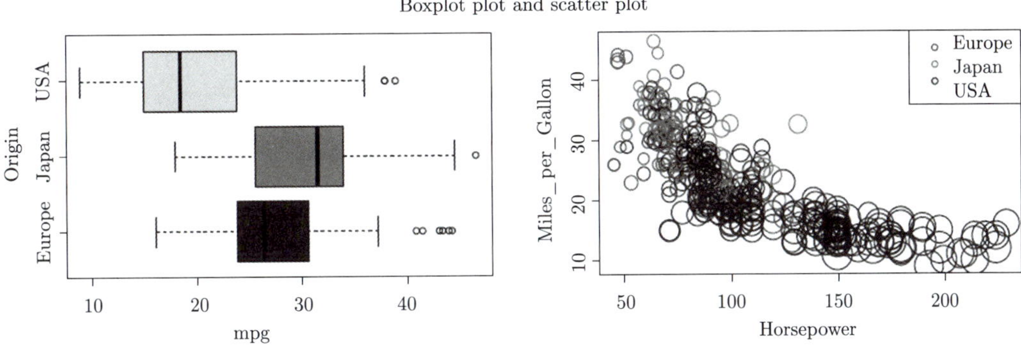

图 3.1.5 例 1.1 数据的盒形图及散点图

3.1.4 矩阵图 (matplot)、饼图、成对散点图及叠加的条形图

1. 矩阵图 (matplot)

例 3.1 数据的顺差是由前面的中间数据 Exports 减去 Imports 得到的, 为一个新的数据框, 我们把它用一个函数 (matplot) 画出来. 这里的所有代码和选项与图 3.1.1 类似. 得到图 3.1.6.

```
surplus=Exports-Imports
matplot(1993:2019, surplus, type='b', pch = 1:13,
  col=1:13, xlab = 'year')
title('Commodity trade surplus of 13 countries from 1993 to 2019')
legend('topleft', names(surplus), cex=.7, ncol=5, pch=1:13,
  lty=1:13, col=1:13)
```

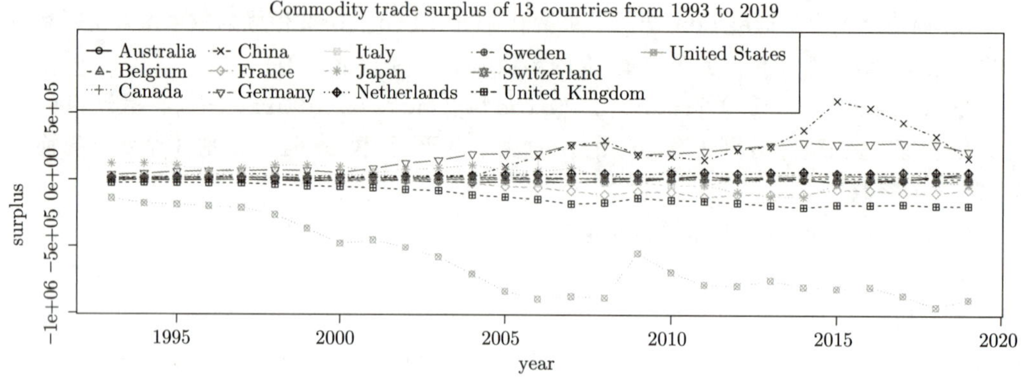

图 3.1.6　13 个国家 27 年的顺差图 (负值意味着逆差)

2. 饼图

例 1.1 数据车系的饼图代码很简单 (由于图也很简单, 这里不给出):

```
pie(table(u$Origin),col=c("red", "green3", "blue"))
```

3. 成对散点图

例 1.1 数据的 3 个变量的成对散点图 (图 3.1.7).

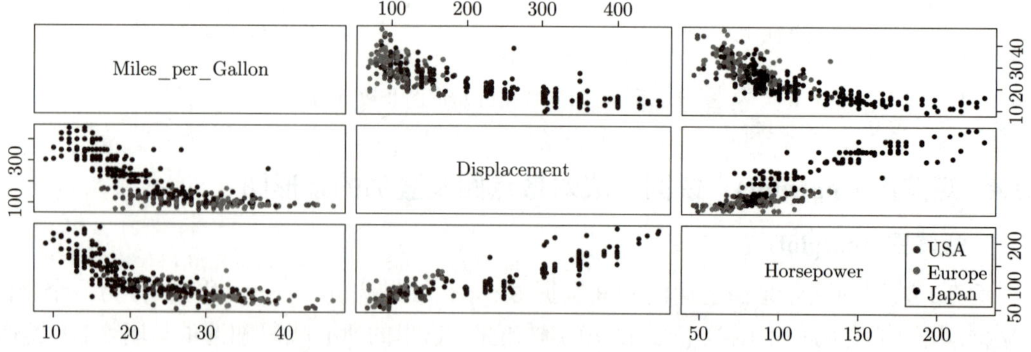

图 3.1.7　例 1.1 数据 3 个变量的成对散点图

```
pairs(u[,c(2,4:5)],pch=19,
  col=c("red","green3","blue")[unclass(u$Origin)])
par(xpd=TRUE)
legend(0.75,.335, legend=unique(u$Origin),
    pch=19,col=c("red", "green3", "blue"))
```

上面代码中的 `par(xpd=TRUE)` 保证图例可以跨越各个图写入.

4. 叠加条形图

例 2.1 的 3 个分类变量两种组合的叠加条形图 (图 3.1.8), 这个图的代码和并列条形图类似, 不做过多解释.

```
v=read.csv('diamonds.csv',stringsAsFactors=T)
t1=table(v[c('cut','clarity')])
t2=table(v[c('cut','color')])
par(mar=c(4,4,2,1))
layout(t(1:2))
barplot(t(t1),col =rainbow(8),xlab='cut' ,ylab = 'counts')
legend('topleft',legend=colnames(t1),title='clarity',fill=rainbow(8))
barplot(t2,col =rainbow(5),horiz=TRUE, ylab = 'color',
        xlab='counts')
legend('topright',legend=rownames(t2),cex=.8,ncol=2,
  fill=rainbow(5),title='cut')
```

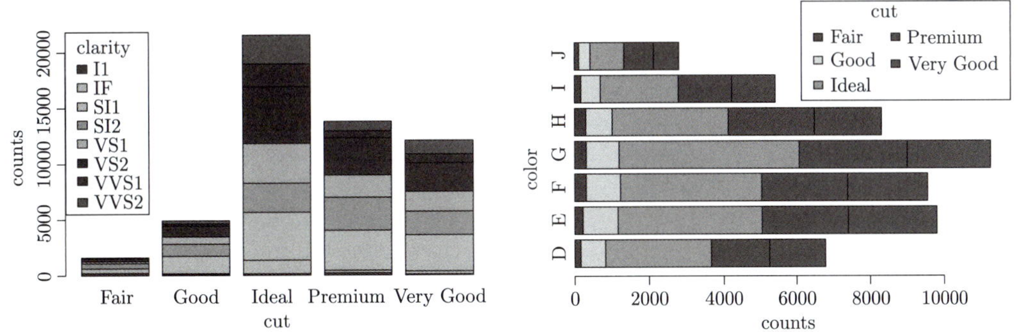

图 3.1.8　例 2.1 的 3 个分类变量两种组合的叠加条形图

3.2　强有力的画图程序包: ggplot2

首先, 我们在 R 中载入包括 `ggplot2` 程序包的`tidyverse`, 会出现下面的信息, 这足以说明这些程序包之间的亲缘关系. 这些程序包的一些代码有些可以替代 R 的基本代码 (但结果不一定相同), 如何选择则根据各人的编程经历和习惯而异.

```
library(tidyverse)
 Attaching packages  tidyverse 1.2.1
 ggplot2 3.2.1      purrr   0.3.2
 tibble  2.1.3      dplyr   0.8.3
 tidyr   0.8.3      stringr 1.4.0
 readr   1.3.1      forcats 0.4.0
 Conflicts  tidyverse_conflicts()
 dplyr::filter() masks stats::filter()
 dplyr::lag()    masks stats::lag()
```

3.2.1 ggplot 初步

例 3.2 (iris.csv) 这个在例 1.5 中用过的鸢尾花 (iris) 数据在几乎所有重要软件中都会使用, 在 R 中可以直接以名字 iris 引用, 很多文献都用这个数据来做各种描述 (又一个"小白鼠数据"). 这个著名的鸢尾花数据① 分别测量了 3 种鸢尾花中每种花的 50 朵花的萼片 (sepal) 长度和宽度以及花瓣 (petal) 的长度和宽度 (以 cm 为单位), 3 种鸢尾花分别是鸢尾 (setosa)、杂色 (versicolor) 和弗吉尼亚 (virginica).

用 ggplot 函数产生的图形是一层一层的, 下面是对例 3.2 数据画图的程序及结果 (图 3.2.1). 后面将会逐条解释这些代码的含义.

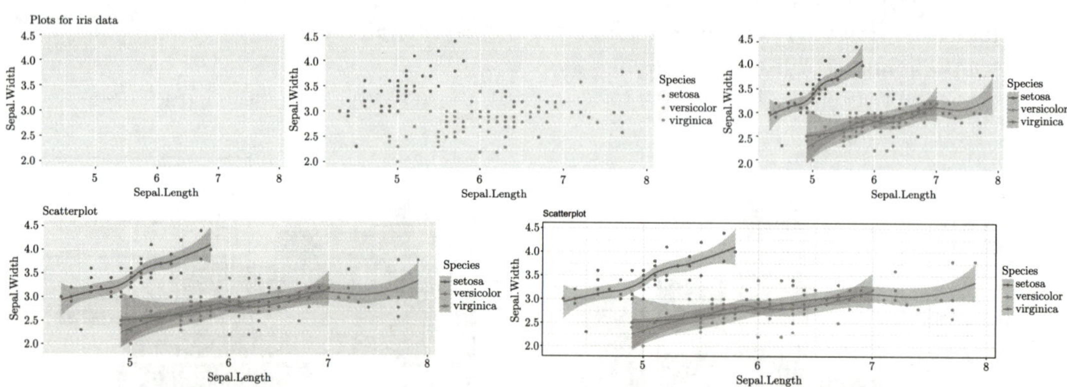

图 3.2.1 ggplot 的若干层次, 从左上按行到右下的 5 个图的对象名称相应于代码中的 5 个逐渐叠加的层次 (从空图开始)

```
g1=ggplot(data=iris,aes(x=Sepal.Length, y=Sepal.Width))
g2=geom_point(aes(color=Species))
g3=geom_smooth(aes(color=Species))
g4=labs(title="Scatterplot")
g5= theme_bw()
library(patchwork)
```

① Fisher R A. The use of multiple measurements in taxonomic problems. *Annals of Eugenics*, 1936, 7, Part II, 179-188. 该数据是由 Anderson 收集的, 见 Anderson, Edgar. The irises of the Gaspe Peninsula, *Bulletin of the American Iris Society*, 1935, 59, 2-5.

```
design <- "
  112233
  444555
"
g1+(g1+g2)+(g1+g2+g3)+(g1+g2+g3+g4)+(g1+g2+g3+g4+g5)+
  plot_layout(design = design)+
  plot_annotation('Plots for iris data')
ggsave("gg00.pdf", width = 14, height = 7)
```

图 3.2.1 的说明

图 3.2.1 包括 5 张图:

1. 第 1 层 g1 的代码为:

```
g1=ggplot(data=iris,aes(x=Sepal.Length, y=Sepal.Width))
```

它定义了一张图最基本的东西: 标明了用什么数据 (data=iris), x 和 y 坐标代表哪些变量 (如果没有则不会有图框) (x=Sepal.Length, y=Sepal.Width), 这样就有了一个空白图框. 这里的 aes 是美学 (aesthetics) 的缩写, 主要放置各个变量在画图中的功能. 注意 aes() 部分也可以在后面的 geom_... 层放置, 但只能影响放置它的图层, 其他的 geom_... 层还必须有 aes() 部分, 而这里一开始就有的 aes(), 可以适用于所有的图层, 在每层还可以添加和更新.

2. 第 2 层 g2(图 3.2.1 左上图) 为:

```
g2=geom_point(aes(color=Species))
```

符号 geom_... 确定具体要画出什么类的图形 (这里是点: point), 而且在 aes() 中增加了确定点颜色的分类变量, 它和第 1 层联合 (g1+g2) 给出了图 3.2.1 上面中间的图.

3. 第 3 张层 g3 为:

```
g3=geom_smooth(aes(color=Species))
```

添加了光滑方法 geom_smooth, 它默认产生非参数回归曲线 (还可以选择其他的, 如 model = lm 会产生回归直线), 由于在 aes() 中增加了确定点颜色的分类变量, 它产生了和该分类变量水平一样多的线条. 它和前两层联合 (g1+g2+g3) 给出了图 3.2.1 上面右边的图.

4. 第 4 层 g4 为

```
g4=labs(title="Scatterplot")
```

它是标签 lab(label), 这里放了标题 (title), 也可以改变默认的 x、y 轴标签 (用诸如 x="...", y="..."). 对于标题和各轴的标签也可以用 ggtitle()、x_lab、y_lab 来添加或更新, 它和前 3 层联合 (g1+g2+g3+g4) 给出了图 3.2.1 下面左图.

5. 第 5 层 g5 为:

```
g5= theme_bw()
```

它仅仅把色调主题 (theme) 改变成黑白色 (bw), 对图像没有修改. 和前几层结合 (g1+g2+g3+g4+g5) 给出了图 3.2.1 下面右图.

6. 多张图的安排依赖于程序包 patchwork, 这里的图形安排设计代码为:

```
library(patchwork)
design <- "
  112233
  444555
"
```

这是一个 2×6 矩阵, 以 "1" 代表的第 1 张图 (g1) 占据该矩阵左上面两个位置, 以 "2" 代表的第 2 张图 (g1+g2) 占据该矩阵上面中间两个位置, 以 "3" 代表的第 3 张图 (g1+g2+g3) 占据该矩阵上面右边两个位置, 以 "4" 代表的第 4 张图 (g1+g2+g3+g4) 占据该矩阵下面左边 3 个位置, 以 "5" 代表的第 5 张图 (g1+g2+g3+g4+g5) 占据该矩阵下面右边 3 个位置,

7. 函数 plot_layout 具体实行画图并且放到设计的位置, 为了给这几张图加入一个总标题, 这里使用了函数 plot_annotation.

```
g1+(g1+g2)+(g1+g2+g3)+(g1+g2+g3+g4)+(g1+g2+g3+g4+g5)+
  plot_layout(design = design)+
    plot_annotation('Plots for iris data')
```

8. ggsave() 注明最近一次展示的 ggplot 图存到哪个文件, 并标明图形尺寸.

9. 几点注意之处:

(1) g1 到 g5 是图的一个部分, 而不是整个图. 在这个例子, 没有g1, 其他都不能单独产生图.

(2) 只有加入了 geom_... 的图才有意义, 因为这给出了几何图形, 除了 g1+g2 之外, 可以试着执行 g1+g3, 看会得到什么结果.

(3) 画图不一定要定义如 g1 这类的名字, 比如下面的代码可直接产生图 3.2.1, 和前面的 g1+g2+g3+g4+g5 等价:

```
ggplot(data=iris,aes(x=Sepal.Length, y=Sepal.Width))+
  geom_point(aes(color=Species))+
  geom_smooth(aes(color=Species))+
  labs(title="Scatterplot")+
  g5= theme_bw()
```

3.2.2 ggplot 的几何图形部分

在ggplot 中, 几何图形部分是最基本的. 它们包括面积图、条形图、线条图、散点图、多边形图、直方图、二维密度图 (如地形图等)、盒形图. 下面分别介绍.

1. 面积图

几何选项 geom_area 产生面积图, 它是填充到 y 轴的填充线图. 多个组将彼此堆叠. 下面用例 3.1 数据来说明 (图 3.2.2), 这是 13 个国家 27 年的出口值的叠加图形.

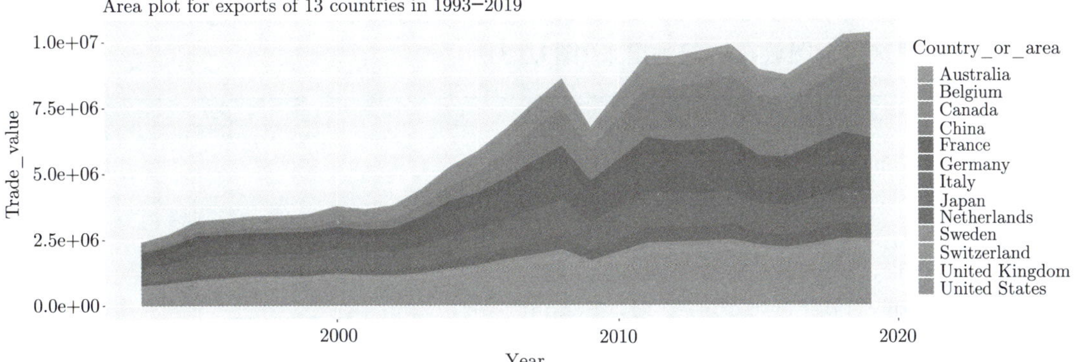

图 3.2.2　13 个国家 27 年的出口值的叠加图形

```
w %>% subset(Flow=='Exports') %>% select(-Flow) %>% glimpse() %>%
  ggplot(aes(x=Year, y=Trade_value, fill=Country_or_area))+
  geom_area()+
  ggtitle('Area plot for exports of 13 countries in 1993-2019')
ggsave("gg01.pdf", width = 14, height = 7)
```

2. 条形图

几何选项 `geom_bar` 产生条形图. 这有两种情况:

(1) 如果需要产生的是计数, 则不必进行选择, 因为这是默认情况 (`stat='count'`). 下面以例 2.1 的数据为例 (图 3.2.3 左图):

```
v=read.csv('diamonds.csv')
g1=ggplot(data=v,aes(cut,fill=clarity))+
  geom_bar()+
  ggtitle('Counts of cut and clarity of diamonds')
```

(2) 如果需要产生的是原始值 (非计数), 必须有选项 `stat='identity'`. 我们以例 3.1 数据的 13 个国家 27 年出口为例 (图 3.2.3 右图):

```
w=read.csv('trade13.csv')
nn=c('Belgium', 'Canada', 'France', 'Italy', 'Japan',
     'Netherlands', 'United Kingdom', 'United States',
     'Germany','Sweden', 'Switzerland', 'China','Australia' )
g2=w %>%  subset(Flow=='Exports',Country_or_area=nn) %>%
  select(-Flow) %>%
  ggplot(aes(Year,Trade_value,fill=factor(Country_or_area)))+
  geom_bar(stat='identity')+
  ggtitle('Exports of 13 countries in 27 years')
```

注意, 在 fill 选项中用了 factor, 这使得颜色是离散的, 如果不用, 颜色则是连续变化的.

(3) 最后把这两个图放在一起画出来 (图3.2.3):

```
library(patchwork)
design <- "
  12
"
g1 + g2+plot_layout(design = design)
ggsave("gg02.pdf", width = 14, height = 5)
```

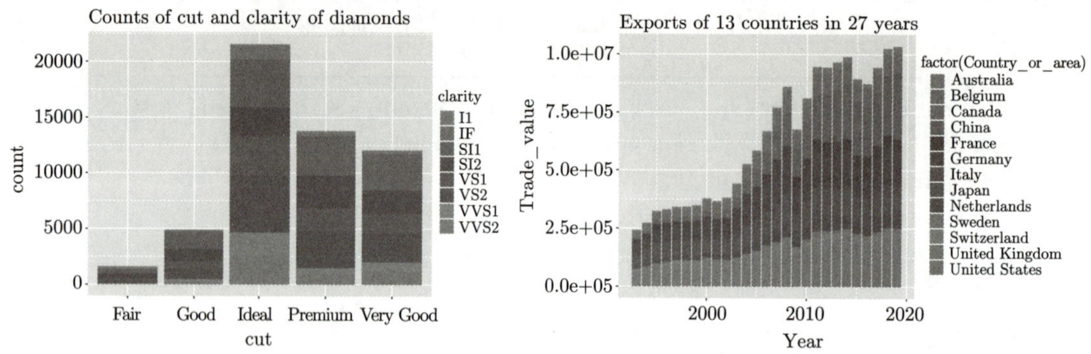

图 3.2.3 例 2.1 (左) 及例 3.1 (右) 的 2 个条形图

3. 线条图

几何选项 geom_line 可以绘制线条图. 我们以例 3.1 中 13 个国家 27 年的进出口数据为例, 这里的进出口用不同颜色, 国家用不同线条形式表示, 图例放到下面 (默认在右边). 参看图 3.2.4. 注意, 用 geom_path 也可以产生线条图, 但是会按照 x 在图形中出现的次序连线, 因此如果 x 变量不是升序排列, 则会产生乱糟糟的线条.

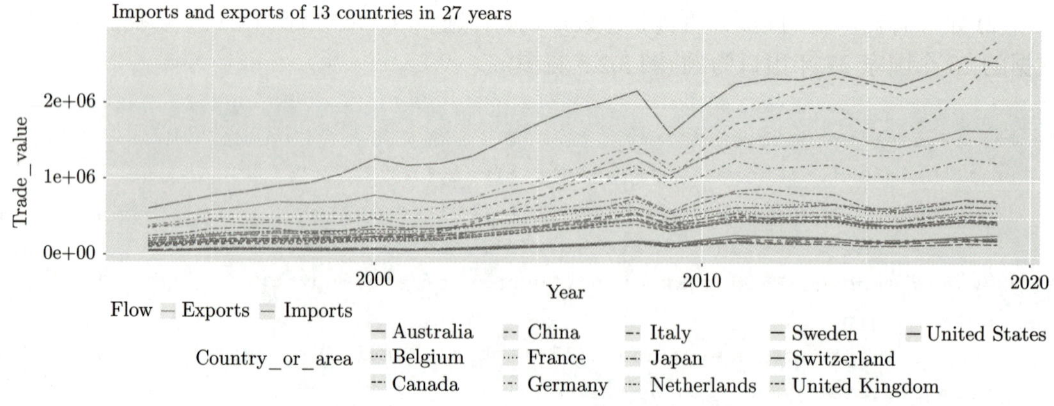

图 3.2.4 例 3.1 数据 13 个国家 27 年的进出口折线图

```
w %>%
  ggplot(aes(x=Year,y=Trade_value))+
  geom_line(aes(linetype = Country_or_area,color=Flow))+
  theme(legend.position="bottom")+
  ggtitle('Imports and exports of 13 countries in 27 years')
ggsave("gg03.pdf", width = 14, height = 5)
```

4. 散点图

几何选项 geom_point 在图 3.2.1 中已经出现过. 现在再用例 1.1 的数据展示加速性能和耗油量之间关系的散点图, 而且不同气缸数用不同形状、不同品牌地用不同颜色、不同重量用不同大小表示 (图 3.2.5).

```
u=read.csv('autocars.csv')
u %>%
  ggplot(aes(x=Acceleration, y=Miles_per_Gallon))+
  geom_point(aes(shape = factor(Cylinders), color=Origin,
    size = Weight_in_lbs))+
  ggtitle('Mpg vs Acceleration with different number\
   of cylinders, weights and origins')
  theme(legend.position="bottom")
ggsave("gg04.pdf", width = 14, height = 5)
```

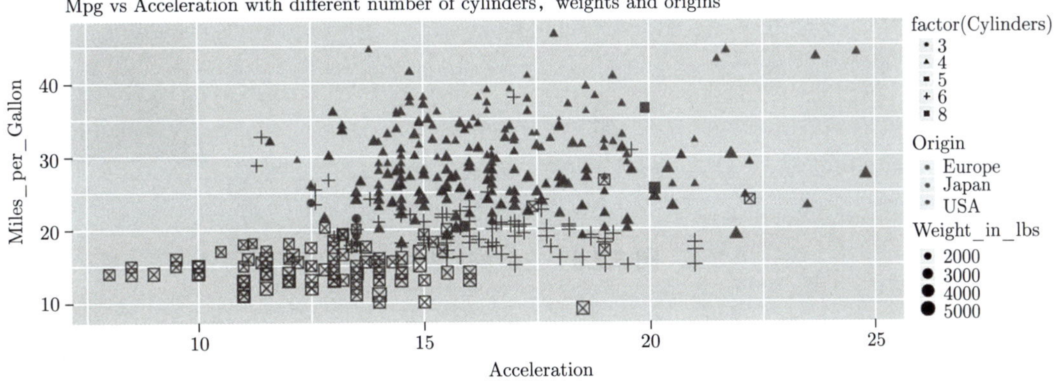

图 3.2.5　例 1.1 数据展示加速性能和耗油量散点图, 显示气缸数、重量及品牌地

5. 多边形图

几何选项 geom_polygon 可以绘制多边形, 下面给出 3 个图形: 前两个是例 3.2 鸢尾花数据的散点图加上多椭圆 (stat='ellipse') 和多边形 (默认 stat="identity"), 最后一例是两个正态分布密度图形 (图 3.2.6).

```
p0=iris %>%
  ggplot(aes(x=Petal.Length, y=Petal.Width))+
  geom_point(aes(shape=factor(Species)))
p1=p0+geom_polygon(stat='ellipse', aes(colour=Species,
                    fill=Species), alpha=.2)
p2=p0+geom_polygon(aes(colour=Species,
                    fill=Species), alpha=.2)
x=seq(-4,2,length=500)
p3=data.frame(n1 = dnorm(x, mean=-2,sd=0.5),
  n2 = dnorm(x,-1,1), x = x) %>%
  ggplot(aes(x=x)) +
  geom_polygon(aes(y=n1), fill="red", alpha=0.6) +
  geom_polygon(aes(y=n2), fill="blue", alpha=0.6)
design <- "
  123
"
p1 + p2 + p3 + plot_layout(design = design)
ggsave("gg05.pdf", width = 14, height = 5)
```

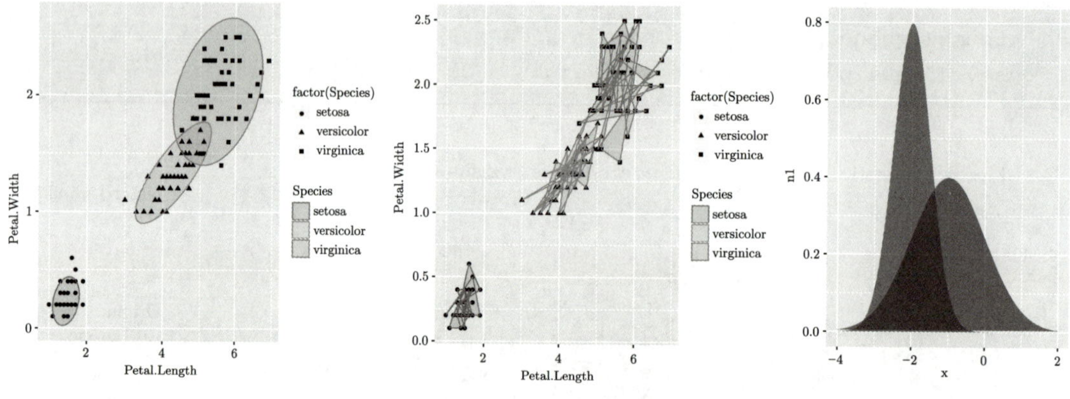

图 3.2.6 三个多边形图

6. 直方图

几何选项 geom_histogram 产生直方图, geom_density 产生非参数密度估计, 它们都是描述数据分布的. 我们用例 3.2 产生各种直方图和密度估计图 (图 3.2.7).

```
p0=iris %>% ggplot(aes(x=Sepal.Length))
p1=iris %>% ggplot(aes(x=Sepal.Length, fill=Species))
t0=p0 + geom_histogram(binwidth=.5)
t1=p0+geom_histogram(binwidth=.5, colour="black",
  fill="white",aes(y=..density..))+
    geom_density(alpha=.2,fill='blue')
```

```
t2=p1+ geom_histogram(binwidth=.5, alpha=.5, position="identity")
t3=p1+    geom_histogram(binwidth=.5, position="dodge")
t4=p0+ geom_density(aes(colour=Species))
t5=p1 + geom_density(alpha=.3)
design <- "
  123
  456
"
t0+t1+t2+t3+t4+t5 + plot_layout(design = design)
ggsave("gg06.pdf", width = 14, height = 5)
```

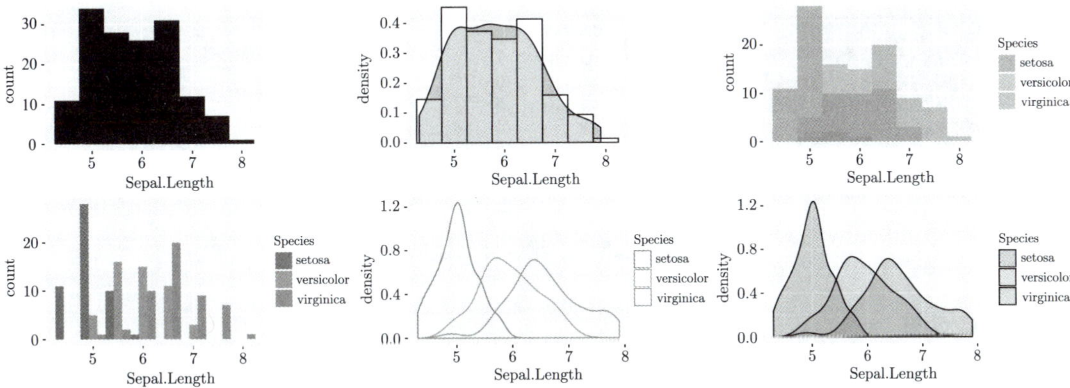

图 3.2.7　例 3.2 数据的各种直方图和密度估计图

7. 二维密度图

几何选项 `geom_density_2d` 是描述二维密度的, `geom_contour` 可描述地形图, 下面通过 R 自带的数据 `faithful` 和在 `ggplot2` 中的增补版数据 `faithfuld` 以及例 2.1 数据介绍有关点图 (图 3.2.8).

```
m <- ggplot(faithful, aes(x = eruptions, y = waiting))
d1=m+ xlim(0.5, 6) + ylim(40, 110)+
  geom_density_2d()+geom_point()

v0 <- ggplot(faithfuld, aes(waiting, eruptions, z = density))
d2=v0 + geom_contour(binwidth = 0.001)
d3=v0 + geom_raster(aes(fill = density)) +
  geom_contour(binwidth = 0.005,color='white')
v=read.csv('diamonds.csv')
vs <- v[sample(nrow(v), 1000), ]
d4=vs  %>%  ggplot(aes(x, y))+
 geom_density_2d(aes(colour = clarity))
design <- "
```

```
  12
  34
"
d1 + d2 + d3 + d4 + plot_layout(design = design)
ggsave("gg08.pdf", width = 14, height = 5)
```

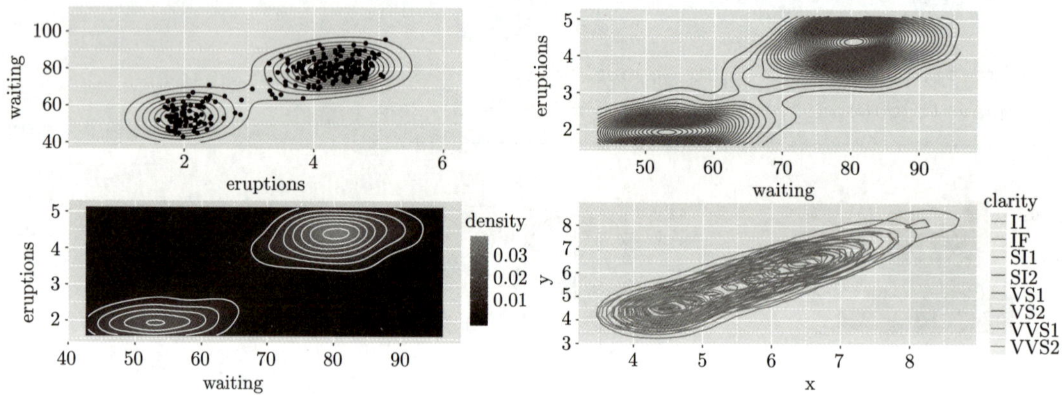

图 3.2.8　二维密度和地形图

8. 盒形图

几何选项 geom_boxplot 产生盒形图, 下面就例 1.1 数据展示若干盒形图的生成 (图 3.2.9).

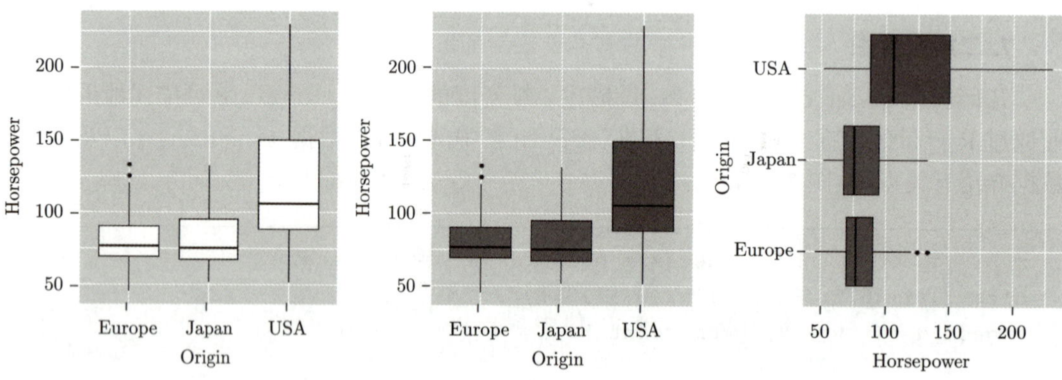

图 3.2.9　例 1.1 数据的若干盒形图

```
u0=u %>% ggplot(aes(x=Origin,y=Horsepower,))
u1=u0+ geom_boxplot()
u2=u0 + geom_boxplot(aes(fill=Origin))+guides(fill=FALSE) #去掉legend
u3=u2+ geom_boxplot(aes(fill=Origin))+
   theme(legend.position = "none")+  coord_flip()
design <- "
```

```
  123
"
u1+u2 +u3+ plot_layout(design = design)
ggsave("gg07.pdf", width = 14, height = 5)
```

3.2.3 ggplot 的颜色设置

红 (red)、绿 (green)、蓝 (blue) 是最基础的颜色, 各种颜色可以由这三种颜色调整而成. 颜色表达常见方法有三种: 其一是十六进制 RGB 字符串 (如 '#0F0F0F') 或者 RGBA 字符串 (如 '#0F0F0F0F'). RGBA 表示除了各种颜色强度以外, 还加入透明度. 其二是 RGB 或 RGBA 在 [0,1] 中的浮点数组系统 (如rgb(0.1,0.2,0.6) 或 rgb(0.1,0.2,0.6,0.6)). 其三是不同颜色的字符表 (如red 或blue). 十六进制字符串中 # 后的 6 个字符 (RGB) 分别代表红、绿、蓝的强度; 若是 8 个字符串 (即 RGBA), 最后 2 个字符代表透明度. 显然, R 语言中的 rgb 函数表达意义类似. 本书总结了在 ggplot 中关于颜色设置的几种实用方法, 读者可以根据自己的需求偏好探索更多设置方法.

1. 单种颜色设置

下面分别使用十六进制、RGB 函数和颜色名字设置单种颜色 (参见图 3.2.10).

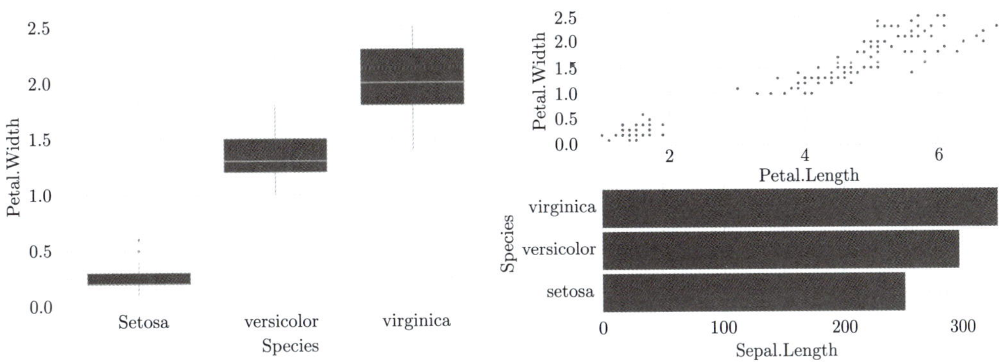

图 3.2.10　单种颜色设置之常见方法

```
library(tidyverse);library(patchwork)
theme_set(
  theme_minimal() +
    theme(legend.position = "top"))
p1=ggplot(iris,aes(x=Species,y=Petal.Width))+
  geom_boxplot(fill='#de2d26',color='#fc9272')
p2=ggplot(iris,aes(x=Petal.Length,y=Petal.Width))+
  geom_point(color=rgb(240,59,32,max=255))
p3=ggplot(iris,aes(x=Species,y=Sepal.Length))+
  geom_bar(stat='identity',fill= 'brown3')+
  coord_flip()
p1+p2/p3
```

2. 多种颜色设置

对于离散颜色 (discrete scale), `ggplot` 中定义颜色的基础函数是 `scale_*_manual()`, 其中`*` 表示 `color` 和 `fill`, 两者是根据所需要的图形类型而选择的. 当然, 单种颜色设置也适用于该函数, 为便捷起见, 一般在多种离散颜色时使用该函数. 对于连续颜色 (continuous and binned colour scales), 基础函数为 `scale_*_continuous()`, 里面可供的类别选项 (type) 仅有 `gradient` 和 `viridis`, 因此, 对于连续颜色, 通常使用`scale_*_gradient`, `scale_*_gradient2`, `scale_*_gradientn`. 此外, R 语言关于几个颜色搭配现成模式的包, 有 `RColorBrewer`、`viridis`、`ggsci`、`wesanderson` 等, 每个包关于颜色模式选择的设置有各自独立函数. 值得注意的是, 每个包对于离散颜色和连续颜色的表达函数需要区分. 针对离散颜色和连续颜色, 下面分别列举几种, 读者可以根据自己的需求选择其他合适的, 因为颜色模式太丰富了.

离散颜色设置:

(1) `ggplot2`: `scale_*_manual()`

(2) `RColorBrewer`: `scale_*_brewer(palette = "Dark2")`

(3) `viridis`: `scale_*_viridis(discrete=TRUE)`, `scale_*_viridis_d()`

(4) `ggsci`: `scale_*_jco()`

(5) `wesanderson`:

`scale_*_manual(values=wes_palette("GrandBudapest1", n=3))`

下面用多种离散颜色设置生成图 3.2.11.

```
library(RColorBrewer);library(viridis)
p4=ggplot(iris, aes(x=Sepal.Width,y=Petal.Width,color=Species )) +
  geom_jitter()+
  scale_color_brewer(palette = "Dark2")
p5=ggplot(iris, aes(Sepal.Length,fill = Species))+
  geom_bar() +
  scale_fill_viridis(discrete = TRUE,option="C")
p4+p5
```

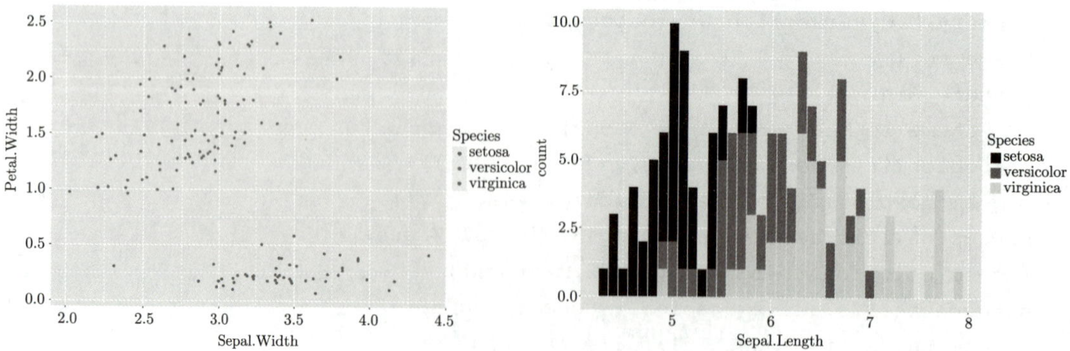

图 3.2.11　多种离散颜色设置之常见方法之一

下面用另外几种离散颜色设置生成图 3.2.12.

```
library("ggsci");library(wesanderson)
p6=ggplot(iris, aes(x=Sepal.Length,fill=Species )) +
  geom_boxplot()+
 scale_fill_jco()
p7=ggplot(iris, aes(x=Sepal.Length,y=Petal.Width,
                    color = Species,fill=Species))+
  geom_jitter() +
  geom_smooth(alpha=.6,size=.8)+
 scale_fill_manual(values=wes_palette("BottleRocket2",n=3))
p6+p7
```

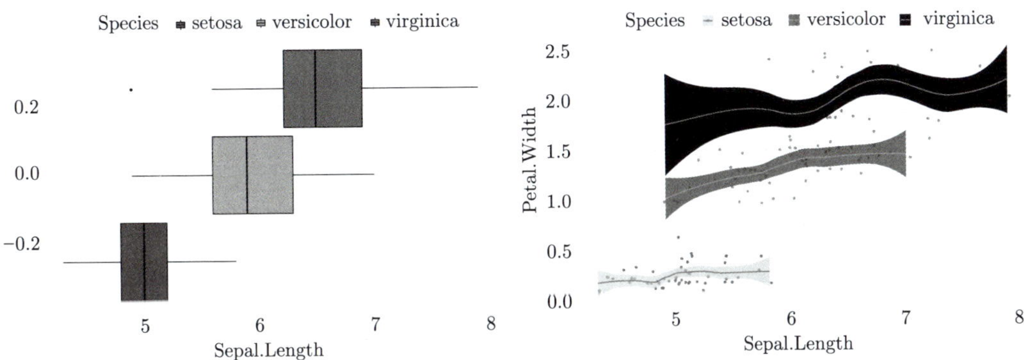

图 3.2.12 多种离散颜色设置之常见方法之二

连续颜色设置:

(1) ggplot2:

```
scale_*_continuous()
scale_*_gradient
scale_*_gradient2()
scale_*_gradientn()
```

(2) RColorBrewer:

```
scale_*_gradientn(colors=rainbow(n))
```

(3) viridis:

```
scale_*_viridis_c()
scale_*_gradientn(colors=viridis(n))
```

(4) ggsci:

```
scale_*_gsea()
```

(5) wesanderson:

```
scale_*_gradientn(colours=wes_palette("Zissou1",100,type="continuous"))
```

下面用多种连续颜色设置生成图 3.2.13.

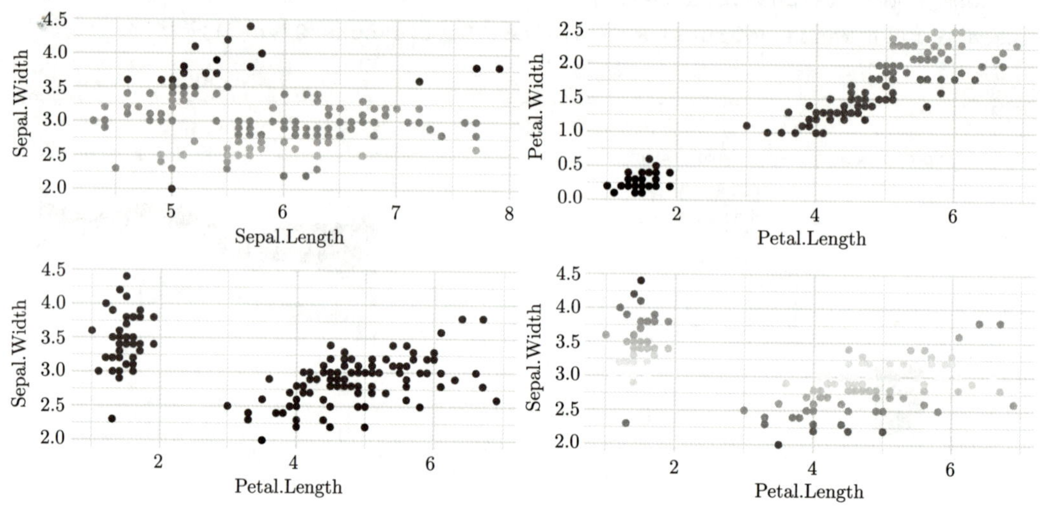

图 3.2.13 多种连续颜色设置之常见方法之一

生成图 3.2.13 的代码为:

```
p8=ggplot(iris, aes(Sepal.Length,Sepal.Width))+
  geom_point(aes(color=Sepal.Width))+
  scale_color_gradientn(colors=rainbow(10))+
  theme(legend.position = 'None')
p9=ggplot(iris, aes(Petal.Length,Petal.Width))+
  geom_point(aes(color=Petal.Width))+
  scale_color_gradientn(colors=viridis(10))+
   theme(legend.position = 'None')
p10=ggplot(iris,aes(Petal.Length,Sepal.Width))+
  geom_point(aes(color=Sepal.Width))+
  scale_color_gradient(low = "blue", high = "red")+
   theme(legend.position = 'None')
mid <- mean(iris$Sepal.Width)
p11=ggplot(iris,aes(Petal.Length,Sepal.Width))+
  geom_point(aes(color=Sepal.Width))+
  scale_color_gradient2(midpoint = mid, low = "blue",
```

```
                         mid = "white", high = "red")+
    theme(legend.position = 'None')
(p8+p9)/(p10+p11)
```

下面用另外几种连续颜色设置生成图 3.2.14.

```
p=ggplot(heatmap,aes(x = Var1, y = Var2, fill = value)) +
  geom_tile()+
  labs(x='',y='')+
  theme(legend.position = 'None')
p12=p+scale_fill_gsea()
p13=p+scale_fill_gradientn(colors=wes_palette('Zissou1',50,
                           type='continuous'))
p12+p13
```

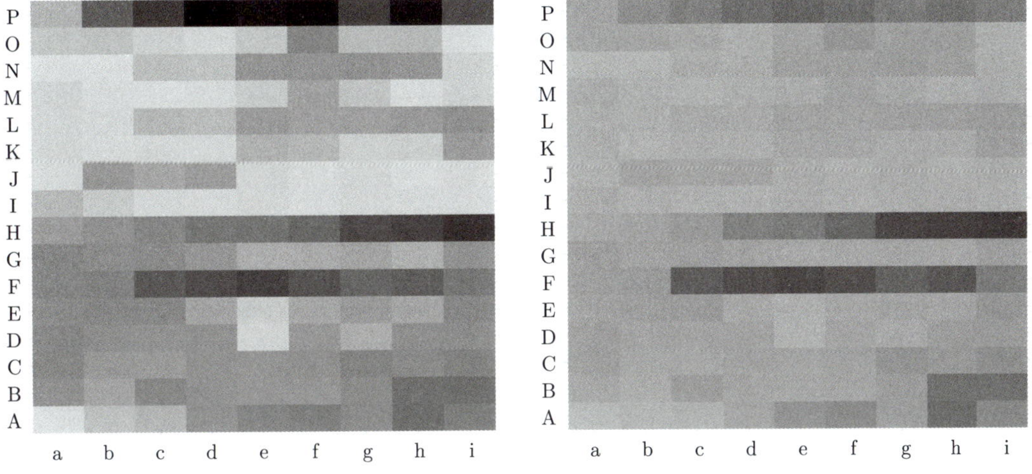

图 3.2.14 多种连续颜色设置之常见方法之二

3. 多种离散颜色设置补充

在 ggplot 中, 因为连续颜色是渐变形式, 只要变量类型满足连续颜色使用条件, 利用各个颜色包的各种函数设置, 基本能达到效果. 但是, 对于离散颜色, 如果颜色种类需求太多, 而各个包的颜色搭配模式的颜色个数不满足时, 需要对其进行调整, 不然作图会遇到各种困难, 结果不尽如人意. 针对这种颜色种类不足的情况, 本书总结了几种方法: 第一种是利用 scale_*_manual 函数设置 values=rainbow(n) 和 values=viridis(n) 产生数量相同种类的颜色; 第二种是运用十六进制和 RGB 字符串构成机制使用随机数模拟产生; 第三种是基于各种颜色包的模式, 借鉴其各个颜色的字符串, 对颜色进行拓展数量或重新组合, 从而达到与变量需求匹配的离散颜色.

下面代码产生图 3.2.15 的 4 幅图:

```
library(tidyverse);library(viridis)
w=read.csv('sleepstudy.csv')
pp=ggplot(w,aes(x=Days,y=Reaction,color=factor(Subject)))+
  geom_line()+
  labs(title='Reaction time vs sleepless day',col='Subject')+
  theme(legend.position = 'right')+
  guides(col = guide_legend(ncol = 2))

set.seed(2020)
Cmap=sort(paste0('#',as.hexmode(sample(16^3:16^6,18))))
p15=pp+scale_color_manual(values=Cmap)
set.seed(2020)
Cmap1=rgb(matrix(runif(18*4),18,3,4))
p16=pp+scale_color_manual(values=Cmap1)

library(RColorBrewer)
p14=pp+scale_color_manual(values=viridis(18))
Cmap2=colorRampPalette(brewer.pal(8, "Dark2"))(18)
p17=pp+scale_color_manual(values=Cmap2)
library(patchwork)
(p15+p16)/(p14+p17)
```

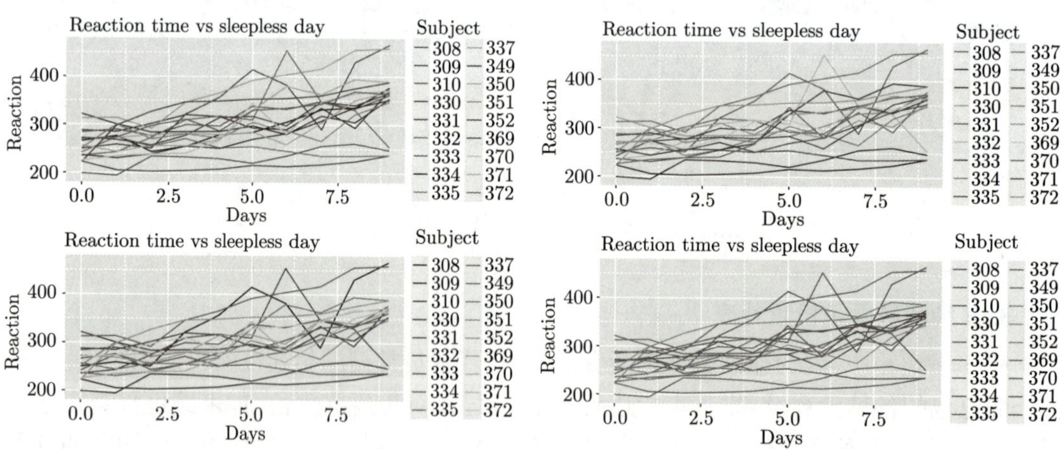

图 3.2.15 多种离散颜色设置补充

3.3 recharts 画图工具

由于 echarts 的影响, R 语言的软件包 recharts 提供了开源可视化 JS 框架 ECharts 以扩大可视化工具的开发. 该软件包的优势在于: 一方面可以在 R 环境中基于 echarts 源生 JS 代码执行 echarts 绘图, 另一方面可以从 R 对象中绘图 (ePlot). 当然, 此软件包还在持续开发中, 这里仅对 recharts 的安装以及初步使用做简单介绍.

3.3.1 安装说明

recharts 包的源代码需要借助网址 (Github/cosname/recharts) 提供下载与安装, 使用以下代码:

```
require(devtools)
devtools::install_github("cosname/recharts")
```

3.3.2 从官网上获取 JS 代码并在 R 环境作图

echarts 包的 echartsExample 函数提供了一种从官网的实例中获取 JS 代码并运行的途径. 比较遗憾的是, echartsExample 目前仅支持部分 Echarts 的官网案例. 下面仅介绍一个简单的例子说明步骤, 不展示图形结果.

```
JScodes = "
var option = {
  title: {
    text: 'ECharts entry example'
  },
  tooltip: {},
  legend: {
    data:['Sales']
  },
  xAxis: {
    data: ['shirt','cardigan','chiffon shirt','pants','heels','socks']
  },
  yAxis: {},
  series: [{
    name: 'Sales',
    type: 'bar',
    data: [5, 20, 36, 10, 10, 20]
  }]
};
"
echartsExample(JScontent=JScodes)
```

3.3.3 构建 list 对象并在 R 中绘图 (ePlot)

在 R 中实现 Echarts 的形式类似于在 R 中建立一个 List 来模拟上例中的 option 对象, 然后通过写好的框架实现对 Echarts 对象的绘制, 这里以 ePlot 函数调用创建的 list 对象来绘制 Echarts 图形 (图 3.3.1).

```
##创建list格式的数据
d1=c(2.0, 4.9, 7.0, 23.2, 25.6, 76.7, 135.6, 162.2, 32.6, 20.0, 6.4, 3.3)
d2=c(2.6, 5.9, 9.0, 26.4, 28.7, 70.7, 175.6, 182.2, 48.7, 18.8, 6.0, 2.3)
d3=c(2.0, 2.2, 3.3, 4.5, 6.3, 10.2, 20.3, 23.4, 23.0, 16.5, 12.0, 6.2)
columns = c("Jan", "Feb", "Mar", "Apr", "May", "Jun", "Jul",
            "Aug", "Sep", "Oct", "Nov", "Dec")

series = list(
  list(
    name = '蒸发量',
    type = 'bar',
    data = d1
  ),
  list(
    name = '降水量',
    type = 'bar',
    data = d2
  ),
  list(
    name = '平均温度',
    type = 'line',
    yAxisIndex = 1,
    data = d3
  )
)
##定义list格式的坐标
ext = list(
  xAxis = list(list(
    type = "category",
    data = columns
)),
  yAxis = list(
    list(
      type = 'value',
      name = '水量',
      min = 0,
      max = 250,
      interval = 50,
      axisLabel = list(
         formatter = '{value} ml'
      )
    ),
    list(
      type = 'value',
```

```
        name = '温度',
        min = 0,
        max = 25,
        interval = 5,
        axisLabel = list(
          formatter= '{value}'
        )
      )
   ))
ePlot(series, ext)
eMarkPoint(chart, type=c('max','min'),valueIndex = 1)
eHLine(chart,mean(d1),lineType ='dotted',symbol='arrow')
```

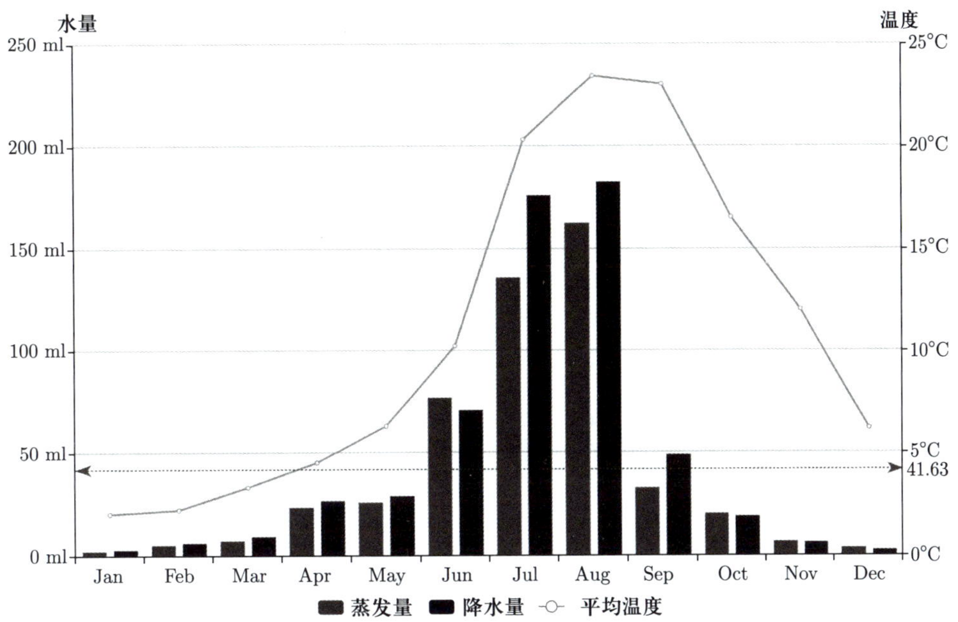

图 3.3.1　echarts 构建 list 对象作图

下面补充介绍利用 eBar 函数调用已知 iris 数据集的代码.

```
library(plyr)
dat = ddply(iris, .(Species), colwise(mean))
rownames(dat) = dat[,1]
dat = dat[, -1]
eBar(dat,horiz = TRUE)
```

上面代码生成的图形为图 3.3.2.

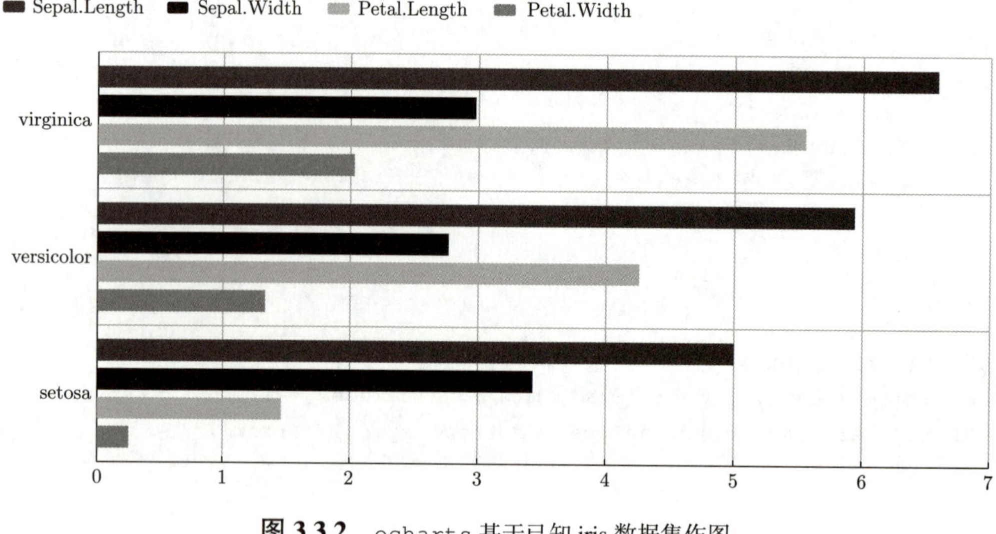

图 3.3.2 `echarts` 基于已知 iris 数据集作图

3.4 习题 (第 2 章和第 3 章合并)

1. 借助网络读取汽车评估数据集 (Car Evaluation Data Set). 下载之后, 可参考下面类似的代码读取数据并存成 csv 文件:

```
w=read.csv('car.data',header = F)
names(w)=c("buying","maint","doors","persons","lug_boot",
           "safety","values")
write.csv(w,"car.data.csv",row.names=F)
```

该数据有 7 个变量, 全部是分类变量. 通过汽车可接受性和技术特点两类变量对汽车进行分类预测. 因变量为 `values` (水平:unacc, acc, good, vgood), 自变量为 `buying` (买入花费)、`maint` (维修保养花费)、`doors` (门的个数)、`persons` (可载人数)、`lug_boot` (行李箱大小)、`safety` (估计的安全性). 这些变量都是分类变量. 请使用 Python 与 R 的基本画图技能对其进行可视化探索分析.

2. 下载心脏病数据集 (Heart Disease Data Set), 对该数据使用 Python 和 R 语言进行可视化初步探索. 很多学者使用该数据做相关的研究, 引用率相当高. 它有 76 个自变量, 包括分类和数量变量, 因变量是分类变量.

3. 使用 Python 和 R 两种语言对摘自 1985 年《沃德汽车年鉴》的汽车数据集 (Automobile Data Set)[①] 进行可视化探索性分析. 该数据有 26 个变量, 因变量是数量变量.

4. 自主选择感兴趣领域的数据, 并利用 Python 和 R 两种语言对其进行可视化探索, 从而达到熟练掌握两种编程语言的基本作图技能的目的.

① `https://archive.ics.uci.edu.`

第 4 章　网络图基本技能

网络图、关系图或流程图等是在各个领域都会用到的显示各种关系的图形, 对于不同的目的, 这些图形的意义及解释会很不相同, 本章介绍生成这些图形的一些方法.

注意: 在第 8 章, 我们将会介绍 R 的 `ggraph`、Python 的 `networkx` 模块及 `netwulf` 的 `visualize` 模块, 因此, 本章略去这部分画图技巧.

4.1　R 网络作图

4.1.1　通过 DiagrammeR 包使用 DOT 语言作网络图

DOT 是一种图形描述语言, 可以在许多平台以各种形式使用, 比如, 这里通过 R 的程序包 `DiagrammeR` 来实现, 本章后面还会介绍的 Python 模块 `pyplot` 的许多选项也和 DOT 语言有关. 大多数 DOT 程序是 Graphviz 包的一部分, 或在内部使用它.

1. 有向图和无向图的基本规则

DOT 语言描述了三种主要的对象: 图形 (graphs)、节点 (nodes) 和边 (edges). 布局图形可以是有向图 (digraph) 或无向图 (graph).

在 R 语言中, 使用 DOT 语言编写图形设计可以调用 `DiagrammeR` 包中的 `grViz` 函数, 在该函数的圆括号引号内的 `digraph{}` 中引入 DOT 语言的命令行程序来可视化展示网络图. 我们列举两个简单的有向图例子. 下面代码产生图 4.1.1.

```
library(DiagrammeR)
grViz(
"digraph {

  # 图的属性
  graph [overlap = true]

  # 节点属性, 这里是形状、 字体及颜色
  node [shape = box,
        fontname = Helvetica,
        color = blue]

  # 边属性, 这里是颜色
  edge [color = gray]
```

```
    # 节点属性，这里定义了6个节点，最后一个给出了内容、 形状、 颜色等
    A; B; C; D; E
    F [label= '终止', color = blue, peripheries=3,style=filled ]

    # 此行之后的节点属性，这里是形状、 尺寸等
    node [shape = circle,
          fixedsize = true,
          width = 0.9]

    # 定义了8个节点
    1; 2; 3; 4; 5; 6; 7; 8

    # 边的陈述，有的给出颜色，一些是多个目标
    C->A [color = red]
    A->1->{D F 5}
    E->{A 6}
    B->{2 4}
    4->6
    B->3 [color = red]
    3->{7 8} [color = blue]
  }"
  )
```

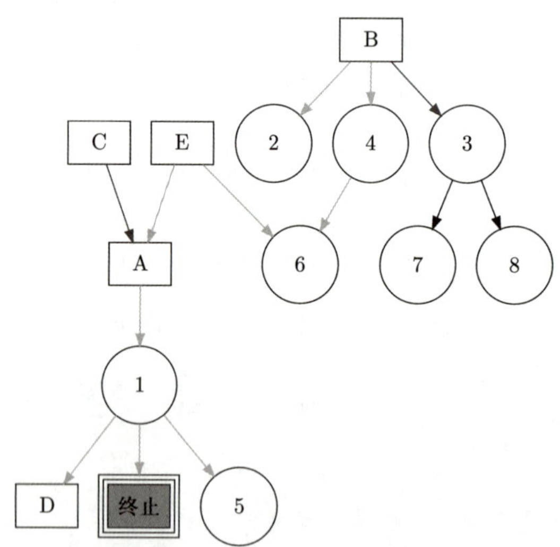

图 4.1.1 DOT 语言作有向图之一

首先，定义 graph、node、edge 三者的属性 (attributes). 其次，再定义三者的陈述 (statements). 这是作图的一种常规步骤. 若多数 node 或 edge 的属性类似，这种一起定义的方式可以避免后续重复工作. 显然，也可以不按照先定义属性后定义陈述的流程操作，读者可根据自己的需求，灵活调整步骤，譬如在输入方向 edge 的同时定义属性，参考代码

如下 (图 4.1.2):

```
grViz(
'digraph  {
graph[rankdir=LR] # 定义从左(L)到右(R)图形
size ="4,4";
main [shape=box]; # 定义节点及形状
main -> parse [weight=8]; # 定义边(权重)及目标节点
parse -> execute;
main -> init [style=dotted]; # 定义边(点状虚线)及目标节点
main -> cleanup;
execute -> { make_string; printf} #目标节点名字为字符串printf
init -> make_string;
edge [color=red]; # 后面的边都是红色
main -> printf [style=bold,label= "100 times"];
                                          # 将边设置为粗体并且加字符串
make_string [label= "make a \n string"];
node [shape=box,style=filled, color=".7 .3 1.0"];
                                          # 最后定义节点的形状、颜色等
execute -> compare;
}'
)
```

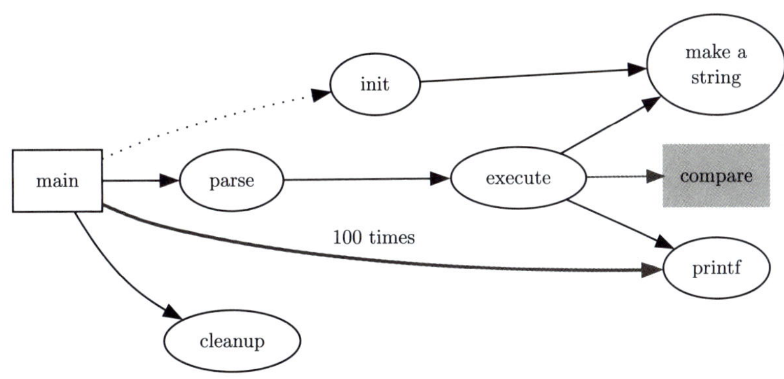

图 4.1.2　DOT 语言作有向图之二

若直接将 digraph 改为 graph, 且箭头-> 改为--, 可以将其改为无向图, 如下面代码所示 (图 4.1.3).

```
grViz(
"graph {
     'Christoph Bach' -- 'Georg Christoph Bach';
    'Christoph Bach' --  'Johann Christoph Bach';
     'Christoph Bach'-- 'Johann Sebastian Bach';
```

```
    'Johann Sebastian Bach'-- 'Wilhelm Friedemann Bach' ;
     'Johann Sebastian Bach'-- 'Carl Philipp Emanuel Bach';
  }"
)
```

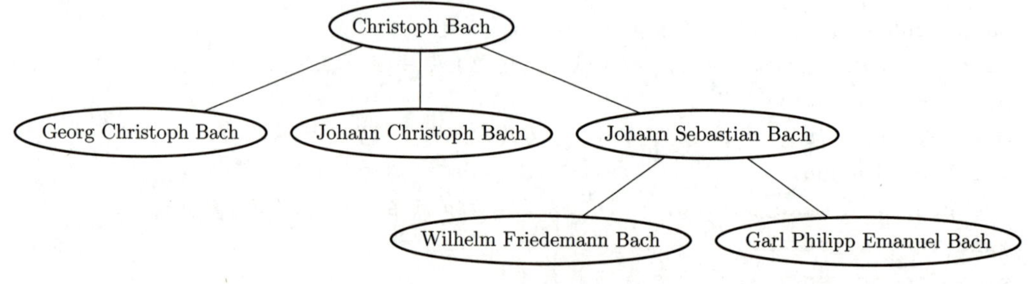

图 4.1.3 DOT 语言作无向图

可能细心的读者已经注意到, 在grViz 后, 定义digraph 或 graph 之前, 如果是双引号, 则 digraph 之后的语言均需要单引号, 反之亦然, 即单引号和双引号不能同时使用.

2. 组合图

组合图 (compound graph) 为一些子图的组合, 每一个子图的定义和单独的图类似. 在连接时可以节点对节点, 但可以选择不在子图中而仅仅在子图之间显示路径 (图 4.1.4).

```
library(tidyverse);library(DiagrammeR)
library(DiagrammeRsvg);library(rsvg)
dotG=
'digraph G {
compound=true;
subgraph cluster0 {
node[style=filled,color=white]
style=filled;
color=lightgrey
a -> b;
a -> c;
b -> d;
c -> d;
}
subgraph cluster1 {
e -> g;
e -> f;
}
b -> f [lhead=cluster1];
d -> e;
c -> g [ltail=cluster0,lhead=cluster1];
```

```
c -> e [ltail=cluster0];
d -> h;
}'
grViz(dotG) %>%
    export_svg %>% charToRaw %>% rsvg_pdf("dotG.pdf")
```

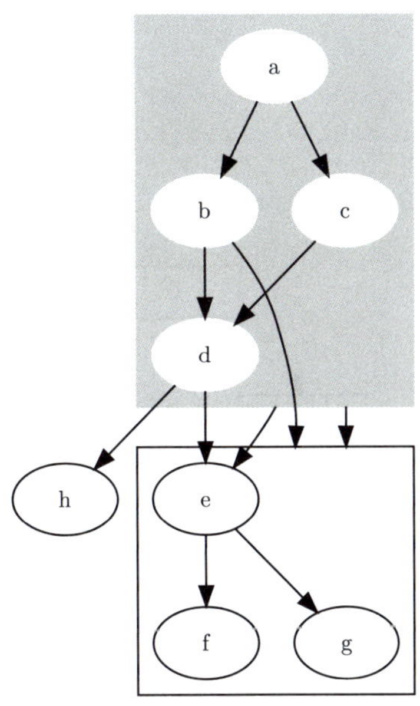

图 4.1.4　DOT 语言作组合图之一

该方法使用 subgraph cluster 组合, 可以隐藏部分箭头或只连接两个子图 (图 4.1.4). 还有另外一种简单的可视为组合图的簇 (cluster), 它是将子图指定放置在自己布局的不同矩形中, 规则与基本作图流程一样 (图 4.1.5).

```
dotGC=
'digraph g {
 node [shape=record,height=.1];
 node0[label = "<f0> |<f1> G|<f2> "];
 node1[label = "<f0> |<f1> E|<f2> "];
 node2[label = "<f0> |<f1> B|<f2> "];
 node3[label = "<f0> |<f1> F|<f2> "];
 node4[label = "<f0> |<f1> R|<f2> "];
 node5[label = "<f0> |<f1> H|<f2> "];
 node6[label = "<f0> |<f1> Y|<f2> "];
 node7[label = "<f0> |<f1> A|<f2> "];
 node8[label = "<f0> |<f1> C|<f2> "];
 "node0":f2 -> "node4":f1;
 "node0":f0 -> "node1":f1;
```

```
 "node1":f0 -> "node2":f1;
 "node1":f2 -> "node3":f1;
 "node2":f2 -> "node8":f1;
 "node2":f0 -> "node7":f1;
 "node4":f2 -> "node6":f1;
 "node4":f0 -> "node5":f1;
 }'

grViz(dotGC) %>%
    export_svg %>% charToRaw %>% rsvg_pdf("dotGC.pdf")
```

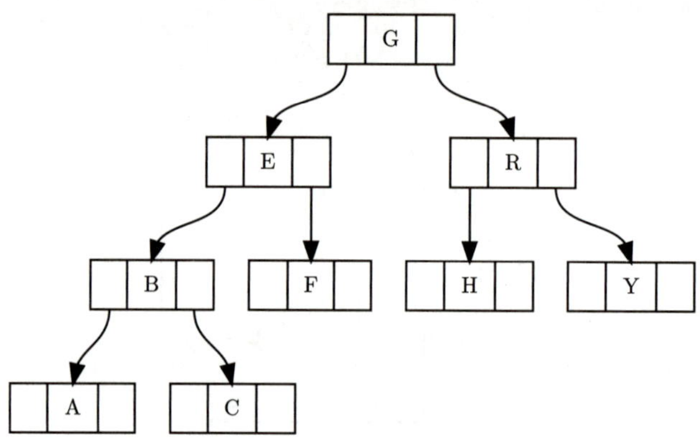

图 4.1.5 DOT 语言作组合图之二

3. 具有约束等级的图

如果各个节点 (node) 需要按照一定等级或次序布局, 则利用 `rank` 对其排布规则进行设计, 如下面的代码生成的著名巴赫音乐家族的按辈分高低次序排序的谱系图所示 (图 4.1.6).

```
Bach =
'digraph  {
ranksep=.75; size = "7.5,7.5";rankdir=LR
{
node [shape=plaintext, fontsize=16];
/* the time-line graph */
"第一代"  -> "第二代" -> "第三代" -> "第四代"->"第五代"->"第六代" ;
}
node[shape="box",color="lightblue";style=filled]
"Johann Sebastian Bach"[color=red,peripheries=3]
{ rank = same;"第一代";"Johannes Bach I"; "Philippus Bach"}
{ rank = same; "第二代"; "Heinrich Bach";"Christoph Bach";"Wendel Bach" }
```

```
{ rank = same; "第三代"; "Johann Christoph Bach (1642)";
                            "Johann Michael Bach"
"Johann Günther Bach";"Georg Christoph Bach";
"Johann Ambrosius Bach";"Maria Elisabeth Lämmerhirt";
"Johann Christoph Bach (1645)";"Jacob Bach"}
{ rank = same; "第四代"; "Johann Nicolaus Bach";
"Johann Sebastian Bach";"Maria Barbara Bach";
"Anna Magdalena Wilcke";"Johann Ludwig Bach" }
{ rank = same; "第五代"; "Wilhelm Friedemann Bach";
"Carl Philipp Emanuel Bach";"Gottfried Heinrich Bach";
"Johann Christoph Friedrich Bach";"Johann Christian Bach(1735)";
"Johann Christoph Altnickol" }
{ rank = same; "第六代"; "Wilhelm Friedrich Ernst Bach" }
"Johannes Bach I"-> {"Philippus Bach"} [label="brother"]
"Johannes Bach I" -> {"Heinrich Bach";"Christoph Bach"}[label="father"];
"Philippus Bach"->{"Wendel Bach"}[label="father"]
"Heinrich Bach"->{"Johann Christoph Bach (1642)";
"Johann Michael Bach";"Johann Günther Bach"}[label="father"]
"Christoph Bach"->{"Johann Ambrosius Bach"}[label="father"]
"Johann Ambrosius Bach"->{"Maria Elisabeth Lämmerhirt"}[label="husband"]
"Christoph Bach"->{"Johann Christoph Bach (1645)";
"Georg Christoph Bach" }[label="father"]
"Wendel Bach"->{"Jacob Bach"}[label="father"]
"Johann Christoph Bach (1642)"->{"Johann Nicolaus Bach"}[label="father"]
"Johann Ambrosius Bach"->{"Johann Sebastian Bach"}[label="father"]
"Maria Elisabeth Lämmerhirt"->{"Johann Sebastian Bach"}[label=mother]
"Johann Sebastian Bach"->{"Maria Barbara Bach"}[label="husband"]
"Johann Sebastian Bach"->{"Anna Magdalena Wilcke"}[label="husband"]
"Jacob Bach"->  {"Johann Ludwig Bach"}[label="father"]
"Johann Sebastian Bach"->
{"Wilhelm Friedemann Bach";"Carl Philipp Emanuel Bach";
"Gottfried Heinrich Bach";"Johann Christoph Friedrich Bach";
"Johann Christian Bach (1735)"} [label="father"]
"Maria Barbara Bach"->  {"Wilhelm Friedemann Bach"} [label="mother"]
"Anna Magdalena Wilcke"->
{"Gottfried Heinrich Bach";"Johann Christoph Friedrich Bach";
"Johann Christian Bach (1735)"}[label="mother"]
"Johann Sebastian Bach"->
{"Johann Christoph Altnickol" }[label="father-in-law"]
"Anna Magdalena Wilcke"->
{"Johann Christoph Altnickol"}[label="mother-in-law"]
"Johann Christoph Friedrich Bach"->
{"Wilhelm Friedrich Ernst Bach"}[label= "father"]
  }'
```

```
grViz(Bach) %>%
    export_svg %>% charToRaw %>% rsvg_pdf("Bach.pdf")
```

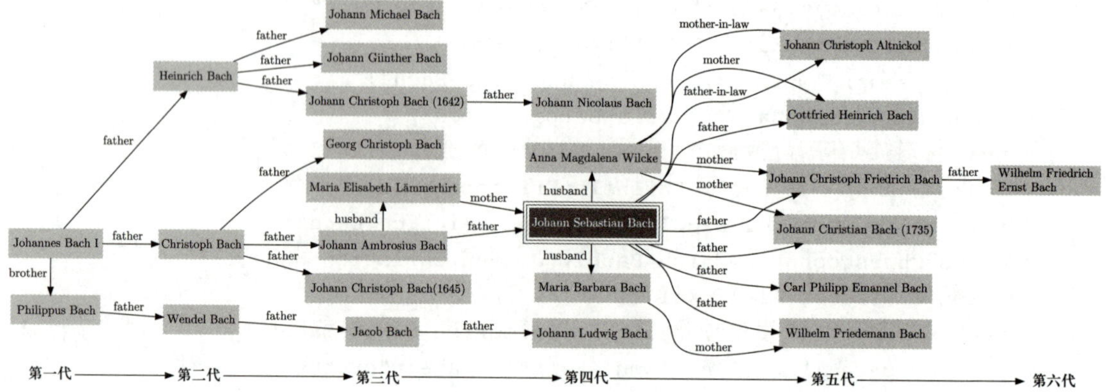

图 4.1.6　DOT 语言作具有约束等级的网络图之巴赫家族谱系图

4. 替换

通过 `@@` 可以给比较复杂的 `label` 的标记 (如下例的 `'J.SBach'`) 起简单的名字 (如字母 `'a'`), 当然需要在 `@@` 符号后使用数字序号, 如 `'@@1'` 后面使用 `[1]` 脚注来注明相应的 `label`, 而 `'@@2-1'`,⋯, `'@@2-5'` 后面则使用包含多个 `label` 的 `[2]` 脚注标识注明相应的各个 `label`. 参见下面代码及图 4.1.7.

```
dotR=
"digraph a_nice_graph {
# node definitions with substituted label text
node [fontname = Helvetica]
a [label = '@@1']
b [label = '@@2-1']
c [label = '@@2-2']
d [label = '@@2-3']
e [label = '@@2-4']
f [label = '@@2-5']
# edge definitions with the node IDs
a -> {b c d e f }
}

[1]: 'J.S Bach'
[2]: c('C.P.E Bach','W.F.Bach','G.H Bach','J.C.F Bach','J.C Bach')
"
grViz(dotR) %>%
    export_svg %>% charToRaw %>% rsvg_pdf("dotR.pdf")
```

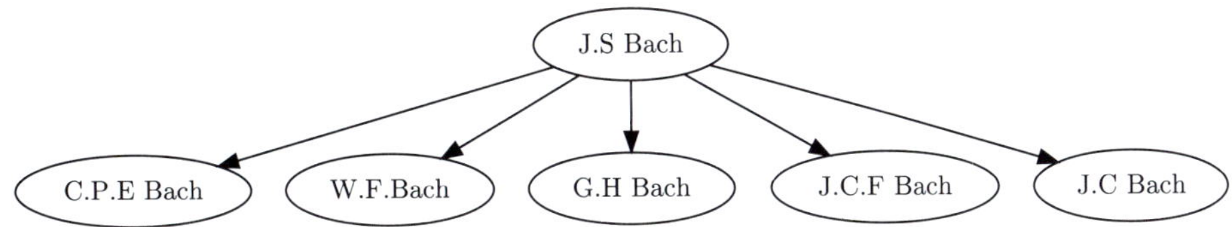

图 4.1.7　DOT 的替换语法作图

4.1.2　用 DiagrammeR 包作网络图

`DiagrammeR` 包可以创建、修改、分析可视化网络图. 同时, 可以输出其他图形格式, 常见的有 pdf 和 png. `DiagrammeR` 包最大的优势是可以通过建立数据框 (DataFrame) 而形成网络图. 其中, 数据框包含了节点 (node) 数据及其属性和边缘 (edge) 数据及其属性. 下面我们从作图基本语法、数据框导入作图、使用循环语句作网络图三部分讲解如何用 `DiagrammeR` 包作图, 展示如何恰如其分地运用 `DiagrammeR` 包与数据框, 并衔接两者使得可视化过程流畅、便捷.

提前补充一句, 作社交网络图还有其他常见的两个包 `ggraph` 和 `tidygraph`, 我们将在第 8 章社交网络的可视化的章节中介绍, 在此不做重复介绍.

1. 作图基本语法

通过 `create_graph()` 创建一个图形对象, 使用 `add_node()` 和 `add_edge` 添加节点和边, 其中每个节点在创建时都会获得一个新的整数 ID, 每个边缘也会获得一个从 1 开始的 ID. 而管道函数 (`%>%`) 使整个过程快速且容易理解. 下面代码产生图 4.1.8.

```
library(DiagrammeR)
library(tidyverse)
Ra <-
  create_graph() %>%
  add_node() %>%
  add_node() %>%
  add_node() %>%
  add_edge(from = 1, to = 2) %>%
  add_edge(from=1, to=3) %>%
  add_edge(from=2, to=3)
render_graph(Ra, layout = 'circle') #显示图形
Ra %>% export_graph(file_name = "Ra.pdf") #图形存成文件
```

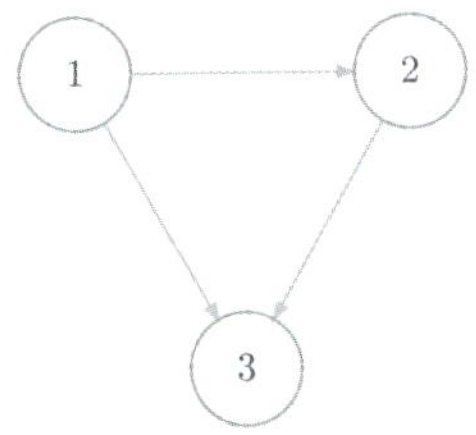

图 4.1.8　DiagrammeR 包基本作图之一

可以在已经创建的图形 (这里用上面生成的图形 Ra) 中随时增加 (或删减) 节点和边缘, 并且定义其属性 (图 4.1.9). 下面代码产生图 4.1.9.

```
Rad=Ra %>%
  add_node(label='Start',type='type_a',
  node_aes=node_aes(shape='polygon',color = "steelblue",
    fillcolor = "lightblue", fontcolor = "gray35"),
    node_data = node_data(value=1))  %>%
  add_edge(from=4,to=1,edge_aes=edge_aes(color='blue'),
           edge_data = edge_data(value=1)) %>%
   add_edge(from=4,to=2,edge_aes=edge_aes(color='blue'),
           edge_data = edge_data(value=2)) %>%
  add_edge(from=4,to=3,edge_aes=edge_aes(color='red'),
           edge_data = edge_data(value=3))
Rad %>% render_graph()
Rad %>% export_graph(file_name = "Rad.pdf")
```

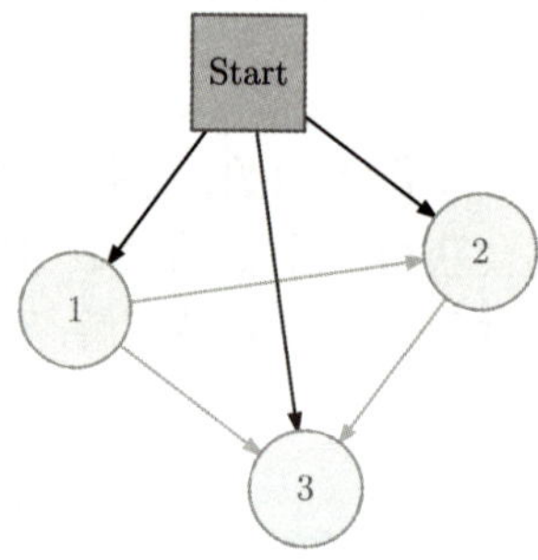

图 4.1.9 DiagrammeR 包基本作图之二

同时, 可以根据get_node_df(Rad) 和 get_edge_df(Rad)(或以管道函数 %>% 的连接形式: Rad %>% get_node_df 和 Rad %>% get_edge_df) 展示该图形的节点数据框和边缘数据框.

```
> Rad %>% get_node_df
  id   type label   shape     color fillcolor fontcolor value
1  1   <NA>  <NA>    <NA>      <NA>      <NA>      <NA>    NA
2  2   <NA>  <NA>    <NA>      <NA>      <NA>      <NA>    NA
3  3   <NA>  <NA>    <NA>      <NA>      <NA>      <NA>    NA
4  4 type_a Start polygon steelblue lightblue    gray35     1

> Rad %>% get_edge_df
  id from to  rel color value
1  1    1  2 <NA>  <NA>    NA
2  2    1  3 <NA>  <NA>    NA
```

```
3  3      2  3 <NA>  <NA>     NA
4  4      4  1 <NA>  blue      1
5  5      4  2 <NA>  blue      2
6  6      4  3 <NA>   red      3
```

如果想继续修饰图形, 可以在原图基础上选择部分节点和边缘重新定义属性, 这种修饰被图 4.1.10 的产生过程所描述. 图 4.1.10 由下面代码生成.

```
Ras=Rad %>% select_nodes(conditions = value == 1) %>%
  set_node_attrs_ws(node_attr = fillcolor, value = "orange") %>%
  set_node_attrs(node_attr = color, value = "blue",node=c(1,2)) %>%
  select_nodes(nodes=3) %>%
  set_node_attrs_ws(node_attr = color,value='steelblue') %>%
  select_edges(from=1,to=2) %>%
  set_edge_attrs_ws(edge_attr = color, value='red') %>%
  set_edge_attrs(edge_attr=color,values='green',from=c(1,2),to=c(3,3))
Ras %>% render_graph()
Ras %>% export_graph('Ras.pdf')
```

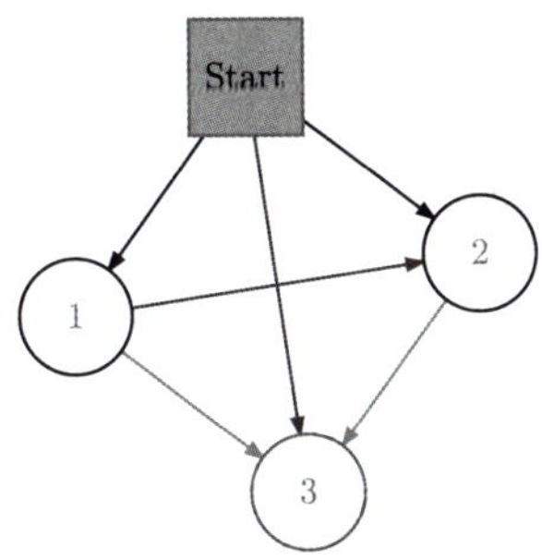

图 4.1.10　DiagrammeR 包基本作图之三

如果对图形的节点 (node) 和边缘 (edge) 属性没有特别要求, 在创建图形对象后并向其添加图形原语 (graph primitives), 例如路径 (path)、循环 (cycle) 和树 (tree) 等. 下面代码如此生成了图 4.1.11.

```
be=edge_aes(color = "blue")
pg<-
  create_graph() %>%
  add_path(n = 2, edge_aes = be) %>%
  add_cycle(n = 3, edge_aes = be) %>%
  add_balanced_tree(k = 3, h = 3, edge_aes = be)
render_graph(pg)
pg %>% export_graph('pg.pdf')
```

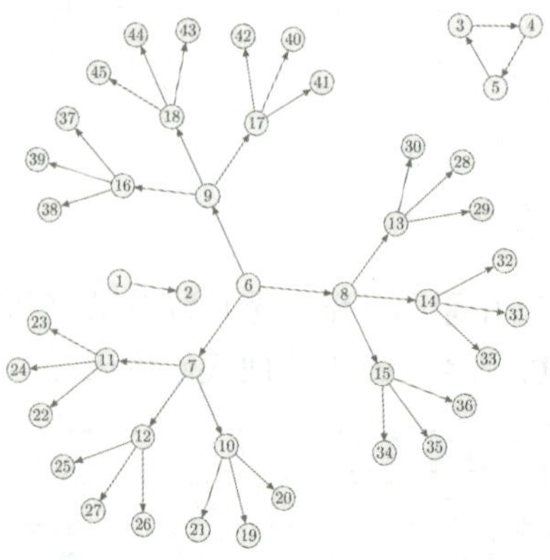

图 4.1.11 DiagrammeR 包基本作图之四

可以将一个或多个随机生成的图形添加到图形对象中. 在这里, 我们利用 add_gnm_graph 添加成无向图 (图 4.1.12).

```
gnm <-
  create_graph(directed = FALSE) %>%
  add_gnm_graph(edge_aes=edge_aes(color = "blue"),
    n = 10, m = 30,
    set_seed = 789)
render_graph(gnm, layout = "kk")
gnm %>% export_graph('gnm.pdf')
```

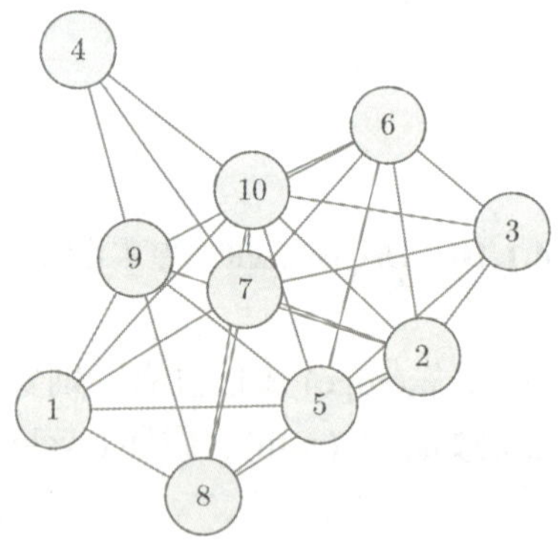

图 4.1.12 DiagrammeR 包基本作图之五

2. 数据框导入作图

DiagrammeR 包含两个简单的数据集, 可以帮助说明如何使用数据框 (DataFrame) 创建图形. 超简单的节点和边缘数据集是 node_list_1 和 edge_list_1, 两个数据集组装成图形的比较简单的节点和边缘. 下面展示 node_list_2 和 edge_list_2 的结果.

```
> node_list_2
   id label type value_1 value_2
1   1     A    z     3.6     5.3
2   2     B    z     8.2     3.7
3   3     C    y     4.3     8.2
4   4     D    z     7.2     2.5
5   5     E    y     1.3     6.4
6   6     F    z     5.5     3.1
7   7     G    z     8.2     4.0
8   8     H    y     4.4     7.9
9   9     I    y     5.1     3.4
10 10     J    z     4.7     8.9
```

```
> edge_list_2
   from to rel value_1 value_2
1     1  2   a     3.2     2.5
2     1  3   a     2.7     6.5
3     1  4   a     7.3     3.4
4     1  9   a     5.6     6.5
5     2  8   a     4.3     8.3
6     2  7   a     8.3     3.2
7     2  1   a     6.9     6.5
8     2 10   a     3.1     9.2
9     3  1   b     8.6     2.5
10    3  6   b     5.3     8.3
11    3  8   b     9.3     6.5
12    4  1   b     3.4     7.1
13    5  7   b     2.3     4.6
14    6  2   b     4.3     1.8
15    6  9   b     8.2     7.3
16    8  1   c     3.4     4.9
17    9  3   c     8.2     3.8
18    9 10   c     9.2     5.6
19   10  1   c     3.2     7.3
```

可以通过 add_nodes_from_table 和 add_edges_from_table 产生网络图(图 4.1.13).

```
gt=create_graph() %>%
  add_nodes_from_table(
    table=node_list_2,
    label_col = label ) %>%
  add_edges_from_table(
```

```
    table=edge_list_2,
    from_col = from,
    to_col = to,
    from_to_map = id_external
  )
  gt %>% set_edge_attrs(
      edge_attr = color,values = "black")
  gt %>% render_graph()
```

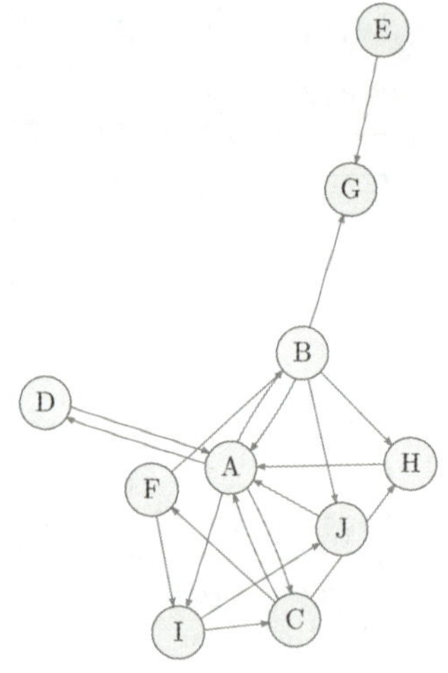

图 4.1.13 数据框导入作图之一

使用数据框一个明显的优势是,对其数据进行修改或重新定义等比较方便,进而显示读者所需要展示的数据列 (参见相关的图 4.1.14).

```
gtv = gt %>%
  mutate_node_attrs(value_3 = value_1 + value_2) %>%
  mutate_edge_attrs(value_3 = value_1 + value_2) %>%
  select_nodes(conditions = value_3 > 10) %>%
  set_node_attrs_ws(node_attr = fillcolor, value = "forestgreen") %>%
  invert_selection() %>%
  set_node_attrs_ws(node_attr = fillcolor, value = "red") %>%
  select_edges(conditions = value_3 > 10) %>%
  set_edge_attrs_ws(edge_attr = color, value = "forestgreen") %>%
  invert_selection() %>%
  set_edge_attrs_ws(edge_attr = color, value = "red") %>%
  clear_selection() %>%
  set_node_attr_to_display(attr = value_3)
 gtv %>% render_graph()
 gtv %>% export_graph('gtv.pdf')
```

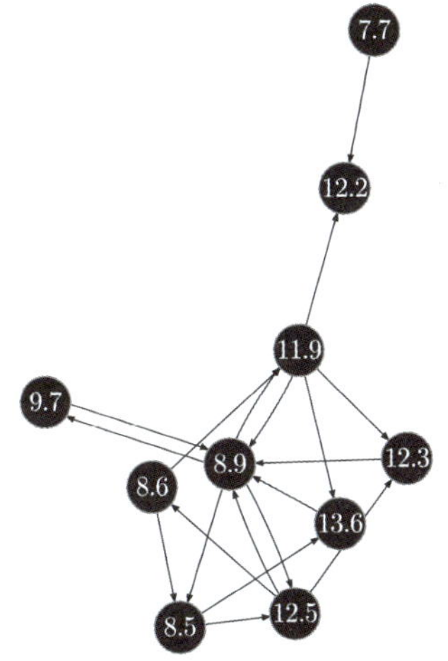

图 4.1.14　数据框导入作图之二

3. 使用循环语句作网络图

简单的循环语句一个明显的优势在于可以产生比较复杂的有规律的图形, 但是, 如果需要个性化的节点和连接, 循环语句就相形见绌了. 下面利用循环语句产生关于无效率和臃肿机构的描述图 (图 4.1.15).

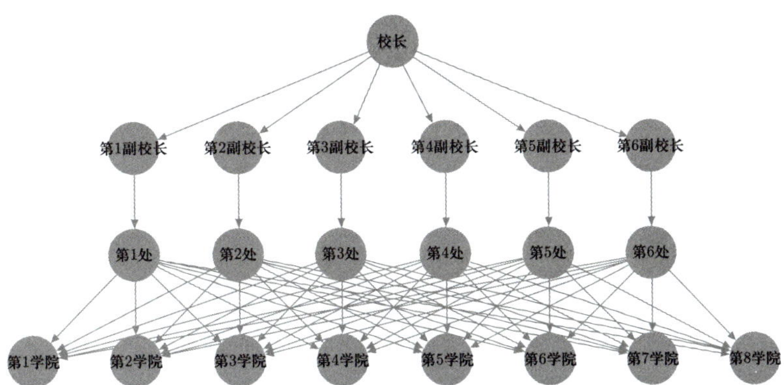

图 4.1.15　使用循环语句作图之一

```
G = create_graph()
G=add_node(G,label="校长")
  for (j in 1:8){
    G=add_node(G,label = paste0("第",j,"学院"))
  }
for (i in 1:6){
  G=add_node(G,label = paste0("第",i,"副校长"))
  G=add_node(G,label = paste0("第",i,"处"))
  G=add_edge(G, from = "校长",to=paste0("第",i,"副校长"))
  G=add_edge(G, from = paste0("第",i,"副校长"),to=paste0("第",i,"处"))
    for (j in 1:8){
```

```
    G=add_edge(G,from=paste0("第",i,"处"),to= paste0("第",j,"学院"))
  }
}
render_graph(G, layout = "tree")
```

下面利用循环语句产生关于有效率和精简机构的描述图 (图 4.1.16).

```
G = create_graph()
G=add_node(G,label="校长")
G=add_node(G,label="资源共享")
  for (j in 1:8){
    G=add_node(G,label = paste0("第",j,"学院"))
  }
for (i in 1:6){
  G=add_node(G,label = paste0("第",i,"处"))
  G=add_edge(G, from = "校长",to=paste0("第",i,"处"))
  G=add_edge(G, from =paste0("第",i,"处"),to="资源共享")
}
    for (j in 1:8){
    G=add_edge(G,from=paste0("资源共享"),to= paste0("第",j,"学院"))
  }
render_graph(G, layout = "tree")
```

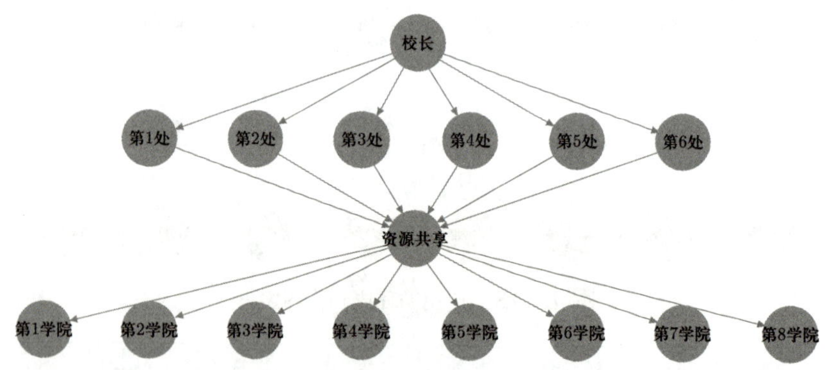

图 4.1.16 使用循环语句作图之二

4.1.3 用 DiagrammeR 包作 Mermaid 网络图

1. 概论

原装的 Mermaid 被提名并获得了 “最令人兴奋的技术使用” (the most exciting use of technology) 类别的 JS 开源奖 JS Open Source Awards (2019). 和 DOT 类似, Mermaid 有自己的程序语言, 可以使用不同平台展示.

这里介绍 DiagrammeR 平台可以展示的一部分功能. 这一小节介绍网络图 (graph), 下一小节介绍序列图 (sequence Diagram).

2. 基本图形

下面代码中引号里面的代码为 mermaid 语言, 它产生图 4.1.17. 虽然图 4.1.17 的内容有些开玩笑, 但却显示了各种形式, 可供模仿.

```
library(DiagrammeR)
mermaid(diagram = "
graph LR
%% 这是合法的注释
LT>云端]-->Zero(高原)
      Zero(高原)--> id1((横断山脉))
   id1 -->Start[山谷]
   Start==铁路==> Stop[纳木错]
   id1==飞机==>Pole(北极)
   Pole==步行==>At{南极}
   Zero==爬行==>TT[珠穆朗玛峰<br/>很高哟<br>爬不上去]
   TT==跳跃<br>和蛤蟆一样==>Pole
   LT--跳远--oRJ(地球)
   RJ==>At
   TT-->RJ
   TT-->Stop
   RJ-->LT
   RJ==>|自行车|Pole
   Zero-->|腾云|At
  ")
```

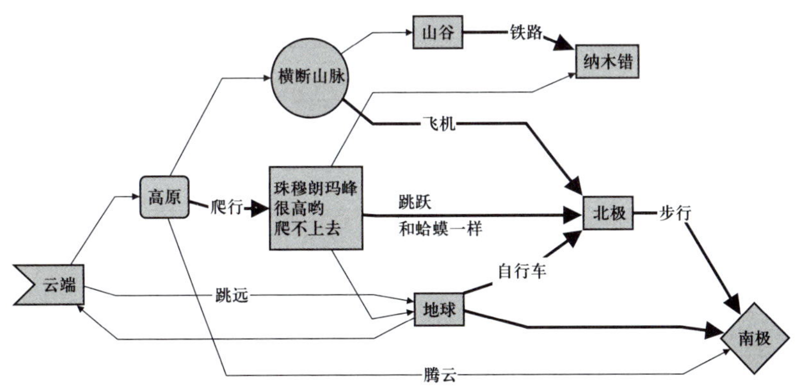

图 4.1.17　各种形状及箭头的图

关于作图 4.1.17 的说明

观察上面代码, 注意到:

1. 节点符号有“>...]”(分叉矩形), “(...)”(圆角矩形), “((...))”(圆形), “[...]”(方角矩形), “{...}” (正菱形).

2. 字符串不要用引号.

3. 应该在“%%”后面写注释. 不要按照 R 或 Python 的习惯写注释 (如“#”“\\”“/*...*/”等), 否则会被误解.

4. 节点的名称和形状说明一次即可, 后面只要用代号就行, 如果同样代号后面的名称和形状改变了, 则以后面改变的为主 (覆盖前面的定义).

5. 箭头的符号有 “-->” (一般细箭头)、“==>” (粗箭头)、“==...==>” “==>|...|” 或者 “-->|...|” (中间有文字的箭头)、“-.->” (虚线箭头).

6. 每个连接必须单独确定, 不能连着写 (如 Dot 语言).

7. graph 后面的 TB 代表从上到下 (top to bottom), 和 TD 相同 (top-down); BT 代表从下到上 (bottom to top); RL 代表从右到左 (right to left); LR 代表从左到右 (left to right).

8. 文字之间可以用
(或者 <br/>) 断行.

3. 带有框的组合图形及特殊符号

带有框的图形及特殊符号图的代码 (图 4.1.18). 注意格式代码后面一定要有分号.

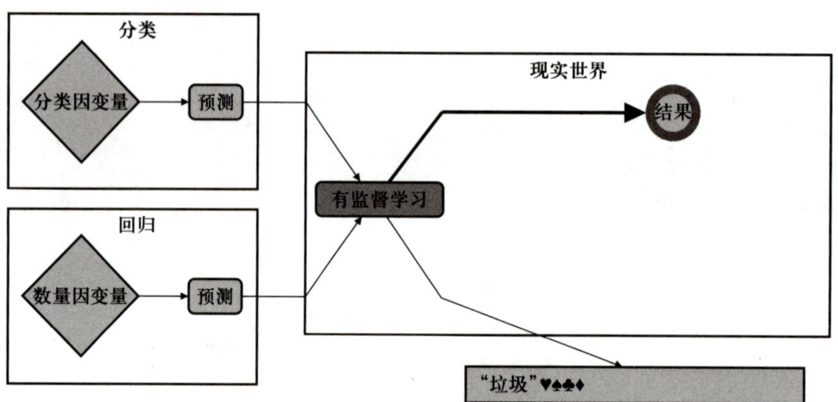

图 4.1.18 带框的组合图

```
mermaid(diagram = 'graph LR
    c2-->a2(有监督学习)
    subgraph 现实世界
    a2==>a1((结果))
    end
    subgraph 回归
    b1{数量因变量}-->b2(预测)
    end
    subgraph 分类
    c1{分类因变量}-->c2(预测)
    end
    b2-->a2
    b2
```

```
    a2-->A[" #quot;垃圾#quot;#9829;#9824;#9827;#9830;"] %%双引号
    style a1 fill:#FFFF33,stroke:#33FF66,stroke-width:10px
    style a2 fill:#bbf,stroke:#f66,stroke-width:2px,color:#9900CC
    ')
```

4.1.4 用 DiagrammeR 包作 Mermaid 序列图

1. 基本图形

下面代码产生序列图 4.1.19, 虽然内容有些随意, 但这里尽量给出各种可能的形式以供参考.

```
library(DiagrammeR)
mermaid(diagram = '
sequenceDiagram
    Spike Bulldog ->> Jerry Mouse: 你好, 小弟!
    Jerry Mouse-->>Tom Cat: 猫咪好!
    Jerry Mouse--x Spike Bulldog: 我很好, 谢谢!
    Jerry Mouse-x Tom Cat: 你怎么不谢我?
    Note right of Tom Cat:
      Jerry 等了片刻<br/>实际上很长<br/>很长的时间<br/>

    Jerry Mouse-->Tom Cat: 和猫咪核对...
    Spike Bulldog->Tom Cat: 是的... 猫咪, 你好吗?
    Note over Tom Cat: 我是人吗?
    Note over Jerry Mouse, Spike Bulldog: 我们和猫咪说话吗?
      ')
```

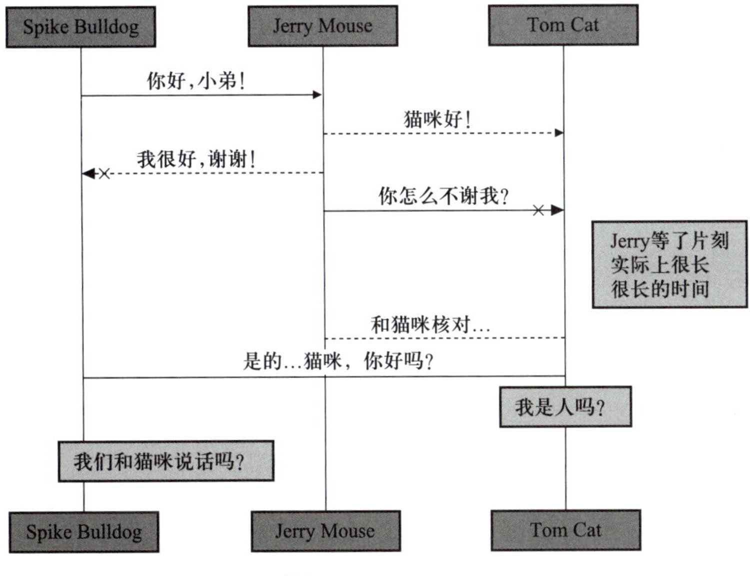

图 4.1.19　序列图

关于作图 4.1.19 的说明

上面序列图的语法和网络图不太相同, 需要注意下面几点:

1. 节点的名字和代号是一样的, 节点形状也不能改变.

2. 有自己的箭头形状: `->>`(实线箭头), `-->>`(虚线箭头), `--x`(虚线带叉箭头), `-x`(实线带叉箭头), `->`(实线无箭头), `-->`(虚线无箭头).

3. 可以加带框的评论, 位置用诸如:

(1) 加在节点上面的字符串: `Note over 节点1, 节点2: 评论`.

(2) 加在节点右边的字符串: `Note right of 节点: 评论`.

(3) 加在节点左边的字符串: `Note left of 节点: 评论`.

4. 可在 `%%` 后面写注释, 但需单独一行, 不要在信息后面 (会被当成信息).

2. 显示循环和条件

下面代码生成图 4.1.20.

```
mermaid(diagram = '
   sequenceDiagram
    loop 家常问候
        老爸->>孩子: 你好吗?
        alt 不想念书
            孩子->>老爸: 想请假
        else 想上学
            孩子->>老爸: 我没事了
        end

        opt 额外几句
            孩子->>老爸: 谢谢问我
        end
    end
    孩子->> 学校: 去不去?
    loop 学生不来怪老师吗?
    学校->>孩子: 来不来?
    孩子-->> 学校: 有时
    end
    loop 没办法
    学校->>学校: 认了!!!
    end
        ')
```

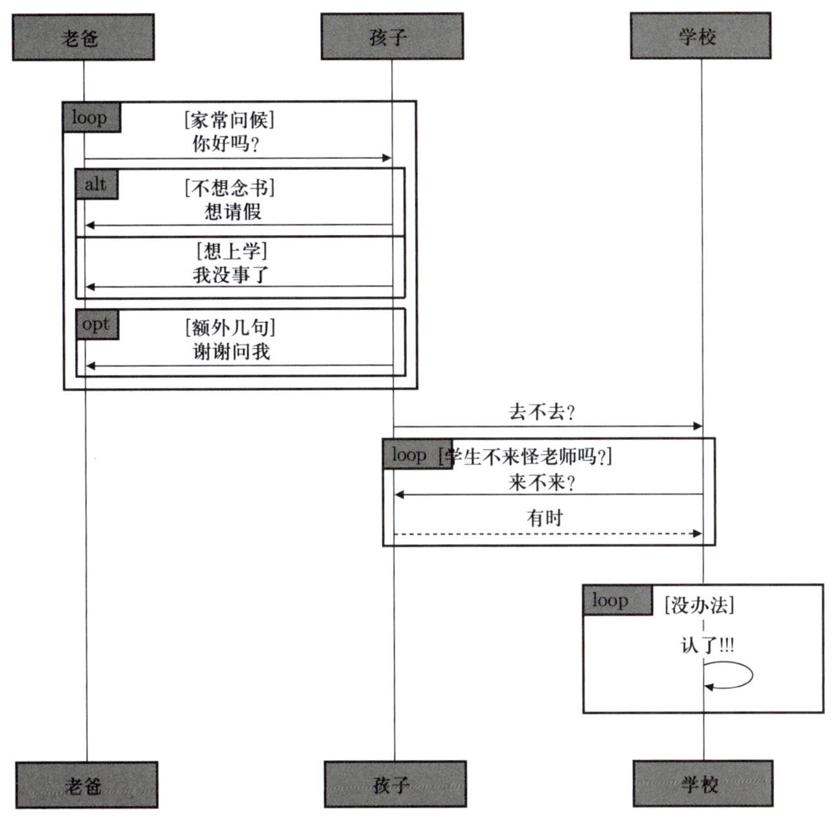

图 **4.1.20**　显示条件和循环

3. 激活一段时间

在代码中, 如果在箭头 (>>) 后面加上加号 (+) 就可以激活一段时间, 该时间段以相同对话对象相应的箭头后的减号 (–) 结束. 这段时间会在图中以一个狭窄的矩形作为标记 (图 4.1.21).

```
mermaid(diagram = '
   sequenceDiagram
    Spike Bulldog->>+Tom Cat: 你好?
    Note right of Tom Cat: 别乱打招呼!
    Tom Cat->>-Spike Bulldog: 我在忙呢
    Tom Cat-->>+Jerry Mouse: 老鼠好!
    Tom Cat-->>-Spike Bulldog: 还好, 别多管闲事!
    Tom Cat-->>+Jerry Mouse:  为什么不回答!
    Jerry Mouse-->>-Tom Cat: 你想什么我知道!
        ')
```

上面代码中的加减号“+/-”相当于“activate 节点”或“deactivate 节点”.

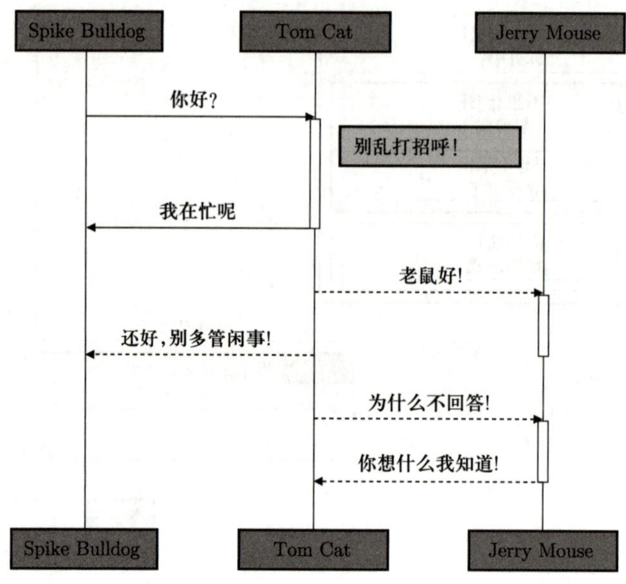

图 4.1.21 激活一段时间

4. 激活的等价代码

下面代码生成图 4.1.22:

```
mermaid(diagram = '
 sequenceDiagram
   老爸->>+儿子: 别念书啦!
   老爸->>+儿子: 去帮我挣钱!
   儿子-->>-老爸: 不念书没有知识!
   儿子-->>-老爸: 不能只看眼前的!
      ')
```

下面等价代码也生成图 4.1.22:

```
mermaid(diagram = '
 sequenceDiagram
   老爸->>儿子: 别念书啦!
  activate 儿子
   老爸->>儿子: 去帮我挣钱!
 activate 儿子
 儿子-->>老爸: 不念书没有知识!
    deactivate 儿子
儿子-->>老爸: 不能只看眼前的!
```

```
    deactivate Plus
        ')
```

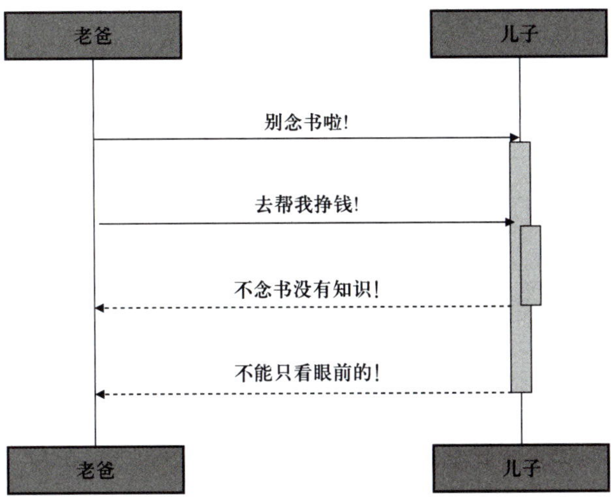

图 4.1.22　激活的等价性

5. 一个假想的售票流程

下面代码生成了一个假想的售票流程图 (图 4.1.23).

```
DiagrammeR("
sequenceDiagram;
   抢票者->>售票网站: 有1张去重庆的高铁票吗?;
   售票网站->>数据库: 还有1张票吗?;
   alt 有票情况
     数据库->>售票网站: 还有;
     售票网站->>抢票者: 确认了;
     抢票者->>售票网站: 马上转账;
     售票网站->>数据库: 订一个座位;
     数据库->>出票机: 印票;
  else 卖完了, 等一等可能有退票的;
     数据库->>售票网站: 没有剩余票, 还有时间等退票
     售票网站->>抢票者: 如有退票告诉你;
     抢票者->>售票网站: 我等;
   end
")
```

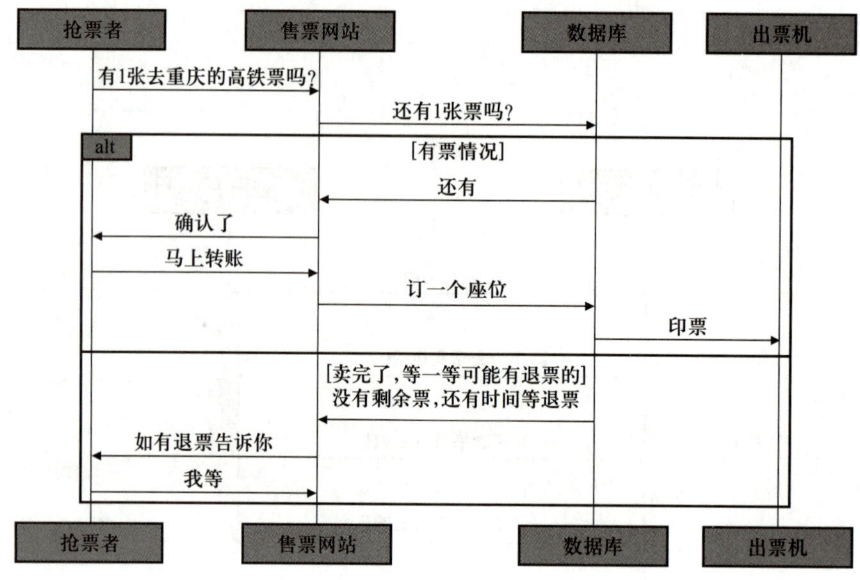

图 4.1.23　假想的售票流程图

6. 一个假想的科研流程

下面代码生成一个假想的科研流程 (图 4.1.24), 代码中的 `participant` 叙述参加的节点, 如果没有, 则会随节点出现的先后次序从左至右排列. 为了简洁、方便, 可以使用字母代替冗长节点, 如 `participant GN as` 概念的论证及数据实证.

```
mermaid(diagram='
  sequenceDiagram
  participant KT as 课题论述
  participant GN as 概念的论证及数据实证
  participant KF as 开发新算法
  participant TE as 技术转让
  participant BU as 商业产品
  participant QU as 问题说明
  QU->>GN:是否精确度足够
  GN->>KF:如果精确度满足
  KF->>TE:进行技术转让
  TE->>BU:开发算法
  KT-->BU:从理论到产品
  loop  反复实践及计算
  GN->>GN:注重效果及可行性
  end
  loop 算法考证
  KF->>KF:预测性、稳定性及可计算性
  end
  loop 成本核算
```

```
TE->>TE:利润和竞争前景
end
note right of BU:市场考验</br>和其他算法关系
BU-->>KT:更加精准的营销
BU-->>GN:充分利用网络资源
BU-->>KF:利润与未来发展必须平衡
QU->>TE:专利及执照问题
QU->>KF:是否存在类似算法
      ')
```

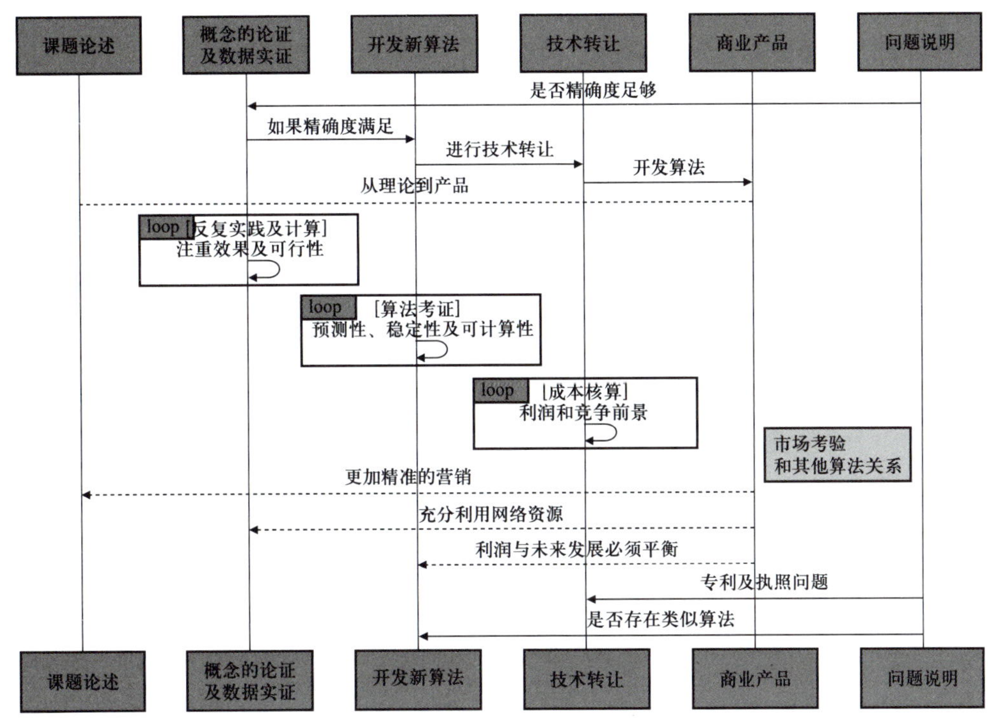

图 4.1.24　假想科研流程图

7. 简单的 Gantt 图

Mermaid 的 Gantt 图可以生成有时间标记的图, 下面代码生成了一个假想的工作计划图① (图 4.1.25):

```
mermaid(diagram = '
gantt
    title 科研岗位工作计划
    dateFormat  YYYY-MM-DD
    section 专著
```

① 使用 DiagrammeR 包作 Gantt 的日期会出现混乱, 而使用后面的 html 则相对准确一些.

```
    MCMC计算方法:a1, 2021-07-14, 200d
    深度学习:done,after a1  , 100d %%done是灰色
    数据科学中的可视化:active,2022-03-10  , 100d %%active是浅蓝色框
    section 训练博士生
    数据科学的画图及计算:2021-09-12  , 150d
    神经网络和深度学习:active, crit, 2021-10-10, 2022-02-10
   section Plus课题
   写课题申请: 2021-07-31, 10d
   论文1: crit,ta, 2021-08-01, 80d %%crit是红色
   论文3: after ta, 35d
   论文2: crit, active, 2021-09-21, 30d %%两种颜色(框和芯)
   完成课题: crit,done,2021-08-10, 300d %%两种颜色(框和芯)
')
```

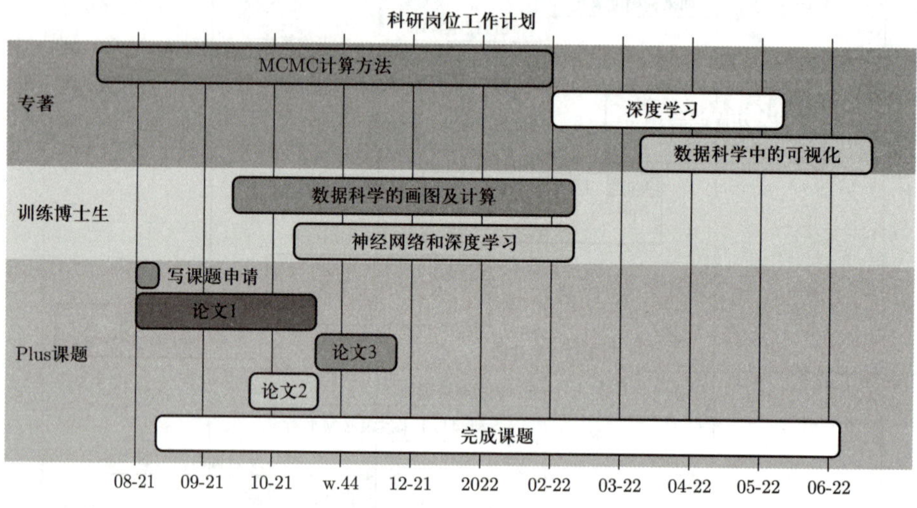

图 4.1.25 Gantt 图

关于作图 4.1.25 的说明

从这个例子可以看出:

1. 有几个要素是必须有的:

(1) 注明 `mermaid(diagram='gantt ...')`.

(2) 标题: `title`.

(3) 日期格式: `dateFormat YYYY-MM-DD`.

(4) 每一小节以 `section` 开始.

2. 每一个课题的格式:

(1) 课题名称后加冒号 “:”.

(2) 课题名称后面各部分用逗号分隔, 如果不是以颜色的保留符号 (`crit`(红色)、`active`(蓝色)、`done`(灰色)) 或组合 (两个颜色代码用逗号分隔) 开始, 则是该节点代码, 供后面引用课题名称 (如果后面不引用, 可以不用代码).

(3) 颜色之后是日期, 有几种选择: 前面某课题代码之后马上开始及持续多少天 (`after ..., 30d`)、开始日期及延续多少天 (如 `2050-10-02, 300d`)、开始日期及结束日期 (如 `2050-10-02, 2050-12-12`).

4.1.5 用 DiagrammeR 包不能完成的 Mermaid 网络图

前面两节介绍借助 `DiagrammeR` 包作 `Mermaid` 网络图, 包括了下面几类图形: `graph`、`sequenceDiagram`、`Gantt`. 我们发现有些细节未能完全按照 `Mermaid` 本身的语言规则实现. 若追求更加完善的网络图, 可以利用另外两种方式: 一种是用 Mermaid 在线编辑器 (Mermaid Live Editor) 作 `Mermaid` 网络图, 另一种是通过 `html` 作网络图. 这两种方式作图的优势在于:

(1) `graph` 中节点的形状更丰富, 不局限于矩形和圆形等, 可以选取菱形和梯形等;

(2) `graph` 中可以增加节点之间连接的长度;

(3) `graph` 中节点连接不仅可以单独确定, 还可以连着写;

(4) `sequenceDiagram` 中可以使用 `autonumber` 对节点连接自动编号;

(5) `Gantt` 中日期排布更加准确.

下面对图 4.1.17 使用 `html` 方式对其代码稍微进行改变 (按照上述前 3 点优势), 可以得到更丰富的网络图 (图 4.1.26). 下面是代码.

```
<html>
  <body>
  <script src="https://cdn.jsdelivr.net/npm/mermaid/dist/mermaid.min.js">
  </script>
  <script>mermaid.initialize({startOnLoad:true});</script>

   <div class="mermaid">
   graph LR
   YD>云端]-->GY(高原)-->HDSM[/横断山脉\]--->SG[山谷]==>
                                          |铁路|LMC[\纳木错\]
   GY==>|爬行|TT[[珠穆朗玛峰<br/> 很高哟<br/>爬不上去]]==>
   |跳跃<br/>和蛤蟆一样|BJ(北极)==>|步行|NJ{南极}
   TT-->LMC
   HDSM==飞机==>BJ
   YD--跳远-->DQ{{地球}}==>NJ
   DQ==自行车==>BJ
   TT-->DQ
   GY--腾云-->NJ
   DQ-->YD
   </div>
   </body>
 </html>
```

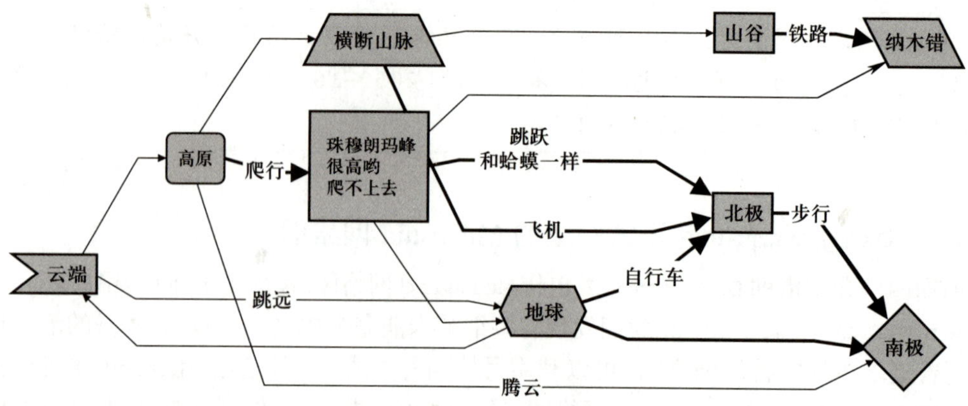

图 4.1.26 使用 `html` 作各种形状及箭头的图

实际上，使用 `html` 方式，除了前面两行语言有一定规则以外，`<div class="mermaid">` 和 `</div>` 之间的内容和 `DiagrammeR` 包的 `mermaid(diagram = '...')` 省略号代表的内容一样.

同样地，对于 `html` 作 `sequenceDiagram`，节点连接可以自动编号 (如图4.1.27)，只需要添加 `autonumber`. 代码为:

```
<html>
  <body>
    <script src=
            "https://cdn.jsdelivr.net/npm/mermaid/dist/mermaid.min.js">
    </script>
    <script>mermaid.initialize({startOnLoad:true});</script>

<div class="mermaid">
 sequenceDiagram
 autonumber
 抢票者->>售票网站:有1张去重庆的高铁票吗?
 售票网站->>数据库:还有1张票吗?
 alt 有票情况
 数据库->>售票网站:还有
 售票网站->>抢票者:确认了
 抢票者->>售票网站:马上转账
 售票网站->>数据库:订一个座位
 数据库->>出票机:印票
 else 卖完了,等一等可能有退票
 数据库->>售票网站:没有剩余票,还有时间等退票
 售票网站->>抢票者:如有退票告诉你
 抢票者->>售票网站:我等
 end
  </div>
```

```
  </body>
</html>
```

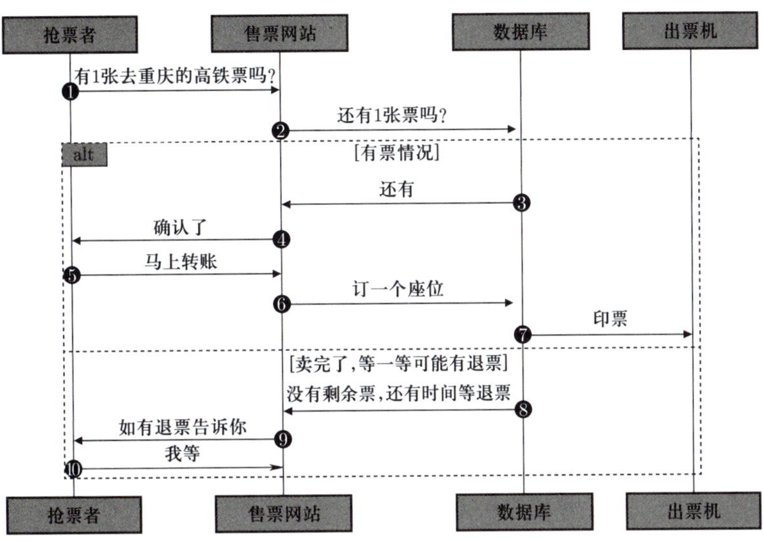

图 4.1.27　自动编号的售票流程

如图 4.1.25 所示, 使用 DiagrammeR 包作 Gantt 的日期会出现混乱, 而利用 html 作 Gantt 日期表达相对准确, 这里不再重复 html 代码.

使用 Mermaid 在线作图相比 html 更加便捷, 只要在网络链接上对其图形类别进行清晰定义 (这些图形类别包括 graph、sequenceDiagram、Gantt), 便可得到 Mermaid 语言的各种网络图. 针对图 4.1.25, 在线网络图操作界面如图 4.1.28 所示.

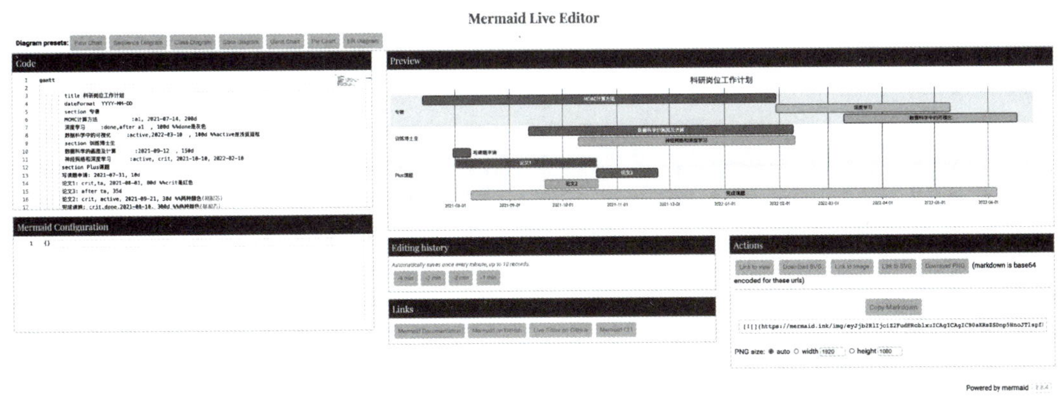

图 4.1.28　Mermaid Live Editor 作图界面

4.1.6　使用 diagram 包作网络图

在 diagram 包中, 可使用三种方式作网络图. 第一种是使用 plotmat 函数将一个包含转移系数或交互作用强度的矩阵作为输入, 可以生成由箭头连接的组件 (比如各种形状的盒子) 构成的网络图, 而每个箭头都可标有系数的值. 第二种是使用 plotweb 函数, 将具有流量值的矩阵作为输入, 并绘制一个网络, 组件由粗细被系数确定的箭头连接. 第三种是流程图 (flowcharts), 可以通过在图中添加单独的对象 (即文本框) 并将它们用箭头连接.

1. plotmat 方法

下面通过两个网络图例的引入, 介绍 plotmat 函数作网络图的使用方法.

首先, 下面代码生成图 4.1.29.

```
library(diagram)
names <- expression(X[1],X[2],X[3],X[4],X[5],V[1],V[2],W[1],W[2],
Y[1],Y[2],Y[3],Y[4],Y[5],Y[6])
M <- matrix(nrow = 15, ncol = 15, byrow = TRUE, data = 0)
M[1,6]<-M[2,6]<-M[3,6]<-M[4,6]<-M[5,6]<-""
M[1,7]<-M[2,7]<-M[3,7]<-M[4,7]<-M[5,7]<-""
M[8,6]<-M[7,9]<-""
M[10,8]<-M[11,8]<-M[12,8]<-M[13,8]<-M[14,8] <-M[15,8]<-""
M[10,9]<-M[11,9]<-M[12,9]<-M[13,9]<-M[14,9] <-M[15,9]<-""
C=matrix(0,15,15);C[8,6]<-C[7,9]<-0.3
ARR=matrix(0.3,15,15);ARR[8,6]<-ARR[7,9]<-0
pm=plotmat(M, pos = c(5,2,2,6), name = names, lwd = 0.6,
curve=C,
box.lwd = 1, cex.txt = 1,
arr.length = ARR,
box.size = c(rep(0.06,5),rep(0.06,4),rep(0.06,6)),
box.cex = c(rep(1.5,5),rep(2,4),rep(1.5,6)),
arr.type = "triangle",
box.type = c(rep("square",5),rep("circle",4),rep("square",5)),
box.prop = c(rep(.6,5),rep(1,4),rep(.6,6)))
text(0.15,.5,expression(r[1]),cex=2)
text(0.85,.5,expression(r[2]),cex=2)
```

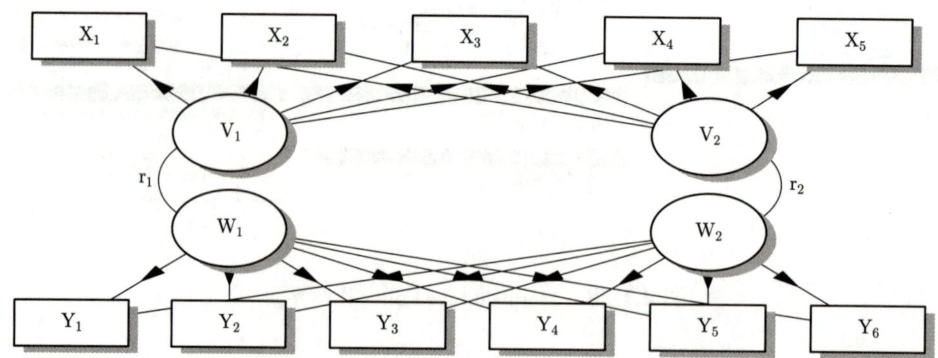

图 4.1.29 使用 plotmat 函数作网络图之一

关于使用 plotmat 函数的说明

以上面生成图 4.1.29 的代码为例. 使用 `plotmat` 函数前:

1. 首先将各个组件的名字列举为一个向量 (上面是 `names`), 这里使用了 R 画图中类似于 `expression` 的下标写法 (如 `x[1]` 意味着 X_1).

2. 由于我们的图中有 15 个组件, 定义一个 15 × 15 的矩阵 $\boldsymbol{M}$, 后面的标记如 `M[2,6]<-""` 代表从第 6 个组件到第 2 个组件有箭头但没有标记 (`""`).

在 `plotmat` 函数的选项中:

1. `M` 表示前面定义的关系矩阵.

2. `pos = c(5,2,2,6)` 表示 15 个组件按照 4 行排列: 第一行 5 个, 第 2、3 行各 2 个, 第 4 行 6 个 (根据组件顺序按行排列).

3. `name = names` 表示按前面用 `names` 定义的组件名字命名.

4. `lwd` 表示线的宽度, 如果用一个数字则对所有连线都一样, 而用向量则表示不同的连线的宽度. 类似的代码包括 `box.lwd`、`cex.txt`、`arr.length`、`box.size`、`box.cex`、`box.prop`、`curve` 等 (这里的 `curve` 取值为前面定义的弯曲度矩阵 `C`).

综上所述, 使用 `plotmat` 作图的关键之处在于将组件的各种关系赋予对应的矩阵或向量.

同时, plotmat 函数可以直接使用数学公式符号, 如图 4.1.30 所示, 其中作图过程和图 4.1.29 类似.

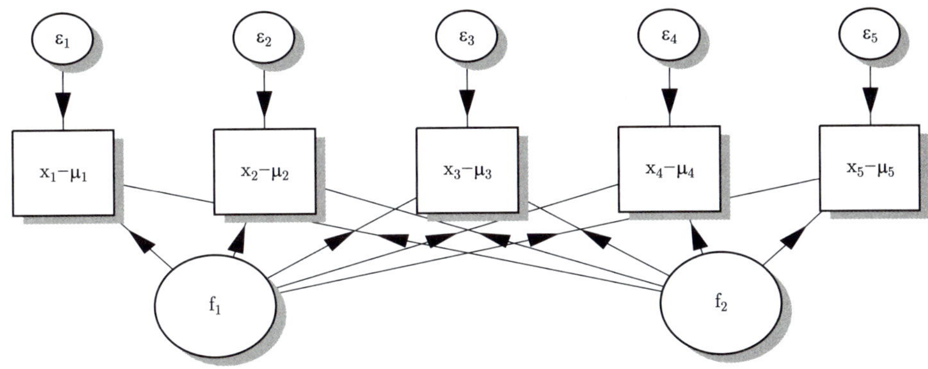

图 4.1.30　使用 plotmat 函数作网络图之二

```
par(mar=c(1,1,1,1))
names=expression(epsilon[1],epsilon[2],epsilon[3],epsilon[4],epsilon[5],
 x[1]-mu[1], x[2]-mu[2],x[3]-mu[3],x[4]-mu[4],x[5]-mu[5],
 f[1],f[2])
M=matrix(0,12,12)
M[6,1]<-M[7,2]<-M[8,3]<-M[9,4]<-M[10,5]<-""
M[6,11]<-M[7,11]<-M[8,11]<-M[9,11]<-M[10,11]<-""
M[6,12]<-M[7,12]<-M[8,12]<-M[9,12]<-M[10,12]<-""
C=matrix(0,12,12);
pf=plotmat(M,name=names,pos=c(5,5,2),curve = C,lwd=1,
```

```
box.type = c(rep("circle",5),rep("square",5),rep("circle",2)),
box.size = c(rep(0.03,5),rep(0.05,5),rep(0.06,2)),
box.cex = c(rep(1.2,5),rep(1.5,5),3,3),
arr.type ="triangle")
```

plotmat 作图, 可以在指定位置再添加箭头, 如图 4.1.31 所示. 生成图 4.1.31 的代码为:

```
names <- c("Spike", "Tom", "Jerry", "Tyke")
M <- matrix(0, 4, 4)
M[2,1]<-M[3,2]<-M[4,2]<-M[2,3]<-M[4,3]<-M[4,1]<-""
col=M;col[]=1;col[4,1]=2
pp=plotmat(M,name=names,pos=c(1,2,1),lwd=3,box.lwd=3,
           box.size = 0.07,curve=0,arr.col = col,arr.lcol=col,
           arr.type ="triangle" ,arr.length = 0.8,
           arr.pos = 0.7)
spike=pp$comp[names=="Spike"]
tom=pp$comp[names=="Tom"]
jerry=pp$comp[names=="Jerry"]
tyke=pp$comp[names=="Tyke"]

m1 <- 0.5*(tom+tyke)
m0=spike-c(pp$radii[1,1]-.07,pp$radii[1,2])
mid <- straightarrow (to = m1, from = m0, arr.type = "triangle",
                  arr.length = 0.8,arr.pos = 0.9, lwd = 5, lcol=4)
text(mid[1]+0.05, mid[2]+0.03, "Angry", cex = 1.8,col=4)
text(0.54,.6, "Love", cex = 1.8,col=2)
```

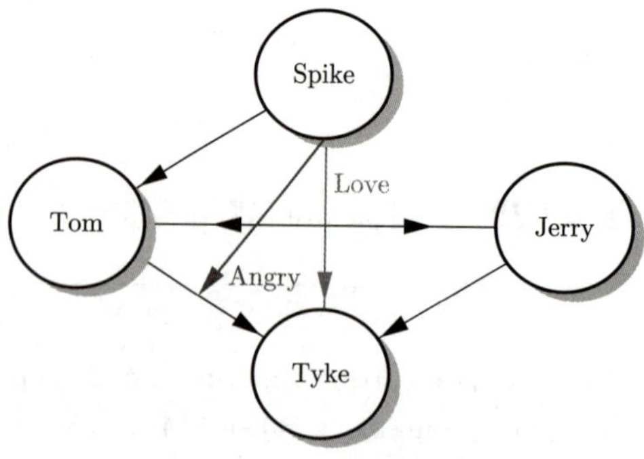

图 4.1.31 使用 plotmat 函数作网络图之三

输入 pp(属于 list) 得到该图形各个参数, 其中 arr 显示箭头的各种格式信息; comp 显示 4 个组件中心的坐标; radii 显示组件的横轴和纵轴的长度; rect 为 4 个组件的各边的坐标.

```
> pp
$arr
  row col     Angle Value rad ArrowX
1   2   1   53.1301           0  0.325
2   4   1 -90.0000           0  0.500
3   3   2    0.0000           0  0.600
4   4   2 -53.1301           0  0.425
5   2   3    0.0000           0  0.400
6   4   3   53.1301           0  0.575
     ArrowY  TextX     TextY
1 0.6000000 0.3355 0.5895000
2 0.3666667 0.5105 0.3771667
3 0.5000000 0.6000 0.5105000
4 0.2666667 0.4355 0.2771667
5 0.5000000 0.4000 0.5105000
6 0.2666667 0.5855 0.2561667

$comp
        x         y
[1,] 0.50 0.8333333
[2,] 0.25 0.5000000
[3,] 0.75 0.5000000
[4,] 0.50 0.1666667

$radii
        x         y
[1,] 0.07 0.1422991
[2,] 0.07 0.1422991
[3,] 0.07 0.1422991
[4,] 0.07 0.1422991

$rect
     xleft       ybot xright      ytop
[1,]  0.43 0.69103424   0.57 0.9756324
[2,]  0.18 0.35770091   0.32 0.6422991
[3,]  0.68 0.35770091   0.82 0.6422991
[4,]  0.43 0.02436758   0.57 0.3089658
```

在输入的矩阵 (代码中的 M) 中连接组件间箭头旁的标签还可以通过 plotmat 中的 prefix 加入前缀, 参见图 4.1.32.

```
names <- c("Central Bank", "Bank1", "Bank2", "Bank3")
M=matrix(0,4,4)
M[2,1]<-'20b';M[3,1]<-'40b';M[4,1]<-"70b"
```

```
col=M;col[]=1;col[4,1]=2
p=plotmat(M,name=names,pos=c(1,3),lwd=3,box.lwd=3,
          box.size = 0.05,curve=0,arr.col = col,arr.lcol=col,
          arr.type ="triangle" ,arr.length = 0.8,
          arr.pos = 0.7,prefix = "RMB")
```

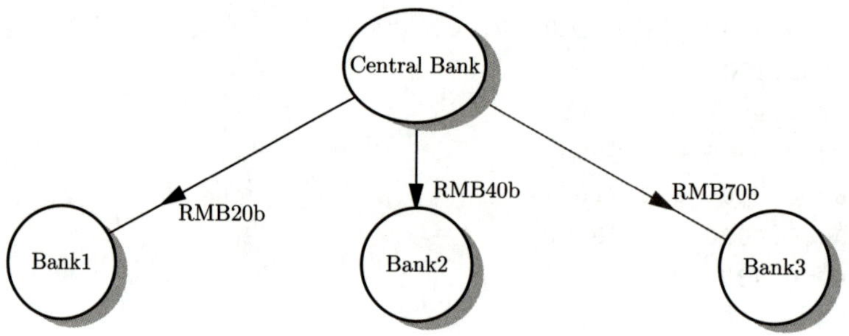

图 4.1.32 使用 plotmat 函数作网络图之四

前面画图代码中的关系矩阵也可以用数据框代替, 以下面例子说明 (图 4.1.33).

```
df <- as.data.frame(matrix(0,4,4))
name=c(expression(X[1]),expression(X[2]),expression(X[3]),expression(Y))
df[[4,1]] <- "w[1]"
df[[4,2]] <- "w[2]"
df[[4,3]] <- "w[3]"
AA[[4]][1]

plotmat(A = df, pos = c(3,1), name = name, lwd = 2,box.cex = 1.8,
        arr.len = 0.6, arr.width = 0.25, my = -0.2,curve=0,
        cex.txt = 2,shadow.size = 0,box.size = 0.023,
        arr.type = "triangle", dtext = 0.95,box.type = "rect",)
```

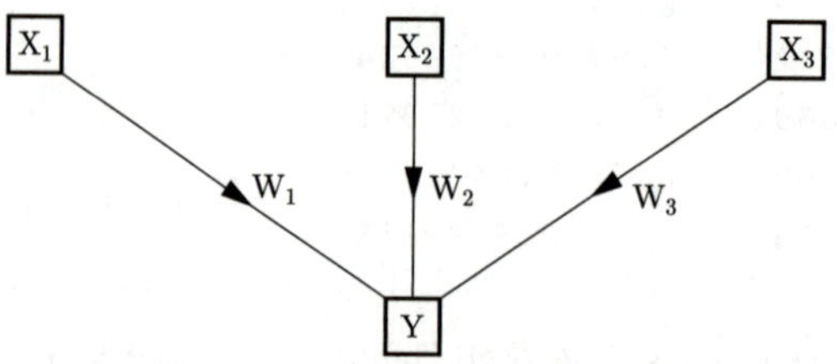

图 4.1.33 使用 plotmat 函数作网络图之五

2. plotweb 方法

下面使用 plotweb 函数作一个示意性网络图 (图 4.1.34). 生成图 4.1.34 的代码如下所示. 注意这里的关系矩阵 (M) 是数量矩阵, 显示的是关系的强度 (箭头是从行号到列号). 如果在 plotweb 函数的选项中有 val=TRUE, 则会显示出箭头的号码并在图中显示强度的数字. 用 plotweb 函数作图没有 plotmat 函数那么灵活多变.

```
M <- matrix(0,5,5)
TJ=c("Spike","Tom","Jerry","Quacker","Cuckoo")
dimnames(M)=list(TJ,TJ )
M[1,2]=50;M[2,3]=65;M[3,4]=22;M[2,4]=20;M[3,5]=10;M[2,5]=25
Col <- M
Col[] <- "black"
Col[3,4]<-"red";Col[3,5]<- "red"
plotweb(M, legend = F, maxarrow = 3, arr.col = Col,val=T,val.size = 1.5)
```

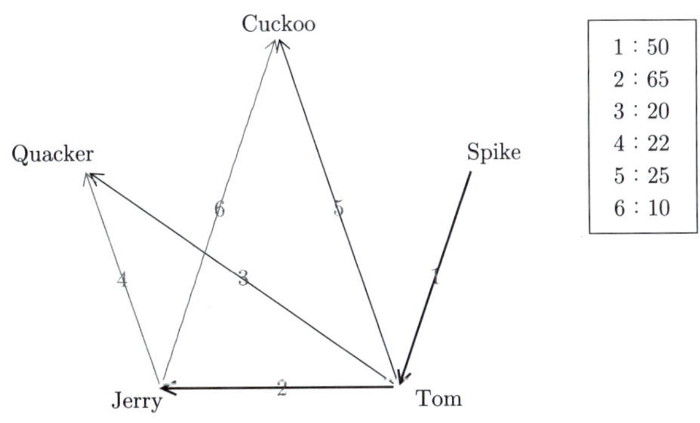

图 4.1.34　使用 plotweb 函数作网络图

作为参考, 这里的矩阵 M 有下面内容:

```
> M
        Spike Tom Jerry Quacker Cuckoo
Spike       0  50     0       0      0
Tom         0   0    65      20     25
Jerry       0   0     0      22     10
Quacker     0   0     0       0      0
Cuckoo      0   0     0       0      0
```

3. 使用 diagram 作流程图

利用 diagram 作流程图 (Flowcharts), 需要首先指定盒子的排布位置. 值得注意的是, 空余位置也需要保留其编号, 如同一般决策树编程的习惯.

下面生成一个决策树的示意图 (图 4.1.35), 其中除了 1 个根节点和 3 个叶节点为椭圆形, 其他节点为矩形.

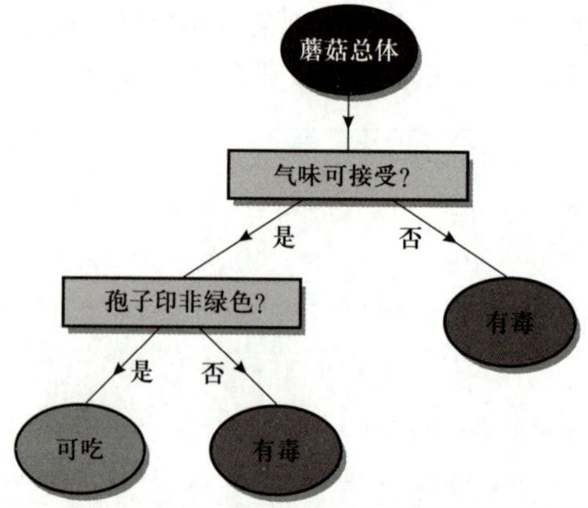

图 4.1.35　使用 diagram 作流程图

```
openplotmat()
elpos <- coordinates (c(1, 1, 2, 4)) # 分别给出4层节点数目
fromto <- matrix(ncol = 2, byrow = TRUE,
data = c(1, 2, 2, 3, 2, 4, 3, 5, 3, 6)) # 5个箭头始终节点编号(没有7,8)
nr <- nrow(fromto)
arrpos <- matrix(ncol = 2, nrow = nr) # 空矩阵
for (i in 1:nr)
  arrpos[i, ] <- straightarrow (to = elpos[fromto[i, 2], ],
  from = elpos[fromto[i, 1], ],
  lwd = 2, arr.pos = 0.6, arr.length = 0.5)
# 上面语句生成各个箭头, arrpos 为各个箭头终点坐标

textellipse(elpos[1,], 0.1, lab = "蘑菇总体", box.col = "brown",
  family="SimHei", shadow.col = "darkgreen", shadow.size = 0.005,
  cex = 1.5) # 生成节点1

textrect (elpos[2,], 0.15, 0.05,lab = "气味可接受?", box.col = "yellow",
  family="SimHei", shadow.col = "darkblue", shadow.size = 0.005,
  cex = 1.5) # 节点2

textrect(elpos[3,], 0.15, 0.05, lab = c("孢子印非绿色?"),
  box.col = "yellow", family="SimHei", shadow.col = "red",
  shadow.size = 0.005, cex = 1.5) # 节点3

textellipse(elpos[4,], 0.1, 0.1,lab = "有毒", box.col = "green",
  family="SimHei", shadow.col = "darkblue", shadow.size = 0.005,
  cex = 1.5) # 节点4

textellipse(elpos[5,], 0.1, 0.1, lab = c("可吃"), box.col = "orange",
  family="SimHei", shadow.col = "red", shadow.size = 0.005,
```

```
    cex = 1.5) # 节点5

textellipse(elpos[6,], 0.1, 0.1, lab = c("有毒"), box.col = "green",
    family="SimHei", shadow.col = "red", shadow.size = 0.005,
    cex = 1.5) # 节点6
## 下面在箭头旁边添加文字
text(arrpos[2, 1] + 0.05, arrpos[2, 2], "是",family="SimHei")
text(arrpos[3, 1] - 0.05, arrpos[3, 2], "否",family="SimHei")
text(arrpos[4, 1] + 0.05, arrpos[4, 2] + 0.05, "是",family="SimHei")
text(arrpos[5, 1] - 0.05, arrpos[5, 2] + 0.05, "否",family="SimHei")
```

补充说明

上面代码与其他 diagram 方法不同处包括了下面几点:

1. elpos 为一个 2 列矩阵, 行数等于节点数目, 每一行的两个数目为图中节点的坐标. 在后面画各个节点时, 使用了 elpos 的节点坐标信息.

2. fromto 是一个 2 列矩阵, 行数等于箭头数目, 列分别代表相应行箭头的起点和终点的节点号码.

3. 在 for 循环之后, 生成所有的箭头, 而且 arrpos 得到了各个箭头终点坐标. arrpos 的行数等于箭头个数, 而两列为各箭头终点的横纵坐标. 在用 text 添加文字时利用了这些箭头终点坐标的信息.

4. 关于 diagram 的中文字体输入问题

在 diagram 中, 有些画图不易显示中文, 可以试用程序包 extrafont. 程序包下载、字体下载、把字体放入内存并展示字体名称的代码如下:

```
#install.packages("extrafont")
library(extrafont)
font_import()
loadfonts()
fonts()
```

在选好字体之后, 在程序需要输入中文字符串的语句中, 加入字体, 如在上面的程序中选择了 SimHei 字体.

4.2 Python 网络作图

4.2.1 画流程图的 Python 程序: pyplot

1. 概论

程序包 pyplot 以及其后续程序包 pyplotplus 在我们下面所用的代码中没有区别. 所有我们代码中的 pyplotplus 都可以换成 pyplot (反过来也一样).

该程序的许多选项都和 DOT 语言相关, 但可以使用 Python 及各个模块的代码及功能, 有很多方便之处, 比如可以编写 Python 函数以及使用输入文件的数据等. 下面简要介绍.

2. 基本语句产生图形

模块 pydot 的基本语句是通过函数或其他编程方法作图的基础, 如果仅仅用这些语句, 并不比直接通过 graphviz[①] 的 Source 用 DOT 语言画图简单多少, 但对于熟悉 Python 语句的人要方便得多. 首先看一个图 (图 4.2.1), 然后通过代码解释如何生成这样的图形.

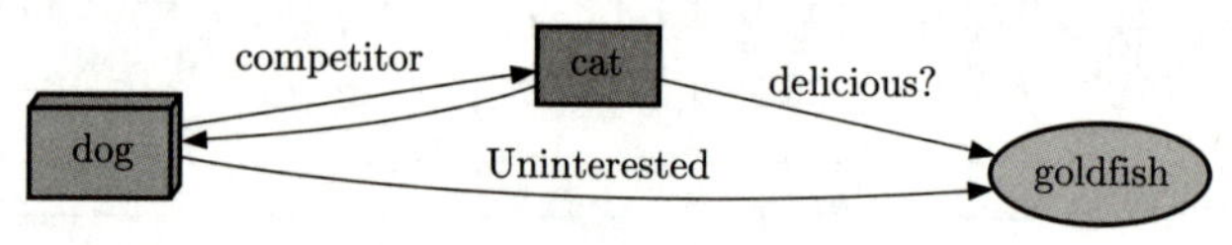

图 4.2.1 图形的定义及生成

图 4.2.1 是用下面代码生成的:

```
from IPython.display import SVG
import pydot

# 定义图形(这里是有向图, 如果无向用graph_type='graph')
Pets = pydot.Dot(graph_type='digraph')
# 定义节点的名称、形状、颜色
a=pydot.Node('dog')
a.set_shape('box3d')
a.set_style('filled')
a.set_fillcolor('lightblue')
a.set_fontsize(30)
#a.set_label('Underdog')
b=pydot.Node('cat')
b.set_style('filled')
b.set_fillcolor('green')
b.set_color('blue')
b.set_shape('box')
b.set_fontsize(30)
c=pydot.Node('goldfish')
c.set_style('filled')
c.set_fillcolor('yellow')
c.set_color('blue')
c.set_shape('ellipse')
# 把定义的节点加入定义的图形对象
Pets.add_node(a)
Pets.add_node(b)
```

① 安装 graphviz 需要使用 conda install -c anaconda graphviz. 至于 pip 和 conda 两种安装方式的差异, 请读者试着在网络上查询.

```
Pets.add_node(c)
# 在节点之间定义边(联系)(对有向图为箭头)
ab=pydot.Edge(a,b)
ab.set_label('competitor')
ab.set_fontsize(20)
ab.set_fontcolor('black')
ba=pydot.Edge(b,a)
bc=pydot.Edge(b,c)
bc.set_label('delicious?')
bc.set_fontsize(20)
bc.set_fontcolor('red')
ac=pydot.Edge(a,c)
ac.set_label('Uninterested')
ac.set_fontsize(20)
ac.set_fontcolor('blue')
ac.set_color('blue')

# 加入边
Pets.add_edge(ab)
Pets.add_edge(ba)
Pets.add_edge(bc)
Pets.add_edge(ac)
# 设定方向(默认从上到下)
Pets.set_rankdir('LR') #从左(L)到右(R)
#存取图形
Pets.write_svg('Pets.svg')
Pets.write_pdf('Pets.pdf')
SVG('Pets.svg')
```

补充说明

总结上面代码,基本语句为下面几点:

1. 定义一个图形(可命名),上面为 `Pets = pydot.Dot(graph_type='digraph')`.

2. 定义各个节点,使用诸如 `a=pydot.Node('dog')` 这样的语句定义节点和标识,这些标识任何时候都可以用诸如 `a.set_label('little dog')` 的语句修改.

3. 设定节点的各种性质,诸如形状、边的颜色、填充颜色、大小、文字大小及颜色等,这些选项(在"set_"后面的字符串)都是 DOT 的选项.

4. 把节点加入定义的图形对象,这里如 `Pets.add_node(a)`.

5. 定义各个边,使用诸如 `ab=pydot.Edge(a,b)` 这样的语句定义节点间的联系.

6. 设定边的各种性质,诸如形状、边的颜色、说明字符的颜色及大小,边的颜色等,这些选项(在"set_"后面的字符串)也都是 DOT 的选项.

7. 把边加入定义的图形对象,这里如 `Pets.add_edge(ac)`.

8. 设定排列方向, 如没有此项则默认为从上到下 (相当于 'TB' 或 'UD'), 图 4.2.1 为从左 (L) 到右 (R): `Pets.set_rankdir('LR')`.

9. 存取图形 (可存成各种格式, 如 pdf 与 svg).

4.2.2 使用循环来体现网络图

产生和前面用 R 生成的图 4.1.15 及图 4.1.16 类似的有效率 (精简) 和无效率 (臃肿) 机构的描述图 (图 4.2.2) 的语句很简单, 就是简单的可以产生比较复杂的有规律的图形的循环语句. 当然, 对于具有大量节点和连接的图形, 就很难像图 4.2.1 那样具有个性化了.

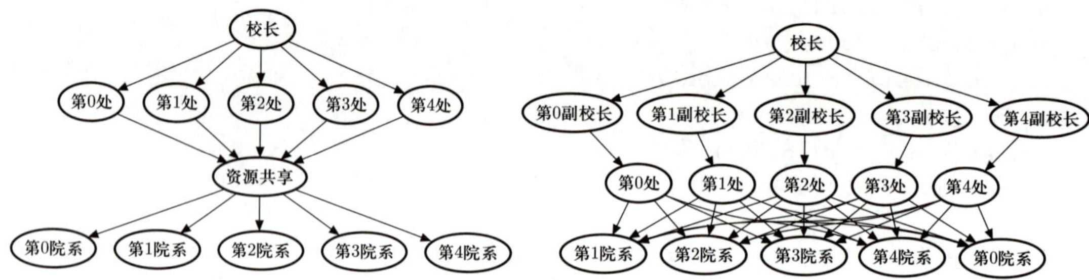

图 4.2.2 机构有效率 (左) 和机构无效率 (右) 示意图

生成图 4.2.2 的语句为:

```
import pydot
# 有效率机构图:
graph2 = pydot.Dot(graph_type='digraph')
for i in range(5):
    edge = pydot.Edge("校长", "第%d处" % i)
    graph2.add_edge(edge)
    edge = pydot.Edge("第%d处" % i,"资源共享")
    graph2.add_edge(edge)
for j in range(5):
    edge = pydot.Edge("资源共享" , "第%s院系" %j)
    graph2.add_edge(edge)
graph2.write_pdf('university2.pdf')
# 无效率机构图
graph = pydot.Dot(graph_type='digraph')
for i in range(5):
    edge = pydot.Edge("校长", "第%d副校长" % i)
    graph.add_edge(edge)
    edge = pydot.Edge("第%d副校长" %i, "第%d处" % i)
    graph.add_edge(edge)
    for j in range(5):
        edge = pydot.Edge("第%d处" % i, "第%s院系" %j)
```

```
        graph.add_edge(edge)
graph.write_pdf('university.pdf')
```

4.2.3 使用数据框的数据做关系 (流程) 图

数据框可以有很多图形选项, 因此可以包含大量的节点和边, 通过编程可输入数据框数据来生成图形. 下面程序就是输入相应于随机生成的图形节点及边信息的两个数据框文件, 并且通过函数产生出图形 (图 4.2.3). 由于数据是我们随机生成的, 看上去很无序.

1. 从图形文件输入节点及边的信息

下面输入两个图形文件, 一个包含节点信息, 另一个包含边的信息, 并查看文件前 3 行内容.

```
w1=pd.read_csv("UNode30.csv")
w2=pd.read_csv("UEdge30.csv")
print(w1.head(3),'\n',w2.head(3))
```

输出为:

```
(   nodes fillcolor    shape  fontsize fontcolor
 0      0   #CE3C67  Mrecord        92   #F3560B
 1      1   #AA4BCE  Mrecord        90   #41153A
 2      2   #D79DBA      box        92   #F0F019,
   from  to   style    color  penwidth
 0   13   8   solid  #7A8B0B         8
 1    3   2   solid  #D62E9D         2
 2    0  10  dashed  #C85EEB         8)
```

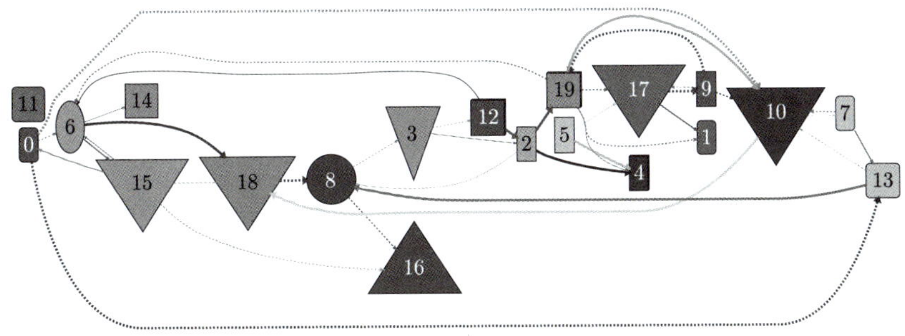

图 4.2.3　从文件数据产生的图

2. 根据文件中的节点及边的信息画图

下面是把上面包括在数据框中关于节点和边的信息组合起来画图的函数 DDFM0:

```
def DDFM0(WN,WE):
    for k,node in enumerate(WN['nodes']):
        p=pydotplus.Node(str(node))
        p.set_style('filled')
        p.set_fillcolor(WN.iloc[k]['fillcolor'])
        p.set_shape(WN.iloc[k]['shape'])
        p.set_fontsize(WN.iloc[k]['fontsize'])
        p.set_fontcolor(WN.iloc[k]['fontcolor'])
        UU.add_node(p)
    for i  in range(WE.shape[0]):
        q=pydotplus.Edge(str(WE.iloc[i]['from']),str(WE.iloc[i]['to']))
        q.set_style(WE.iloc[i]['style'])
        q.set_color(WE.iloc[i]['color'])
        q.set_penwidth(WE.iloc[i]['penwidth'])
        UU.add_edge(q)
```

在上面代码中, 可以看出如何把数据框文件的属性转换成图形 (这里先把节点和边分别取名字为 `p` 和 `q`, 这里加入了节点名字 (整数) 及每条边的两个端点), 图 4.2.3 使用的数据框所包含的属性仅仅是大量图形属性的一小部分.

1. 设节点属性:

(1) `p.set_style('filled')`: 设节点颜色为填充格式.

(2) `p.set_fillcolor(WN.iloc[k]['fillcolor'])`: 从数据框相应列获取填充颜色信息.

(3) `p.set_shape(WN.iloc[k]['shape'])`: 从数据框相应列获取节点形状信息.

(4) `p.set_fontsize(WN.iloc[k]['fontsize'])`: 从数据框相应列获取节点文字字体大小信息.

(5) `p.set_fontcolor(WN.iloc[k]['fontcolor'])`: 从数据框相应列获取节点文字字体颜色信息.

(6) `UU.add_node(p)`: 在函数外定义的图形 `UU` 加入这些节点信息.

2. 设边属性:

(1) `q.set_style(WE.iloc[i]['style'])`: 从数据框获取各个边的格式.

(2) `q.set_color(WE.iloc[i]['color'])`: 从数据框相应列获取各个边的颜色信息.

(3) `q.set_penwidth(WE.iloc[i]['penwidth'])`: 从数据框相应列获取边的粗细信息.

(4) `UU.add_edge(q)`: 在函数外定义的图形 `UU` 中加入这些边的信息.

利用函数 `DDFM0` 生成图形 (参见图 4.2.3) 并且存入文件:

```
import pydotplus
UU = pydotplus.Dot('UP', graph_type='digraph')
DDFM0(w1,w2)
UU.set_rankdir('LR')
UU.write_pdf('DDFM30.pdf')
```

4.3 习题

1. 学生在网上搜索, 并选择自己感兴趣的网络图, 利用 DiagrammeR 包分别生成 DOT 语言和 Mermaid 语言的相关网络图.

2. 自主选择网络图, 使用 diagram 包作相关图形.

3. 使用 Python 的 pyplot 模块利用循环语句编写一个网络图.

第二部分

应　用　篇

第 5 章　有监督学习的可视化案例

这一章将会通过一些案例数据来介绍包括回归及分类的有监督学习可视化描述. 和前面部分不同的是, 这里着重的是图形所显示的具体信息及解释, 而不是画图的方法及代码.

5.1　初等可视化描述: 例 5.1 盐度数据

例 5.1 (salinity.csv)　海水盐度数据包含来自美国北卡罗来纳州 Pamlico Sound① 的 28 个水文观测资料. 该数据的变量为: salinity (在 Pamlico Sound 的盐度), lagged.salinity (过去 6 周 Pamlico Sound 的滞后盐度), trend (趋势, 如果数据是春季的前六个星期, 则 `trend = 1`, 以此类推, 取值为 0 到 5 的整数), discharge (从河流排出到 Pamlico Sound 的水量)②. 这个数据中的盐度的测量没有排水量那么经常, 所以根据河流所排水量来预测盐度也是研究人员考虑的重点之一. 该数据的趋势在研究文献中被普遍认为对盐度预测不重要, 均被忽略. 注意, 海水盐度对于近海虾产量很有影响, 这也是该数据被研究的初衷.

5.1.1　例 5.1 盐度数据成对散点图的启示

例 5.1 数据是 20 世纪 80 年代研究人员喜欢用的数据, 出现在不少文献及专著中, 这是因为该数据比简单回归教科书数据稍微复杂一些, 但数据量和变量个数又少得可以通过图形来查验其性质.

首先, 读入数据 (舍弃变量 trend), 并产生带有线性相关系数、非参数密度估计及两两非参数回归的成对散点图 (图 5.1.1).

```
library(tidyverse)
w=read.csv('salinity.csv') %>% select(-trend)
# 下面使用程序包 GGally 的函数 ggpairs
library(GGally)
w %>% ggpairs(., lower = list(continuous = wrap("smooth_loess",
  alpha = 0.3, size=2)))
```

① 在这里, 英文 sound 是狭窄的水域, 形成一个入口或两个较宽水域的连接部分, 例如两个海洋或大海和湖泊.

② Ruppert D, Carroll R J. Trimmed least squares estimation in the linear models, *Journal of the American Statistical Association*, 1980: 75, 828-838. Ruppert D, Wand M P, Carroll R J. *Semiparametric Regression* Cambridge University Press, 2003.

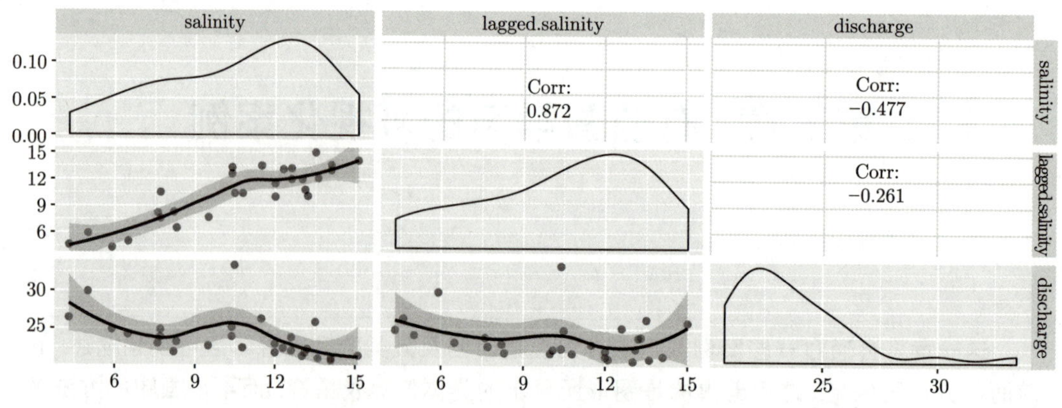

图 5.1.1 例 5.1 盐度数据的成对散点图

问题与思考

从图 5.1.1 中, 可以看出下面的信息:

1. 根据某种首先考虑线性关系的传统, 变量之间的线性相关系数是必须考察的. 显然, 因变量 `salinity` 和自变量 `lagged.salinity` 之间的线性相关系数为 0.872, 比较明显; 此外, 由于它们之间的非参数回归线几乎是直线, 因此自变量 `lagged.salinity` 不需要做变换就可以作为对 `salinity` 线性回归的最主要自变量.

2. 因变量 `salinity` 和自变量 `discharge` 之间的线性相关系数为 −0.477, 好像不那么大, 但是, 线性相关系数的大小不能确定两个变量之间是否 (在非线性的意义上) 相关, 读者可以用代码 `cor(-20:20, (-20:20)^2)` 验证前一个序列 (`-20:20`) 与其平方 (`(-20:20)^2`) 的线性相关系数为 0, 但谁又能说它们不相关呢? 我们将会进一步考察因变量 `salinity` 和自变量 `discharge` 之间的关系.

3. 很多人还会关心这些变量的正态性, 从图 5.1.1 来看, 这三个变量根本谈不上正态. **变量是否正态和回归 (包括线性回归) 本身的机制之间根本没有关系. 交叉验证预测精度是判断回归模型优劣的最根本标准. 基于主观地对数据所做的 (诸如正态) 分布假定, 并以显著性检验的 p 值来判断模型优劣是不科学的.**

4. 自变量 `lagged.salinity` 和 `discharge` 之间的线性相关系数只有 −0.261, 可以认为这两个变量在模型中可以独立存在.

5.1.2 对例 5.1 盐度数据变量 discharge 的进一步考察: 拟合及残差

前面已经认定变量 `lagged.salinity` 为模型的线性主要部分, 下面着重考察变量 `discharge` 和因变量 `salinity` 之间的单独关系, 为此在它们之间做出用三种方法回归的散点图以及三种方法的残差图 (每个点一条线). 我们的三种方法是简单线性回归 (`lm`)、加了二次项的多项式回归 (`lm2`) 及样条非参数回归 (`spline`). 参见图 5.1.2.

在术语上, "残差" 通常指对于训练集 (也就是建立模型所依据的数据集) 的每一个因变量的值 y_i 与相应模型所估计出来的 "拟合值" $\hat{y}_i$ 的差 $y_i - \hat{y}_i$ $(i = 1, 2, \cdots, n)$, 这里 n 为训练集的样本量. 这区别于后面要介绍的交叉验证时的预测误差. **在交叉验证时, 模型是通**

过训练集产生的, 但所有的预测值 $\hat{y}_i$ 都是模型对未参与训练模型的测试集的观测值预测出来的, 而交叉验证误差是每个测试集的因变量的值 y_i 与其预测值的差 $y_i - \hat{y}_i$. 残差和交叉验证误差的符号似乎一样, 但意义完全不同. 说得更通俗一点, 残差代表的是 "自我评价", 而交叉验证误差代表的是 "他人评价".

生成图 5.1.2 的代码为:

```
w=read.csv('salinity.csv') %>% select(-trend)
w2=w
w2$discharge2=w2$discharge^2 #增加一个二次项
a=lm(salinity~discharge+discharge2,w2) #2阶多项式回归
fit=SemiPar::spm(w$salinity~f(w$discharge))#样条非参数回归
# 散点图和拟合曲线
g1=w %>%
ggplot(aes(x=discharge,y=salinity))+
  geom_point()+
  geom_text(aes(y=salinity+.42),label=row.names(w))+
  geom_line(aes(x=discharge,y=fit$fit$fitted),
       color='blue',lwd=1.5,linetype=3)+
  geom_smooth(method = lm,se=FALSE,lwd=1.5,col='red')+
  geom_line(aes(x=discharge,
      y=predict(a,w2)
      ), color='green',lwd=1.5,linetype=3)+
  ggtitle('Salinity vs discharge with 3 regressions')

# 下面求3种方法的残差
res_lm=lm(salinity~discharge,w)$res
res_lm2=a$res
res_sp=fit$fit$residuals

Res=data.frame(lm=res_lm,lm2=res_lm2,spline=res_sp,id = row.names(w))
Res$id=factor(Res$id,levels = 1:28)#28个观测值
Res=Res %>%  gather(method,residual,-id)#整理所需格式
#残差条形图
g2=Res %>%  ggplot(aes(id,residual,fill=method))+
  geom_bar(stat='identity',position = position_dodge(width=0.7))+
  scale_fill_manual("legend",
    values = c("lm" = "red", "lm2" = "green", "spline" = "blue"))+
  ggtitle('Residuals of 3 methods (bars)')

#残差连线图
g3=Res %>% ggplot(aes(x=id,y=residual,group=method,color=method))+
    geom_line(aes(linetype = method))+
```

```
    geom_point(aes(shape=method))+
    scale_fill_manual("legend",
      values = c("lm" = "red", "lm2" = "green", "spline" = "blue"))+
    ggtitle('Residuals of 3 methods (lines)')

library(patchwork)
design <- "
  123
"
g1 + g2 + g3+plot_layout(design = design)

ggsave("sali01.pdf", width = 14, height = 5)
```

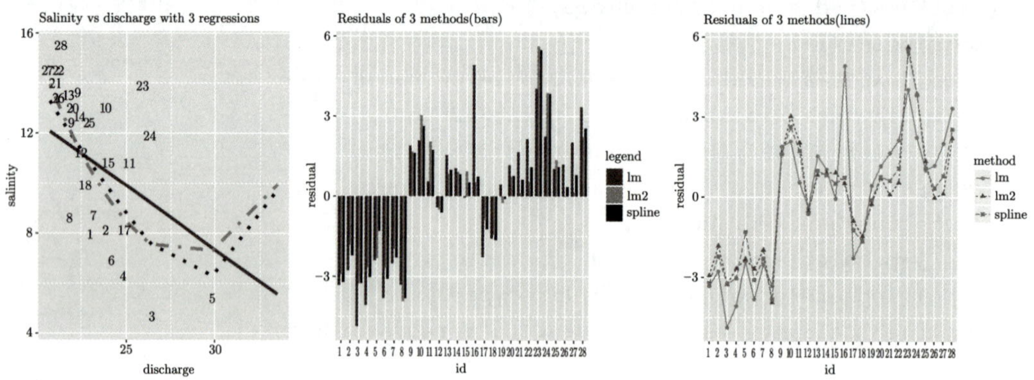

图 5.1.2 三种回归方法的散点图 (左) 及 2 种残差图 (中为条形图, 右为散点图)

图 5.1.2 所给出的信息如下:

(1) 线性回归 (`lm`), 即图 5.1.2 左图中的直线“照顾”主要的点群, 稍微被观测值 16 往上拉, 这造成了线性回归各个观测值的残差中, 观测值 16 的残差最大 (图 5.1.2 中右图). **很多文献把诸如观测值 16 这样残差大的点称为“异常点”, 实际上, 对于观测值 16 来说, 这个模型也“异常”.** 观测值 16 是一个正常的观测值, 不能因为和人们头脑中想象的模型不一致就对其予以歧视. **一些人喜欢把不符合他们主观模型的“异常点”删除, 是很糊涂的, 如同削足适履.**

(2) 二次多项式线性回归 (`lm2`), 即图 5.1.2 左图中的稍微高一点的二次曲线 (点线虚线) 在“照顾”了主要点群之后向上接近观测值 16, 这使得观测值 16 的残差非常小. 显然, 对于这个模型来说观测值 16 是非常“正常”的了.

(3) 样条非参数回归 (`spline`) 的曲线 (点虚线) 和二次多项式回归类似, 稍微低一些, 观测值 16 的残差也属于小残差点之列.

(4) 在图 5.1.2 的中图和右图的信息都一样, 表示各个观测值在 3 种方法的残差, 中间的条形图比较标准, 但不易看清, 右图比较容易看清各个方法残差的差别及变化.

5.1.3 例 5.1 盐度数据两个自变量的 3 个模型及交叉验证预测精度

1. 对例 5.1 盐度数据试用的 3 个模型

对于例 5.1 因变量 `salinity` 的第一个自变量 `lagged.salinity` 可以是线性模型的一个主要部分, 而 (根据上面小节讨论) 对于第二个自变量有 3 种加入方法, 这就产生了 3 个模型, 为简单计, 记 `salinity` 为 y, `lagged.salinity` 为 x_1, `discharge` 为 x_2, 这 3 个模型的公式如下:

(1) 简单线性模型:

$$y = \beta_0 + \beta_1 x_1 + \beta_2 x_2 + \varepsilon$$

(2) 二阶线性模型:

$$y = \beta_0 + \beta_1 x_1 + \beta_2 x_2 + \beta_3 x_2^2 + \varepsilon$$

(3) 半参数模型:

$$y = \beta_0 + \beta_1 x_1 + f(x_2) + \varepsilon$$

这里的 $f(\cdot)$ 选用惩罚样条 (penalized splines). 我们使用 R 程序包 `SemiPar` 的函数 `spm` 的默认选项. 具体数学细节请看该程序包的参考文献. 之所以称为 “半参数” 模型是因为其中既有参数部分 (部分线性回归) 又有非参数部分 (样条).

2. 交叉验证

交叉验证是用一部分称为训练集的数据建模, 而用另一部分称为测试集的数据来验证所建立模型的精度. 训练集和测试集的选择办法很多, 下面所谓的 Z 折交叉验证是把数据随机划分成 Z 份, 然后轮流取其 $Z-1$ 份作为训练集, 剩下的一份作为测试集, 对于测试集的每个观测值都用训练集产生的模型做预测 (得到 $\hat{y}_i$), 如此循环做 Z 次, 使得每个观测值都得到这种交叉验证的预测. 如此得到交叉验证预测精度. 只有交叉验证得到的模型预测精度才有意义, 传统统计中依赖于对数据和模型的主观数学假定而产生的基于显著性检验的评价模型的各种方法是不科学的. 常用的交叉验证预测精度为:

- 误差平方和 SSE 或均方误差 MSE (这里 n 为样本量):

$$\text{SSE} = \sum_{i=1}^{n}(y_i - \hat{y}_i)^2,\quad \text{MSE} = \frac{1}{n}\text{SSE}$$

- 标准化均方误差 NMSE:

$$\text{NMSE} = \frac{\sum_{i=1}^{n}(y_i - \hat{y}_i)^2}{\sum_{i=1}^{n}(y_i - \overline{y})^2}$$

- 精度 R^2:

$$R^2 = 1 - \text{NMSE}$$

容易看出, 上面的几种度量在比较模型上是等价的. 但 NMSE 有其独特意义, 如果不用模型 (即 “拍脑袋” 方法), 则均值 $\overline{y}$ 是一个比较常用的估计, 如果 NMSE>1, 则说明模型还不如 “拍脑袋”, 这等价于 $R^2 < 0$. 可能有人觉得这些概念在传统统计中有类似的, 实际上, 传统统计中的 $\hat{y}_i$ 是对训练集算的, 这里是对测试集算的. 传统统计中的 NMSE 不会大于 1, 而

R^2 不可能小于 0. 因此, 绝对不能把交叉验证中的度量和传统统计中的度量混淆 (即使它们有类似的符号).

前面小节仅仅取了一个自变量 discharge 做了分析, 下面我们使用上面涉及的 2 个自变量的 3 种模型来拟合数据. 为此, 必须进行交叉验证, 单独根据训练集的拟合来判断模型好坏是不科学的. 下面是进行 7 折交叉验证并给出交叉验证误差平方和 (SSE) 及逐点误差的代码 (图 5.1.3).

```
w =read.csv('salinity.csv') %>% select(-trend)
w2=w
w2$discharge2=w2$discharge^2
#这里设定ss及后面涉及半参数回归的一些烦琐代码源于函数spm的一些约束
ss=w
names(ss)=c('y','x1','x2')
#交叉验证准备
Z=7;
n=nrow(ss)
set.seed(789)
d=sample(rep(1:Z,ceiling(n/Z)))[1:n]

# 求交叉验证预测值
pred=matrix(99,n,3)
for (i in 1:Z){
  y=ss[d!=i,]$y;x1=ss[d!=i,]$x1;x2=ss[d!=i,4]
  sp=SemiPar::spm(y~x1+f(x2))
  pred[d==i,1]=SemiPar::predict.spm(sp,newdata=ss[d==i,])
  pred[d==i,2]=lm(salinity~., w2[d!=i,]) %>%
    predict(w2[d==i,])
  pred[d==i,3]=lm(salinity~lagged.salinity+discharge, w2[d!=i,]) %>%
    predict(w2[d==i,])
}
# 求误差
resid=sapply(data.frame(pred),function(x){w$salinity-x}) %>%
  data.frame()
names(resid)=c('spline','lm2','lm')
# 求误差平方和
ssr=sapply(resid,function(x){sum(x^2)})
# 3种方法交叉验证误差平方和图
p1=data.frame(method=c('spline','lm2','lm'),ssr=ssr) %>%
ggplot(aes(x=method,y=ssr))+
  geom_bar(stat='identity',fill=c('red','green','blue'))+
  coord_flip()+
  ggtitle('Cross validation SSE for 3 methods')
# 3种方法交叉验证点误差图
```

```
resid$id=factor(row.names(w),levels = 1:28)
p2=resid %>% gather(method,residual,-id) %>%
 ggplot(aes(x=id,y=residual,group=method,color=method))+
    geom_line(aes(linetype = method))+
    geom_point(aes(shape=method))+
    scale_fill_manual("legend",
      values = c("lm" = "red", "lm2" = "green", "spline" = "blue"))+
    ggtitle('Cross validation point errors for 3 methods')

library(patchwork)
design <- "
  12
"
p1 + p2 + plot_layout(design = design)
ggsave("sali02.pdf", width = 14, height = 5)
```

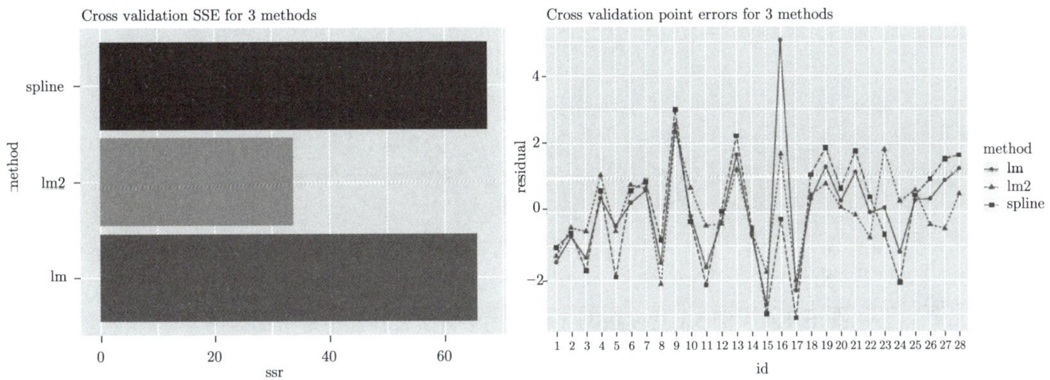

图 5.1.3 例 5.1 盐度数据 2 个自变量 3 种模型的 7 折交叉验证的误差平方和 (SSE)(左图) 及逐点误差 (右图)

比较例 5.1 盐度数据 2 个自变量 3 种模型的 7 折交叉验证的 SSE 可以看出, 二阶线性模型明显优于其他两种模型, 但人们可能想知道为什么, 这就可以从分析每一折交叉验证的过程来得到答案.

3. 交叉验证中每一折的表现

图 5.1.3 左图显示交叉验证的综合结果 (SSE), 人们会思考, 到底交叉验证每一折的 SSE 是多少. 为此, 接着前面代码来提取并计算每一折的 SSE, 并且产生图 5.1.4.

```
ssecv=data.frame(matrix(99,Z,4))
names(ssecv)=c(names(resid)[1:3],'fold')
ssecv$fold=1:Z
for (j in 1:3){
  for (i in 1:Z){
```

```
    ssecv[i,j]=sum((resid[d==i,j])^2)
    }
}

ssecv %>% gather(method,sse,-fold) %>%
  ggplot(aes(x=fold,y=sse,color=method)) +
  geom_point(aes(shape=method),size=3)+
  geom_line(lwd=1.5)+
  scale_x_discrete(limits=as.factor(1:7))+
  ggtitle('SSE of 3 methods for 7 folds')
ggsave("sali07.pdf", width = 14, height = 5)
```

图 5.1.4 显示线性模型在第 2 折表现不好, 其 SSE 远高于其他两种方法.

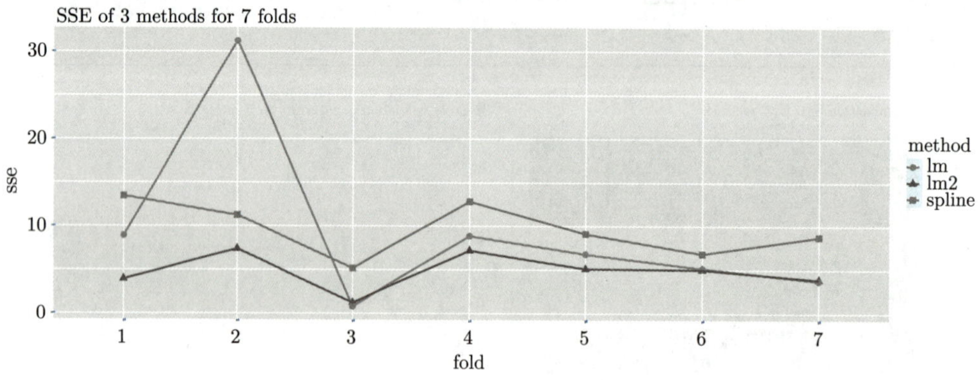

图 5.1.4　例 5.1 盐度数据 3 种方法 7 折交叉验证中每折的 SSE

4. 线性模型在第 2 折表现不好的原因

由于线性模型没有考虑观测值 16, 而其他两种方法 “照顾” 了观测值 16, 因此很可能在第二折交叉验证的训练集中没有选中这个点, 但测试集肯定包含观测值 16, 这就使得观测值 16 的误差变大. 下面来考察这种猜测是否有道理. 为此产生每一折所选的训练集的变量 `salinity` 和 `discharge` 的散点图 (图 5.1.5), 其中左上图为全部数据的散点图, 其他图依次为 7 折的训练集散点图.

```
par(mfrow=c(2,4))
plot(salinity~discharge, w,ylim=range(w$salinity)+c(0,.5),
  xaxt='n', yaxt='n')
text(w$discharge,w$salinity+.5,row.names(w))
title('Full data')
for (i in 1:Z){
  plot(salinity~discharge, w[d!=i,],
    ylim=range(w[d!=i,]$salinity)+c(0,.5), xaxt='n',yaxt='n')
  text(w[d!=i,]$discharge,w[d!=i,]$salinity+.5,row.names(w[d!=i,]))
```

```
  title(paste('Fold',i,'training set'))
}
```

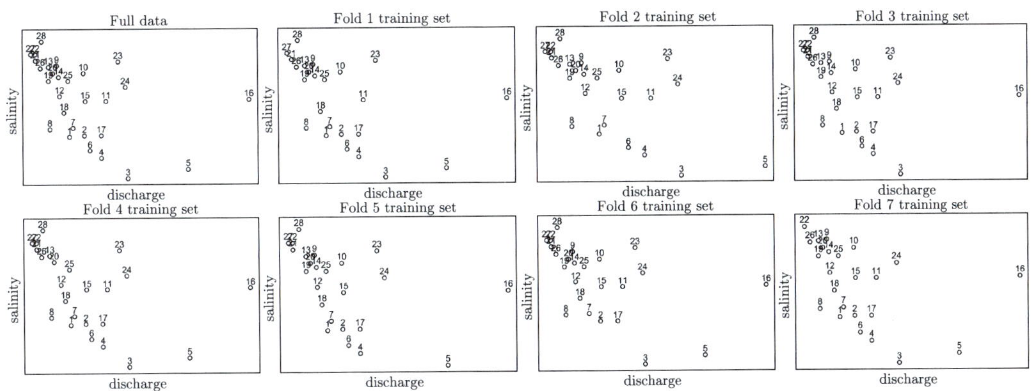

图 5.1.5　例 5.1 盐度数据各折训练集的变量 `salinity` 和 `discharge` 的散点图

图 5.1.5 显示, 在第 2 折的训练集中的确没有观测值 16, 因此模型也不可能“照顾”观测值 16, 这造成了它的误差较大.

下面考察例 5.1 盐度数据包含及不包含观测值 16 对 `salinity` 和 `discharge` 回归的影响. 图 5.1.6 显示了观测值 16 对 `salinity` 与 `discharge` 回归的影响, 实线是有观测值 16 时的拟合线, 虚线是没有观测值 16 时的拟合线. 产生图 5.1.6 的代码为:

```
w %>%
  ggplot(aes(x=discharge,y=salinity))+
  geom_point()+
  geom_smooth(method=lm,se=F)+
  geom_text(aes(y=salinity+.42),label=row.names(w))+
  geom_smooth(data=w[-16,],aes(x=discharge,y=salinity),
              method=lm,se=F,color='red',linetype=2)+
  ggtitle('Influence of case 16 to linear model')
```

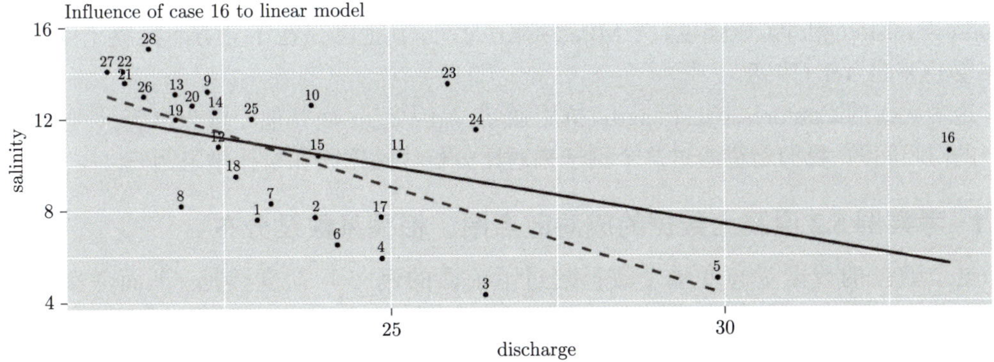

图 5.1.6　例 5.1 盐度数据包含 (实线) 及不包含 (虚线) 观测值 16 对 `salinity` 和 `discharge` 回归的影响

观测值 16 在线性回归中被称为“强影响点”, 但对于其他回归方法就不一定能这样说了. **如果一个模型不能描述真实数据中的某些观测值, 那说明或者模型有缺陷, 或者缺乏必要变量的数据, 绝对不能归罪于这些观测值.**

例 5.1 的小结

例 5.1 盐度数据有关的信息和对结果的解释如下:

1. 对于例 5.1 盐度数据, 交叉验证结果表明精雕细刻的半参数模型 (SSE=67.313 49) 远不如简单的二阶多项式回归 (SSE=33.695 87) 预测精度高, 甚至和简单线性回归 (SSE=65.458 84) 差不多. 而这个半参数模型是数据提供者所采用的, 他们的文献并没有提及使用交叉验证来比对模型.

2. 虽然半参数回归和二阶多项式回归的效果优于简单线性模型, 但是根据例 5.1 盐度数据提供者之一的说法, 观测值 16 所体现的盐度并未因为水量大而降低的现象可能是因为速度很快的河水直接快速进入较远的海中, 并未及时淡化河口附近的水域, 因此, 过去的盐度对此应该起预测作用, 而不应仅仅简单地依靠二次多项式模型或半参数模型来硬性联系 `discharge` 和 `salinity`, 但这需要更多的有关水文和流体力学的变量或模型. 这也说明, 对领域知识的理解在数据分析中很重要. 不理解现实问题会对某些机制做出错误的解释.

3. 例 5.1 是一个非常简单的数据, 这使得我们可以通过一些可视化手段来了解数据的部分原始信息和部分建模的结果, 不仅可以考察单独的变量, 甚至可以考察个别的观测值 (比如观测值 16), 但对于具有更多变量的大样本量数据, 问题就会非常复杂了.

4. 通过例 5.1, 说明可以使用各种可视化方法来描述数据、考察及对比模型、验证我们的某些猜想和预测. 对于不同的数据、不同的模型及不同的研究目的, 使用的可视化方法都会很不一样. 这个数据仅仅是一个简单的案例.

5.2 有监督学习回归案例: 例 5.2 混凝土数据

例 5.2 混凝土数据 (Concrete.csv) 该数据包含了混凝土 7 种成分、时间及抗压强度共 9 个变量, 有 1 030 个观测值. 这些变量为 Cement (水泥)、Blast.Furnace.Slag (高炉矿渣)、Fly.Ash (粉煤灰)、Water (水)、Superplasticizer (超塑化剂)、Coarse.Aggregate (粗骨料)、Fine.Aggregate (细骨料)、Age (时间)、Compressive.strength (抗压强度). 其中除了 Age (时间) 单位是天, Compressive.strength (抗压强度) 为 MPa (兆帕) 之外, 其他都是在 1 立方米混凝土中的重量 (kg). 数据来自 Yeh (1998).

这个数据的 Compressive.strength (抗压强度) 是因变量, 而其他变量为自变量. 这是一个典型的回归问题. **我们希望通过这个例子来对比分析线性回归和机器学习回归.**

5.2.1 考察例 5.2 混凝土数据的成对散点图、相关系数及分布

这个数据的数据量和变量个数都超过了前面的例 5.1 盐度数据. 下面考察其包括非参数密度估计及线性相关系数的成对散点图 (图 5.2.1) 以及各个变量数据的盒形图 (图 5.2.2).

```
# 成对散点图, 非参数密度估计及线性相关系数
library(GGally)
u=read.csv('concrete.csv')
u %>% ggpairs(., lower = list(continuous = wrap("smooth_loess",
  alpha = 0.3, size=1)))
# 盒形图
u %>% gather(variable,value) %>%
  ggplot(aes(x=variable,y=value,color=variable)) +
  geom_boxplot()+
  coord_flip()+
  ggtitle('Boxplot for concrete data')
ggsave("con01.pdf", width = 14, height = 5)
```

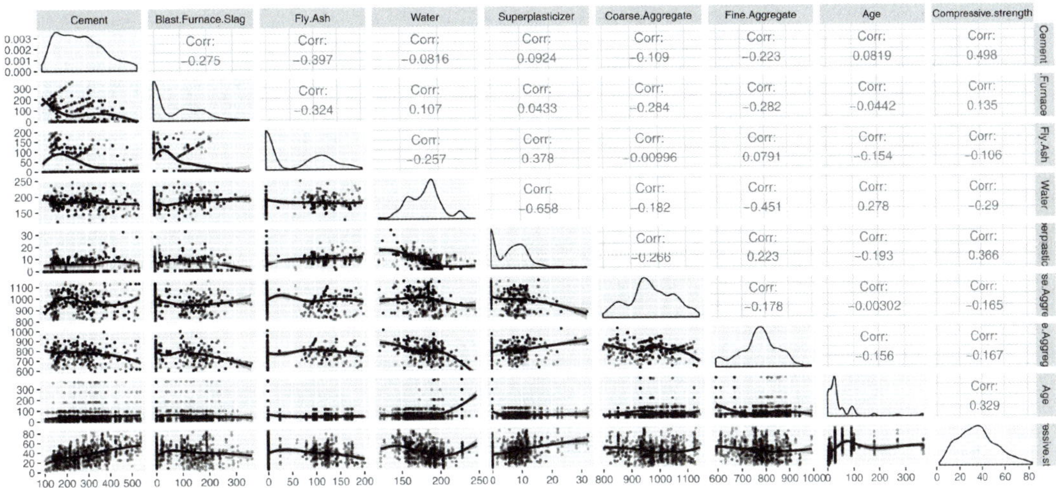

图 5.2.1　例 5.2 混凝土数据包括非参数密度估计及线性相关系数的成对散点图①

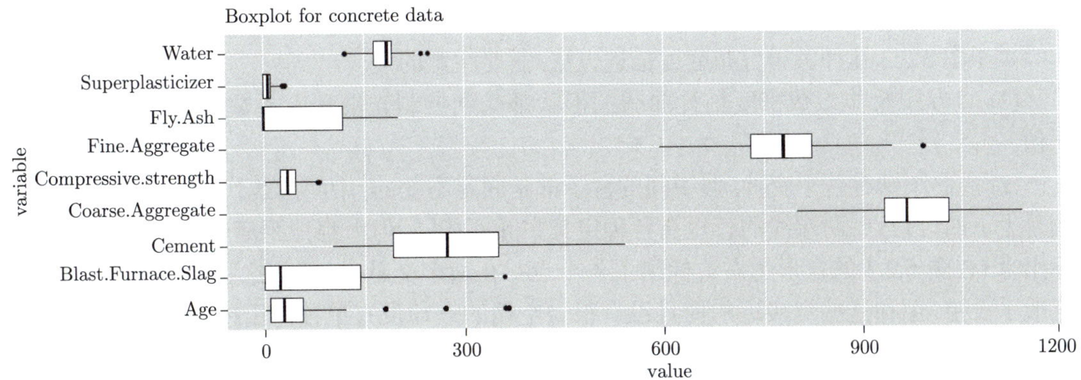

图 5.2.2　例 5.2 混凝土数据的盒形图

① 编者注: 因为篇幅限制, 此图不能画得太清晰, 读者可通过代码生成清晰的图.

1. 线性相关系数

图 5.2.1 显示，变量之间的线性相关系数都很低. 和因变量 Compressive.strength 有最大线性相关的自变量是 Cement，线性相关系数为 0.497 8，其次是自变量 Superplasticizer，其线性相关系数为 0.366 1.

2. 分布的显示

根据图 5.2.1 的对角线和下面的盒形图 5.2.2，所有变量的分布都不那么“规则”，当然这里所谓的“规则”是人们所迷信或向往的正态分布. 人们喜欢正态分布是因为它在数学上较容易操作，从而可以推导出一系列结论. 但在实际中，除了根据平均得到的数据或某些完全随机试验得到的数据之外，很难找到真正的正态分布. 图 5.2.3 显示了因变量 Compressive.strength 的直方图、非参数密度估计、盒形图及“地毯”值的同时展示.

```
packHV::hist_boxplot(u$Compressive.strength,col="lightblue",
      freq=FALSE,density=TRUE,main='',xlab ='',ylab='' )
rug(u$Compressive.strength)
mtext(side=1, line=2,'Compressive strength')
mtext(side=2, line=2.5,'Density')
```

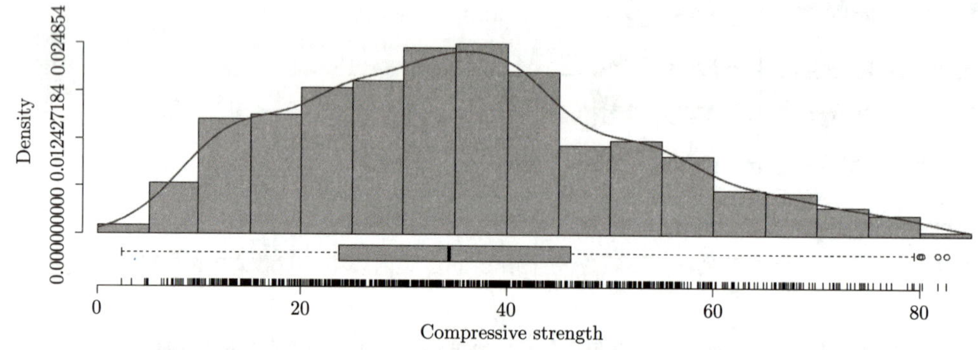

图 5.2.3 例 5.2 混凝土数据因变量直方图、非参数密度估计、盒形图及“地毯”值的展示

关于图 5.2.3 几种关于分布密度描述方法，需要注意的是:

(1) 直方图及非参数密度估计曲线的形状都受到控制光滑程度参数的影响，这里用默认值.

(2) 盒形图则有若干变种，但中间的盒子都是固定不变的，中间的线代表中位数，盒子两端是上下四分位点，两端线的长短在各种定义中并不相同，但大都把距离中位数特别远的点标出来 (在图 5.2.3 的盒形图右边标出了 4 个点). 在很多文献中，都称这些点为“离群点”，这似乎没错，但和这些点接近的而且没有很大空档的点却没有单独标出来. 也就是说，在最大的 6 个点 (79.30, 79.40, 79.99, 80.20, 81.75, 82.60) 之中，只标出最后 4 个，而相差很小的 79.30, 79.40 则不被认为是“离群点”. 这种按照某种简单公式确定“离群点”的一刀切方式有些像上小学的年龄是 6 岁，但差一天 6 岁的就得延迟一年上学的规定一样. 因此，**随意定义离群点往往会误导对数据的认识.**

(3) 所谓“地毯”(rug) 就是把每个实际的数据点的位置标出来, 像地毯一样. 这是没有加工过的原始数据, 因此能够真实反映数据状况. 地毯图也有缺陷, 一个缺陷是当有许多点有相同值的时候, 点会重叠在一起, 似乎只有一个点, 对于这种情况, 在 R 中可以用小扰动函数 `jitter` 来把每个数目增加或减少一点, 使得所有数目可以在图上显示 (读者可以试试代码 `jitter(c(1,1,1,2,2,3,3,3))`, 看有什么结果). 其他软件也会有类似的扰动函数. 地毯图的另一个缺陷是数据量大的时候看不清.

(4) 还有一种“古老的”显示分布的茎叶图 (stem-and-leaf plot), 比如对于例 5.2 的因变量, 可产生下面的茎叶图:

```
> stem(u$Compressive.strength)

  The decimal point is 1 digit(s) to the right of the |

   0 | 23
   0 | 5555666777778888888888999999
   1 | 0000000000000001111111111112222222222222222233333333333333333333444444
   1 | 5555555555555555555556666666666666677777777777778888888888888888+2
   2 | 0000000000001111111111111122222222222222222222333333333333333444444+18
   2 | 5555555555555555555555556666666666666666666666667777777777777788888+18
   3 | 0000000000000000000000001111111111111111111122222222222222222222223+52
   3 | 5555555555555555555555566666666666666666777777777777777777777777778+44
   4 | 0000000000000000000111111111111111111111111111222222222222222222+31
   4 | 555555555555555666666666666677777777777788888888889999999999999
   5 | 000000000111111111111111112222222222222223333333333334444444444444
   5 | 5555555555566666666666666666667777777777777788999999999
   6 | 00000000001111112222223333344444
   6 | 5555556666667777777788888899
   7 | 00111112222233444
   7 | 5556677777999999
   8 | 0023
```

这种茎叶图是当年老式计算机只能打印字符时的产物, 在数据量大的时候不那么方便, 但也是很有用的宝贵遗产. 这里对茎叶图不解释, 相信读者很容易明白.

5.2.2 对例 5.2 混凝土数据做线性回归和随机森林回归的交叉验证

我们下面对例 5.2 数据做线性回归和随机森林回归的 10 折交叉验证.

```
u=read.csv('concrete.csv')
library(randomForest)
D=9;Z=10
f=formula(paste(names(u)[D],'~.'))
n=nrow(u)
set.seed(789)
d=sample(rep(1:Z,ceiling(n/Z)))[1:n]# %>% print()
pred=matrix(99,n,2)
for (i in 1:Z){
```

```
    pred[d==i,1]=lm(f, u[d!=i,]) %>%
      predict(u[d==i,])
    pred[d==i,2]=randomForest(f, u[d!=i,]) %>%
      predict(u[d==i,])
  }
Pred=data.frame(pred)
names(Pred)=c('lm','random_forest')
```

上面得到的 Pred 是 $n \times 2$ 的对两种方法的预测值矩阵, 其中每一折对应于上面 d 的值, 即 Pred[d==i,] 为第 i 折的所有预测值. 下面画出两种方法的误差平方和与各个折的误差平方和 (图 5.2.4).

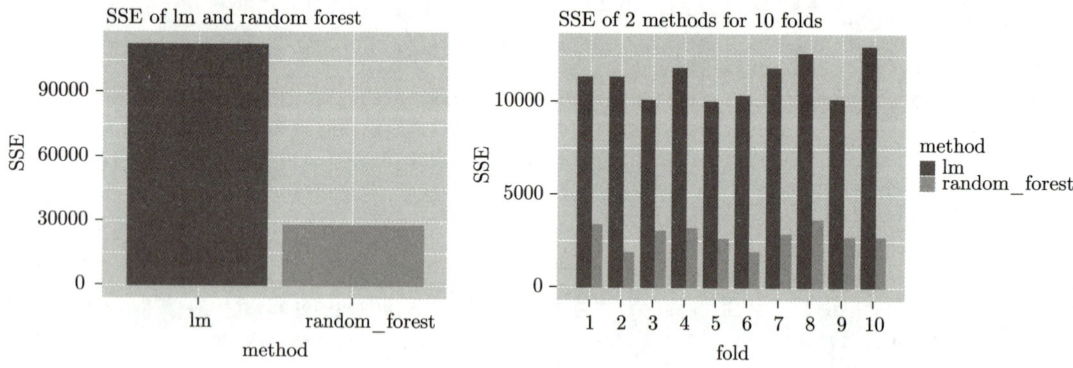

图 5.2.4 例 5.2 混凝土数据两种方法的误差平方和与各个折的误差平方和

```
Error=sapply(Pred,function(x){u[,D]-x}) %>%
  data.frame()
SSE=data.frame(matrix(99,Z,3))
names(SSE)=c(names(Error),'fold')
SSE$fold=1:Z
for (j in 1:2){
  for (i in 1:Z){
    SSE[i,j]=sum((Error[d==i,j])^2)
    }
}

cvsse=data.frame(method=c('lm','random_forest'),
                 SSE=apply(SSE[,-3],2,sum))
g1=ggplot(cvsse,aes(x=method,y=SSE,fill=method))+
  geom_bar(stat='identity')+
  labs(y='SSE',x='method',title = 'SSE of lm and random forest')+
  theme(legend.position = "none")
```

```
g2=SSE %>% gather(method,sse,-fold) %>%
  ggplot(aes(x=fold,y=sse,fill=method)) +
  geom_bar(stat = 'identity',position = position_dodge(width=0.7))+
  labs(y='SSE',x='fold',title = 'SSE of 2 methods for 10 folds')+
  scale_x_discrete(name ="fold", limits=as.factor(1:10))

library(patchwork)
design <- "
  12
"
g1 + g2 +plot_layout(design = design)
ggsave("con04.pdf", width = 14, height = 5)
```

图 5.2.4 显示, 无论是从总体上还是关于交叉验证的每一折, 对于例 5.2 混凝土数据, 线性模型的预测精度远远不如随机森林, 它的误差平方和是随机森林的 4 倍! 我们多数回归教科书主要讲线性模型, 多数不提包括随机森林在内的机器学习方法. 主要原因可能是前者数学上方便, 可以做很多数学性很强的论文去发表.

5.2.3 从例 5.2 混凝土数据回归的交叉验证残差谈"异方差性"的过分研究

对例 5.2 数据两种方法回归的交叉验证残差图 (图 5.2.5), 其左图是线性模型回归的残差对预测值 ($\hat{y}_i$) 图, 中图是随机森林回归的残差对预测值图, 而右图为左边两个图的叠加.

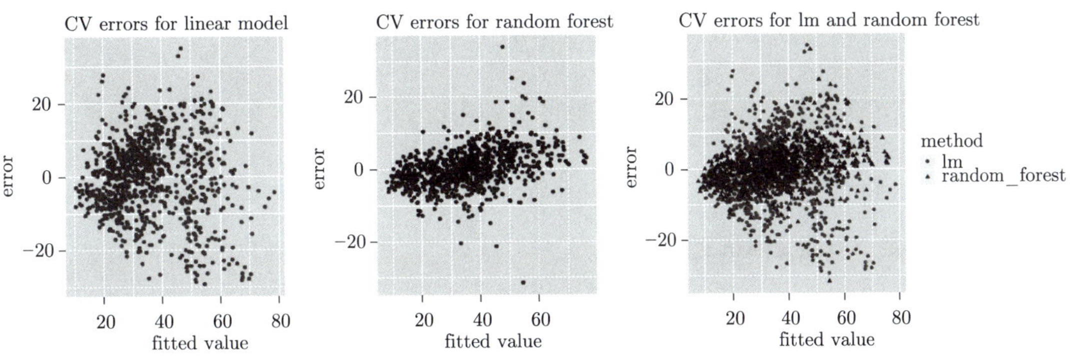

图 5.2.5　对例 5.2 混凝土数据两种方法回归的交叉验证残差图

```
p3=Pred %>% gather(method,pred) %>%  glimpse() %>%
  ggplot(aes(x=pred,y=u[,D]-pred,group=method,color=method))+
  geom_point(aes(shape=method))+
  scale_color_manual(values=c("red", "blue"))+
  labs(x='fitted value',y='error',
       title ='CV errors for lm and random forest')
p1=Pred %>% ggplot(aes(x=lm,y=u[,D]-lm)) +
```

```
  geom_point(color='red')+
  labs(x='fitted value',y='error',title = 'CV errors for linear model')
p2=Pred %>% ggplot(aes(x=random_forest,y=u[,D]-random_forest)) +
  geom_point(color='blue')+
  labs(x='fitted value',y='error',title = 'CV errors for random forest')
library(patchwork)
design <- "
  123
"
p1 + p2 + p3+plot_layout(design = design)
ggsave("con03.pdf", width = 14, height = 5)
```

图 5.2.5 的说明

图 5.2.5 的三个残差图实际上只有左边两个, 右图是前两个图的叠加. 该图和图 5.2.4 一样, 显示了随机森林残差尺度总体小于线性模型残差尺度的事实.

残差分析是传统回归教科书的最重要内容之一, 下面介绍为什么传统回归注重残差分析:

1. 传统线性回归模型为下面人为主观假定的模型:

$$y_i = \beta_0 + \beta_1 x_1 + \beta_2 x_2 + \cdots + \beta_k x_k + \epsilon_i,\ i = 1, 2, \cdots, n$$

或者以等价的向量矩阵形式 (下面的 $(n \times (k+1))$ 矩阵 $\boldsymbol{X}$ 包含一列 1 作为常数项):

$$\boldsymbol{y} = \boldsymbol{X\beta} + \boldsymbol{\epsilon}$$

这里通常还假定误差项 ϵ_i 为独立同分布的, 往往是同正态分布, 即 $\varepsilon = (\varepsilon_1, \varepsilon_2, \cdots, \varepsilon_n)^{\mathrm{T}}$:

$$\boldsymbol{\epsilon} \sim N(\boldsymbol{0}, \boldsymbol{I}\sigma^2)$$

这意味着 (假定 $\boldsymbol{X\beta}$ 不是随机变量)

$$\boldsymbol{y} \sim N(\boldsymbol{X\beta}, \boldsymbol{I}\sigma^2)$$

在这种极强的数学假定下, 人们可以做很多数学文章了.

2. 在线性形式 $\boldsymbol{X\beta}$ 为"正确的模型"假定下, 一切数据和模型的不一致 (用残差 $\boldsymbol{r} = \boldsymbol{y} - \hat{\boldsymbol{y}}$ 表示) 都被认为可以由误差项 $\boldsymbol{\epsilon}$ 的随机性来解释. 因此, 人们错误地把残差 $\boldsymbol{r} = \boldsymbol{y} - \hat{\boldsymbol{y}}$ 作为 $\boldsymbol{\epsilon}$ 的样本.

3. 由于人们把残差 $\boldsymbol{r}$ 看成误差项 $\boldsymbol{\epsilon}$ 的样本, 残差的分布就反映出 $\boldsymbol{\epsilon}$ 分布, 在图 5.2.5 左图中, 残差随着 $\hat{y}_i$ 的增大而散布开 (给人一种扇形的感觉), 这就和 $\boldsymbol{\epsilon}$ 的方差是 $\boldsymbol{I}\sigma^2$ 的同方差假定有抵触. 于是, 人们就觉得, 有可能 $\boldsymbol{\epsilon} \sim N(\boldsymbol{0}, \boldsymbol{\Sigma})$, 而 $\boldsymbol{\Sigma} \neq \boldsymbol{I}\sigma^2$. 到底 $\boldsymbol{\Sigma}$ 应该是多少呢? 这就是所谓 "异方差性" (heteroscedasticity) 问题. **这个问题的讨论成就了至少数千篇论文.**

4. 如果线性形式 $y \approx X\beta$ 的假定不成立, 或者如果误差的可加性 $y = X\beta + \epsilon$ 不成立, 残差 r 太大则可能反映了模型任何部分的问题, 包括模型形式、误差的可加性、误差和分布的各种假定等.

5. 对于随机森林的误差就没有线性模型那样的 "扇形" (图 5.2.5 中图). 显然, **所谓 "异方差性" 是在自我欣赏的模型之下, 在对数据 (及模型) 的各种数学假定夹缝中寻求文章题目而出现的产物. 不幸的是, 这种禁锢的思维方式在今天仍然影响着很多学人.**

5.2.4 线性模型系数大小可解释性是 "皇帝的新衣"

有很多回归教科书声称:

$$\text{线性回归某系数值是在其他变量不变时相应变量增加一个单位对因变量的贡献.} \quad (5.2.1)$$

这完全是在各个变量互相独立的主观假定之下做的结论, 但实行多自变量回归本身就意味着这些自变量并不独立, 说法 (5.2.1) 是完全站不住脚的.

实际上, 在多个自变量的情况下那些**单独系数的估计值 $\{\hat{\beta}_i\}$ 的大小完全没有可解释的意义**. 下面就例 5.2 混凝土数据的线性回归系数在多自变量及单自变量回归中做对比. 这里我们对每个自变量都做没有截距的单自变量回归, 同时也对所有自变量做没有截距的多重回归, 然后比较相同变量在这两种回归中的系数. 结果展示在图 5.2.6 中.

图 5.2.6 左图是所有系数, 但由于并不重要的 (仅占 8 个变量的第 4 位: 参见 5.2.6 节) 变量 `Superplasticizer` 在单独变量线性回归时系数太大 (是第二大系数的 10 倍), 我们在图 5.2.6 右图仅仅显示其他系数. 生成图 5.2.5 的代码为:

```
# 计算系数
u=read.csv('concrete.csv')
library(tidyverse)
a=lm(Compressive.strength ~ .-1,u)$coef
b=sapply(u,function(x){lm(Compressive.strength ~ x-1,u)$coef})
df=data.frame(cbind(a,b[-9]),covariate=names(a))
names(df)[1:2]=c('Multi_lm','Single_lm')
# 产生左图(全部系数)
c0=df %>% gather(method,coef,-covariate) %>%
  ggplot(aes(x=covariate,y=coef,fill=method)) +
  geom_bar(position = "dodge", stat = "identity",
    aes(fill= method),width = 0.7) +
  scale_fill_manual(values = c("red","blue"))+
  coord_flip()+
  theme(legend.position = "none")+
  labs(title = "Full coefficients of linear regressions",
             subtitle = "With multi and single covariates")
# 产生右图(删除最大的系数, 以显示其他系数的差别)
```

```
c2=df[-5,] %>% gather(method,coef,-covariate) %>%#glimpse()
  ggplot(aes(x=covariate,y=coef,fill=method))+
  geom_bar(position = "dodge", stat='identity',
    aes(fill= method),width = 0.7)+
  scale_fill_manual(values = c("red","blue"))+
  coord_flip()+
  theme(legend.position = "none")+
  labs(title = "Partial coefficients of linear regressions",
             subtitle = "With multi and single covariates")
# 打印存储图形
library(ggpubr)
ggarrange(c0, c2, ncol = 2, nrow = 1,
          common.lengend = TRUE, lengend = "bottom")
ggsave("con05.pdf", width = 14, height = 5)
```

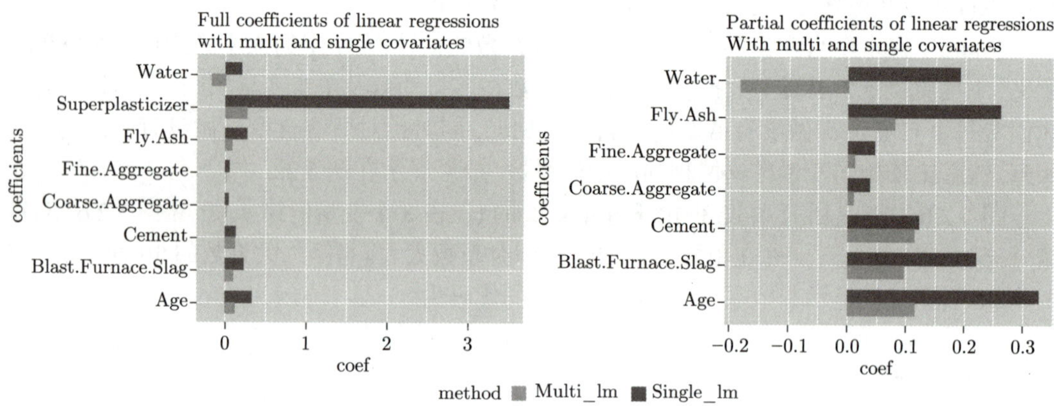

图 5.2.6 例 5.2 混凝土数据的线性回归系数在多自变量及单自变量回归中的对比

图 5.2.6 的说明

图 5.2.6 显示, 多自变量回归及单独一个自变量回归同一个变量的系数无论是大小还是符号差别甚远, 前面引用的说法 (5.2.1) 实际上是"皇帝的新衣". 由于在多重共线性情况下, 回归所估计的每个单独系数大小没有任何可解释性, 通常回归教材花费大量篇幅对这些系数所做的各种推断没有任何意义. 实际上, 仅当各个自变量观测值的列向量正交时, 这两种没有截距的系数才应该相等. 即使各个自变量正交, 这些系数的意义也不易解释, 因为模型的线性形式本身也是人为假定的, 如果线性形式不合适, 任何线性回归及相应的结果都没有任何意义.

事实上, 在线性回归中, 观测值大小的改变或者变量的增减都可能使得系数估计发生大幅度变化, 对于系数的任何显著性检验都是浪费精力和光阴.

5.2.5 从例 5.2 混凝土数据谈多重共线性问题的过分研究

1. 多重共线性问题的提出及应对

我们知道, 在对因变量 $\boldsymbol{y}$ 和自变量矩阵 $\boldsymbol{X}$ 做出线性关系

$$\boldsymbol{y} = \boldsymbol{X}\boldsymbol{\beta} + \boldsymbol{\epsilon} \tag{5.2.2}$$

的人为主观假定之后, 最小二乘回归对系数 $\boldsymbol{\beta}$ 估计的公式为:

$$\hat{\boldsymbol{\beta}} = (\boldsymbol{X}^\top \boldsymbol{X})^{-1}\boldsymbol{X}^\top \boldsymbol{Y}.$$

但是, 当矩阵 $\boldsymbol{X}$ 代表的自变量的各个列向量线性相关时, 逆矩阵 $(\boldsymbol{X}^\top \boldsymbol{X})^{-1}$ 不存在, 如同用零作除数一样. 当然, 对于实际数据, 很难有刚好线性相关的情况, 但经常会有几乎线性相关的情况. 那时 $(\boldsymbol{X}^\top \boldsymbol{X})^{-1}$ 可以算出来, 但结果很不可靠, 数据的微小变化会导致训练出来的模型有很大改变. 这就是所谓的多重共线性 (multicollinearity) 问题.

基于线性假定 (5.2.2), 有一些关于多重共线性的度量, 其中之一是容忍度 (tolerance) 或 (等价的) 方差膨胀因子 (variance inflation factor, VIF), 而另一个是条件数 (condition number), 常用 κ 表示. 其中容忍度与 VIF 的定义为:

$$\text{tolerance} = 1 - R_j^2,\ \ \text{VIF}_j = \frac{1}{1 - R_j^2}$$

式中, R_j^2 是第 j 个变量在所有其他变量上回归时的可决系数, 容忍度太小 (按照一些文献, 比如小于 0.2 或 0.1) 或 VIF 太大 (比如大于 5 或 10) 则被认为有多重共线性问题. 而条件数的定义为:

$$\kappa = \sqrt{\frac{\lambda_{\max}}{\lambda_{\min}}}$$

式中, λ 为 $\boldsymbol{X}^\top \boldsymbol{X}$ 的特征值 ($\boldsymbol{X}$ 代表自变量矩阵). 显然, 当自变量矩阵正交时, 条件数 κ 为 1. 一些研究者认为, 当 $\kappa > 15$ 时, 则有共线性问题, 而 $\kappa > 30$ 时说明共线性的问题严重. 当然, 这些判断准则可能不一致, 或者不很准确, 但不失为一些参考.

对于例 5.2 混凝土数据, 也可以算出这些度量:

```
w=read.csv('concrete.csv')
kappa(w[,-9])
sort(car::vif(lm(Compressive.strength~.,w)),de=T)
```

得到 $\kappa = 291.555\,2$, 远高于公认的标准; 而前 6 个 VIF 为 7.49、7.28、7.01、7.00、6.17、5.07, 均大于 5.

基于假定的模型 (5.2.2), 在多重共线性存在的情况下, 多年来人们设计了不少应对线性回归模型的多重共线性的方法:

(1) 选择部分自变量的方法包括:

① 轮流选取及舍弃变量的**逐步回归** (stepwise regression) 方法, 这是比较“古老”的方法.

② **最佳子集回归** (best subsets regression) 是一种在线性模型中选择自变量的方法, 其中包括测试预测变量的所有可能组合, 然后根据一些统计标准选择最佳模型.

(2) 增加惩罚项的方法, 称为**弹性净回归** (elastic net regression), 它包含了很多常用模型作为特殊情况. 弹性净回归参数估计的一般公式为:

$$\hat{\beta} = \underset{\beta}{\operatorname{argmin}} \left(\|y - X\beta\|^2 + \lambda_1 \|\beta\|_1 + \lambda_2 \|\beta\|^2 \right) \tag{5.2.3}$$

这里 $\|\beta\|_1 = \sum_{j=1}^{p} |\beta_j|$.

① 在式 (5.2.3) 中, 当 $\lambda_1 = \lambda_2 = 0$ 时, 则为通常的**线性最小二乘回归**.

② 在式 (5.2.3) 中, 当 $\lambda_1 = 0, \lambda_2 = \lambda$ 时为**岭回归** (ridge regression).

③ 在式 (5.2.3) 中, 当 $\lambda_1 = \lambda, \lambda_2 = 0$ 时为 **lasso 回归**.

(3) 另一种把 lasso 回归和岭回归作为特殊情况的**适应性 lasso 回归** (adaptive lasso, alasso), 是 lasso 回归的改进型, 其回归参数估计的一般公式为:

$$\hat{\beta} = \underset{\beta}{\operatorname{argmin}} \left(\|y - X\beta\|^2 + \lambda \sum_{j=1}^{p} |\beta_j| \tilde{\beta}_j^{-\gamma} \right) \tag{5.2.4}$$

这里的 $\gamma > 0$ 为一个调整参数. 这里 $\gamma = 0$ 意味着 lasso 回归 (依赖于 $\tilde{\beta}_j$ 的选择), 而 $\gamma = -1$ 意味着岭回归 (依赖于 $\tilde{\beta}_j$ 的选择), 而 $\tilde{\beta}_j$ 可以选取诸如 lasso 回归或岭回归的最好系数 (下面代码选的是最好岭回归的系数).

(4) **偏最小二乘回归** (partial least squares regression) 和前面几种没有亲缘关系. 偏最小二乘回归是在因变量 (如果也有多个变量组成) 和自变量中先各自寻找一个因子 (成分), 条件是这两个因子在其他可能的成分中最相关, 然后在选中的一对因子的正交空间中再选一对最相关的因子, 如此下去, 直到这些对因子有充分代表性为止 (可以用交叉验证来判断).

在各种处理线性模型多重共线性的方法中, 哪种方法更好呢? 它们到底有没有意义? 只能用交叉验证预测精度来判断, 而且应该和线性模型之外的模型比较. 下面对此讨论.

2. 通过例 5.2 混凝土数据的交叉验证来比较各种方法

对例 5.2 数据进行上面列举的 (7 种) 方法加上通常的最小二乘法做预测精度的交叉验证, 同时, 我们还加上随机森林作为对照. 因此, 下面程序中比较了 9 种方法, 分别标记为 `LS` (通常最小二乘法)、`step` (逐步回归)、`subset` (最佳子集回归)、`ridge` (岭回归)、`lasso` (lasso 回归)、`alasso` (适应性 lasso 回归)、`elastic` (弹性净回归)、`PLS` (偏最小二乘回归)、`RandomForest` (随机森林). 注意这里的最佳子集的自变量选择以及 lasso 回归、岭回归、适应性 lasso 回归、弹性净回归的参数选择都是在本模型 10 折交叉验证中选择出来的. 各个模型以其最好的状态参加交叉验证并与其他模型比较. 我们计算出各自的标准化均方误差 (NMSE) 并产生出条形图 (图 5.2.7). **图 5.2.7 显示, 涉及线性模型的 8 个模型无论如何修补都没有什么意义, 远不如随机森林回归.**

```
#各种回归模型的参数选择
abr=c(0.08298567, 0.06063934, 0.03544581, 0.23596306, 0.36404091,
  0.01057430, 0.01704173, 0.10506317)
# 0.8312613 #岭回归最好的lambda
#0.007063672 #lasso回归最好的lambda
# 最佳子集 Compressive.strength ~ Cement + Blast.Furnace.Slag +
#                         Fly.Ash + Water + Superplasticizer + Age
# 弹性净回归的最佳参数: alpha = 0.292, lambda = 0.0167
# 适应性lasso回归的最佳参数: lambda=0.09355865

# 读取数据和导入R包
w=read.csv("concrete.csv")
y <- w$Compressive.strength
x= w[,-9] %>% data.matrix()

library(glmnet);library(pls)
library(tidyverse);library(randomForest)

# 交叉验证比较
n=nrow(w);Z=10;D=9;JJ=9 #Z: 折数, D: 因变量位置及9种方法
f=formula(paste(names(w)[D],'~.'))
#y=as.matrix(w[,D]);x2=as.matrix(w[,-D])
set.seed(1010);I=sample(rep(1:Z,ceiling(n/Z)))[1:n]
pred=matrix(999,n,JJ)
M=mean((w[,D]-mean(w[,D]))^2)
for(i in 1:Z){
  m=(I==i)
  pred[m,1]=lm(f, data = w[!m,])%>%predict(w[m,])
  pred[m,2]=step(lm(f, data = w[!m,]),trace=0) %>% predict(w[m,])
  pred[m,3]=lm(Compressive.strength ~ Cement + Blast.Furnace.Slag +
    Fly.Ash + Water + Superplasticizer + Age, data = w[!m,]) %>%
    predict(w[m,])
  pred[m,4]=glmnet(x[!m,], y[!m], alpha = 0, lambda = 0.8312613) %>%
    predict(x[m,],type='response')
  pred[m,5]=glmnet(x[!m,], y[!m], alpha = 1, lambda = 0.007063672) %>%
    predict(x[m,],type='response')
  pred[m,6]=glmnet(x[!m,], y[!m], alpha = 1, lambda = 0.09355865,
     penalty.factor=1/abr) %>%
    predict(x[m,],type='response')
  pred[m,7]=glmnet(x[!m,], y[!m], alpha = 0.292, lambda = 0.0167) %>%
    predict(x[m,],type='response')
  pred[m,8]=plsr(y[!m] ~ x[!m,], 5, validation = "CV") %>%
     predict(.,x[m,],ncomp=3) %>% .[,1,1]
  pred[m,9]=randomForest(f, data = w[!m,],lambda=0.01)%>%predict(w[m,])
```

```
}
nmse=apply((sweep(pred,1,w[,D],'-'))^2,2,mean)/M
NMSE=data.frame(Method=c('LS', 'step', 'subset', 'ridge', 'lasso',
  'alasso','elastic','PLS', 'RandomForest'),NMSE=nmse)

# 产生条形图
ggplot(NMSE, aes(x=Method, y=NMSE)) +
  geom_bar(stat="identity", width=.5, fill="navyblue") +
  labs(title="Normalized MSE for 9 Methods") +
  geom_text(aes(label=round(NMSE,4)),hjust=1.1, color="white", size=3.5)+
  theme(axis.text.x = element_text(angle=65, vjust=0.6))+
  coord_flip()
ggsave("con090.pdf", width = 15, height = 5)
```

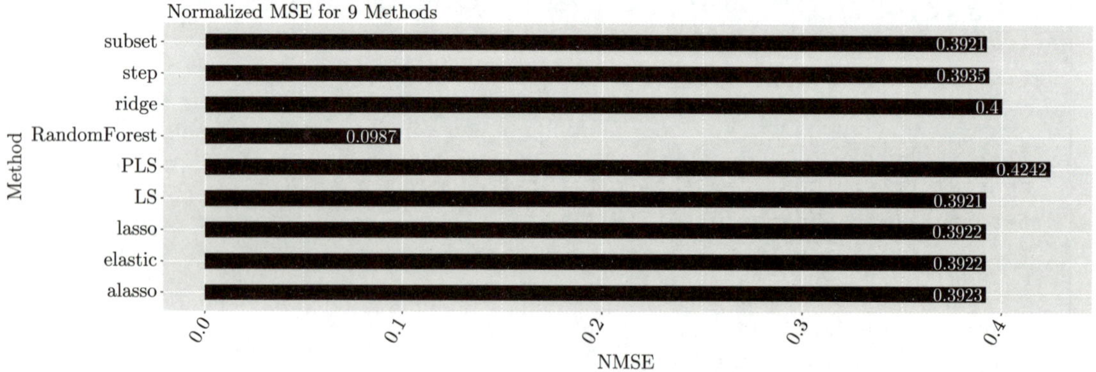

图 5.2.7 例 5.2 涉及多重共线性的 9 种方法的标准化均方误差

图 5.2.7 的启示

从图 5.2.7 及有关的模型我们可以得到下面的启示:

(1) **多重共线性是在数据的线性模型 (5.2.2) 假定之下, 而且是在使用最小二乘法时才有意义, 但这个假定是否合理, 永远无法核对.**

(2) 在对最小二乘法各种小修小补的 7 种方法中, 标准化均方误差 NMSE 都在 0.39 以上, 根本说不上好坏, 而且没有任何修补的最小二乘回归模型 (LS) 的 NMSE(和最佳子集相同) 比其余 6 种修补方法都小. 当然, 人们可以争辩说, 这里的共线性还没有严重到足以影响通常最小二乘法的计算.

(3) 作为对照的随机森林回归的 NMSE 不到其他 8 个模型最小者的 1/4! 这说明**多重共线性问题起源于人们所主观选择的线性模型 (5.2.2) 采取的最小二乘法, 人们在很狭隘的领域里面寻求写文章的切入点. 多重共线性问题也和异方差问题一样, 产生了无数的论文. 其中究竟有多大实际价值, 相信大家都心知肚明.**

(4) 在上百种不同的机器学习回归方法中, 绝大多数都不会有多重共线性问题. 比如, 对于基于决策树的各种回归中, 即使数据完全共线 (比如数据有几列完全相同的数目) 也不会对计算及预测精度有丝毫的影响. 因此, **多重共线性不是数据本身的缺陷, 而是假定的数学模型及回归方法的问题.**

(5) 此外, 前面提到的多种处理多重共线性的方法也产生了很多描述性可视化方法. 人们不禁要问, **究竟有没有必要对这些小修小补方法的可视化花费我们宝贵的精力呢?**

5.2.6　例 5.2 混凝土数据的回归变量重要性

回归模型试图对自变量和因变量之间的关系作出近似, 模型是否合适则应该由交叉验证的预测精度来确定.

建立回归模型的目的是什么? 不同的人有不同的目的, 因而回答也不相同. **一些人重视模型的预测精度, 而另一些人则强调模型的可解释性. 怎么强调也不过分的是: 预测精度不好的模型, 不可能有好的解释性.**

最近一百多年, 人们认识最多的回归模型就是线性模型的最小二乘回归. 经过多年的"洗脑", 很多人觉得模型采取线性形式是天经地义的, 有如某种信仰. 由于线性模型比较简单, 没有数据分析背景的行政领导和企业高层大都喜欢和接受简单的线性模型. 他们对线性模型的"可解释性"也从不怀疑. 本书在第 5.2.4 节通过图 5.2.6 表明: **线性模型系数大小可解释性是"皇帝的新衣". 简单易懂的东西不一定是可靠的, 更不一定是科学的.**

变量重要与否, 当然和数据有关, 但其是否重要是相对于模型而言的. 下面就此举个别模型的例子来做解释:

(1) 最简单的模型 (可称之为"拍脑袋"模型) 不一定和变量有关, 比如在回归时对所有因变量观测值取均值或中位数作为预测值, 在分类时取因变量的众数最大的类作为预测值等都是模型, 但没有自变量的参与, 因此也没有变量重要性一说.

(2) 在传统线性回归中, 没有正式推出变量重要性的概念, 但是却通过一系列逻辑错误的"显著性检验"而得到的"显著"变量作为"重要的", 并且通过模型"可解释性"的说法 (5.2.1) 来进行解释.

(3) 对于决策树来说, 能够迅速把数据变纯或者迅速降低 SSE 的变量就是重要的变量.

(4) 对于随机森林来说, 人们从不同角度设计了不同变量重要性的度量. 其中包括:

① 根据预测精度的度量: 删除一个变量时, 交叉验证精确度比不删除该变量时降低越多的变量越重要.

② 根据数据变纯速度的度量: 在随机森林所基于的决策树中, 使得数据变纯最快或 SSE 降低最快的变量是重要的.

③ 基于排列标准误 (the "standard errors" of the permutation-based importance measure) 的重要性度量.

④ 在边际的意义下, 因变量对自变量的部分依赖性.

⑤ 基于变量在各个决策树中被选择的平均深度或最小深度来判断其重要性, 越早被选中的变量越重要 (在决策树中比较浅).

⑥ 变量被选中为根节点及一般节点的拆分变量的次数.

⑦ 根据每一个观测值对变量重要性的度量 (局部重要性): 每一个观测值在预测中会受

到各个变量的影响, 从每个观测值的个体角度也产生了变量对其是否正确分类或减少其残差值程度的重要性度量.

⑧ 根据上一条, 对于某些观测值重要的变量可能对于其他一些观测值并不重要.

(5) 由于不同模型的具体技术路线不同, 评判变量是否重要或者如何重要的标准也截然不同. 由此附带的对变量的解释也千差万别. 数据科学已经发展到了今天的地步, 难道我们还会按照诸如单一度量标准的简单排序来判断变量的重要性吗? 至少, 我们不会仍然停留在只会问 (电影中的角色) "是好人还是坏人" 的年龄段或智力水平吧.

1. 例 5.2 混凝土数据的决策树回归的变量重要性

下面对例 5.2 数据做决策树回归, 并讨论其变量重要性. 下面做决策树并产生决策树图 (图 5.2.8), 这里我们仅仅用了默认的选项.

```
w=read.csv('concrete.csv')
library(rpart.plot)
a=rpart(Compressive.strength~.,w)
rpart.plot(a,extra=1,type=2)
```

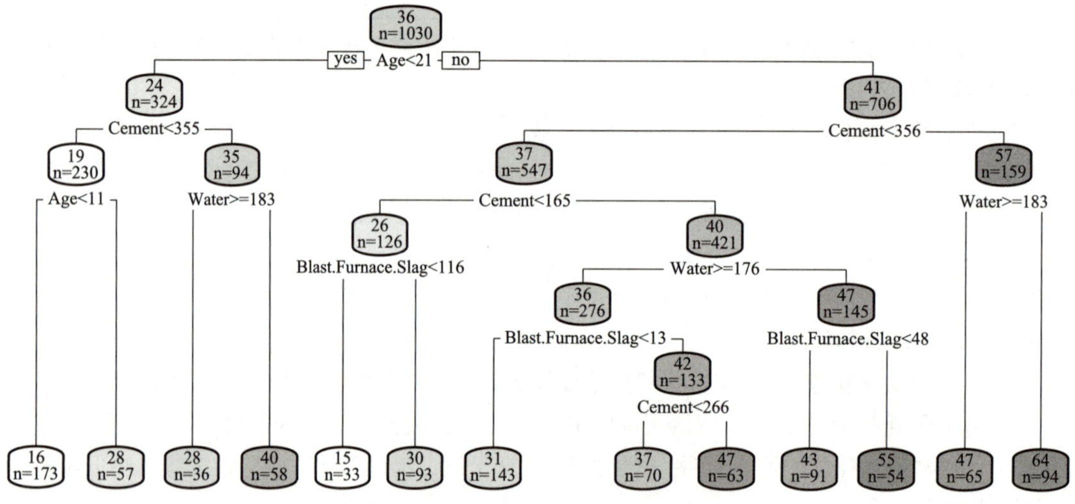

图 5.2.8 例 5.2 数据的决策树回归图

从图 5.2.8 中看出 Age 和 Cement 都是数一数二的首选变量, 这种直观也能从决策树的变量重要性得到, 如图 5.2.9.

```
data.frame(importance=a$variable.importance) %>%
  rownames_to_column("variable") %>%
  ggplot(aes(x=variable,y=importance))+
    geom_bar(stat='identity',fill='blue')+
    ggtitle('Variable importance for decision tree')
```

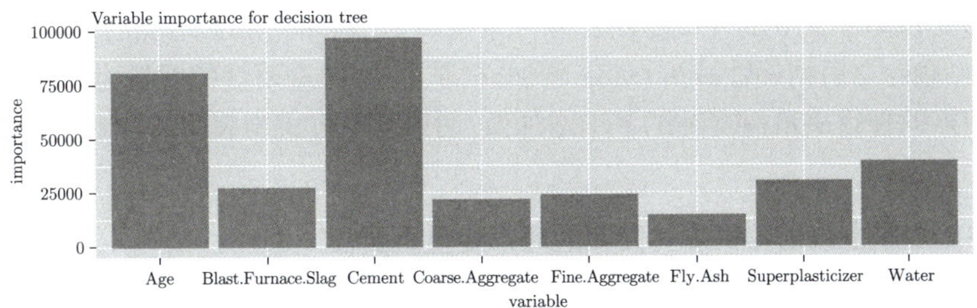

图 5.2.9 例 5.2 数据的决策树回归变量重要性图

2. 例 5.2 混凝土数据的随机森林回归的总体变量重要性

下面是对例 5.2 数据的随机森林回归, 并且做出 2 种总体重要性图 (图 5.2.10)

```
library(randomForest)
rf=randomForest(Compressive.strength~.,w,importance=T,localImp=T)
rfimp=rf$importance %>% data.frame() %>%
  rownames_to_column("variable")
names(rfimp)[2]='PctIncMSE'
r1=rfimp %>%
  ggplot(aes(x=variable,y=PctIncMSE))+
  geom_bar(stat='identity',fill='red')+
  coord_flip()+
  ggtitle('Importance by PctIncMSE in RF')
r2=rfimp %>%
  ggplot(aes(x=variable,y=IncNodePurity))+
  geom_bar(stat='identity',fill='blue')+
  coord_flip()+
  xlab('')+
  theme(axis.text.y = element_blank())+
  ggtitle('Importance by IncNodePurity in RF')
library(patchwork)
design <- "12"
r1 + r2 +plot_layout(design = design)
ggsave("conrf000.pdf", width = 15, height = 5)
```

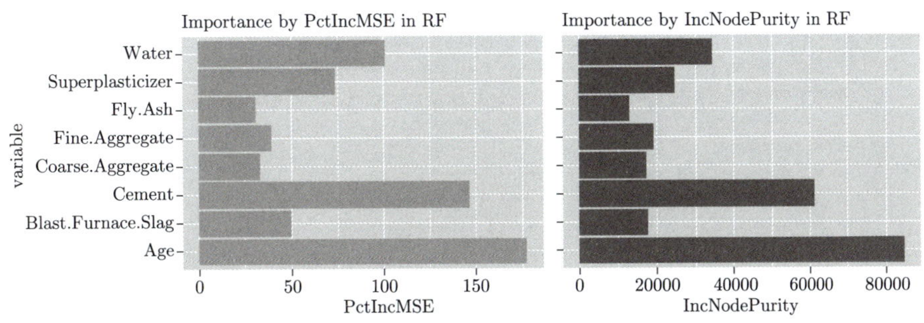

图 5.2.10 例 5.2 数据随机森林回归的 2 种总体重要性

变量重要性图 5.2.10 的左图是由删除一个变量而引起的 MSE 增加的百分比来度量的, 变量越重要, 删除之后精确性减少 (MSE 增加) 得越多. 右图重要性的度量为各个变量作为决策树拆分节点时使得决策树变纯的平均增加值. 两种度量方式均表明 Age 和 Cement 相对于其他变量更加重要.

3. 例 5.2 混凝土数据随机森林回归的局部变量重要性

下面产生例 5.2 数据的局部重要性图 (图 5.2.11).

```
matplot(rf$localImportance,type='l', xaxt="n", xlab='variable',
       ylab="local importance")
title('Local importance in random forest')
axis(side=1, at=xtick, labels = FALSE)
text(x=seq(1, 8,1),  par("usr")[3],
    labels = rownames(rf$importance), srt = 45, pos = 1, xpd = TRUE)
```

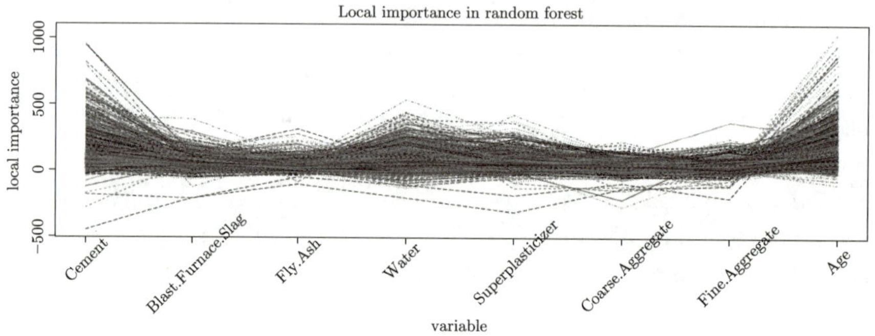

图 5.2.11　例 5.2 数据随机森林回归的局部重要性

在例 5.2 数据随机森林回归的局部重要性图 5.2.11 中, 每一条线代表一个观测值, 它在相应变量点的 y 值代表该变量对这个观测值预测的重要性. 对于每个观测值, 两个变量之间的连线没有意义, 但可以标出不同变量对该观测值重要性的变化. 从图 5.2.11 可以看出对每个观测值各变量重要性的变化. 一些变量对于很多观测值的预测很重要, 但对于另外一些观测值可能很不重要. 该图在观测值太多时会造成线条拥挤, 但是, 如果对于某些观测值感兴趣, 则可以只画和少数观测值有关的线条, 就不会那么拥挤了.

换一个角度, 如果以变量为主, 可以看出每个变量对不同观测值重要性的变化, 这可以用盒形图 (图 5.2.12) 表示.

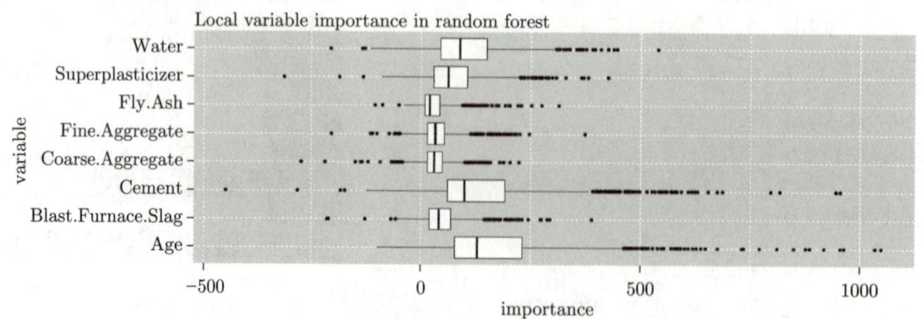

图 5.2.12　例 5.2 数据随机森林回归局部变量重要性的盒形图

从图 5.2.12 中可以看到, 每个变量对不同观测值的重要性并不相同, 而且差得很远. 比如, 变量 `Cement` 和 `Age` 对于很多变量非常重要, 显示为这两个盒形图右边有大量的点. 而 `Cement` 对于某些个别观测值很不重要, 体现为其盒形图左边的若干点. 图中间的 3 个盒形图很小, 右边没有很远的点, 说明它们对大部分观测值影响不大. 产生图 5.2.12 的代码如下:

```
rf$localImportance %>% t()%>% data.frame()%>%
  gather(variable,importance)%>%
  ggplot(aes(x =variable, y=importance))+
    geom_boxplot()+
    coord_flip()+
    ggtitle('Local variable importance in random forest')
ggsave("conrf20.pdf", width = 15, height = 5)
```

4. 例 5.2 混凝土数据随机森林回归的部分依赖图

随机森林回归的 R 函数可产生部分依赖图 (partial dependence plot), 它是为每个自变量定义的, 是因变量对该变量的边缘依赖性, 如同边缘期望一样, 把其他变量的影响在求和中消除, 记预测函数为 $\tilde{f}()$, 则形式上的部分依赖函数 (对随机森林来说, 该函数是由计算机程序代表的, 而不是一个简单的可以用显式表达的数学公式) 为:

$$\tilde{f}(x) = \frac{1}{n}\sum_{i=1}^{n} f(x, x_{iC})$$

这里 x 为我们关注的自变量, 而 x_{iC} 为除了 x 之外的所有其他自变量. 对于例 5.2 数据, 我们产生所有自变量的部分依赖图 (图 5.2.13).

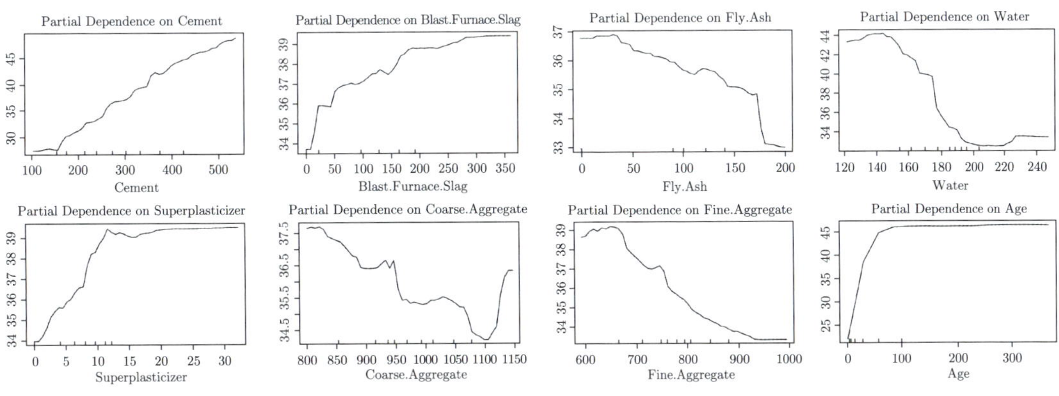

图 5.2.13 例 5.2 数据所有自变量的部分依赖图

对于图 5.2.13, 不应该只看图形中的曲线形状而不看纵坐标的值域. 从该图可以看出, 无论曲线形状如何, 对于不重要的变量, y 轴的取值范围要远小于重要变量的. 比如, 对重要的自变量 `Cement`, 纵坐标的取值范围有 20~30 个单位度量, 而对于不重要的 `Coarse.`

Aggregate, 纵坐标的取值范围仅有 4 左右. 曲线的形状则描绘了自变量的变化 (在边缘的意义下) 如何影响因变量的变化.

下面是生成图 5.2.13 的代码.

```
w=read.csv('concrete.csv')
library(randomForest)
rf=randomForest(Compressive.strength~.,w,importance=T,localImp=T)
nm=names(w)[-9]
par(mfrow=c(2,4))
for (i in 1:8)
partialPlot(rf,pred.data=w,nm[i],xlab =nm[i],
  main = paste("Partial Dependence on",nm[i]))
```

5. 例 5.2 混凝土数据随机森林回归从深度考虑的变量重要性

越重要的自变量在决策树一开始就被选为拆分变量的可能性越大, 也就是深度不大; 而不重要的变量被选中的机会不大, 因此深度相对较大. 但由于随机森林控制候选拆分变量个数的限制, 而且一个变量会在决策树出现多次, 我们只能计算自变量在每棵树中的平均最小深度及其在各个树中的分布. 下面要用程序包 randomForestExplainer 来找到各个变量的最小深度分布及平均最小深度值, 并且产生图形显示 (图 5.2.14). 图中每个变量的不同色调说明它们不同深度的分布, 框中的数据为平均深度.

```
library(randomForestExplainer)
min_depth_frame <- min_depth_distribution(rf) #运行较慢
plot_min_depth_distribution(min_depth_frame,
  mean_sample = "relevant_trees")
ggsave("conrf3.pdf", width = 14, height = 5)
```

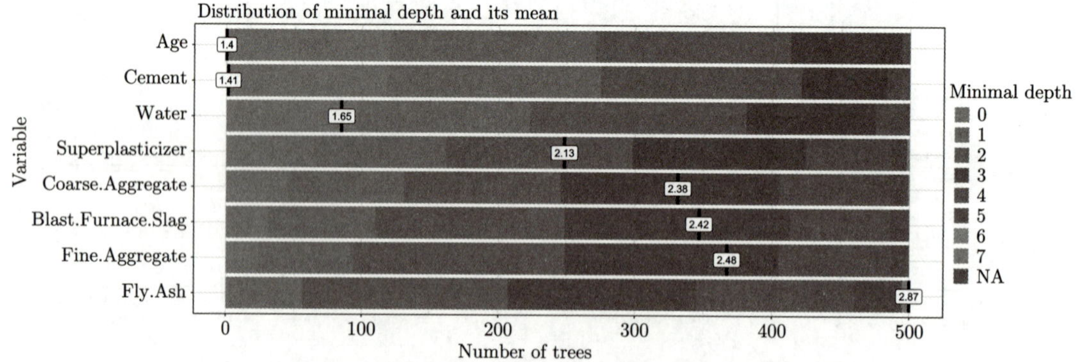

图 5.2.14 例 5.2 数据随机森林回归自变量最小深度分布及均值

还可以对各个变量在不同深度的分布画出条形图, 即离散直方图 (图 5.2.15).

```
min_depth_frame %>%
  ggplot(aes(x=minimal_depth,fill=variable))+
    geom_histogram(binwidth=.5, position="dodge")
ggsave("conrf4.pdf", width = 14, height = 5)
```

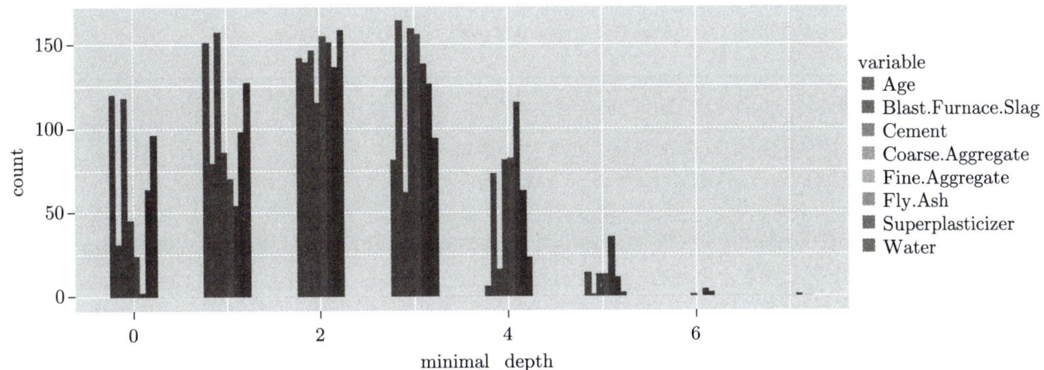

图 5.2.15　例 5.2 数据随机森林回归各个变量不同深度的分布

在图 5.2.15 较小深度 (左边的 0, 1 等) 出现频数大的变量就是重要变量. 图中显示, 在 0 深度处于前 4 位的自变量为 `Age`、`Cement`、`Water` 和 `Superplasticizer`.

把最小深度、变量被选入根节点次数及作为节点拆分变量的次数 3 个指标显示在一张图中 (图 5.2.16).

```
importance_frame <- measure_importance(rf)
plot_multi_way_importance(importance_frame, size_measure = "no_of_nodes")
ggsave("conrf5.pdf", width = 14, height = 5)
```

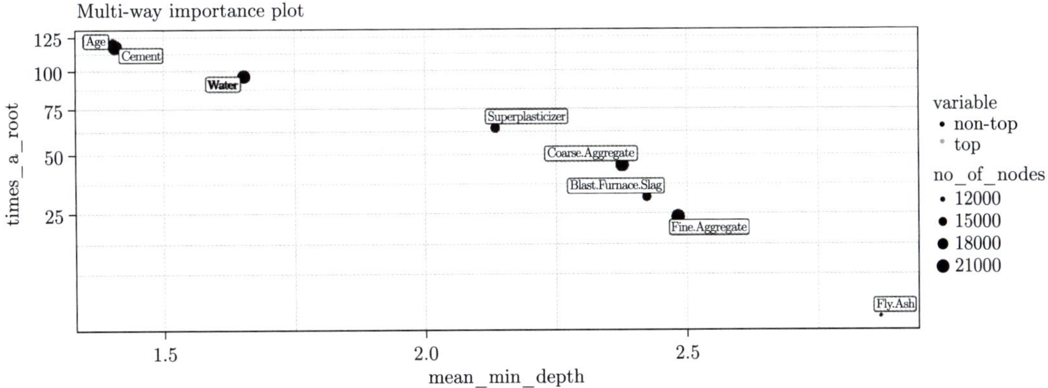

图 5.2.16　例 5.2 数据随机森林回归变量最小深度、被选入根节点次数及作为节点拆分变量次数图

5.2.7 从例 5.2 数据讨论交互作用

和变量重要性类似, 变量之间的交互作用对因变量预测的影响也依模型的机制不同而不同, 没有绝对的交互作用一说. 我们接着上一小节随机森林对例 5.2 数据的回归代码并利用其产生的结果来讨论自变量之间的交互作用 (图 5.2.17), 这里选择了 5 个主要变量 (`Age`, `Cement`, `Water`, `Superplasticizer`, `Coarse.Aggregate`), 来看哪些变量和它们有交互作用.

```
vars <- important_variables(importance_frame, k = 5,
  measures = c("mean_min_depth", "no_of_trees"))
interactions_frame <- min_depth_interactions(rf, vars)#运行很慢
plot_min_depth_interactions(interactions_frame)
ggsave("conrf6.pdf", width = 14, height = 5)
```

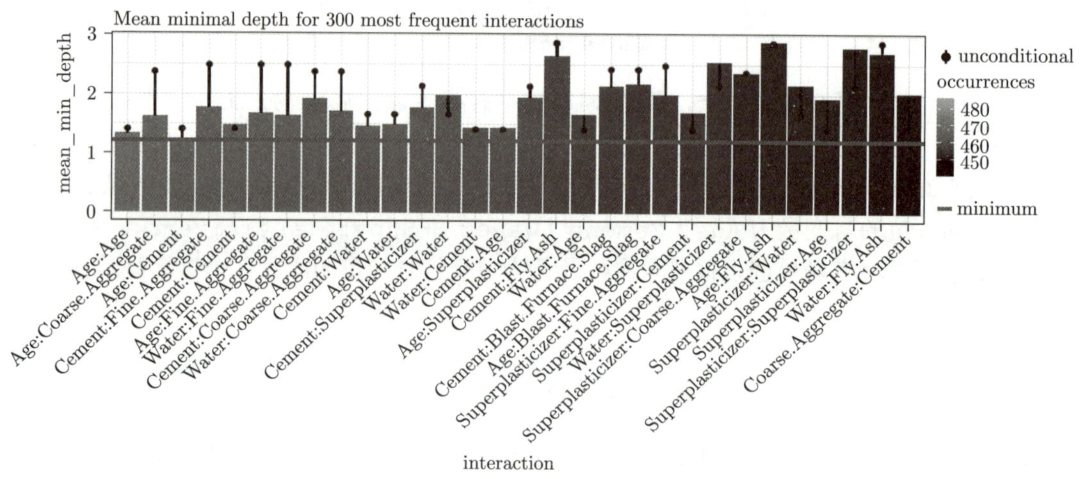

图 5.2.17 随机森林对例 5.2 数据回归的变量交互作用

该怎么读懂图 5.2.17 呢? 由于选了 5 个变量, 图中 x 轴的每个柱状图的标签都是以这 5 个变量开头, 后面间隔一个冒号 (:) 跟着另一个变量名字, 该柱状图就是描述这两个变量的交互作用的; 每个柱状图上面有一个实心圆点, 那是后面变量在与前面变量无关情况下的平均最小深度, 柱状图的高度为跟在前面变量之后 (也就是前面变量拆分后的节点选中的后面的变量) 的平均最小深度, 因此, 柱状图高度越比那个实心圆点矮, 则说明两变量交互作用越大. 图中的横线表明各变量平均最小深度的最小值. 柱状图的颜色越浅说明两个变量交互的次数越多. 建议读者通过 `interactions_frame` 查看具体数值帮助理解图 5.2.17.

5.3 有监督学习分类案例 (自变量为数量变量): 例 5.3 数字笔迹数据

例 5.3 数字笔迹数据 (pendigits.csv) 该数据有 10 992 个观测值和 17 个变量, 其中前 3 498 个观测值是测试集, 而后 7 494 个观测值为训练集. 原始数据是两个数据集合, 有大量缺失

值, 这里给出的数据文件为用 `missForest()` 函数弥补缺失值后的数据. 变量中, 第 17 个变量 (V17) 为有 10 个水平的因变量, 而其余变量都是数量变量.

如果要用本书原始数据 (从网上下载), 请注意数据格式的转换和缺失值的标记方法.①

5.3.1 描述例 5.3 数字笔迹数据的自变量与因变量关系的散点图及直方图

1. 散点图

首先, 产生一些变量的散点图并且用不同的色调和形状来代表因变量的 10 个水平 (图 5.3.1). 从图 5.3.1 可以看出, 散点图中的因变量各个类比较混杂, 但又不是完全分不开的, 这说明必须有所有变量的共同努力才能比较准确地实行分类.

```
w=read.csv("pendigits.csv")
library(tidyverse)
#第17个变量是因变量, 有10个水平, 应该进行因子化
w[,17]=factor(w[,17])
d0=w %>% ggplot(aes(group=V17,color=V17, shape=V17)) +
  scale_shape_manual(values=1:nlevels(w$V17))
#  theme(legend.title = element_text(size = .7),
#                legend.text = element_text(size = .7))
d1=d0+geom_point(aes(x = V14, y = V16),size=1)+
  theme(legend.position = 'none')
d2=d0+geom_point(aes(x = V5, y = V16),size=1)+
  theme(legend.position = 'none')
d3=d0+geom_point(aes(x = V11, y = V5),size=1)
library(patchwork)
wrap_elements(d1+d2+d3) +
  ggtitle('Relationship among few variables of pendigits data')
```

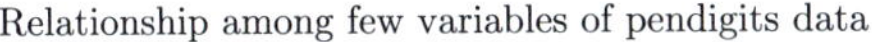

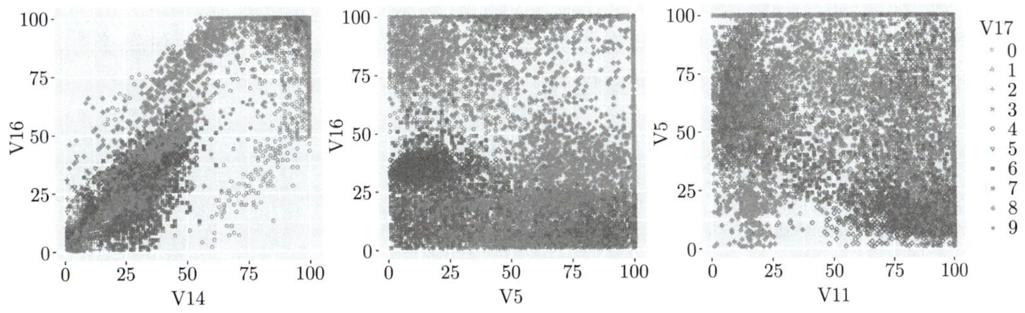

图 5.3.1　例 5.3 数字笔迹数据一些变量间的散点图

① 数据来源于 E. Alpaydin, Fevzi. Alimoglu, Department of Computer Engineering, Bogazici University, 80815 Istanbul Turkey, alpaydinboun.edu.tr.

2. 直方图

直方图 (不同色调代表因变量不同水平) 也是只对少数变量的, 这显然不能充分反映众多变量所代表的情况 (图 5.3.2).

```
d01=ggplot(w,aes(x=V16,fill=V17)) +
  geom_histogram(bins = 40) +theme_minimal()+
    theme(legend.position = 'none')
d02=ggplot(w,aes(x=V14,fill=V17)) +
  geom_histogram(bins = 40) +theme_minimal()+
    theme(legend.position = 'none')
d03=ggplot(w,aes(x=V5,fill=V17)) +
  geom_histogram(bins = 40) +theme_minimal()
wrap_elements(d01+d02+d03) +
  ggtitle('Histogram of few variables of pendigits data')
```

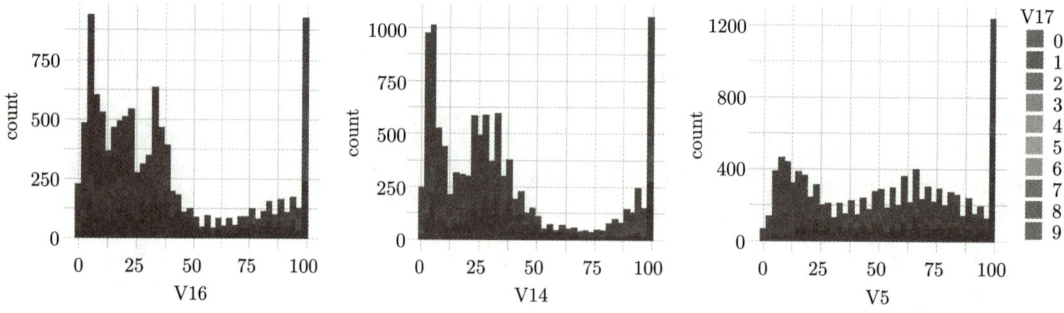

图 5.3.2 例 5.3 数字笔迹数据若干变量的直方图, 不同色调代表因变量不同的水平

5.3.2 例 5.3 数字笔迹数据随机森林分类中对每一类的变量重要性图

例 5.2 介绍了随机森林回归的各种变量重要性度量, 但随机森林分类除了前面说到的变量重要性之外, 还有对每一类的变量重要性, 对于例 5.3 来说, 就是对因变量每个数字类别 (总共 10 个类别) 来说各个变量的重要性 (图 5.3.3).

```
w=read.csv("pendigits.csv")
w[,17]=factor(w[,17])
a=randomForest(V17~.,w,importance=T)
par(mfrow=c(2,5))
for (i in 1:10) {
  barplot(a$importance[,i],cex.names = .5,horiz = T,las=1,col=4)
  title(paste0('For digit ',colnames(a$importance)[i]))}
```

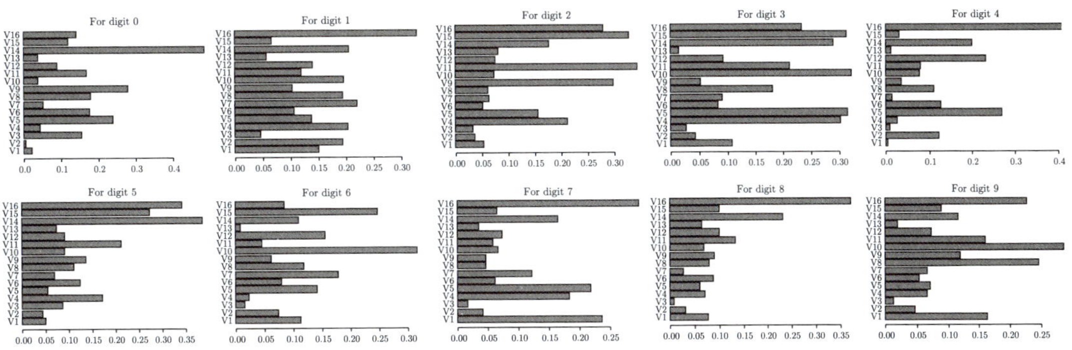

图 5.3.3　例 5.3 数字笔迹数据随机森林分类对因变量每一个水平的变量重要性

作为对比, 图 5.3.4 是总体变量重要性图, 这里的两个度量和随机森林回归稍有不同. 其中, 图 5.3.4 左图是删除一个变量时预测精度的减少, 减少越多说明该变量越重要, 而图 5.3.4 右图是在各个决策树中变量对 Gini 不纯度的平均减少程度.

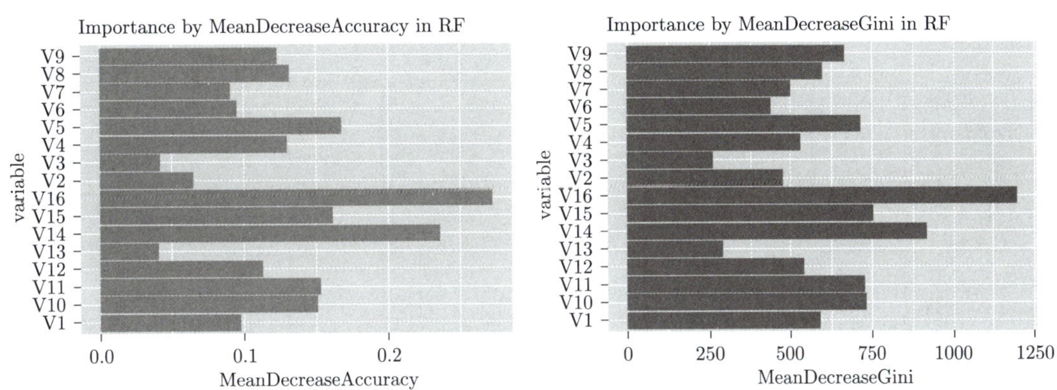

图 5.3.4　例 5.3 数字笔迹数据分类的总体变量重要性图

生成图 5.3.4 的代码为:

```
penimp=a$importance[,11:12] %>% data.frame() %>%
  rownames_to_column("variable")

r1=penimp %>%
  ggplot(aes(x=variable,y=MeanDecreaseAccuracy))+
  geom_bar(stat='identity',fill='red')+
  coord_flip()+
  ggtitle('Importance by MeanDecreaseAccuracy in RF')
r2=penimp %>%
  ggplot(aes(x=variable,y=MeanDecreaseGini))+
  geom_bar(stat='identity',fill='blue')+
  coord_flip()+
```

```
  ggtitle('Importance by MeanDecreaseGini in RF')
library(patchwork)
design <-
  "12"
r1 + r2 +plot_layout(design = design)
```

5.3.3 例 5.3 数字笔迹数据随机森林分类的部分依赖图

这里的部分依赖图和例 5.2 的类似, 可以看出自变量在边际的意义上如何影响因变量, 以及影响的大小 (图 5.3.5).

```
nm=names(w)[-17]
par(mfrow=c(2,8))
for (i in 1:16)
partialPlot(a,pred.data=w,nm[i],xlab =nm[i], main = paste("PD on",nm[i]))
```

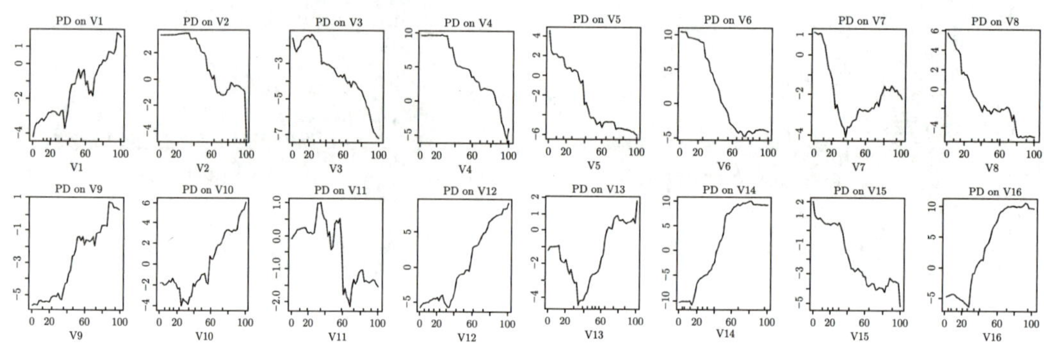

图 5.3.5 例 5.3 数字笔迹数据随机森林分类的部分依赖图

对于图 5.3.5, 不仅要看图形中的曲线形状, 同时也要看纵坐标的值域. 其中, 曲线的形状描绘了自变量的变化 (在边缘的意义下) 如何影响因变量的变化, 而在横轴变动带来纵轴变化的过程中, Y 轴的取值范围很关键. 从各个图的形状和纵轴值域可以看出, 因变量 `PD` 对 `V14` 和 `V16` 的依赖最为明显.

5.4 有监督学习分类案例 (自变量多为分类变量): 例 5.4 皮肤病数据

例 5.4 皮肤病数据 (原数据: dermatology.data, 填补缺失值后的数据: derm.csv) 该数据的维数为 366×35, 也就是说数据涉及 366 个红斑鳞状细胞疾病 (erythemato-squamous diseases) 患者的数据, 包含一个称为**因变量** (response) 或**响应变量**的目标变量 (皮肤病类型) 及 34 个**自变量**或**预测变量**, 其中 32 个是有序变量, 1 个是数量变量 ——age (年龄), 1 个是定性变量——family history (家族史). 该数据是关于鉴别红斑鳞状细胞疾病的具体类型的数据. 有监督学习的目的是建立模型, 然后通过 34 个自变量判定因变量属于 6 种类型中的哪一类. 因变量名为 class (类型, 一共 6 种水平, 用哑元表示: 1, 2, 3, 4, 5, 6), 简称 V35.

红斑鳞状细胞疾病的鉴别诊断是皮肤病学中的一个问题. 它们都具有红斑和鳞屑的临床特征, 差异很小. 通常, 活组织检查对于诊断是必需的. 这些疾病也具有许多组织病理学特征. 鉴别诊断的另一个困难是疾病可能在开始阶段显示另一种类型疾病的特征, 并且也可能具有后面阶段的特征. 患者首先在临床上评估了 12 个特征, 它们除了 age (年龄) 及 family history (家族史, 0 表示没有, 1 表示有) 之外, 用 0、1、2、3 打分, 分别表示不存在这个特征及严重性, 然后, 采集皮肤样品, 通过在显微镜下分析确定 22 个组织病理学特征的值 (也取值 0、1、2、3).

例 5.4 数据来自 Ilter①、Güvenir②(也是提供者). 参看 Güvenir, Demiröz and Ilter(2006). 该数据的缺失值是用问号 "?" 标记的. 表 5.4.1 是红斑鳞状细胞疾病类型数据.

表 5.4.1　红斑鳞状细胞疾病类型

英文	中文	在数据中的个数
psoriasis	牛皮癣	112
seboreic dermatitis	脂漏性皮炎	61
lichen planus	扁平苔藓	72
pityriasis rosea	玫瑰糠疹	49
cronic dermatitis	慢性皮炎	52
pityriasis rubra pilaris	毛孔性红糠疹	20

属于**临床属性**的 12 个自变量及属于**组织病理学属性**的 22 个自变量情况如表 5.4.2 所示.

表 5.4.2　皮肤病数据 34 个自变量的说明

临床属性		
简称	数据文件原英文名	中文名
V1	erythema	红斑
V2	scaling	尺度
V3	definite borders	明确的边界
V4	itching	瘙痒
V5	Koebner phenomenon	Koebner 现象
V6	polygonal papules	多边形丘疹
V7	follicular papules	滤泡性丘疹
V8	oral mucosal involvement	口腔黏膜受累
V9	knee and elbow involvement	膝盖和肘部受累
V10	scalp involvement	头皮受累
V11	family history (0 or 1)	家族史 (0 或 1)

① Nilsel Ilter, Gazi University, School of Medicine, 06510 Ankara, Turkey.

② H. Altay Güvenir, Bilkent University, Department of Computer Engineering and Information Science, 06533 Ankara, Turkey.

续表

组织病理学属性		
简称	数据文件原英文名	中文名
V12	melanin incontinence	黑色素失禁
V13	eosinophils in the infiltrate	浸润中的嗜酸性粒细胞
V14	PNL infiltrate	PNL 渗透
V15	fibrosis of the papillary dermis	乳头状真皮的纤维化
V16	exocytosis	胞吐作用
V17	acanthosis	棘皮症
V18	hyperkeratosis	角化过度
V19	parakeratosis	角化不全
V20	clubbing of the rete ridges	杵状膜层突
V21	elongation of the rete ridges	膜层突伸长
V22	thinning of the suprapapillary epidermis	上皮下表皮变薄
V23	spongiform pustule	海绵状脓包
V24	Munro microabcess	Munro 微脓肿
V25	focal hypergranulosis	局灶性颗粒过多
V26	disappearance of the granular layer	颗粒层消失
V27	vacuolisation and damage of basal layer	基底层的空泡化和损伤
V28	spongiosis	海绵样水肿
V29	saw-tooth appearance of retes	锯齿状的膜层外观
V30	follicular horn plug	毛囊角塞
V31	perifollicular parakeratosis	毛囊周围角化不全
V32	inflammatory monoluclear infiltrate	炎性单核细胞浸润
V33	band-like infiltrate	带状渗透
V34	age	年龄 (整数)

5.4.1 关于定性变量之间关系的问题

χ^2 统计量到底描述的是什么? 有什么局限性?

很多人认为, 两个定性变量之间的关系可以用它们组成的列联表之间的 χ^2 检验来判断. 当 χ^2 统计量值很大 (或者 p 值很小) 说明它们有某种关系, 但是, 对于这个关系是什么关系, 可不可以根据一个变量对另一个变量做预测, 则被关注得不多.

下面举两个简单人造例子数据 (dfcb.csv 和 dfcb1.csv). 这两个数据都有两个定性变量 `Var1` (取 5 个值 $X1$、$X2$、$X3$、$X4$、$X5$) 和 `Var2` (取 4 个值 $Y1$、$Y2$、$Y3$、$Y4$) 以及一个频数变量 `Freq`. 可以得到下面的列联表及相应的 χ^2 检验 p 值.

```
> df=read.csv('dfcb.csv')
> df1=read.csv('dfcb1.csv')
> xtabs(Freq~.,df)
     Var2
Var1  Y1  Y2  Y3  Y4
```

```
  X1 200   5   5   5
  X2   5   5   5   5
  X3   5   5   5   5
  X4   5   5   5   5
  X5   5   5   5   5
> xtabs(Freq~.,df1)#成为2维表
    Var2
Var1 Y1 Y2 Y3 Y4
  X1 40 40 40 40
  X2 40  5  5  5
  X3 40  5  5  5
  X4 40  5  5  5
  X5 40  5  5  5
> chisq.test(xtabs(Freq~.,df))$p.value
[1] 2.062362e-24
> chisq.test(xtabs(Freq~.,df1))$p.value
[1] 5.346102e-13
```

这两个二维列联表的 χ^2 统计量的 p 值都非常小, 实际上就是 0, 说明这两个变量在两个数据中的关系都很“显著”, 但这个显著关系或者 (在 df 中) 是因为列联表中的左上角一个值的作用, 或者 (在 df1 中) 是因为一行一列的值较大的作用. 因此, 如果要从一个变量对另一个做预测, 仅仅能够说, 在数据 df 中, Var1=X1 及 Var2=Y1 有某种关系, 但在 df1 中, 这种关系就不那么清楚了; 无论哪个数据对其他水平都做不出任何有意义的预测. 上面列联表可以用马赛克图 (或镶嵌图, mosaic) 表示 (图 5.4.1).

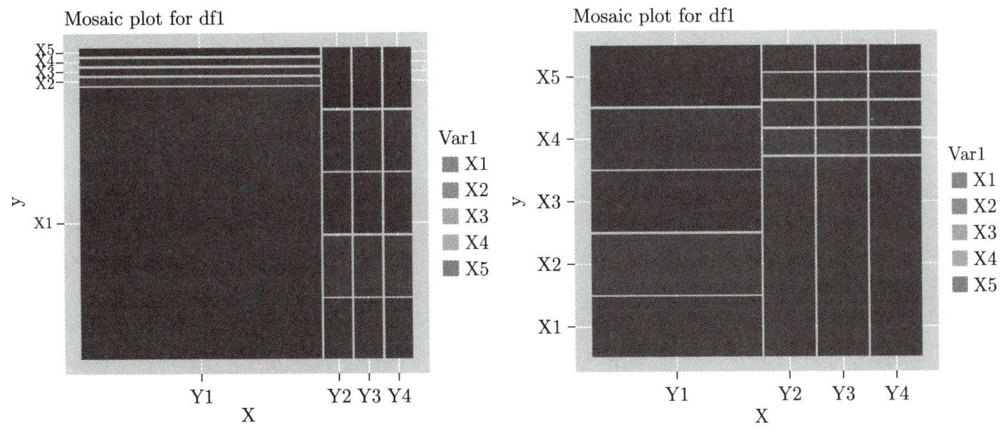

图 5.4.1　两个简单例子的马赛克图

图 5.4.1 仅仅是列联表的图像形式, 由许多矩形表示, 矩形面积大小显示了列联表中计数的多少. 从图 5.4.1 看出, 无论左右哪张图, 只有与 $X1$ 及 $Y1$ 有关的搭配矩形很大, 其他的都一样大小 (当然形状不一定一样).

因此, χ^2 检验统计量仅仅能说明行列两个变量之间有某种关系, 这些关系是被 χ^2 统计

量计算出来的, 意义完全代表了该统计量公式所能够表达的, 过多的解释都是人为的, 人们可以把 χ^2 统计量定义成两个变量的 "距离", 但该 "距离" 的意义却是很不明确的.

生成图 5.4.1 的代码为:

```
library(ggmosaic)
p1=df %>% ggplot() +
    geom_mosaic(aes(weight=Freq, x=product(Var1, Var2), fill=Var1))+
    ggtitle('Mosaic plot for df')
p2=df1 %>% ggplot() +
    geom_mosaic(aes(weight=Freq, x=product(Var1, Var2), fill=Var1))+
    ggtitle('Mosaic plot for df1')
library(patchwork)
p1+p2
```

5.4.2 例 5.4 皮肤病数据的因变量和一些变量之间的关系

前面说到, 虽然人们往往用 χ^2 统计量的 p 值来描述分类变量的关系, 但这种度量并不一定能够度量自变量对因变量各个水平的预测能力, 这种度量在预测上所能够说明的问题不一定比列联表本身或相应的马赛克图更有说服力. 就例 5.4 数据来说, 所有的 33 个分类自变量和因变量之间的 χ^2 统计量的 p 值都很小, 很多实际上是 0, 但是从它们的马赛克图中可以明显看出这些都和上一小节的小例子类似, 即很难说这些变量每个个体对因变量的 6 个水平有较好的预测功能. 下面就是因变量 V35 和 8 个自变量 (这 8 个自变量和因变量之间的 χ^2 统计量的 p 值都为 0) 之间的马赛克图 (图 5.4.2).

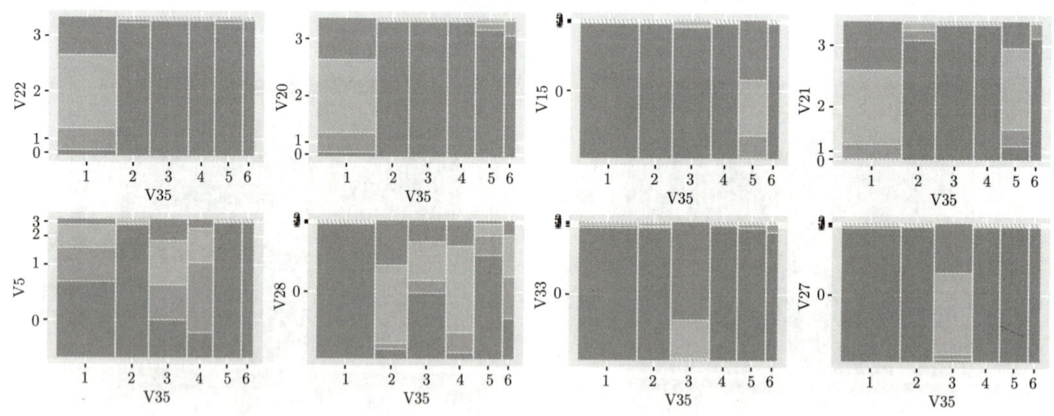

图 5.4.2　例 5.4 皮肤病数据的因变量和一些自变量之间的马赛克图

虽然图 5.4.2 看不出哪一个自变量特别能够预测出因变量的各个水平, 但它们的组合就有可能做出较好的预测, 这种多个变量的综合效应是无法从两两的点图中看到的. 当然我们可以用一张图展示多于两个变量的关系 (包括马赛克图), 但人类的视觉维数到底有限, 简单的图不可能代替定性变量之间的建模 (这里主要指**有监督学习的分类模型**).

生成图 5.4.2 的代码为:

```
w=read.csv('derm.csv')
for (i in (1:ncol(w))[-34]) w[,i]=factor(w[,i])
library(ggmosaic)
library(patchwork)
nm=c("V22", "V20", "V15", "V21", "V5",  "V28", "V33","V27")
plots=list()
for(i in nm) {
    plots[[i]] <- ggplot(w) +
    geom_mosaic(aes_string(x = product(V35),fill=i))+
    labs(x='V35',y=i)+
    theme(legend.position = 'none')
}
wrap_plots(plots,nrow = 2)
ggsave("dfcb12.pdf", width = 14, height = 6)
```

5.4.3　决策树对例 5.4 皮肤病数据分类预测的描述

图 5.4.2 看不出哪个变量对因变量 V35 的各个水平均有预测性, 这就需要诸变量的共同努力, 也就是说需要建立模型. 最容易可视化的分类模型就是决策树 (用于分类的也称为分类树). 下面就例 5.4 数据对因变量 V35 的分类使用决策树模型, 并画出决策树图 (图 5.4.3).

生成图 5.4.3 的代码为:

```
library(rpart.plot)
a = rpart(V35~.,w,minsplit =10)
a %>% rpart.plot(type=2,extra = 1)#画图
table(w$V35,predict(a,w,type = 'class'))#产生混淆矩阵
mean(w$V35!=predict(a,w,type = 'class'))#得到训练集的误判率
```

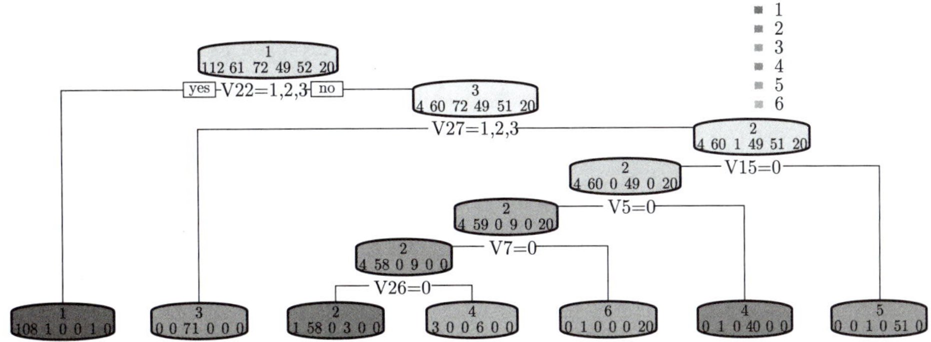

图 5.4.3　例 5.4 皮肤病数据对因变量 V35 的决策树分类

图 5.4.3 由很多节点组成, 除了根节点代表所有观测值之外, 每个节点都是满足拆分变量分割条件而产生的, 该图的每个节点下面的 6 个数字代表因变量 V35 的 6 个水平在该节

点的观测值数目, 上面的字符表示该节点数目最大的水平. 从图 5.4.3 可以看出各个变量对分类的共同努力:

(1) 第一个拆分变量 V22 分割根节点, 满足 `V22=1,2,3` 的观测值进入最左边的节点, 那里 V35 的水平个数有: 108 个水平 1, 水平 2 和 5 都只有 1 个, 其他三个水平的观测值都没有, 由于该节点水平 1 的数量最多, 因此在该节点的观测值被预测为水平 1 (有 2 个误判). 因此 V22 对判别 V35 的水平 1 很重要.

(2) 第 2 个拆分变量 V27 分割是不满足 `V22=1,2,3` 的节点的观测值, 满足 `V27=1,2,3` 的观测值进入左边的节点, 那里 V35 的水平 3 有 71 个, 没有别的水平 (很纯), 因此在该节点的观测值被预测为水平 3(没有误判). 因此 V27 对判别 V35 的水平 3 很重要.

(3) 随后出现的拆分变量没有重复, 每一个都仅仅贡献于判别 V35 水平之一: V15 (对判别 `V35=5` 重要)、V5 (对判别 `V35=4` 重要)、V7 (对判别 `V35=6` 重要)、V26 (对判别 `V35=2` 重要).

输出的混淆矩阵和误判率为:

```
> table(w$V35,predict(a,w,type = 'class'))

      1   2   3   4   5   6
  1 108   1   0   3   0   0
  2   1  58   0   1   0   1
  3   0   0  71   0   1   0
  4   0   3   0  46   0   0
  5   1   0   0   0  51   0
  6   0   0   0   0   0  20
> mean(w$V35!=predict(a,w,type = 'class'))
[1] 0.03278689
```

这表明, 对于训练集 (没有交叉验证) 误判率约为 3.3%, 在 366 个观测值中一共有 12 个误判的 (混淆矩阵非对角线元素之和).

5.4.4 例 5.4 皮肤病数据决策树分类的交叉验证及与随机森林的比较

前面显示的例 5.4 皮肤病数据的误判率是对训练集的, 在预测训练集之外的数据时, 误判率会增加. 下面我们做交叉验证, 注意: 为此需要首先运行在 1.7.6 节为 R 编写的 Z 折交叉验证分折函数 `Fold` (类似的 Python 函数已经在 1.6.1 节定义).

对于例 5.4 皮肤病数据的决策树分类以及作为对照的随机森林分类的 10 折交叉验证预测的代码为:

```
library(randomForest)
Z=10;D=35
mm=Fold(w,Z,D,1010)

z=factor(rep(1,nrow(w)),levels = levels(w$V35))
```

```
Pred=data.frame(Tree=z,RF=z)
for (i in 1:Z){
  m=mm[[i]]
  Pred[m,1] = rpart(V35~.,w[-m,]) %>% predict(w[m,],type='class')
  Pred[m,2] = randomForest(V35~.,w[-m,]) %>% predict(w[m,])
}
sapply(Pred, function(x) mean(x!=w$V35))
```

输出的两种模型的交叉验证误判率为:

```
> sapply(Pred, function(x) mean(x!=w$V35))
      Tree         RF
0.07650273 0.02459016
```

输出表明交叉验证的决策树的误判率是随机森林交叉验证预测的 3 倍, 也是前面没有交叉验证的决策树误判率的 2 倍多. **在任何情况下, 判断可预测模型的好坏必须用交叉验证.**

5.4.5 例 5.4 皮肤病数据随机森林分类的变量重要性及其他结果

下面实施例 5.4 皮肤病数据的随机森林分类.

```
library(randomForest)
set.seed(1010)
(a=randomForest(V35~.,w,importance=TRUE))
```

输出了该软件自带的 OOB 交叉验证混淆矩阵.

```
        OOB estimate of  error rate: 1.91%
Confusion matrix:
    1  2  3  4  5  6 class.error
1 112  0  0  0  0  0  0.00000000
2   1 58  0  2  0  0  0.04918033
3   0  0 72  0  0  0  0.00000000
4   0  4  0 45  0  0  0.08163265
5   0  0  0  0 52  0  0.00000000
6   0  0  0  0  0 20  0.00000000
```

输出结果表明, 根据 OOB 交叉验证, 在 366 个观测值中有 7 个误判, 误判率为 0.019 125 68. 这里的 OOB 交叉验证是利用 OOB (out of bag) 数据作为测试集. 在随机森林中, 每棵树 (随机森林在 R 中默认有 500 棵树) 都是根据自助法抽样得到的数据建立的, 而自助法抽样意味着有一部分数据没有被抽中去建模, 这部分不在训练集中的数据称为 OOB 数据, 是天然的测试集, 用这部分测试集得到的误判率就是 OOB 交叉验证误判率, 和前面 10 折交叉验证的差不多. 由于随机性, 各种交叉验证得到的精确性不大一样, 但不会差太多.

1. 自变量在随机森林中关于因变量各个水平的重要性

和在随机森林回归时不同,随机森林在分类之后不但给出总体的变量重要性,而且对因变量每个水平给出了各个变量对该水平判别的重要性. 下面给出自变量关于因变量 6 个水平的重要性图 (图 5.4.4).

```
library(randomForest)
set.seed(1010)
a=randomForest(V35~.,w,importance=TRUE)
Imp=a$importance
colnames(Imp)[1:6]=paste0("V35_level_", 1:6)
Imp=data.frame(Imp,Var=row.names(Imp))

plots=list()
for(i in 1:6) {
    plots[[i]] <- ggplot(Imp,aes_string(y=names(Imp)[i],x='Var'))+
  geom_bar(stat='identity',fill='blue')+
  coord_flip()+
  labs(  x='variable',y=names(Imp)[i])+
  theme(
  axis.title.x = element_text(size = 10),
  axis.text.x = element_text(size = 2),
  axis.title.y = element_text(size = 10))
}
library(patchwork)
wrap_plots(plots,nrow = 2)
ggsave("drf08.pdf", width = 14, height = 7)
```

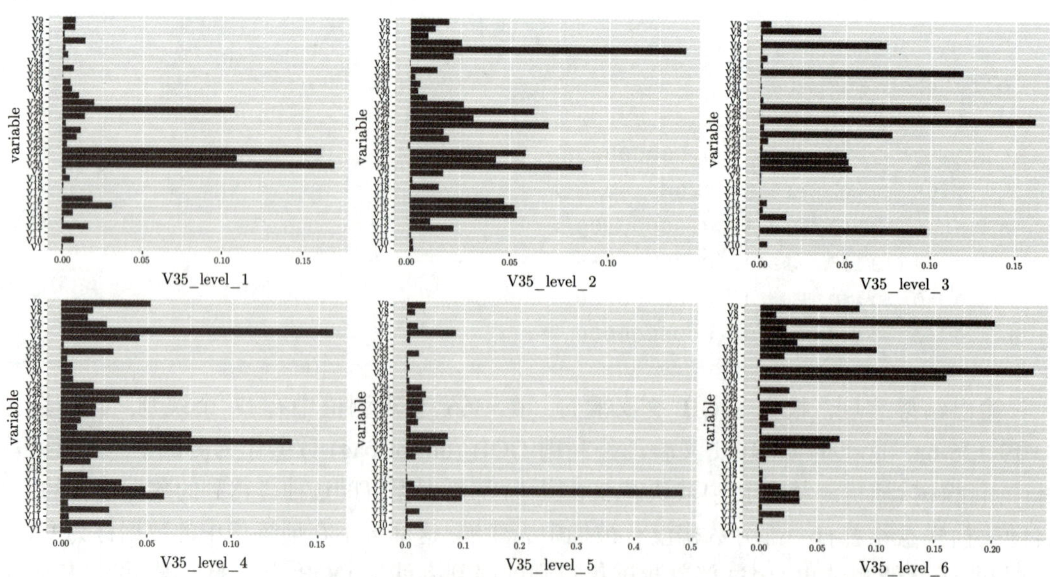

图 5.4.4 例 5.4 皮肤病数据随机森林分类自变量关于因变量 6 个水平的重要性

图 5.4.4 表明, 对于因变量 V35 的各个水平, 重要的变量都不一样, 和决策树图显示的类似, 只不过这里是从很多不同决策树得到的结论.

2. 自变量在随机森林中的总体重要性

图 5.4.5 是总体变量重要性图.

```
plots=list()
for(i in names(Imp)[7:8]) {
    plots[[i]] <- ggplot(Imp,aes_string(y=i,x='Var'))+
  geom_bar(stat='identity',fill='red')+
  coord_flip()+
  labs(  x='variable',y=i)+
  theme(
  axis.title.x = element_text(size = 10),
  axis.text.x = element_text(size = 2),
  axis.title.y = element_text(size = 10))
}
library(patchwork)
wrap_plots(plots,nrow = 1)
ggsave("drf02.pdf", width = 14, height = 7)
```

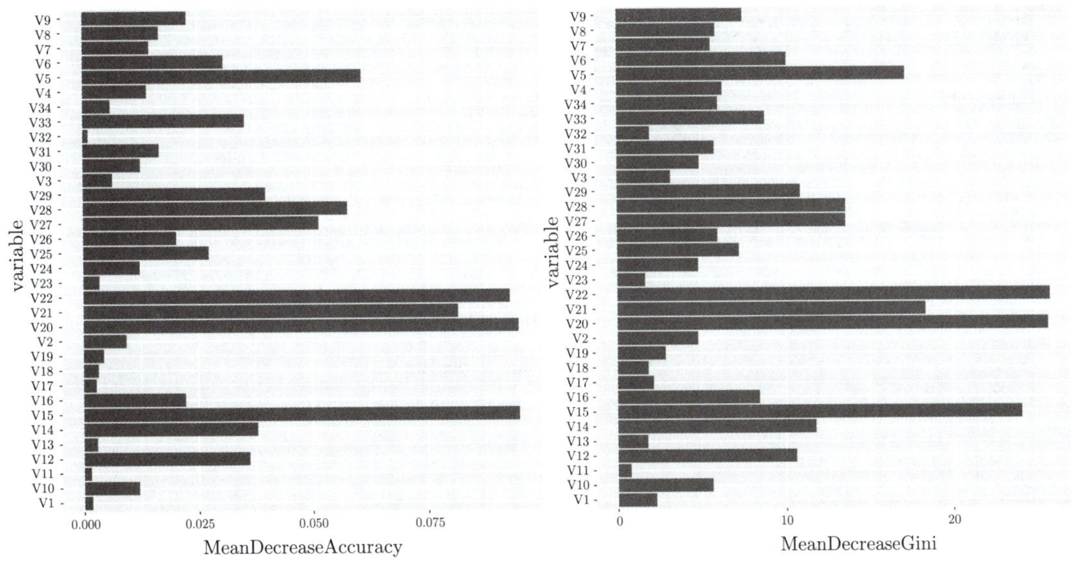

图 5.4.5　例 5.4 皮肤病数据随机森林分类自变量的两个总体重要性图

图 5.4.5 显示了变量两个重要性度量: 一个是用删除一个变量平均精确度的减少来度量 (左图), 另一个是用一个变量使得不纯度度量 (Gini 指数) 的平均减少来度量 (右图). 和图 5.4.4 不一样, 这两个图的重要变量相差不大.

3. 自变量在随机森林中的局部重要性

这里的画图过程和原理与对例 5.2 数据做随机森林回归时类似, 首先对每个变量产生其对不同观测值判别重要性的盒形图 (图 5.4.6).

```
library(randomForest)
set.seed(1010)
a=randomForest(V35~.,w,importance=TRUE,,localImp=T)
a$localImportance%>%t()%>%data.frame()%>%
  gather(variable,importance)%>%
  ggplot(aes(x =variable, y=importance))+
    geom_boxplot()+
    coord_flip()+
    ggtitle('Local variable importance in random forest')
ggsave("drfloc.pdf", width = 14, height =5)
```

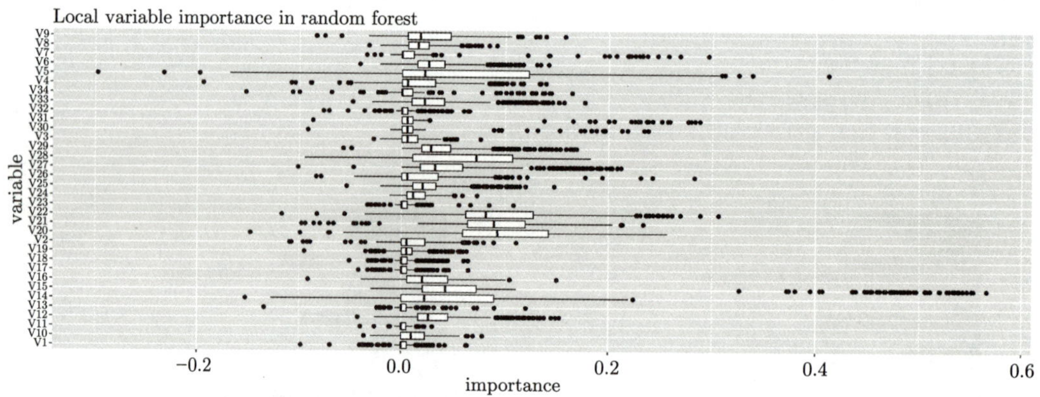

图 5.4.6 例 5.4 皮肤病数据随机森林分类每个变量对不同观测值的判别重要性

然后产生每个观测值与各个变量对其判别重要性的折线图 (图 5.4.7).

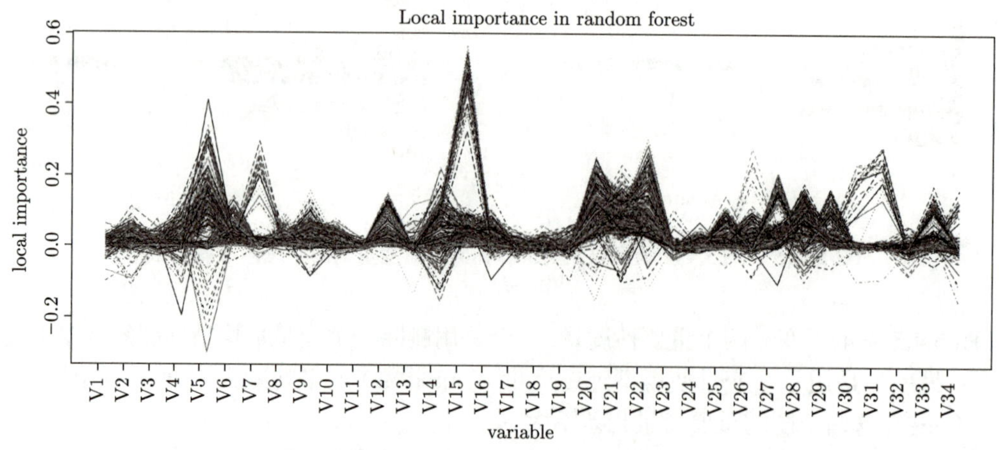

图 5.4.7 例 5.4 皮肤病数据随机森林分类观测值与各个变量对其判别重要性的折线图

图 5.4.6 和图 5.4.7 显示, 很少有哪个变量对大多数观测值都重要, 观测值所对应的重要变量比较分散, 这和从成对马赛克图开始的一系列结论完全一致.

```
matplot(a$localImportance,type='l', xaxt="n", xlab='variable',
        ylab="local importance",)
title('Local importance in random forest')
text(x=seq(1, 34,1),  par("usr")[3],
     labels = rownames(a$importance), srt = 90, pos = 2.5, xpd = TRUE)
```

5.4.6　例 5.4 皮肤病数据随机森林分类得到的离群点

随机森林分类可以产生观测值之间的距离矩阵 (a$proximity), 根据这个矩阵, 可以得到各个变量与其他变量之间的 “距离”, 离主体远的则被称为 “离群点”. 观测值之间的距离远近是根据观测值是否经常同时出现在随机森林众多的节点之中. 这有些类似于人的社交活动, 凡是不和固定伙伴出席各种聚会的就是社交的 “离群点”.

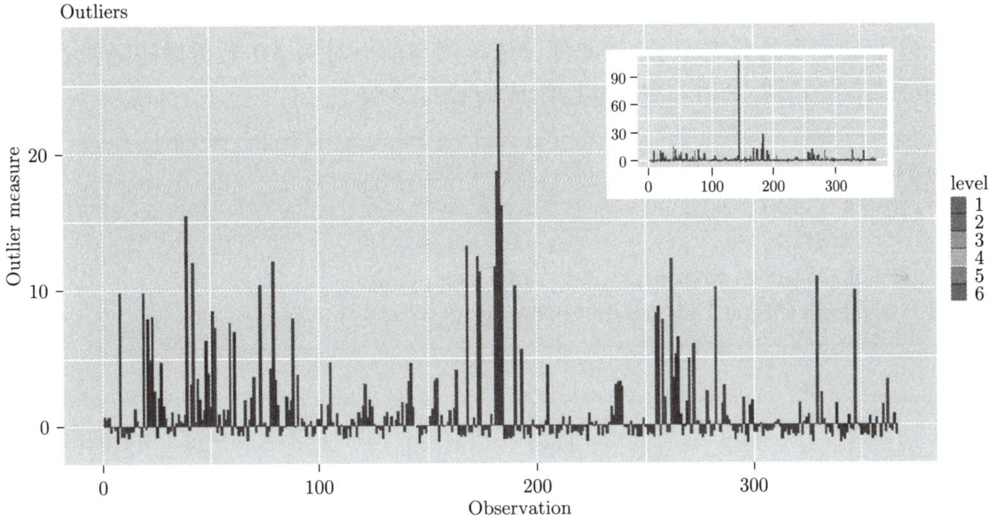

图 5.4.8　例 5.4 皮肤病数据随机森林分类离群点图

图 5.4.8 中有一个小图, 是所有观测值的离群点图, 其中有一个观测值 (第 144 个) 的离群点度量特别高, 因此压制了其他值的显示, 而大图则去掉了该观测值, 大家就可以更容易看到其他观测值的情况. 6 种不同的色调代表因变量 V35 的不同水平 (每个观测值属于其中之一). 第 144 个观测值在决策树中是被误判的, 但在随机森林中没有被误判, 属于因变量的第 3 水平. 从图 5.4.8 也可以看出来, 离群点水平对于不同的水平也并不均匀.

```
set.seed(1010)
a=randomForest(V35~.,w,importance=TRUE,,localImp=T,proximity=T)
Out=as.data.frame(outlier(a))
names(Out)='y';Out$x=1:dim(w);Out$level=w$V35
```

```
library(cowplot)
main.plot <-
  ggplot(data = Out[-144,], aes(x=x,y=y,fill=level)) +
  geom_bar(stat='identity')+
  labs(title = 'Outliers',x='Observation',y='Outlier measure')
inset.plot <- ggplot(data = Out, aes(x=x,y=y,fill=level)) +
  geom_bar(stat='identity')+
  theme(legend.position = "none")+
  labs(x='',y='')
plot.with.inset <-
  ggdraw() +
  draw_plot(main.plot) +
  draw_plot(inset.plot, x = 0.6, y = 0.6, width = .3, height = .3)
ggsave("drfout.pdf", width = 14, height = 7)
```

5.4.7 例 5.4 皮肤病数据随机森林分类的部分依赖图

由于自变量大多是分类变量, 因此部分依赖图与前面对例 5.2 数据做的随机森林回归的依赖图形式有些差别, 是由一些柱状图组成的 (图 5.4.9).

```
nm=names(w)[c(22,20,15,21,5, 28, 33, 27)]
par(mfrow=c(2,4))
for (i in 1:8)
partialPlot(a,pred.data=w,nm[i],xlab =nm[i],
  main = paste("Partial Dependence on",nm[i]))
```

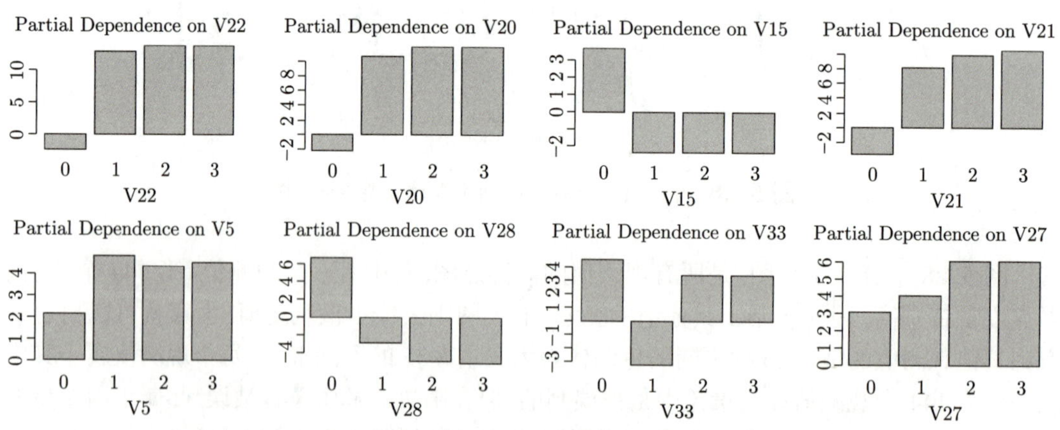

图 5.4.9 例 5.4 皮肤病数据随机森林分类的若干变量的部分依赖图

依赖性强弱主要看自变量的不同水平柱子长度 (纵轴取值范围). 整体上, 因变量对自变量不同水平的依赖程度具有差异, `V22` 和 `V20` 各个水平变化引起的 Y 轴变动明显, 因变量对两者的依赖强. 单独来看, `V22` 和 `V20` 相应于水平 1, 2, 3 的柱子比水平 0 的柱子长, 表明这三个水平对因变量的影响相对较大.

5.5 本章的 Python 代码

5.5.1 初等可视化描述: 例 5.1 盐度数据

首先输入必要的模块:

```
import pandas as pd; import numpy as np
import matplotlib.pyplot as plt; import seaborn as sns
```

1. 成对散点图

读入例 5.1 数据并点出成对散点图, 这里根据变量 trend 点出不同颜色 (图 5.5.1).

```
w=pd.read_csv('salinity.csv')
g=sns.pairplot(w,diag_kind='kde',hue="trend")
g.fig.set_size_inches(21,7)
```

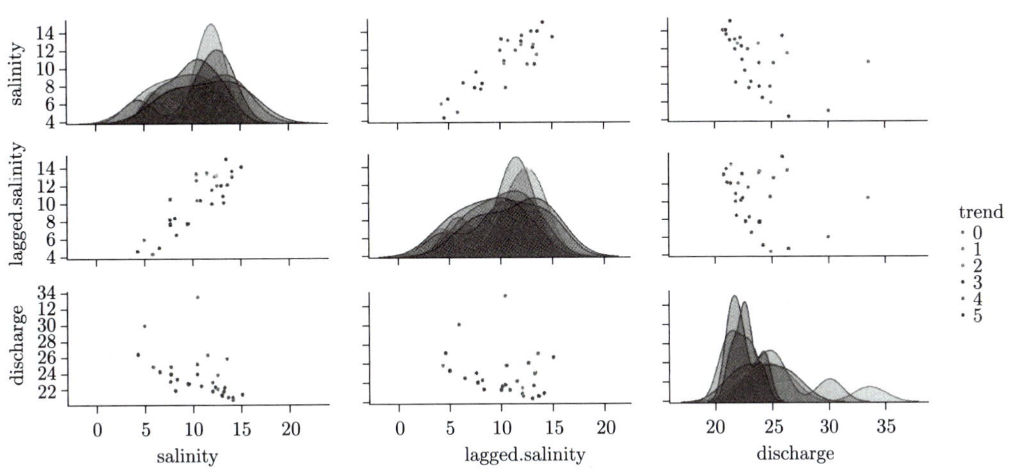

图 5.5.1　例 5.1 数据的成对散点图

2. 三种回归

首先把数据按照变量 discharge 升序排序:

```
w1=w.sort_values(by = 'discharge',ascending = True)
x1=w1.discharge;y1=w1.salinity
x1=np.array(x1).reshape(-1,1)
```

(1) 线性回归:

```
import sklearn
from sklearn.linear_model import LinearRegression
```

```
model = LinearRegression()
model.fit(x1, y1)
pred_lm = model.predict(x1) # 拟合值
```

(2) 二阶多项式回归:

```
weights = np.polyfit(x1.reshape(-1), y1, 2)
model = np.poly1d(weights)

pred_lm2 = model(x1) # 拟合值
```

(3) 样条回归:

```
from patsy import dmatrix
import statsmodels.api as sm

transformed_x1 = dmatrix("bs(x1,df=6, degree=3,
                          include_intercept=True)")
fit1 = sm.GLM(y1, transformed_x1).fit()

pred_1 = fit1.predict(dmatrix("bs(x1,df=6, degree=3,
                       include_intercept=True)"))
```

3. 三种回归的拟合及残差图

下面代码生成前面三种回归的拟合及残差—拟合值图 (图 5.5.2). 注意这里的残差是按照对自变量排序后的次序, 与前面产生的有区别.

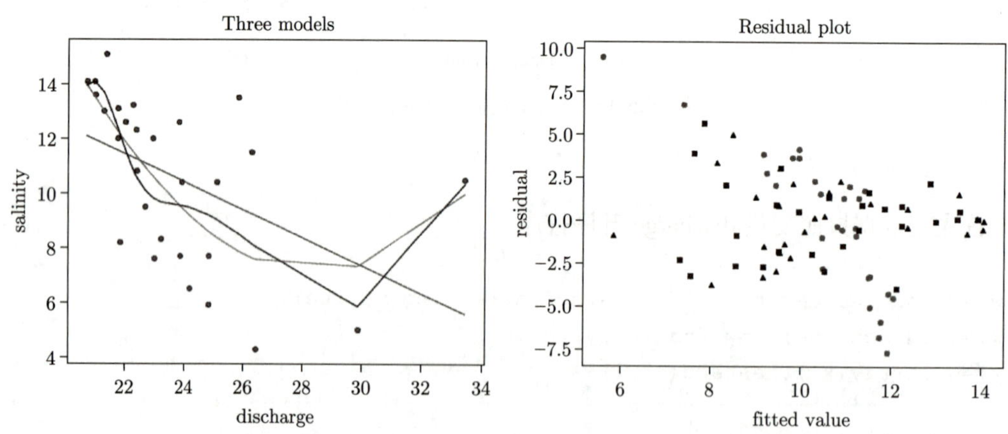

注: 右图中圆点、矩形点及三角形点分别代表线性、多项式及样条回归的残差

图 5.5.2 三种回归的拟合图 (左图) 及残差—拟合值图 (右图)

```
plt.figure(figsize=(20,7))
plt.subplot(121)
plt.scatter(w1.discharge, w1.salinity, facecolor='r',
            edgecolor='b',alpha=0.8)
plt.plot(x1, pred_lm)
plt.plot(x1, pred_lm2)
plt.plot(x1, pred_1, color='b',  label='Specifying df=6')
plt.xlabel('discharge')
plt.ylabel('salinity')
plt.title('Three models')
res_lm=y1-pred_lm
res_21=y1-pred_lm2.reshape(-1)
res_1=y1-pred_1
plt.subplot(122)
plt.plot(pred_lm,res_lm,'ro')
plt.plot(pred_lm2,res_21,'bs')
plt.plot(pred_1,res_1,'k^')
plt.xlabel('fitted value')
plt.ylabel('residual')
plt.title('Residual plot')
```

4. 三种模型的 10 折交叉验证

为了方便, 这里使用了 1.6.1 节的 RFold 函数和 1.6.3 节的 BarPlot 函数 (生成条形图 5.5.3). 这些函数必须首先运行.

把下标分折的代码为 (使用了 RFold 函数):

```
n = len(y); Z = 10
zid = Rfold(n,Z,1010)
```

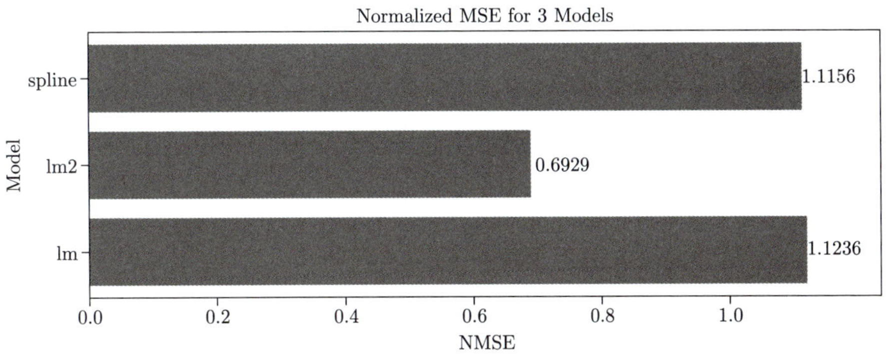

图 5.5.3　例 5.1 数据三种回归交叉验证的 NMSE

三种模型的 10 折交叉验证及使用函数 `BarPlot` 画出 NMSE 条形图 (图 5.5.3) 的代码为:

```
YPred=dict();
M=np.sum((y1-np.mean(y1))**2)
A=dict()
regress=['lm','lm2','spline']
for r in regress:
    Y_pred=np.zeros(n)
    if r=="lm":
        for j in range(Z):
            reg = LinearRegression()
            reg.fit(x1[zid!=j],y1[zid!=j])
            Y_pred[zid==j]=reg.predict(x1[zid==j])
        YPred[r]=Y_pred
        A[r]=np.sum((y1-YPred[r])**2)/M
    if r=="lm2":
        for j in range(Z):
            weights = np.polyfit(x1[zid!=j].reshape(-1), y1[zid!=j], 2)
            reg = np.poly1d(weights)
            Y_pred[zid==j]=reg(x1[zid==j]).reshape(-1)
        YPred[r]=Y_pred
        A[r]=np.sum((y1-YPred[r])**2)/M
    if r=="spline":
        for j in range(Z):
            trans_x1 = dmatrix("bs(x1[zid!=j],df=6, degree=3,\
              include_intercept=True)")
            fit1 = sm.GLM(y1[zid!=j], trans_x1).fit()
            Y_pred[zid==j]= fit1.predict(dmatrix("bs(x1[zid==j],df=6,\
              degree=3,include_intercept=True)"))
        YPred[r]=Y_pred
        A[r]=np.sum((y1-YPred[r])**2)/M
BarPlot(A,'NMSE','Model','Normalized MSE for 3 Models',
        size=[15,15,20,15,12])
```

5. 10 个测试集的 NMSE

计算 10 个测试集的 NMSE 并画出图形 (图 5.5.4).

```
def Nmse(y,yp):
    return np.sum((y-yp)**2)/np.sum((y-np.mean(y))**2)

nmse=dict()
for r in YPred:
```

```
    nn10=np.zeros(Z)
    for j in range(Z):
        nn10[j]=Nmse(y1[zid==j],YPred[r][zid==j])
    nmse[r]=nn10

plt.figure(figsize=(21,7))
for r in YPred:
    plt.plot(nmse[r],label=r)
    plt.legend()
plt.title('NMSE in 10 testing sets')
plt.savefig('test10z.pdf',bbox_inches='tight',pad_inches=0)
```

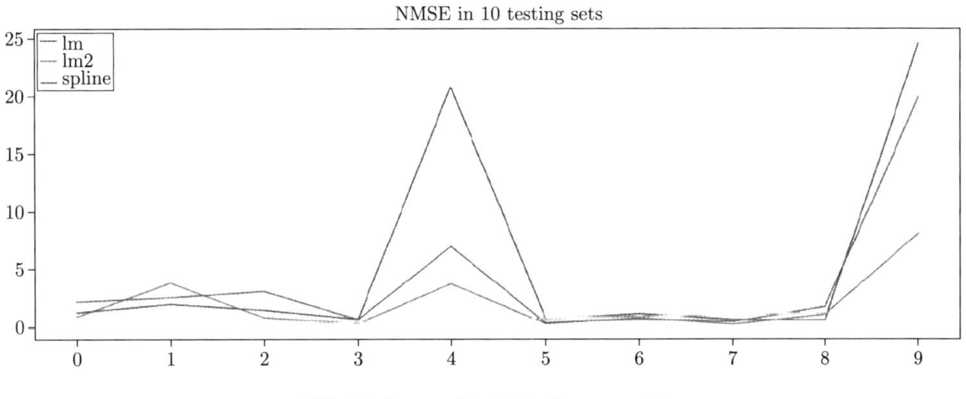

图 5.5.4　10 个测试集的 NMSE 图

5.5.2　有监督学习回归案例: 例 5.2 混凝土数据

输入可能使用的模块及数据:

```
import pandas as pd
import numpy as np
import matplotlib.pyplot as plt
import seaborn as sns

w=pd.read_csv('concrete.csv')
```

1. 成对散点图及盒形图

下面代码生成例 5.2 数据的成对散点图 (图 5.5.5).

```
g=sns.pairplot(w,diag_kind='kde')
g.map_lower(sns.kdeplot, levels=4, color=".2")
g.fig.set_size_inches(21,7)
g.savefig('pconc0.pdf',bbox_inches='tight',pad_inches=0)
```

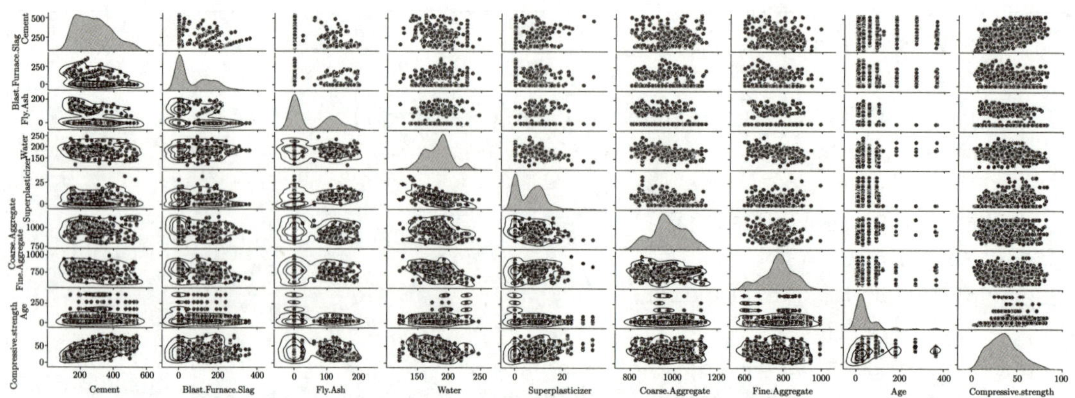

图 5.5.5 例 5.2 数据的成对散点图

下面代码生成例 5.2 数据的盒形图 (图 5.5.6).

```
plt.figure(figsize=(24,8))
sns.boxplot(data=w, orient="h", palette="Set2")
plt.savefig('pconc1.pdf',bbox_inches='tight',pad_inches=0)
```

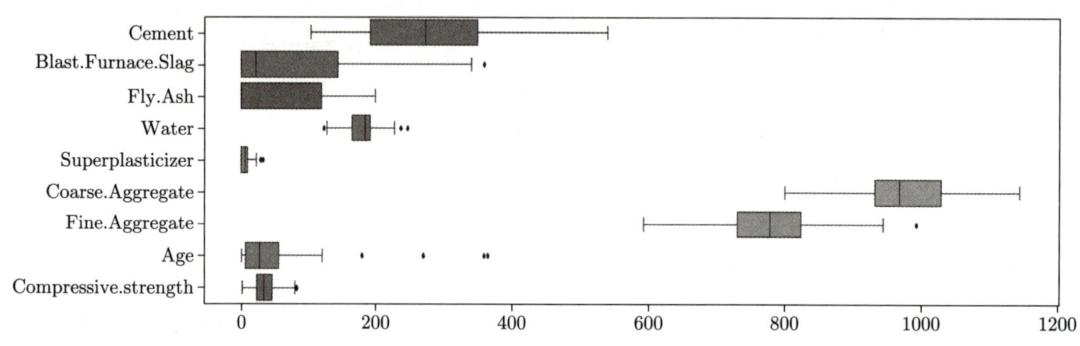

图 5.5.6 例 5.2 数据各变量的盒形图

2. 对例 5.2 数据做 2 种回归方法的交叉验证

这里使用了 1.6.1 节的 `RFold` 函数和 `RegCV` 函数以及 1.6.3 节中的 `BarPlot` 函数 (生成条形图 5.5.7). 这几个函数必须首先运行.

```
y = w.iloc[:,-1] #最后一个变量Compressive.strength
X = w.iloc[:,:-1]

n = len(y); Z = 10
zid = Rfold(n,Z,1010)

from sklearn.linear_model import LinearRegression
```

```
from sklearn.ensemble import RandomForestRegressor

names = ['LinearRegression','RandomForest']
regressors = [LinearRegression(),
              RandomForestRegressor(n_estimators=500,random_state=0)]
REG = dict(zip(names,regressors))
R,A = RegCV(X,y,REG)


BarPlot(A,'NMSE','Model','Normalized MSE for 2 Models')
```

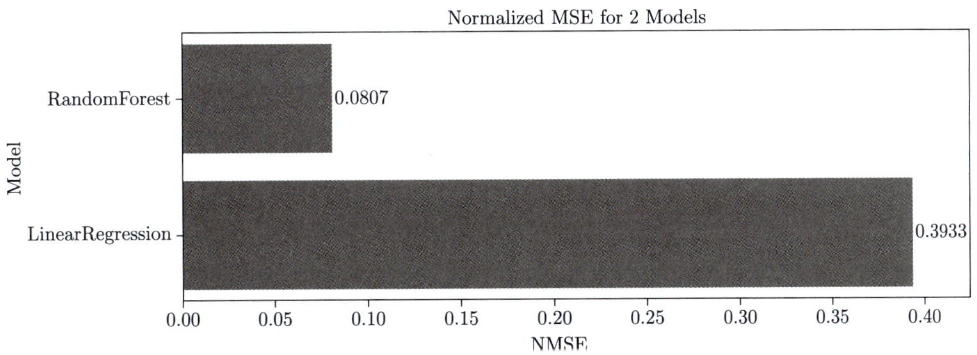

图 5.5.7　对例 5.2 数据做 2 种回归交叉验证的 NMSE 条形图

3. 线性回归系数不可解释

下面函数给出对例 5.2 数据做线性回归时, 各自变量在单独和因变量做回归得到的系数估计值与多重回归时系数估计值比较的直方图.

```
def Plt2LMCoef(X,y,size=(18,9)):
    LM=LinearRegression(fit_intercept=False, normalize=False)

    M_coef=LM.fit(X,y).coef_
    S_coef=[]
    for i in range(X.shape[1]):
       S_coef.extend(LM.fit(np.array(X.iloc[:,i]).reshape(-1,1),y).coef_)
    S_coef=np.array(S_coef)

    plt.style.use('ggplot')
    n = X.shape[1]
    fig, ax = plt.subplots(figsize=size)
    index = np.arange(n)
    bar_width = 0.35
    opacity = 0.9
```

```
    ax.barh(index, M_coef, bar_width, alpha=opacity, color='r',\
           label='Coefficients of multiple regressions')
    ax.barh(index+bar_width, S_coef, bar_width, alpha=opacity,\
     color='b', label='Coefficients of univariate regressions')
    ax.set_ylabel('Covariates')
    ax.set_xlabel('Coefficients')
    ax.set_title('Coefficient comparison between multiple and univariate
                 regression\ without constant term')
    ax.set_yticks(index + bar_width / 2)
    ax.set_yticklabels(X.columns,rotation=0)
    ax.legend(loc='upper left')
    plt.show()
```

对例 5.2 数据使用上面的函数 `Plt2LMCoef` 两次，一次是所有自变量的图 (图 5.5.8 左图)，一次为了显示其他变量的大小区别，去掉太突出的变量 Superplasticizer 所得到的图 (图 5.5.8 右图).

```
Plt2LMCoef(X,y)
Plt2LMCoef(X.iloc[:,[0,1,2,3,5,6,7]],y)
```

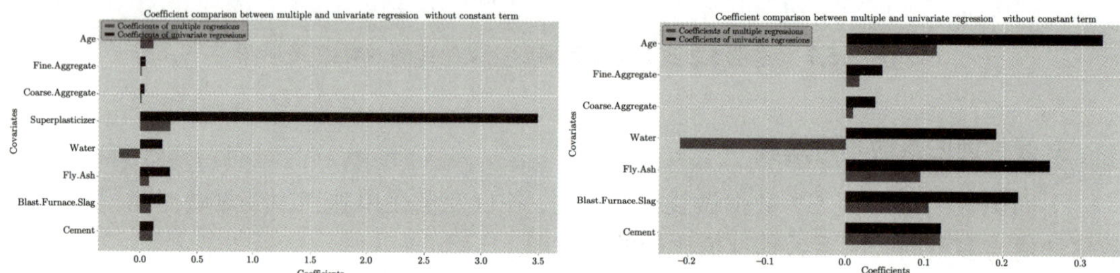

图 5.5.8　例 5.2 数据线性回归系数在多自变量及单自变量回归时的对比 (左图包含变量 Superplasticizer, 右图没有包含)

4. 例 5.2 数据决策树回归

例 5.2 数据决策树回归及画图 (图 5.5.9) 的代码为:

```
import pandas as pd
import numpy as np
import matplotlib.pyplot as plt
from sklearn.tree import DecisionTreeRegressor
from sklearn import tree
import graphviz
w=pd.read_csv('concrete.csv')
y=w['Compressive.strength']
```

```
X=w.iloc[:,:-1]
reg = DecisionTreeRegressor(random_state=0,max_depth=2)
reg=reg.fit(X,y)
dot_data=tree.export_graphviz(reg,out_file=None,
                    feature_names = X.columns,rounded=True, filled=True)
graph = graphviz.Source(dot_data)
graph
```

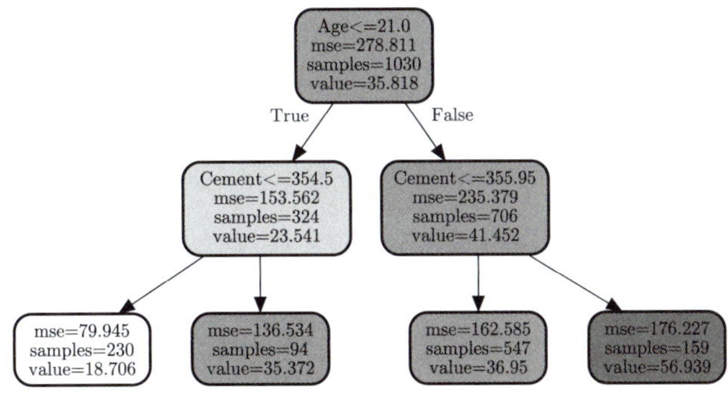

图 5.5.9　例 5.2 数据决策树回归

5. 例 5.2 数据随机森林回归的变量重要性图

下面代码生成对例 5.2 数据做随机森林回归的变量重要性图 (图 5.5.10).

```
random_forest = RandomForestRegressor(n_estimators=500,random_state=0)
random_forest.fit(X, y)
preds = random_forest.predict(X)

fig = plt.figure(figsize=(20, 6))
ax = fig.add_subplot(111)
ax.bar(X.columns, random_forest.feature_importances_)
ax.set_title('Variable importances')
```

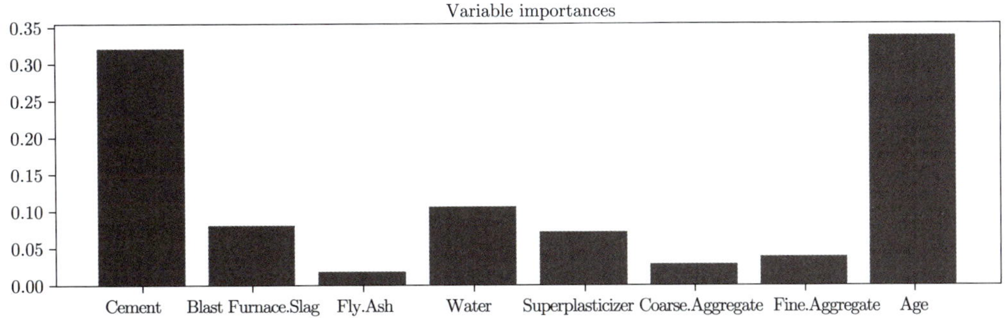

图 5.5.10　例 5.2 数据随机森林回归的变量重要性图

5.5.3 例 5.3 数字笔迹数据

1. 例 5.3 数字笔迹数据一些变量的成对散点图

为了较清楚显示, 这里选择了若干自变量做例 5.3 数字笔迹数据的成对散点图, 因变量的不同水平在散点图中用不同色调显示 (图 5.5.11).

```
w=pd.read_csv('pendigits.csv')
g=sns.pairplot(w.iloc[:,[4,13,15,16]],diag_kind='kde',hue="V17")
g.fig.set_size_inches(15,5)
```

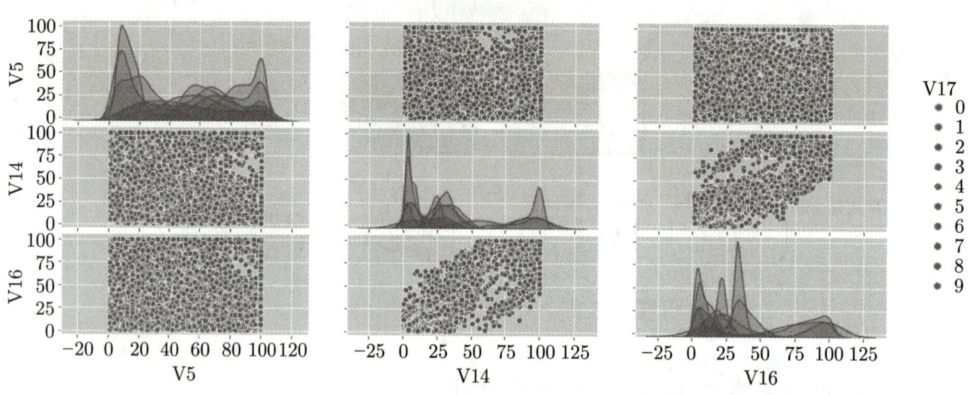

图 5.5.11 例 5.3 数字笔迹数据一些变量的成对散点图

2. 例 5.3 数字笔迹数据一些变量的直方图

这里选择了若干自变量做例 5.3 数字笔迹数据的直方图, 以竖直及前后叠加两种方式显示因变量的不同水平在直方图中 (用不同色调显示) 的分配 (图 5.5.12).

```
w['V17']= w['V17'].astype(str)
V=['V5','V14','V16']
fig,axes=plt.subplots(2,3,figsize=(45,15))
for k,v in enumerate(V):
    U=dict()
    for i in np.unique(w.V17):
        U['V17 for '+i]=w.set_index('V17')[v][i].\
        reset_index(drop=True)
    U=pd.DataFrame(U)
    U.plot.hist(stacked=True, bins=20,alpha=.8,ax=axes[(0,k)],
              title='V17 vs '+v)
    U.plot.hist(stacked=False, bins=20,alpha=.8,ax=axes[(1,k)],
              title='V17 vs '+v)
fig.savefig('ppenhist.pdf',bbox_inches='tight',pad_inches=0)
```

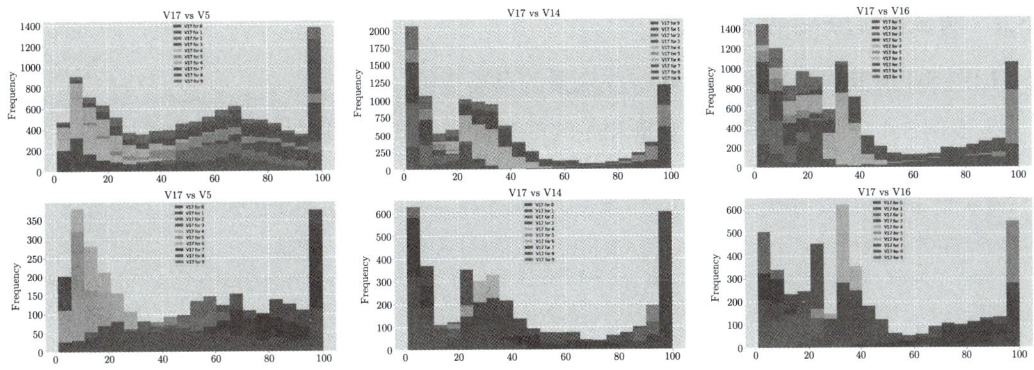

图 5.5.12 例 5.3 数字笔迹数据一些变量的直方图

3. 例 5.3 数字笔迹数据随机森林分类的变量重要性

例 5.3 数字笔迹数据随机森林分类的变量重要性及画图 (图 5.5.13) 的代码为:

```
w=pd.read_csv('pendigits.csv')
X=w.iloc[:,:-1];
y=w.iloc[:,-1]

random_forest = RandomForestClassifier(n_estimators=100, oob_score=True)
random_forest.fit(X, y)
# preds = random_forest.predict(X)

fig = plt.figure(figsize=(20, 6))
ax = fig.add_subplot(111)
ax.bar(X.columns, random_forest.feature_importances_)
ax.set_title('Variable importances')
fig.savefig('ppenImpz.pdf',bbox_inches='tight',pad_inches=0)
```

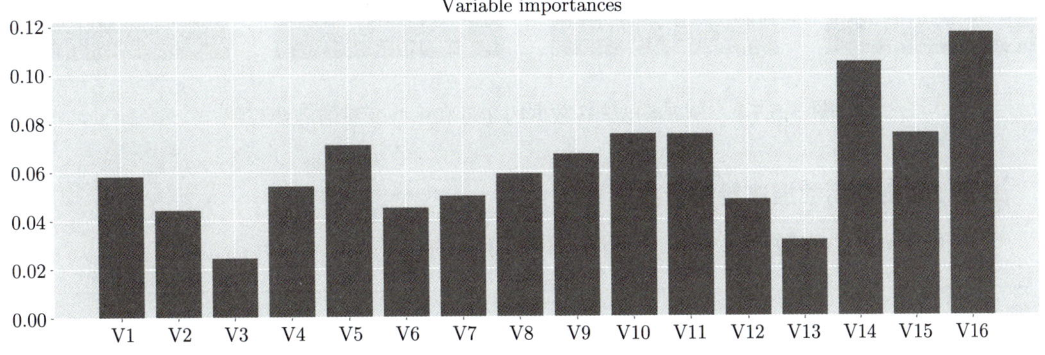

图 5.5.13 例 5.3 数字笔迹数据随机森林分类的变量重要性条形图

5.5.4 例 5.4 皮肤病数据

1. 例 5.4 皮肤病数据因变量和一些变量的马赛克图

生成例 5.4 皮肤病数据的因变量和一些变量的马赛克图 (图5.5.14) 的代码为:

```
import numpy as np
import pandas as pd
import matplotlib.pyplot as plt
from statsmodels.graphics.mosaicplot import mosaic

w=pd.read_csv('derm.csv')
w.iloc[:,34]=w.iloc[:,34].astype(str)
w.iloc[:,:-2]=w.iloc[:,:-2].astype(str)

V=["V22", "V20", "V15", "V21", "V5",  "V28", "V33","V27"]
fig,axes=plt.subplots(2,4,figsize=(45,15))
# plt.figure(figsize=(15,5))
for k,v in enumerate(V):
    mosaic(w, ['V35', v], title='V35 vs '+v,
               ax=axes[(0+int(np.floor(k/4)),0+k%4)])
fig.savefig('pdermm.pdf',bbox_inches='tight',pad_inches=0)
```

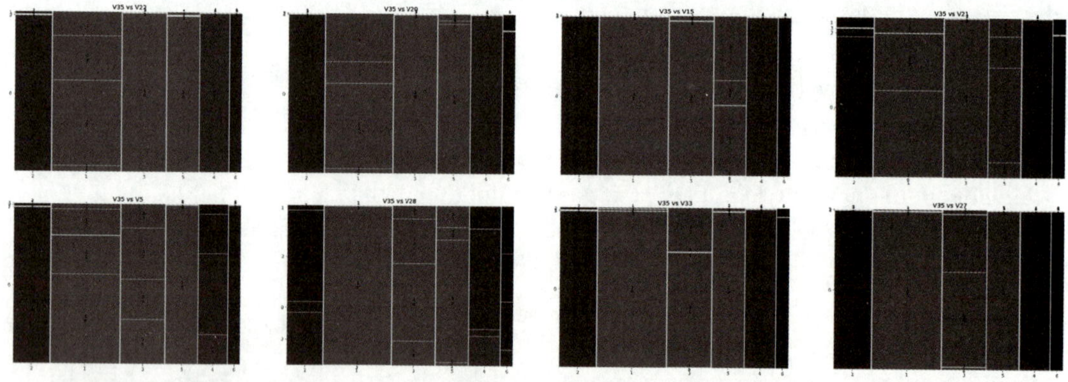

图 5.5.14　例 5.4 皮肤病数据因变量和一些变量的马赛克图

2. 例 5.4 皮肤病数据决策树分类

生成例 5.4 皮肤病数据决策树分类图 (图5.5.15) 的代码为:

```
import pandas as pd
import numpy as np
from sklearn.tree import DecisionTreeClassifier
from sklearn import tree
import graphviz
```

```
w=pd.read_csv('derm.csv')
y=w['V35']
X=pd.get_dummies(w.iloc[:,:-2].astype('category'))
X['V34']=w['V34']

clf=DecisionTreeClassifier(random_state=0,max_depth=4) #criterion='gini'
clf=clf.fit(X,y)
dot_data=tree.export_graphviz(clf,out_file=None,feature_names=X.columns,
rounded=True, filled=True)
graph = graphviz.Source(dot_data)
graph #显示图
```

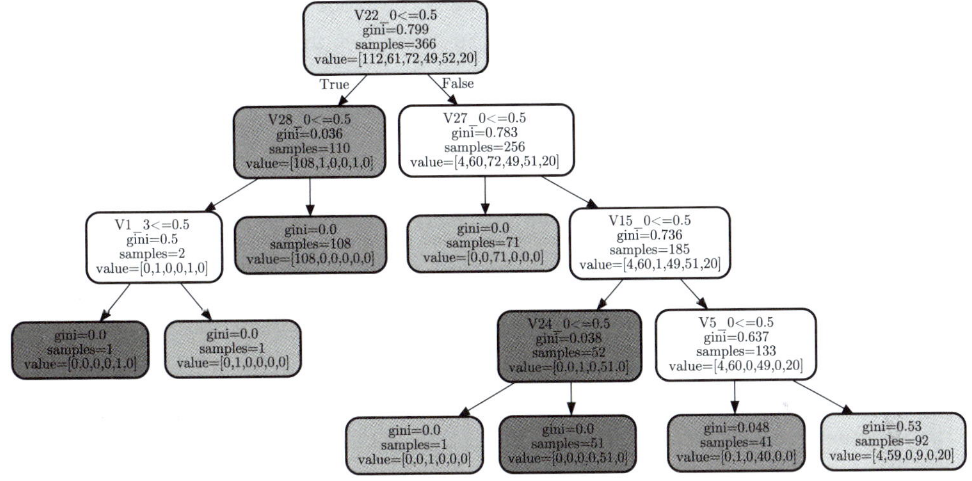

图 5.5.15　例 5.4 皮肤病数据决策树分类图

例 5.4 皮肤病数据决策树分类训练集的混淆矩阵代码为:

```
from sklearn.metrics import confusion_matrix
confusion_matrix(y, clf.predict(X))
```

输出为:

```
array([[108,   4,   0,   0,   0,   0],
       [  0,  60,   0,   1,   0,   0],
       [  0,   0,  72,   0,   0,   0],
       [  0,   9,   0,  40,   0,   0],
       [  0,   0,   0,   0,  52,   0],
       [  0,  20,   0,   0,   0,   0]])
```

3. 例 5.4 皮肤病数据随机森林分类及变量重要性

例 5.4 皮肤病数据随机森林分类生成 OOB 交叉验证混淆矩阵及变量重要性图 (图 5.5.16) 的代码为:

```
from sklearn.ensemble import RandomForestClassifier

random_forest = RandomForestClassifier(n_estimators=100, oob_score=True)
random_forest.fit(X, y)

preds = random_forest.predict(X)
print(f'OOB误判率: {(1 - random_forest.oob_score_) * 100}%')
oob_preds = np.argmax(random_forest.oob_decision_function_, axis=1)
print('OOB 混淆矩阵:\n', confusion_matrix(y, oob_preds))
A=dict(zip(X.columns, random_forest.feature_importances_))

BarPlot(A,'Importance','Variable',
     'Variable importances of random Forest', size=[5,5,30,5,5])
```

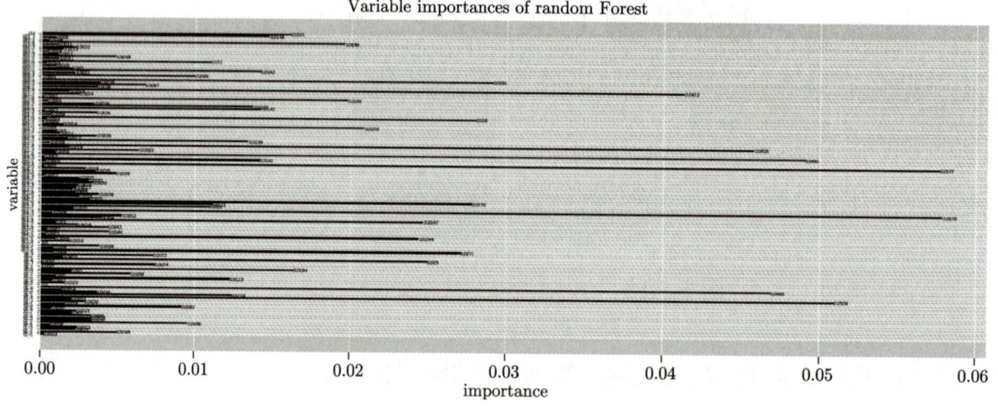

图 5.5.16 例 5.4 皮肤病数据随机森林分类变量重要性图

输出的 OOB 交叉验证混淆矩阵为:

```
OOB误判率: 1.366120218579236 5%
OOB 混淆矩阵:
 [[  0   0   0   0   0   0   0]
 [112   0   0   0   0   0   0]
 [  0  59   0   2   0   0   0]
 [  0   0  72   0   0   0   0]
 [  0   3   0  46   0   0   0]
 [  0   0   0   0  52   0   0]
 [  0   0   0   0   0  20   0]]
```

4. 例 5.4 皮肤病数据随机森林和决策树分类交叉验证比较

这里首先运行了 1.6.1 节的 `Fold` 函数以及 1.6.2 节的 `ClaCV` 函数, 以得到例 5.4 皮肤病数据随机森林和决策树分类交叉验证误判率的条形图 (图 5.5.17).

```
from sklearn.ensemble import RandomForestClassifier
from sklearn.tree import DecisionTreeClassifier
names = ["Decision Tree", "Random Forest"]
classifiers = [
    DecisionTreeClassifier(max_depth=5,random_state=0),
    RandomForestClassifier(n_estimators=500,random_state=0),
]
CLS=dict(zip(names,classifiers))

R,A=ClaCV(X,y,CLS)
BarPlot(A,'Error Rate','Model','Error Rate for Classification',\
        size=[15,15,20,15,12])

print(A)
```

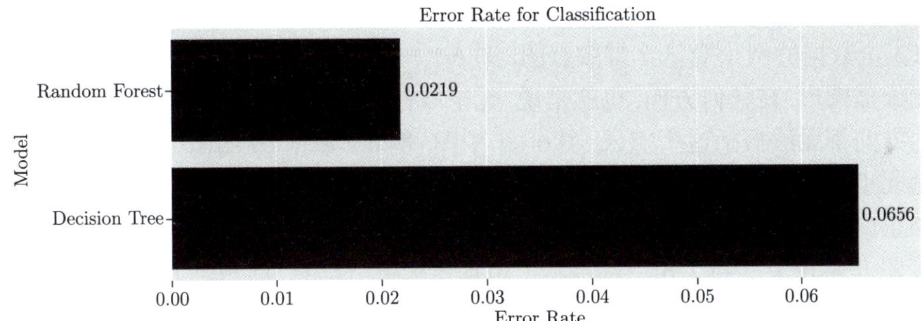

图 5.5.17 例 5.4 皮肤病数据随机森林和决策树分类交叉验证比较

5.6 习题

1. 对第 3 章练习题中全部是分类变量的汽车评估数据集 (Car Evaluation Data Set), 使用有监督学习建模. 对变量 values 进行分类预测 (关于类别的水平有 4 个: unacc, acc, good, vgood).

2. 对第 3 章练习题中因变量是分类变量的心脏病数据集 (Heart Disease Data Set) 进行有监督学习建模的预测分析.

3. 对第 3 章练习题中因变量是数量变量的汽车数据集 (Automobile Data Set) 进行线性回归和机器学习回归方法的交叉验证预测精度对比研究.

4. 挑战自我, 选择一个在生活中遇到困难且有现实价值的数据, 对其进行初步探索性可视化, 尝试各种方法做有监督学习的建模分析 (回归或者分类), 同时把几种方法获得的交叉验证结果进行比较研究.

第 6 章　无监督学习的可视化描述

6.1　降维: 主成分方法的可视化

6.1.1　概述

例 6.1　这是放在一起的 3 个说明性人造数据, 在文件 toy.csv 中, 一共 3 个叠放在一起的数据 (每个数据有两个变量、500 个观测值, 3 个数据共有 1 500 行), 第一列为数据的识别 (`Data: 'A'`、`'B'`、`'C'`), 第二列为变量 x, 第 3 列为变量 y.

当数据有很多数量变量 (变量的个数又称为维数), 而且这些数量变量又相关时, 人们希望用少数变量来代表这众多的变量, 这就是降维. 这里所说的主成分分析就是一种降维. 如果各个变量不相关, 则不可能降维.

例 6.1 的每个数据只有 2 个变量, 2 个变量在 3 个数据中的相关性不同. 图 6.1.1 显示了例 6.1 的 3 个数据的两个变量 2 维散点图. 图 6.1.1 左图 (例 6.1 数据 `A`) 的两个变量不相关, 它们的点云呈圆形, 在任何方向, 也就是说, 无论取什么 a 或 b, 两个变量的线性组合 $ax + by$ 所代表的方向都无法概括这个点云; 图 6.1.1 中图 (例 6.1 数据 `B`) 的两个变量有些相关, 形成了一个椭圆点云, 其长轴方向为该点云方差最大的方向, 提供了该点云的主要信息, 而短轴是与长轴正交的方向, 其方差较小, 只提供了少部分点云的信息; 图 6.1.1 右图 (例 6.1 数据 `C`) 两个变量非常相关, 因此, 长主轴基本上可提供大部分信息, 而短轴方向的方差很小, 这说明其包含的信息少而可以忽略.

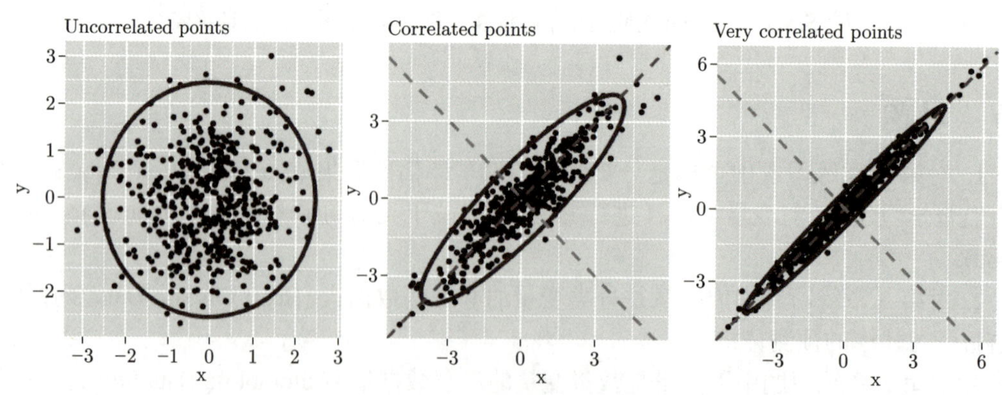

图 6.1.1　3 种不同相关的 2 个变量的 2 维散点图

因此, 图 6.1.1 左图的数据 (`A`) 不可能降维, 而右图的数据 (`C`) 最适合降维, 其长轴方向的数据几乎可以体现整个点云的信息, 这样, 长轴 (其方向是 2 个变量的一个线性组合 $ax + by$)

就是我们所选的**主成分**. **我们既希望降维, 又希望所选的主成分包含尽可能多的信息.** 当然, 这里只能显示 2 个变量的 2 维情况, 降维后也只能是 1 维的主成分. 其实, 多维的情况完全类似.

一些术语

上面提到一些术语, 下面汇总一下:

1. 椭圆点云在多维情况下是多维椭球点云, **一个空间椭球有多少维, 就有多少个互相正交的主轴.**

2. **数据协方差矩阵的特征向量**提供了**主成分. 数据有多少维, 就有多少个互相正交的主成分**. **这些主成分被认为代表了上面提到的椭球点云的主轴方向.**

3. **数据协方差矩阵的特征值**提供了**各个主成分方向数据的方差大小. 特征值的大小为相应特征向量方向 (即成分) 所包含数据的信息多少的度量**. **各个主成分的特征值在总特征值中的份额被认为是该成分所包含的信息占数据全部信息的份额.**

4. 我们所说的 "椭球 (圆) 点云" 在实际数据中并不一定真的有椭球 (圆) 形状, 在高维情况下可能根本不知道是什么形状. 只有在数据具有近似的多元正态分布情况下才会有椭球点云的形状, **数据是什么分布是永远无法验证的, 但无论数据是什么分布, 这里的主成分降维都可以实行. 降维结果是否有效主要取决于各个变量的相关程度.**

下面代码计算了例 6.1 的 3 个数据的相关系数、主成分 (即椭球主轴) 的方向 (相关矩阵的特征向量)、相关矩阵的特征值 (代表了主成分方向的方差).

```
w=read.csv('toy.csv')
Cor=data.frame(Data=NA,Cor=NA)[-1,]#建立一个只有变量名的空数据框
E_vect=list()
E_value=data.frame(Data=NA, Comp_1=NA, Comp_2=NA)[-1,]
for (i in LETTERS[1:3]){
  Cor=rbind(Cor,data.frame(Data=i,Cor=cor(w[w$Data==i,-1])[1,2]))
  e=eigen(cor(w[w[,1]==i,-1]))
  E_vect[[i]] =e$vectors
  E_value=rbind(E_value,data.frame(Data=i, Comp_1=e$value[1],
    Comp_2=e$value[2]))
}
```

得到的 3 个数据的 2 个主成分 (主轴的方向, 即相关阵的特征向量) 都相同. 这里只显示 `E_vect$A`, 因为 `E_vect$A`, `E_vect$B` 和 `E_vect$C` 有相同的值.

```
> E_vect$A
          [,1]       [,2]
[1,] 0.7071068 -0.7071068
[2,] 0.7071068  0.7071068
```

也就是说对于每个数据, 主轴方向都是 (0.707, 0.707) (相应于椭圆长轴) 和 (−0.707, 0.707)

(相应于椭圆短轴), 这实际上都是和横轴成 45 度的方向 (等价于方向 $(1,1)$ 和 $(-1,1)$). 计算机输出的特征向量是单位特征向量, 下面代码可以验证这一点.

```
> sapply(data.frame(E_vect),function(x) sqrt(sum(x^2)))
A.1 A.2 B.1 B.2 C.1 C.2
1   1   1   1   1   1
```

我们利用上面算出来的结果做出图 6.1.2. 下面是对该图的解释:

(1) 图 6.1.2 左上图以条形图形式显示了例 6.1 3 个数据 2 个变量线性相关系数 (A 数据: 0.09, B 数据: 0.89, C 数据: 0.99).

(2) 图 6.1.2 右上图为显示 3 个数据的第一主成分的特征值 (方差) 及第二主成分的特征值的比例的条形图. 可以看出, 对于数据 A, 两个差不多 (55%比 45%), 几乎各占一半, 而数据 C 的第一主成分占了绝大部分 (99.25%). 图中只显示了特征值大小 (`E_value`), 2 个特征值的 3 组比例可以用下面代码得到:

```
> prop.table(as.matrix(E_value[,-1]),margin = 1)
       Comp_1      Comp_2
[1,] 0.5473332 0.452666806
[2,] 0.9452228 0.054777191
[3,] 0.9925043 0.007495736
```

(3) 图 6.1.2 左下图为显示 3 个数据的 2 个主成分特征值的实际大小比较.

(4) 图 6.1.2 右下图为左下图的散点形式, 显示 3 个数据的 2 个主成分特征值的实际大小变化. 该图称为**崖底碎石图** (scree plot), 该名字表示, 一个好的主成分降维, 选中的主成分和没有代表性的主成分之间的差距如悬崖一样, 当有很多变量时, 崖底碎石图的被抛弃的变量像悬崖底下的碎石一样. 图中, 对数据 A, 没有 “悬崖” (几乎是 “平地”), 谈不上降维; 对数据 B 和 C, 有 “悬崖” (只有一个变量作为 “碎石” 在下面), 可以降维, 用特征值大的主成分作为新变量.

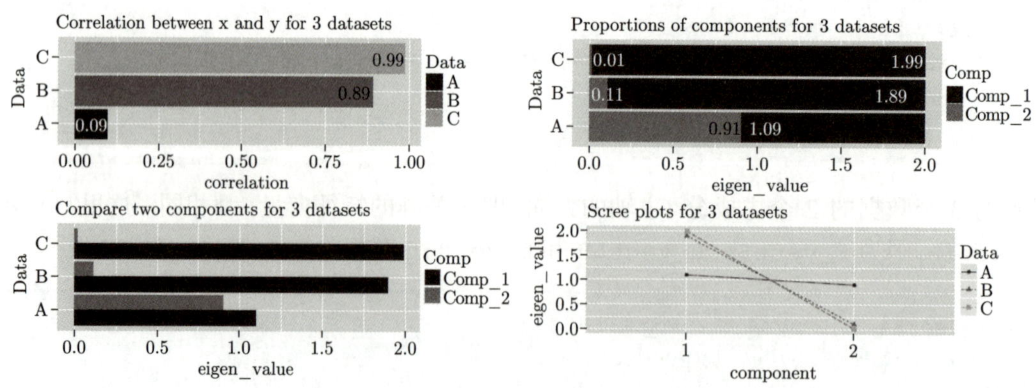

图 6.1.2　例 6.1 3 个数据的相关系数、特征值 (比例及实际大小) 及悬崖碎石图

产生图 6.1.2 的代码为:

```
library(tidyverse)
p1=ggplot(Cor,aes(x=Data,y=Cor,fill=Data,label = round(Cor,2)))+
  geom_bar(stat='identity')+
  coord_flip()+
  geom_text(hjust =1, color = 'white') +
  labs(y='correlation',
    title='Correlation between x and y for 3 datasets')

p2=E_value %>% gather(Comp,eigen_value,-Data) %>%
ggplot(aes(x=Data,y=eigen_value,fill=Comp))+
  geom_bar(stat='identity')+
  coord_flip()+
  geom_text(aes(label=round(eigen_value,2)),hjust =1, color = 'black') +
  ggtitle('Proportions of components for 3 datasets')

p3=E_value %>% gather(Comp,eigen_value,-Data) %>%
ggplot(aes(x = Data, y = eigen_value,group=Comp,fill=Comp)) +
  geom_bar(stat = 'identity', position='dodge',size = 1)+
  coord_flip()+
  ggtitle('Compare two components for 3 datasets')

p4=E_value %>% gather(Comp,eigen_value,-Data) %>%
  mutate(component=ifelse(Comp=='Comp_1',1,2)) %>%
  ggplot(aes(x=component,y=eigen_value,group=Data,color=Data))+
  geom_line(aes(linetype=Data))+
  geom_point(aes(shape=Data))+
  scale_x_discrete(breaks=1:2,limits=1:2)+
  ggtitle('Scree plots for 3 datasets')

library(patchwork)
p1 + p2 + p3 + p4
```

6.1.2 降维案例: 例 6.2 联合国人口学数据

例 6.2 (DP.csv) 这是根据联合国网页 WHO Data 名下 Demographic and socioeconomic statistics 组的数据集形成的数据. 该数据有 177 行, 每行代表一个国家或地区, 一共有 12 个变量 (数据的列), 除了名为国家或地区的第一列为各个国家或地区的名字之外, 其他列都是人口学的一些变量. 下面为除了国家或地区名字之外的所有变量的意义. D1: 人口年增长率 (%), D2: 手机用户量 (每 100 人), D5: 粗出生率 (每 1 000 人), D6: 粗死亡率 (每 1 000 人), D7: 人均国民总收入 (PPP int. $), D12: 总人口 (千), D13: 生活在城市地区人口 (%), D15: 人口中位数年龄 (岁), D16: 超过 60 岁的人口比例 (%), D17: 15 岁以下的人口比例 (%), D18: 总生育率 (每个妇女).

1. 显示线性相关系数的成对散点图

首先产生显示线性相关系数的成对散点图 (图 6.1.3). 从图 6.1.3 中可以看出这些变量互相都有些相关 (有正有负).

```
w=read.csv('DP.csv')
library(GGally)
ggpairs(w[,-1], lower = list(continuous = wrap("smooth_loess",
alpha = 0.3, size=1)))
```

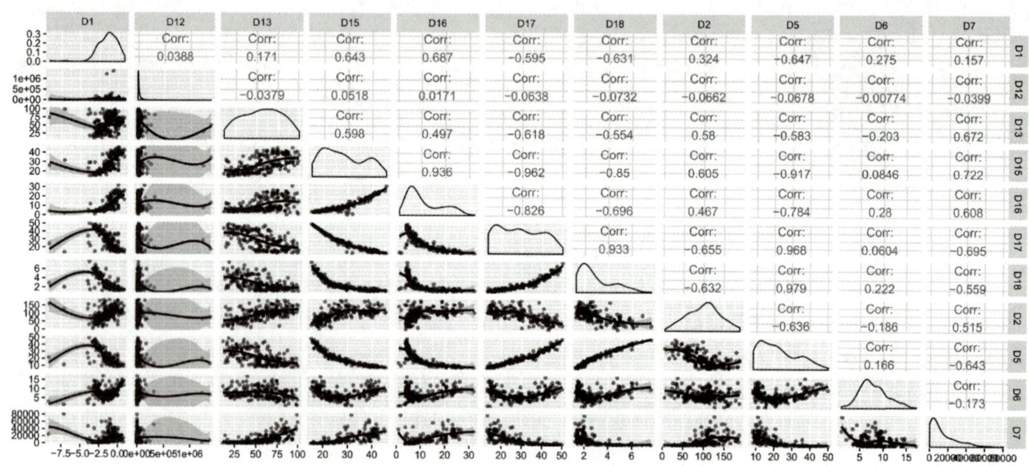

图 6.1.3 例 6.2 显示线性相关系数的成对散点图

2. 从特征值问题中寻求最大方差的方向

前面讲过, 数据相关阵的特征值反映了相应特征向量方向上的数据方差, 因此, 我们的步骤是:

(1) 解数据相关阵的特征值问题, 也就是说找到特征值 (代表方差) 和相应的特征向量 (代表主成分的方向).

(2) 借助崖底碎石图确定哪些主成分是重要的, 崖底碎石图实际上是特征值的点图. 借助该图可选择少于原始变量个数的若干主成分为原数据降维.

(3) 可以通过载荷图点出各个成分和原始变量之间的关系, 实际上**每个单位特征向量乘以相应特征值的平方根就得到该成分与各个原始变量之间的相关系数. 可以根据这些相关系数来解释主成分的意义.**

(4) 以被选定的主成分为新坐标, 找出观测值在新坐标系中的位置, 并予以解释, 这就是**主成分记分.**

3. 主成分及崖底碎石图

下面计算数据相关阵的特征值和特征向量, 也把单位特征向量转换成与原始变量的相关系数 (用 `loading` 表示), 同时画出崖底碎石图和累积贡献图 (表 6.1.1、图 6.1.4).

```
#计算e和loading
library(tidyverse)
e=eigen(cor(w[,-1]))
loading=sweep(e$vector,2,sqrt(e$values),"*") %>% data.frame()
names(loading)=paste('Comp',1:11)

#特征值图和累积贡献率
s1=data.frame(v=e$values,cv=cumsum(e$values)) %>%
ggplot(aes(x=1:length(e$values),y=v))+
  geom_line()+
  geom_point()+
  labs(x='Component',y='Eigen value',title = 'Scree plot')
s2=data.frame(v=e$values,cv=cumsum(e$values)/sum(e$values)) %>%
ggplot(aes(x=1:length(e$values),y=cv))+
  geom_line()+
  geom_point()+
  labs(x='Component',y='Cumulative contribution rate',
    title = 'Cumulative contribution rate')
library(patchwork)
s1+s2
```

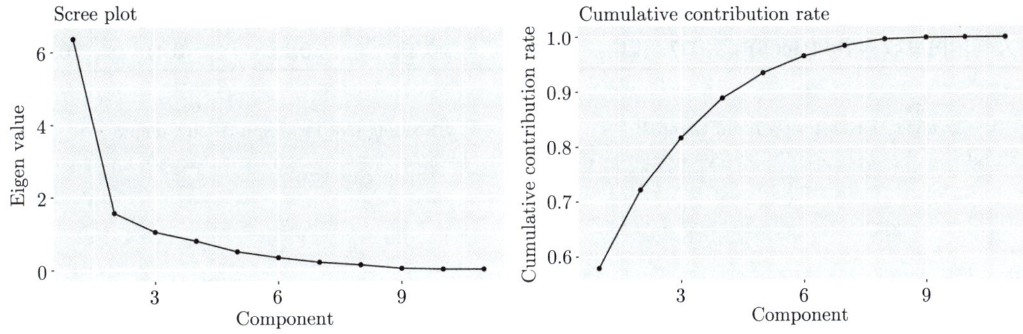

图 6.1.4　例 6.2 的崖底碎石图 (特征值图) 和累积贡献率 (累积特征值比率)

图 6.1.4 和表 6.1.1 中的数字是一致的, 均展示了上述代码的计算结果.

表 6.1.1　特征值及累积贡献率

成分	1	2	3	4	5	6	7	8	9	10	11
特征值	6.37	1.57	1.04	0.80	0.50	0.34	0.21	0.13	0.03	0.01	0.00
累积贡献率	0.58	0.72	0.82	0.89	0.93	0.97	0.98	1.00	1.00	1.00	1.00

从表 6.1.1 或图 6.1.4 可以看出, 第一个主成分占了 58%的方差贡献率, 前 3 个主成分提供了 82%的信息. 如果选择这 3 个主成分, 如何通过和原始变量的关系解释主成分则是另一个问题.

4. 主成分和各个原始变量的相关及载荷图

根据上面计算的体现主成分和原始变量相关系数的成分 (单位特征向量乘以相应特征值的平方根) `loading`, 得到下面的各个主成分 (只列出前 5 个主成分) 和原始变量的相关系数表.

表 6.1.2 显示的数字的第 1、2 列作为横纵坐标可以点出第 1、2 主成分载荷图 (图 6.1.5 左图), 而表中显示的数字的第 3、5 列作为横纵坐标可以点出第 3、5 主成分载荷图 (图 6.1.5 右图).

表 6.1.2　例 6.2 各个主成分 (只列出前 5 个主成分) 和原始变量的相关系数表

变量		主成分载荷 (显示相关系数)				
意义	名称	Comp.1	Comp.2	Comp.3	Comp.4	Comp.5
人口年增长率/%	D1	−0.64	−0.58	−0.05	0.36	−0.049
总人口/千	D12	−0.03	−0.13	−0.93	−0.32	−0.111
生活在城市地区人口/%	D13	−0.69	0.40	0.14	−0.33	−0.153
人口中位数年龄/岁	D15	−0.97	−0.15	0.02	−0.09	0.089
超过 60 岁的人口比例/%	D16	−0.87	−0.36	0.11	−0.16	0.104
15 岁以下的人口比例/%	D17	0.97	0.01	0.05	−0.03	−0.061
总生育率 (每个妇女)	D18	0.92	−0.05	0.16	−0.27	−0.054
手机用户量 (每 100 人)	D2	−0.71	0.29	0.10	0.09	−0.584
粗出生率 (每 1 000 人)	D5	0.96	−0.02	0.12	−0.18	−0.094
粗死亡率 (每 1 000 人)	D6	0.06	−0.84	0.27	−0.38	−0.185
人均国民总收入 (PPP int.$)	D7	−0.74	0.33	0.15	−0.41	0.231

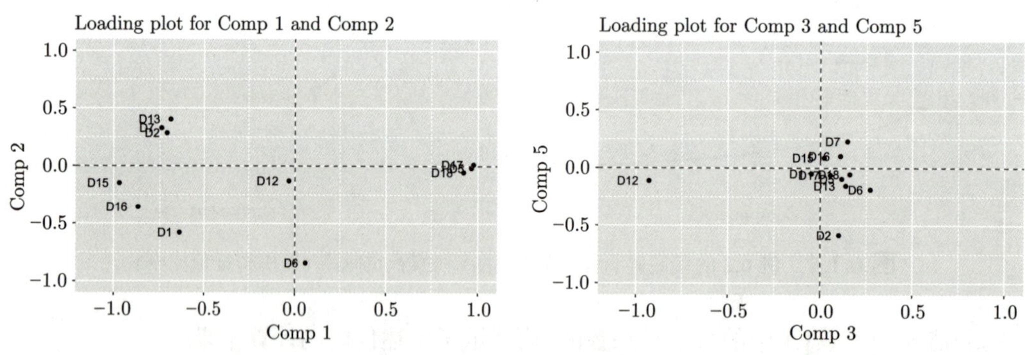

图 6.1.5　第 1、2 主成分载荷图 (左) 及第 3、5 主成分的载荷图

在载荷图 6.1.5 左图中, 离横坐标的 −1 或 +1 越近, 则与第 1 主成分越相关 (无论正负), 同样地, 离纵坐标的 −1 或 +1 越近, 则与第 2 主成分越相关 (无论正负); 图6.1.5 右图也类似解释, 只不过是关于第 3 和第 5 主成分. 无论在哪个载荷图, 离原点 (两个用虚线表示的坐标轴交点) 越近的原始变量与主成分越不相关.

```
l1=loading %>% mutate(Var=names(w)[-1]) %>%
ggplot(aes(x='Comp 1',y='Comp 2',label=Var))+
```

```
  geom_point()+
  geom_text(hjust=1.5, vjust=.5)+
  xlim(-1.1,1)+ylim(-1,1)+
  geom_hline(yintercept=0,col='red',linetype=2)+
  geom_vline(xintercept=0,col='red',linetype=2)+
  ggtitle('Loading plot for Comp 1 and Comp 2')

l2=loading %>% mutate(Var=names(w)[-1]) %>%
ggplot(aes(x='Comp 3',y='Comp 5',label=Var))+
  geom_point()+
  geom_text(hjust=1.5, vjust=.5)+
  xlim(-1.1,1)+ylim(-1,1)+
  geom_hline(yintercept=0,col='red',linetype=2)+
  geom_vline(xintercept=0,col='red',linetype=2)+
  ggtitle('Loading plot for Comp 3 and Comp 5')
l1+l2
```

载荷图也可以用等价的相关系数图表示，这里我们只取了 3 个主成分 (图 6.1.6). 图 6.1.6 是把 3 个主成分的相关系数形成一个并排条形图，每一组 3 个矩形条代表一个原始变量与 3 个主成分的相关系数. 产生图 6.1.6 的代码为:

```
loading[,1:3] %>% mutate(variable=names(w)[-1]) %>%
  gather(component,loading,-variable) %>%
  ggplot(aes(x=variable,y=loading,fill=component))+
  geom_bar(stat = 'identity',position = 'dodge')+
  ggtitle('Correlation between 3 components and original variables')
```

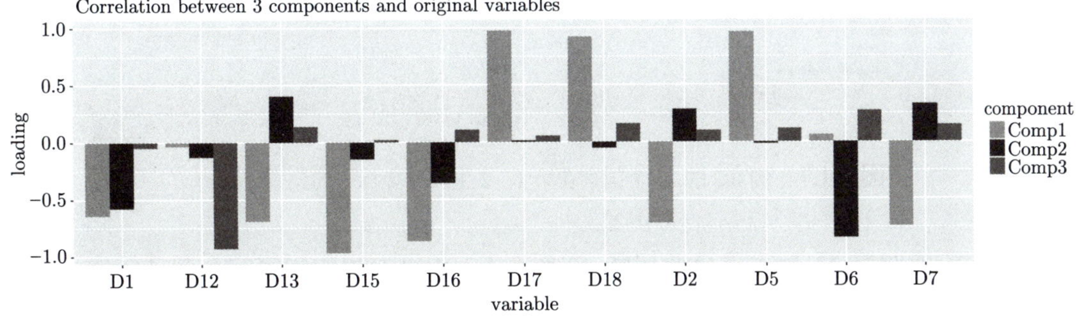

图 6.1.6　第 1、2、3 主成分和原始变量的相关系数条形图

从上面输出的表格和图 6.1.5、图 6.1.6 可以看出:

(1) 对于第 1 主成分:

① 和第 1 主成分比较负相关 (相关系数绝对值大于 0.6) 的变量为 D1 (人口年增长率)、D13 (生活在城市地区人口), D15 (人口中位数年龄), D16 (超过 60 岁的人口比例), D2 (手机

用户量), D7 (人均国民总收入). **因此第一主成分负值越大, 国家越“发达”** (这种说法有些主观, 因为“发达”与否很难用少数指标来定义).

② 和第 1 主成分比较正相关 (相关系数绝对值大于 0.6) 的变量为 D17 (15 岁以下的人口比例), D18 (总生育率), D5 (粗出生率). **因此第一主成分正值越大, 国家越“欠发达”** (是不是出生率越高越“欠发达”?).

(2) 和第 2 主成分比较负相关 (相关系数绝对值大于 0.5) 的变量为 D6 (粗死亡率), 还有稍微相关的 D1 (人口年增长率). **因此第 2 主成分负值越大, 粗死亡率越高但出生率也较高.** 和第 2 主成分比较正相关 (相关系数绝对值大于 0.6) 的变量没有.

(3) 只有 D12 (总人口) 和第 3 主成分强烈负相关, 其他变量和第 3 主成分的相关性较低. **因此第 3 主成分负值越大, 国家总人口越多.**

(4) 在其他主成分中 (第 4 到第 11 主成分) 只有第 5 主成分和 D2 (手机用户量) 有一些负相关 (相关系数为 −0.584). **因此第 5 主成分负值越大, 国家手机用户越多.**

5. 观测值在新坐标下的记分

前面的载荷图仅仅说明了变量和这些主成分之间的关系, 我们还可以把每个观测值的相应于各个主成分的新坐标求出来, 称为记分 (score). 求记分的做法是把原始数据标准化, 即每一列减去该列均值后除以该列的标准差 (用函数 `scale` 实现), 然后用特征向量左乘标准化的数据矩阵. 由于原数据国家太多, 我们选择总人口 (变量 D12) 较多及人均国民总收入 (D7) 较高的 20 个国家来点出它们在第 1、2 主成分新坐标中的位置.

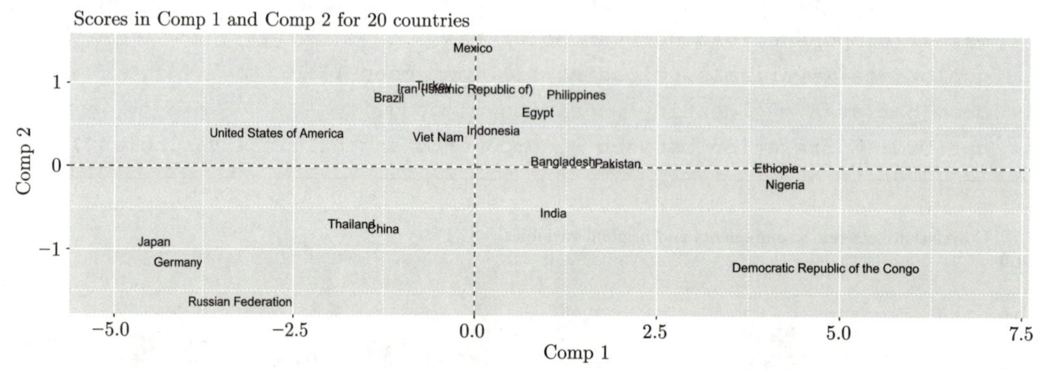

图 6.1.7 例 6.2 的 20 个国家在第 1、2 主成分坐标中的位置 (记分)

根据前面对第 1、2 主成分的解释, 在图 6.1.7 中靠左边的国家综合起来较发达, 前两名是日本和德国, 而靠右的国家则相反, 比如刚果民主共和国、尼日利亚及埃塞俄比亚等. 而印度、巴基斯坦、孟加拉国、越南、印度尼西亚等国则在原点附近. 当然, 这种一概而论的结果不一定合适, 因为每个成分都是综合几个变量的信息, 过分简单化必定会产生误导.

```
w1=w[with(w,order(D12,D7,decreasing = T)),][1:20,]
sc12=scale(w1[,-1])%*%e$ve[,1:2] %>% data.frame() %>% glimpse()
```

```
names(sc12)=c('Comp 1','Comp 2')
sc12$Country=w1$Country.or.Area

sc12 %>%
 ggplot(aes(x='Comp 1',y='Comp 2',label=Country))+
    geom_text()+
    xlim(-5,7)+
  geom_hline(yintercept=0,col='red',linetype=2)+
  geom_vline(xintercept=0,col='red',linetype=2)+
  ggtitle('Scores in Comp 1 and Comp 2 for 20 countries')
```

6.1.3 关于主成分降维的几点总结

(1) **对主成分降维最大的影响是变量的选择, 这也是人工干预主成分分析结果的一个重要手段 (如后面要提到的 "综合评价"), 当人们专注于数学细节时, 往往忽略了作为主成分降维基础的变量选择.**

(2) **为什么用数据相关阵而不是协方差阵解特征值问题?** 理由是相关阵消除了量纲的影响. 事实上, 如果对标准化后的数据用协方差阵做主成分分析和用相关阵的效果相同.

(3) 为什么借助崖底碎石图并参考主成分和各个变量的相关系数而不用一些文献所说的仅仅用累积贡献率的百分比 (有人建议 75%或 80%等) 来确定主成分的选取? 崖底碎石图中只有出现了 "陡峭的悬崖" 才说明降维有意义, 否则对于完全无关变量的主成分分析也可以 "按照累积贡献率大于某百分比" 来选择成分, 但毫无意义. **主成分分析是在 "降维" 和 "保持信息" 之间做平衡, 降维必定损失信息, 如何平衡则根据实际问题的性质来决定, 一刀切的做法是不科学的.**

图 6.1.8 是由一个 20 个正交变量数据 (otho.csv) 产生的崖底碎石图和累计贡献率图. 其崖底碎石图实际上是 "平地" , 而右边的累积贡献率图是等距点形成的直线, 图中画了一条 80%的水平线. 如果按照这种 "80%一刀切" 的决策, 则 20 个变量中需要选择 16 个, 显然是荒唐的. **这种不相关的数据根本不能降维.**

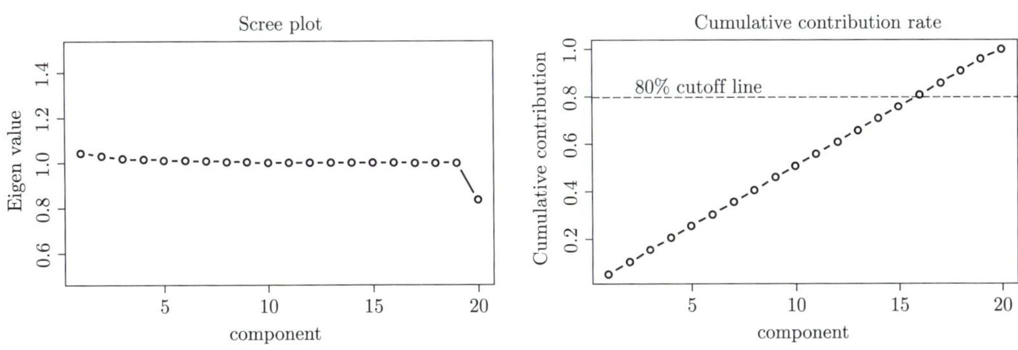

图 6.1.8 正交变量数据的崖底碎石图和累积贡献率图

图 6.1.8 是由下面代码产生的:

```
S=read.csv('ortho.csv')
S.v=eigen(cor(S))$value
layout(t(1:2))
plot(eigen(cor(S))$value,type = 'b',xlab = 'component',
     ylab='Eigen value',ylim=c(0.5,1.5),main = "Scree plot")
plot(cumsum(S.v/sum(S.v)),type='b',xlab = 'component',
     ylab="Cumulative contribution",
     main = 'Cumulative contribution rate')
abline(h=0.8,lty=2,col=4)
text(5,0.83,'80% cutoff line',col=2)
```

(4) 为什么要找出各个主成分和原始变量的相关系数? 在 R 和某些其他软件输出的特征向量是单位特征向量, 只有通过乘以相应特征值的平方根才转换成显示相关系数的成分 (注意: 一个向量乘以任意非零常数, 不会改变方向), **只有通过相关性才能够理解主成分是如何代表原始变量的.**

(5) **在多数情况下, 解释主成分, 特别是企图给各个主成分起名字, 往往会失败.** 世界并不是按照我们想象的那样存在的, 太概括了就会失去个性及真实性.

(6) 对于不同的软件的输出, 特征向量 (载荷) 可能差一个符号甚至一个常数因子 (有些输出的是相关系数). 因此, 在某些软件输出的正相关, 在另一些软件可能是负相关. 载荷图的符号也可能相反. 要明白: **载荷改变符号不会对分析结果有任何影响.**

(7) 在实际应用中, 比如下面图像压缩的例子 (例 6.3) 表明, **在一些应用中, 只有结果是重要的, 过多讨论或试图解释其数学细节则似乎太过于书生气.**

综合评价及简单化排名

综合评价的悖论. 有些人把主成分分析作为产生 “综合指标” 的所谓 “综合评价” 的基础, 比如, 某个成分为 “教育成分” , 某个成分为 “经济发展成分” , 等等, 然后用这些成分的平均或者它们 (按照主成分贡献比例) 的加权平均作为 “业绩” 的综合指标来排序. 但是, 如果分析时不局限于经济变量, 还包括廉政、环境、公平、效率等其他变量, 结果就不那么简单了. 这时, “经济发展成分” 和腐败及污染很可能都十分相关, 这时如何称呼、如何进行综合评价都会成为问题. 比如, 公平和效率也是负相关的, 反映效率的成分难道可以称为 “不公平成分” ? **很多综合评价的结果都是有目的地挑选自己喜欢的变量的结果.**

从技术的角度, 这个模型是线性的, 如果真实变量之间的关系不是线性的, 所有的结果可能完全没有意义.

简单化排名肯定损失信息. 用少数指标对于一个事物做描述必定会损失信息. 比如, 人的体能本来可以用持久性、爆发力、速度等多方面来描述, 并且给人以非常明确的印象. 但是, 如果一定要用一个 “综合指标” 来对不同人的体能做描述, 则会把本来明确的印象弄模糊了. 诸如 “哪个学校第一” “哪个公司最好” “哪个教授最优秀” 之类的问题都是试图把复杂事物简单化的幼稚做法. **人类是不是摆脱不了以 “非黑即白” 的观点看问题的心态呢?**

6.1.4 图像降维案例: 例 6.3 亚丁村照片

这里仅仅介绍主成分分析在图像处理中的图像压缩. 压缩的图像有利于传送, 但我们也不希望压缩得太厉害以致失去原图片太多的信息. 这也是主成分分析的初衷. **从这个例子可以看出, 前面讨论的那些选择主成分的标准、主成分的命名和解释, 甚至悬崖碎石图及载荷图等都完全没有必要, 一切皆以实际问题的需要为标准.**

彩色图像的颜色大都通过三原色深浅组合而成, 计算机在处理颜色时会将其转化为 R (红)、G (绿)、B (蓝) 三个值 (注意这里的绿色实际上是柠檬色) 来记录, 取值都在 0~255 之间. 我们所接触的图像都是由一个个像素点组成的, 同样大小的图像, 像素点越多则图像越清晰. 而每个像素点上不同的 R、G、B 值最终组合成了彩色图像. 主成分分析可以用部分 (主成分得到的) 像素点来代替原先的像素点以减少图像的像素点.

例 6.3 图 6.1.9 为四川甘孜州稻城亚丁村 2006 年的照片. 我们将试图用主成分方法对该照片做压缩.

图 6.1.9 2006 年的亚丁村

例 6.3 的照片 (图 6.1.9) 像素有 578KB, 我们试着对其通过主成分分析实行降维, 看看如何减少像素, 以及减少像素后效果如何. 首先下面代码使用了程序包 `jpeg`[①] 的函数读入数据:

① Simon Urbanek (2014). jpeg: Read and write JPEG images. R package version 0.1-8.

```
library(jpeg)
yd=readJPEG('YaDing.jpg')
yd %>% dim() #960 1280    3
```

其中, 照片文件 yd 的维数是 960 × 1 280 × 3, 或者说是由 3 个 960 × 1 280 矩阵组成, 这些矩阵中的每个数目取值于区间 [0, 1], 表示像素深浅 (越接近于 0 越深). 这三个矩阵分别代表红色、绿色和蓝色, 也就是说, 照片有 960 × 1 280 = 1 228 800 个点, 每个点由三种颜色混合而成. 和例 6.2 数据不同, 这里不需要解释各个成分的意义, 但希望在降维之后尽量保持图片的可识别性.

这里的降维和前面例 6.2 的原理类似, 只不过这里的维数很大. 下面是降维后的图形 (图 6.1.10) 及有关的代码.

图 6.1.10 例 6.3 亚丁村照片分别选取的主成分个数为 10、50、100 的压缩照片及做对比的原始照片 (自上左到下右排列)

```
ydpca=list()
for(i in 1:3)ydpca[[i]]=prcomp(yd[,,i], center = FALSE)
imge=list()
for (i in c(10,50,100)) {
  imge[[i]] <- sapply(ydpca, function(y) {
```

```
    comimge <- y$x[,1:i] %*% t(y$rotation[,1:i])
    }, simplify = 'array')
    writeJPEG(imge[[i]], paste('compYD', round(i,0), '.jpg', sep = ''))
  }
```

上面代码使用了主成分分析的函数 `prcomp()`, 其输入值为原始数据矩阵, 输出中的 `$x` 为原始数据的旋转 (原数据乘以输出中的 `$rotation`), 而 `$rotation` 为特征向量 (注意: `prcomp()` 和另一个常用的主成分分析函数 `princomp()` 的输出不同). 可以看得出来, 主成分个数为 10、50 的图不那么清楚, 而最后一个主成分个数为 100 的已经相当清楚了. 前 3 个图文件相对于原图文件的大小比例分别为 0.175 735 1、0.288 134 2、0.346 321 2, 即使最大一个压缩的图文件的大小也只有原图文件大小的 35%. 我们所做的压缩后的像素与原像素的比例可如下算出 (原图像素为下面的 `FS`, 等于 578 359):

```
FS=file.info('YaDing.jpg')$size %>% print() #578 359
names(FS)
z=NULL
for(i in c(10,50,100))
  z=c(z,file.info(paste("compYD",i,".jpg",sep=""))$size/FS)
```

得到 3 个新文件的压缩比分别为 0.1757351、0.2881342、0.3463212.

6.2 聚类案例: 例 6.2 人口学数据

6.2.1 概述

这里仍然用例 6.2 人口学数据, 试图对各个国家分类. 为了看得清楚, 我们按照总人口和生活在城市地区人口来排序, 并且只取前 40 个国家. 在介绍聚类分析原理之前, 执行下面代码并产生图 6.2.1, 请读者看看按照图中的树状图, 互相挨得近的国家是否类似.

图 6.2.1 展示的聚类结果很有意思. 仅仅看最邻近国家的对子, 分在一起的有: 美国和加拿大、中国和印度、德国和日本、巴西和阿根廷、俄罗斯和乌克兰、越南和泰国、巴基斯坦和孟加拉国等. 如果硬要分成 3 类 (如图 6.2.1 中方框所示), 则下边的 8 个国家除了战乱影响的伊拉克之外都是非洲国家, 中间的 12 个国家都是工业化国家, 而上边的 20 个国家都是发展中国家.

人们会说, 中国和印度很不一样, 美国与加拿大根本不同, 俄罗斯与乌克兰差得很远. 这些说法都有充分理由. **任何聚类或分类都必然会有简单化的风险. 实际上, 没有任何方法可以用来验证你的聚类比另外一种聚类更有道理.** 比如, 你可以把人群按照各种指标聚类, 比如按性别、胖瘦、收入、年纪、阶层、肤色、民族、信仰、地域等各种变量或变量组合来聚类, 这会得到大量完全不同的聚类结果, 很难说哪一种更合理. 即使全世界几十亿人中的每个人分成一类也完全合理, 因为没有两个人完全相同.

```
library(tidyverse)
library(factoextra)
w=read.csv('DP.csv')
w2=w[with(w,order(D12,D13,decreasing = T)),][1:40,] %>%
 as_tibble() %>% column_to_rownames(var = "Country.or.Area") %>%
 scale()
w2 %>%  hcut(k = 3) %>%
  fviz_dend(rect = TRUE,cex=.6,horiz = T)
```

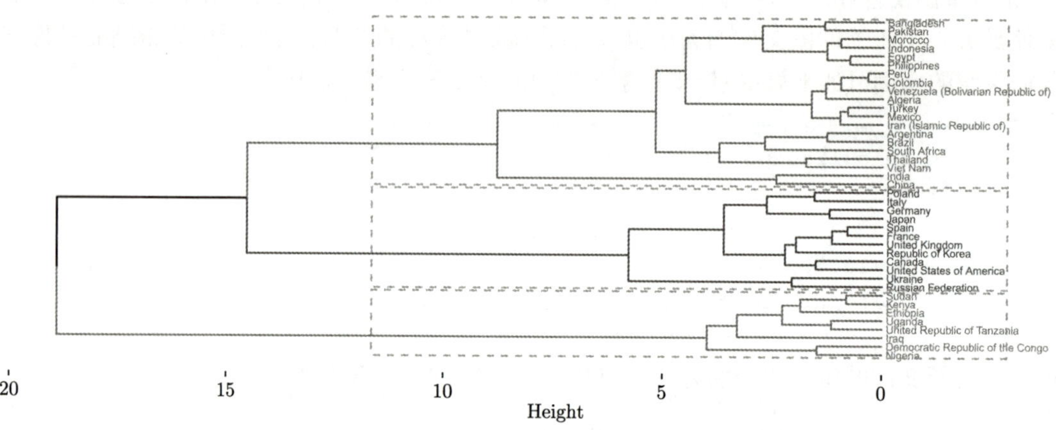

图 6.2.1 例 6.2 人口学数据各个国家分层聚类图

我们可以打印出图 6.2.1 中分成 3 类的文本结果:

```
> h0=w2 %>% hcut(k=3) %>% .$cluster
> for(i in 1:3) cat('\nCluster',i,'\n',names(h0)[h0==i])

Cluster 1
 China India Indonesia Brazil Pakistan Bangladesh Mexico Philippine
 Viet Nam Egypt Iran (Islamic Republic of) Turkey Thailand South
 Africa Colombia Argentina Algeria Morocco Peru Venezuela (Bolivarian
 Republic of)
Cluster 2
 United States of America Russian Federation Japan Germany France United
 Kingdom Italy Republic of Korea Spain Ukraine Poland Canada
Cluster 3
 Nigeria Ethiopia Democratic Republic of the Congo United Republic of
 Tanzania Kenya Sudan Uganda Iraq
```

严格地说, 这种按照主观选择的几个变量 (这里是 11 个人口学变量)、按照某种主观认定的距离标准 (这里使用了所谓 `ward.D2`) 所得到的结果完全有理由被质疑. 按照任何标准, 每一个国家都有其独特的地方, 每一个国家都可以单独形成一类. 之所以要聚类是因为多数人更适应于简单化思维, 这使得为某些目的进行的运作更方便.

和主成分分析一样, 聚类分析最重要的是变量的选择. 如果例 6.2 人口学数据中去掉一些变量或增加一些变量, 结果会很不一样. 即使对一个班的学生聚类, 如果用体能指标来聚类, 结果会和用各科分数聚类很不一样.

6.2.2 距离

在一个有 m 个变量的数据中, 每一个观测值可以看成为某种 m 维空间的一个点, 因此, 如果把一些观测值聚类就需要度量这些点之间或者点群之间的距离 (类间距离), 以便于把距离近的分到一类, 同时使得不同类之间能够分得开. 在连续变量的点之间定义距离在数学上比较方便, 而在离散或分类变量的点之间, 或在不同类的变量的点之间定义距离则不容易, 很难找到理想的方法. 此外, 在类间定义距离也是多种多样. 我们不对这些细节做分析上的探讨, 仅仅把众多的结果列举出来.

1. 点间距离

(1) **数量变量观测值 $\boldsymbol{x}$ 和 $\boldsymbol{y}$ 之间的距离.** 这里 $\boldsymbol{x}=(x_1,\cdots,x_p)^\top$ 与 $\boldsymbol{y}=(y_1,\cdots,y_p)^\top$.

① 欧氏距离 (`euclidean`): $\|\boldsymbol{x}-\boldsymbol{y}\|_2=\sqrt{\sum_{i=1}^p(x_i-y_i)^2}$;

② Chebychev 距离或最大距离 (`maximum`): $\|\boldsymbol{x}-\boldsymbol{y}\|_\infty=\max_i|x_i-y_i|$;

③ Manhattan 距离或绝对距离 (`manhattan`): $\|\boldsymbol{x}-\boldsymbol{y}\|_1=\sum_{i=1}^p|x_i-y_i|$;

④ Canberra 距离 (`canberra`): $\sum_{i=1}^p\frac{|x_i-y_i|}{|x_i|+|y_i|}$;

⑤ 非对称二元距离 (`binary`): 如果两个二元对象 (每个对象都是由 0 和 1 的哑元组成的向量) 关系的 2×2 矩阵为 $\boldsymbol{a}=\{a_{ij}\}$, 则它们之间的距离定义为 $\mathrm{d}(\boldsymbol{x},\boldsymbol{y})=(a_{12}+a_{21})/(a_{11}+a_{12}+a_{21})$.

⑥ Minkowski 距离 (`minkowski`): $[\sum_{i=1}^p(x_i-y_i)^q]^{\frac{1}{q}}$.

(2) **混合变量的点间距离.** 在混合类型的变量情况下对观测值做聚类可考虑 Gower (1971) 的相似系数 (Gower's similarity coefficient). 对不同类型的变量聚类, 可考虑下列两个由程序包 `CluMix`[①] 名字定义的方法:

① CluMix-ama 法 (关联度量法, association measures approach): 把不同的相似性度量组合的方法. 它基于水平 (范畴) 重新排序来度量多水平分类变量和任何其他变量之间的关联.

② CluMix-dcor 法 (距离相关法, distance correlation): 利用广义距离相关的概念所导出的相似性度量 (Lyons, 2013). 对有序和数量变量使用欧氏距离, 对定性变量使用离散距离.

2. 类间距离

类间距离也称为联系准则 (linkage criteria), 在分层聚类中就需要应用类间距离的概念. 下面是 R 分层聚类函数 `hclust` 选项 `method` 中所包含的一些常用类间距离.

(1) **最短距离法** (`single`).

---

① M Hummel, D Edelmann, A Kopp-Schneider. (2019) CluMix R package version 2.3.1.

(2) **最长距离法** (`complete`).

(3) **类平均法** (`average(=UPGMA)`).

(4) **加权类平均法** (`mcquitty(=WPGMA)`).

(5) **中位数法** (`median(=WPGMC)`).

(6) **中心法** (`centroid(=UPGMC)`).

(7) **Ward 法或最小方差法** (在`hclust` 中, 距离 `dist` 结合 `ward.D2` 等价于距离 `dist` 的平方结合 `ward.D`).

可以展示观测值在某种度量下的距离, 图 6.2.2 为例 6.2 数据观测值之间的欧氏距离展示.

```
w2 %>%
  get_dist(method = "euclidean", stand = T) %>%
  fviz_dist(gradient = list(low = "#00AFBB", mid = "white",
        high = "#FC4E07"))
```

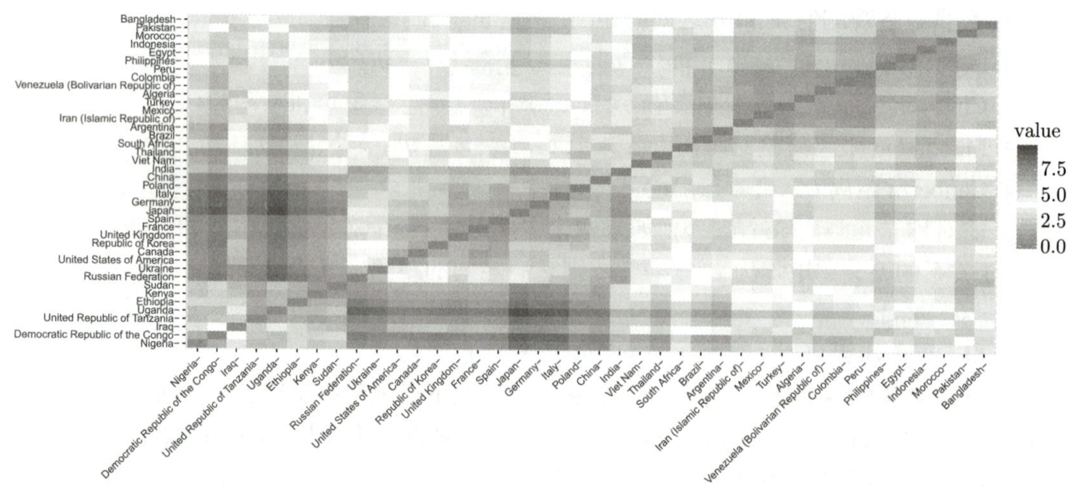

图 6.2.2 例 6.2 数据观测值之间的欧氏距离展示

6.2.3 热量图

可以产生所谓热量图 (heatmap), 它是按照默认的距离以不同的颜色描述变量之间的相似度. 在同一个变量列, 色调类似的观测值距离近; 对于同一个观测值, 不同变量之间也用色调显示它们的距离. 对于例 6.2, 图 6.2.3 左边是一个单纯的热量图, 而右边还增加了对观测值和变量的分层聚类的树状图.

```
heatmap(w2, cexRow=.7,labRow=w1[,1],Colv = NA, Rowv = NA,
  scale="column")
heatmap(w2, cexRow=.5,labRow=w1[,1],scale="column")
```

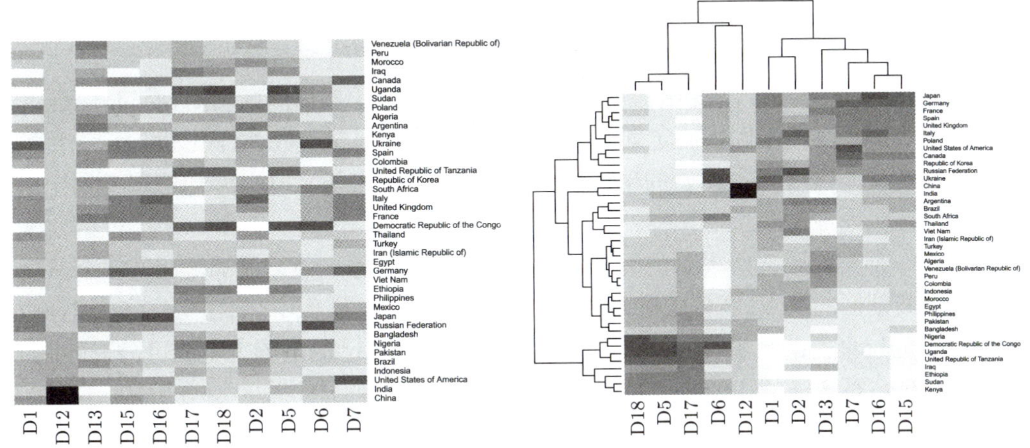

图 6.2.3　例 6.2 数据的热量图 (右图增加了分层聚类树状图)

不同软件画的热量图区别很大. 比如, 使用下面代码产生热量图 6.2.4, 选择使用的是 k 均值聚类方法 (分成 3 类), 它不输出国家名字, 但可以用代码 `h$kmeans$cluster` 查看聚类结果, 图 6.2.4 的结果和图 6.2.1 得到的结果有区别, 这也说明不同方法的聚类结果有差异.

```
library("pheatmap")
h=w2 %>%
pheatmap(kmeans_k=3 ,cutree_rows = 3,cutree_cols=3,fontsize = 10)
```

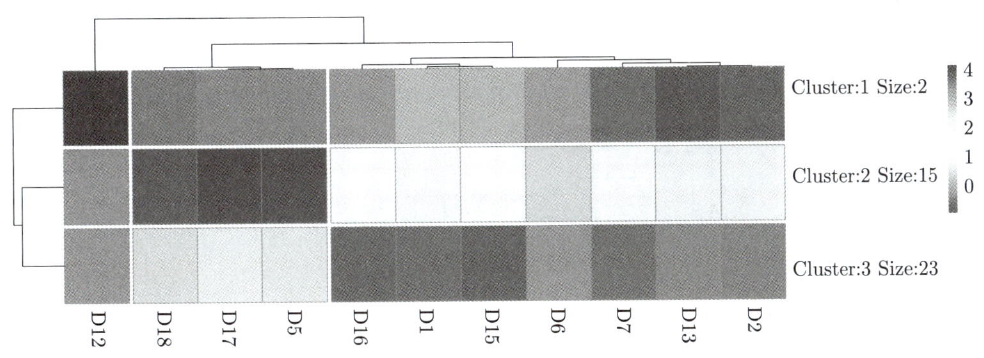

图 6.2.4　例 6.2 数据的另一个热量图 (利用 k 均值聚类)

6.2.4　分层聚类

分层聚类 (hierarchical clustering)(通过函数 `hclust`) 的具体计算步骤如下:

(1) 首先把每一个观测值看成一类, 如果有 n 个观测值, 那么就有 n 类.

(2) 根据事先定义的点间距离 (根据函数 `hclust` 使用的函数 `dist` 的选项 `method`), 把最近的两个点合并成为一类, 这样就剩下 $n-1$ 类.

(3) 根据选定的联系准则 (根据函数 `hclust` 的选项 `method`), 计算各个类间的距离, 再把最近的两类合并成一类, 剩下 $n-2$ 类.

(4) 如此下去, 每一步减少一类, 而且每次合并的两类之间距离也比前一次更远.

(5) 最终在第 $n-1$ 次合并结束时, 只剩下包括全部观测值的一类.

(6) 可以把上述合并过程 (包括类间距离) 画出如图 6.2.1 那样的树状图 (dendrogram), 并可以根据直观或者某些准则来决定划分为几类 (在 R 中可利用函数 `identify`).

分层聚类法不需要指定初始的聚类中心点 (如 k 均值聚类), 但与 k 均值聚类相比速度会比较慢.

用任何一种类间距离所得到的类别都有自己的意义. 每一种选择都是从某一个角度来看各个国家或地区的特点. 我们没有理由说一种聚类就一定强于另一种. 图 6.2.5 是对例 6.2 数据的 8 种分层聚类的结果, 虽然看不清楚 (读者可以在自己的电脑上生成可分辨的图形), 但可以感觉到各种方法的相似之处及区别.

```
m=c("ward.D", "ward.D2", "single", "complete",
  "average", "mcquitty", "median","centroid")
h=list();par(mfrow=c(2,4))
for(i in 1:length(m)){
  h[[i]]=hclust(dist(w2), method=m[i])
  plot(h[[i]] ,cex=.4,main=paste("Method: ",m[i]))
}
```

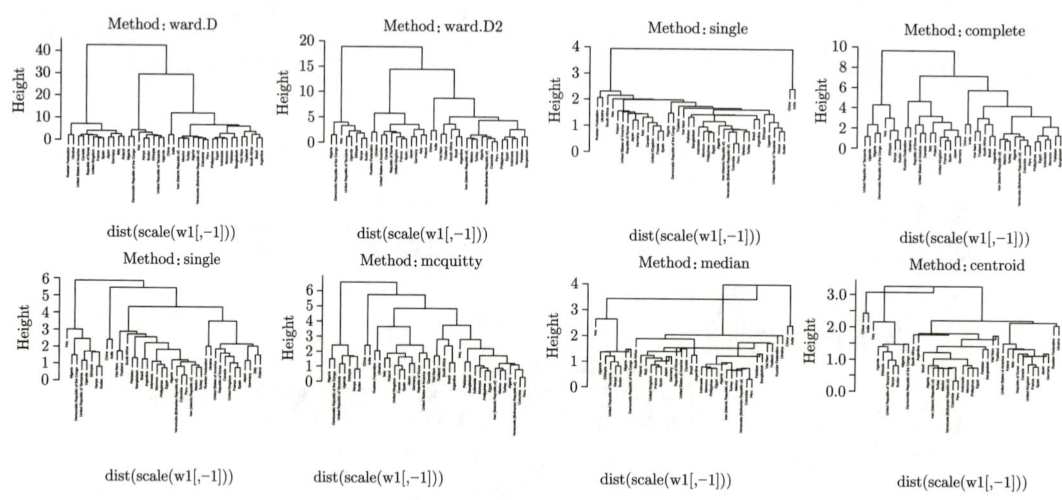

图 6.2.5 例 6.2 数据 8 种不同选项产生的分层聚类树状图

6.2.5 k 均值聚类

k 均值聚类是最简单的无监督学习方法, 计算速度很快, 也称为快速聚类. 和分层聚类不同, k 均值聚类首先要根据先验经验确定需要的聚类数目. 如果确定要聚成 k 类, 则根据下面步骤进行:

(1) 在观测值空间中为每个类选定一个临时中心, 一共 k 个中心, 这些中心互相离得较远比较好.

(2) 计算每个点到这 k 个中心的距离, 然后把该点划分为距其最近的那个中心所定义的类, 这样所有的点就被分成 k 类, 没有点剩下.

(3) 再在 k 类中各自计算各类的中心, 产生 k 个新的临时中心.

(4) 重复上面第 2 和第 3 步, 直到 k 个临时中心的位置收敛 (即位置基本不变) 或到事先确定的迭代次数限度.

k 均值聚类的优点在于其算法原理简单, 易于理解和实现并且计算高效. 但是,k 均值聚类算法也有一些固有的缺点, 比如: 必须事先主观选择 k 的数目, 还可能受到初始中心位置的影响, 对于非数量变量不方便, 有可能受到离群点的影响等.

下面用一个二维可视人造例子直观说明 k 均值聚类的过程.

例 6.4 人造二维数据分类数据 (kmeansFig.csv) 该原始数据展示在图 6.2.6 的左上图中. 我们一开始随意设立三个中心 c_1、c_2、c_3, 然后根据上面的步骤进行迭代计算, 不断变化 c_1、c_2、c_3 的位置, 经过几次迭代, 所划分的三类已经不再变化, 而且三个中心点也不再改变了 (收敛). 可以看出, 在这个例子中, 一开始选的三个中心的位置实际上最终都属于同一类的范围, 也就是说, 在这个例子中, 初始中心点的选择并不是重要的.

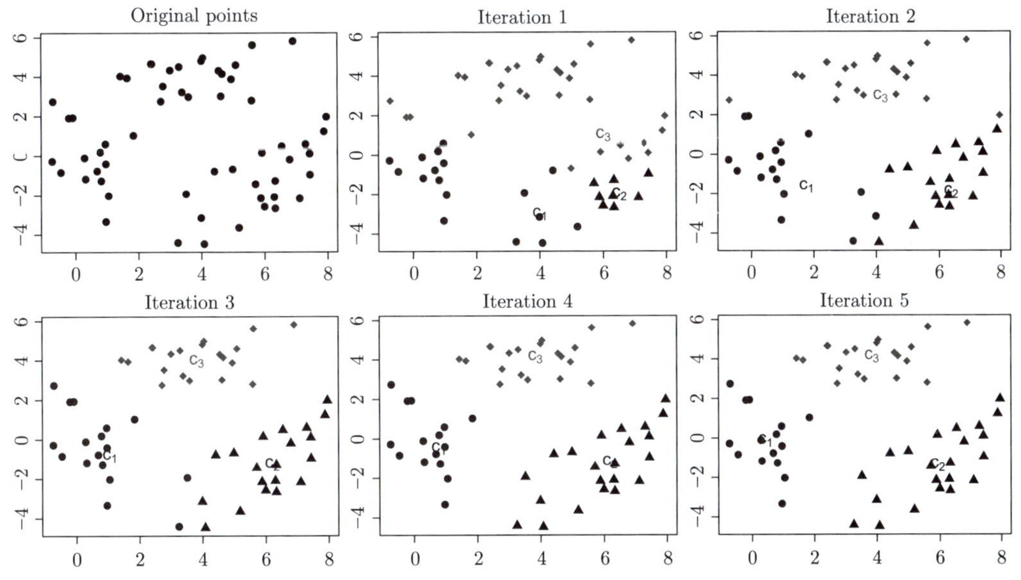

图 6.2.6　例 6.4 人造数据的 k 均值聚类 5 次迭代示意图 (每次迭代用实心的圆、菱形和三角形代表所分的三类点)

1. 用函数 kmeans 计算例 6.4 人造数据的聚类

首先选择聚类数目 $k=3$ 做 3 均值聚类 (选项为 `centers=3`, 这时自动选取中心, 如果给选项 `centers` 以若干行坐标, 则是若干初始中心的坐标). 使用例 6.4 数据做 k 均值聚类并在图中画出三类点及中心位置 c_1、c_2、c_3 的代码如下 (产生的图类似于图 6.2.6 右下图):

```
w=read.csv("kmeansFig.csv")
a=kmeans(w,3) #确定分成3类
```

```
plot(w,pch=a$cluster)
text(a$center,expression(c[1],c[2],c[3]),col=2)
```

上面代码中的 pch=a$cluster 对每个观测值给出了类别标记 (这里是 1、2、3), 而代码 a$center 则给出了三个中心 ($c_1$、$c_2$、$c_3$) 的坐标.

2. 例 6.4 数据的动画程序

下面是把图 6.2.6 “活动起来” 的动画程序, 相信读者肯定会编出更好的程序.

```
w=read.csv("kmeansFig.csv") #读入数据

distance <- function(point, group) { #计算距离函数
  return (dist(rbind(point,group))[1:nrow(group)])
}

seed=NULL; K=3  #随机选定K=3个聚类种子
for (i in 1:2)
  seed=cbind(seed,runif(K,min=min(w[,i]),max=max(w[,i])))
plot(w);points(seed,pch=17,col=2:4,cex=2)

for(k in 1:10){  #只做10次迭代
  D=NULL;G=vector()
  for(j in 1:K)
    D=cbind(D,distance(seed[j,],w))
  for(i in 1:nrow(w)) G[i]=which(D[i,]==min(D[i,]))#分3组
  plot(w,col=G+1);points(seed,pch=17,col=2:4,cex=2)

  seed=NULL
  for (j in 1:K)
    seed=rbind(seed,apply(w[G==j,],2,mean)) #获取新的中心
  plot(w,col=G+1);points(seed,pch=17,cex=2,col=2:4)

  Sys.sleep(1) #每次迭代延时1秒
}
```

6.2.6 对例 6.2 数据的 k 均值聚类

这里, 我们仍然用前面分层聚类用过的例 6.2 的部分数据做 k 均值聚类, 数据是标准化了的, 如果不进行标准化, 则聚类会被量纲不同而导致的距离差异所扭曲.

```
w=read.csv('DP.csv')
w2=w[with(w,order(D12,D13,decreasing = T)),][1:40,] %>%
 as_tibble() %>% column_to_rownames(var = "Country.or.Area") %>% scale()
```

下面选择 $k=3$, 对数据做 k 均值聚类. 这里使用了程序包 `cluster` 的函数 `pam`, 它与基本的 `kmeans` 类似. 此外还使用了该程序包的画图程序 `clusplot`, 它能利用主成分降维, 把聚类结果显示在二维图中 (图 6.2.7).

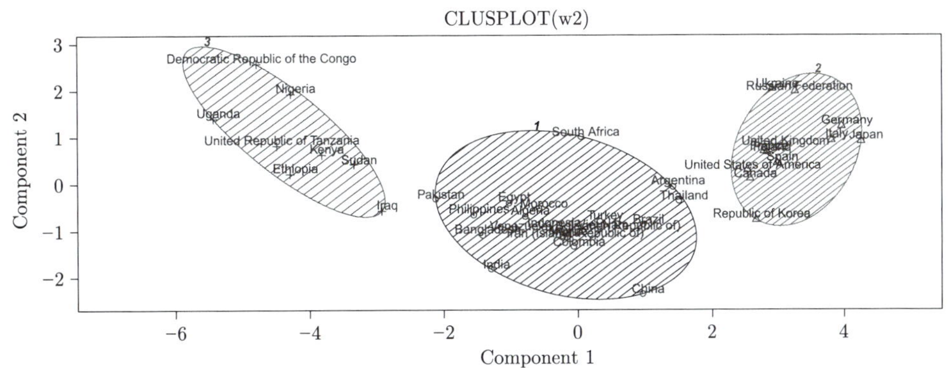

图 6.2.7 对例 6.2 数据做 $k\,(=3)$ 均值聚类的结果

```
library(tidyverse)
library(cluster)
cl2=w2 %>% pam(3) %>% .$cluster %>% print()
clusplot(w2, cl2, color=TRUE, shade=TRUE,
         labels=2, lines=0,xlim = c(-7,5))
```

图 6.2.7 已经比较清楚地显示分类结果了, 当然还可以打印出来.

```
> for (i in 1:3) cat('\ncluast',i,'\n',names(cl2)[cl2==i])

cluast 1
 China India Indonesia Brazil Pakistan Bangladesh Mexico Philippine
 Viet Nam Egypt Iran (Islamic Republic of) Turkey Thailand South
 Africa Colombia Argentina Algeria Morocco Peru Venezuela (Bolivarian
 Republic of)
cluast 2
 United States of America Russian Federation Japan Germany France United
 Kingdom Italy Republic of Korea Spain Ukraine Poland Canada
cluast 3
 Nigeria Ethiopia Democratic Republic of the Congo United Republic of
 Tanzania Kenya Sudan Uganda Iraq
```

6.2.7 对例 6.2 数据的分层 k 均值聚类

最终的 k 均值聚类对聚类中心的初始随机选择非常敏感. 而程序包 `factoextra` 提供了结合分层聚类和 k 均值聚类的分层 k 均值聚类的解决方案. 其步骤如下:

(1) 计算分层聚类.

(2) 用 k 均值聚类切开分层聚类的树.

(3) 计算每个聚类的中心 (即均值).

(4) 使用步骤 3 中定义的聚类中心作为初始聚类中心, 进行 k 均值以优化聚类.

下面使用程序包 `factoextra` 可选择聚类数目的分层 k 均值聚类函数 `hkmeans` 对例 6.2 数据聚类, 并把结果展示在主成分二维图中 (图 6.2.8).

```
library(factoextra)
w2 %>% hkmeans(k = 3) %>%
fviz_cluster(xlim = c(-4,6),ylim=c(-3,3),
  main = 'Hierarchical k-means clustering')
```

可以打印出图 6.2.8 的分类结果.

```
> hk=w2 %>% hkmeans(k = 3) %>% .$cluster
> for(i in 1:3)cat('\nCluster',i,'\n',names(hk)[hk==i])

Cluster 1
 China India Indonesia Brazil Pakistan Bangladesh Mexico Philippine
 Viet Nam Egypt Iran (Islamic Republic of) Turkey Thailand South
 Africa Colombia Argentina Algeria Morocco Peru Venezuela (Bolivarian
 Republic of)
Cluster 2
 United States of America Russian Federation Japan Germany France United
 Kingdom Italy Republic of Korea Spain Ukraine Poland Canada
Cluster 3
 Nigeria Ethiopia Democratic Republic of the Congo United Republic of
 Tanzania Kenya Sudan Uganda Iraq
```

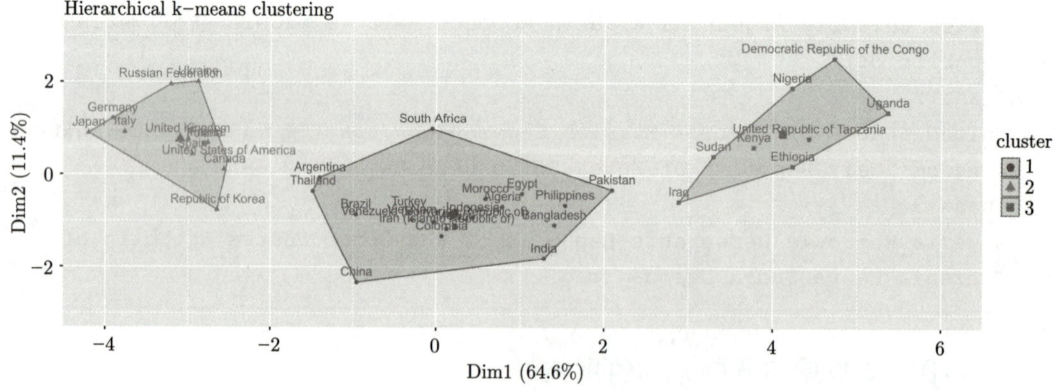

图 6.2.8 例 6.2 数据的分层 k 均值聚类

6.2.8 聚类数量的选择

不仅仅是 k 均值聚类, 直观上较方便的分层聚类也可能会有聚类数量选择的问题. **由于聚类好坏的标准和数据性质及实际应用 (或研究) 目标有密切关系, 不可能存在一个确定聚类数目的统一标准.**

由于不同的软件包含不同的方法, 这里仅仅介绍包括了 30 个衡量聚类数目的程序包 `NbClust`. 使用该程序包的唯一同名函数于例 6.2 数据:

```
library(NbClust)
a=w2 %>%
NbClust::NbClust(distance = "euclidean", min.nc=2, max.nc=8,
  method = "complete", index = "all")
```

部分输出为 (还有很多结果包含在对象 `a` 中):

```
*** : The Hubert index is a graphical method of determining the number of
      clusters.
                In the plot of Hubert index, we seek a significant knee
                that corresponds to a significant increase of the value
                of the measure i.e the significant peak in Hubert index
                second differences plot.

*** : The D index is a graphical method of determining the number of
      clusters.
                In the plot of D index, we seek a significant knee
                (the significant peak in Dindex second differences
                plot) that corresponds to a significant increase of
                the value of the measure.

*******************************************************************
* Among all indices:
* 1 proposed 2 as the best number of clusters
* 9 proposed 3 as the best number of clusters
* 6 proposed 4 as the best number of clusters
* 4 proposed 5 as the best number of clusters
* 2 proposed 8 as the best number of clusters

                   ***** Conclusion *****

* According to the majority rule, the best number of clusters is  3
*******************************************************************
```

该软件的输出说 “根据多数规则, 最佳聚类数目为 3” . 对于我们的例 6.2 数据, 取聚类数目为 3 似乎还是可以的 (根据我们前面的观察), 但谁也不敢说这种用 “投票” 得到的少数服从多数的决策就总是合适的. 毕竟上面输出中还有 13 个指标没有赞成聚类数目 3(但由于它们的观点并不一致, 按“投票”输给了 9 个指标赞成的数目 3). 人们不禁会思考: 这种事情应该“民主选举”吗?

轮廓宽度图方法

轮廓宽度图方法基于轮廓系数, 轮廓系数 (silhouette coefficient) 计算如下:

(1) 对于每个观测值 i, 计算 i 及与其属于同集的所有其他点之间的平均相异度 (距离). 记该平均差异为 D_i.

(2) 对观测值 i 与所有其他集之间进行相同的相异度计算, 并获得其中的最小值, 记为 C_i, 这是观测值 i 与最近的集之间的距离.

(3) 轮廓的宽度 S_i 是 C_i 与 D_i 之差除以它们的最大值: $S_i = (C_i - D_i)/\max(D_i, C_i)$. 轮廓宽度的解释如下:

(a) $S_i > 0$ 表示观察结果很好地聚类了. 它越接近 1, 效果越好.

(b) $S_i < 0$ 表示观察结果放置在错误的类中.

(c) $S_i = 0$ 表示观测值在两个类之间.

下面产生例 6.2 数据对于各种聚类数目 $k(= 2, 3, 4, 5, 6, 8)$ 的聚类 (这里用分层聚类) 轮廓图 (图 6.2.9).

```
p2=w2 %>% hcut(k = 2) %>%  fviz_silhouette()
p3=w2 %>% hcut(k = 3) %>%  fviz_silhouette()
p4=w2 %>% hcut(k = 4) %>%  fviz_silhouette()
p5=w2 %>% hcut(k = 5) %>%  fviz_silhouette()
p6=w2 %>% hcut(k = 6) %>%  fviz_silhouette()
p8=w2 %>% hcut(k = 8) %>%  fviz_silhouette()
library(patchwork)
design <- "123
   456"
p2+p3+p4+p5+p6+p8+plot_layout(design = design)
```

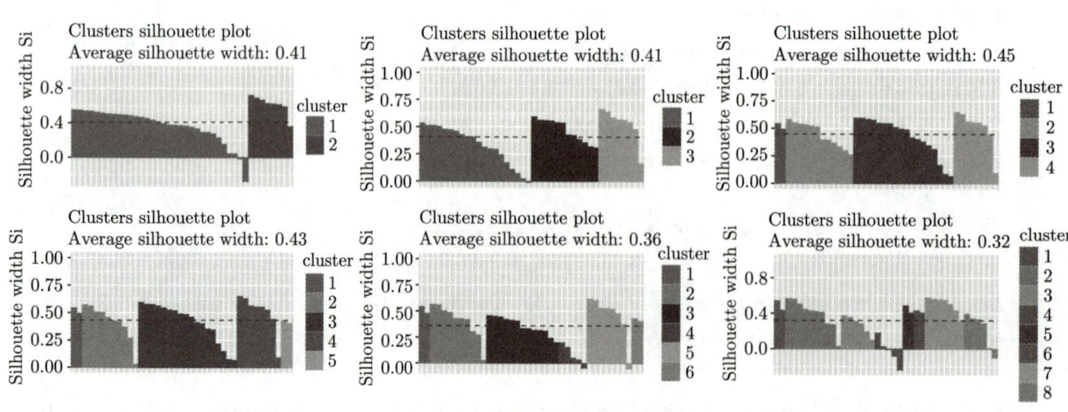

图 6.2.9 例 6.2 数据对于聚类数目 $k(= 2, 3, 4, 5, 6, 8)$ 的轮廓图

图 6.2.9 显示, 当 $k=4$ 时, 平均轮廓宽度最大 (Average silhouette width: 0.45). 这与函数 NbClust 的“投票结果” (the best number of clusters is 3) 不一样.

6.2.9 图像色彩聚类

1. 改变色调组合

图像色彩聚类可以改变图像的色调, 给人以不同的视觉效果. 下面是一个例子.

例 6.5 (winter-landscape-moscow-1873.jpg)　这是俄国画家 Alexei Savrasov 在 1873 年绘制的名为《冬景》的油画.

我们对该油画做了 k 分别为 2、6、30 的聚类, 也就是说用聚类得到的 2 种、6 种及 30 种颜色来重新形成该画. 图 6.2.10 自左至右为 $k=2,6,30$ 的聚类结果, 最右边是原图.

注: 自左至右为 $k=2,6,30$ 的聚类结果, 最右边是原图

图 6.2.10　例 6.5《冬景》油画的 k 均值聚类

```
library(jpeg)
VP=readJPEG('winter-landscape-moscow-1873.jpg')
imgDm=dim(VP)
VP_rgb <- data.frame(
x = rep(1:imgDm[2], each = imgDm[1]), y = rep(imgDm[1]:1, imgDm[2]),
R = as.vector(VP[,,1]), G = as.vector(VP[,,2]), B = as.vector(VP[,,3]))
for (i in c(2,6,30)){
  VP_km=kmeans(VP_rgb[, 3:5], centers = i)
  kc=rgb(VP_km$centers[VP_km$cluster,])
  plot(y~x, data=VP_rgb, col=kc,asp=1,pch = ".", axes=F,xlab="",ylab="")
}
```

图 6.2.10 中的 3 组 (2 种、6 种、30 种聚类颜色) 基本色调可以如下计算, 并展示在图中 (图 6.2.11).

```
library(scales)
par(mfrow=c(1,3))
```

```
  for (k in c(2,6,30)){
VP_km = kmeans(VP_rgb[, 3:5], centers = k)
show_col(rgb(VP_km$centers)) }
```

#6A6860	#BDB18C	#C8BDA5	#EEE9E5	#807153	#B4AEA2
#161213	#BAC3CE	#989793	#CBC7C5	#787870	#A7B6CE
#C1CDD9	#5D5851	#D5CCB9	#B8B5B1	#878882	#8C846F
#C3BFB9	#E0DBD7	#4D4844	#a99869	#3C3736	#94A8C7
#D4D1CF	#B3C3D7	#A7A4A0	#2A2526	#A9A18E	#999381

图 6.2.11　图 6.2.10 中的 3 组基本色调

2. 人工改变色调

下面是把著名画家莫奈 (Monet) 的油画《带阳伞的女人》(即莫奈夫人及其子) 用 $k = 2$ 的 k 均值聚类方法进行聚类, 并把色调人工改成黑白和白黑, 产生黑白照片及负片的效果 (图 6.2.12).

图 6.2.12　莫奈 (Monet) 的油画 k(= 2) 均值聚类 (左图)、正负片效应 (中间两图) 及原图 (右图)

```
img=readJPEG("monet.jpg")
imgDm <- dim(img);imgDm
img_rgb <- data.frame(
  x = rep(1:imgDm[2], each = imgDm[1]),
  y = rep(imgDm[1]:1, imgDm[2]),
  R = as.vector(img[,,1]),
  G = as.vector(img[,,2]),
  B = as.vector(img[,,3]))
  img_km = kmeans(img_rgb[, 3:5], centers = 2)
kc = rgb(img_km$centers[img_km$cluster,])
ukc=unique(kc)
```

```
kc1=kc;kc1[kc1==ukc[1]]="#000000";kc1[kc1==ukc[2]]="#ffffff"
kc2=kc;kc2[kc2==ukc[1]]="#ffffff";kc2[kc2==ukc[2]]="#000000"
plot(y~x,img_rgb,col=kc,asp=1,pch=".",axes=F,xlab="",ylab="")
plot(y~x,img_rgb,col=kc1,asp=1,pch=".",axes=F,xlab="",ylab="")
plot(y~x,img_rgb,col=kc2,asp=1,pch=".",axes=F,xlab="",ylab="")
```

6.3　本章的 Python 代码

输入一些必要模块:

```
import pandas as pd
import numpy as np
import matplotlib
matplotlib.use('TkAgg')
import matplotlib.pyplot as plt
from matplotlib import ticker
%matplotlib inline
import seaborn as sns
```

6.3.1　例 6.1 数据代码

1. 三个数据的相关系数、特征值及特征向量

例 6.1 的三个数据的相关系数、特征值及特征向量计算:

```
w=pd.read_csv("toy.csv")

EVA=dict();EVE=dict();Cor=[]
for a in np.unique(w.Data):
    u=w[w.Data==a][['x','y']]
    Cor.append(np.corrcoef(u.T)[0,1])
    EVA[a],EVE[a]=np.linalg.eig(np.corrcoef(u.T))
print("eigenvalues=\n",EVA,"\n4 eigen vectors=\n",EVE,
      "\nCorrelations=\n",Cor)
```

输出为:

```
eigenvalues=
 {'A': array([1.09466639, 0.90533361]),
  'B': array([1.89044562, 0.10955438]),
  'C': array([1.98500853, 0.01499147])}
4 eigen vectors=
 {'A': array([[ 0.70710678, -0.70710678], [ 0.70710678,  0.70710678]]),
```

```
  'B': array([[ 0.70710678, -0.70710678], [ 0.70710678,  0.70710678]]),
  'C': array([[ 0.70710678, -0.70710678], [ 0.70710678,  0.70710678]])}
Correlations=
 [0.09466638752671573, 0.8904456176614863, 0.9850085287890704]
```

2. 两个变量的相关系数、主成分比例及悬崖碎石图

对例 6.1 数据两个变量的相关系数、主成分比例及悬崖碎石图的作图程序为 (图 6.3.1):

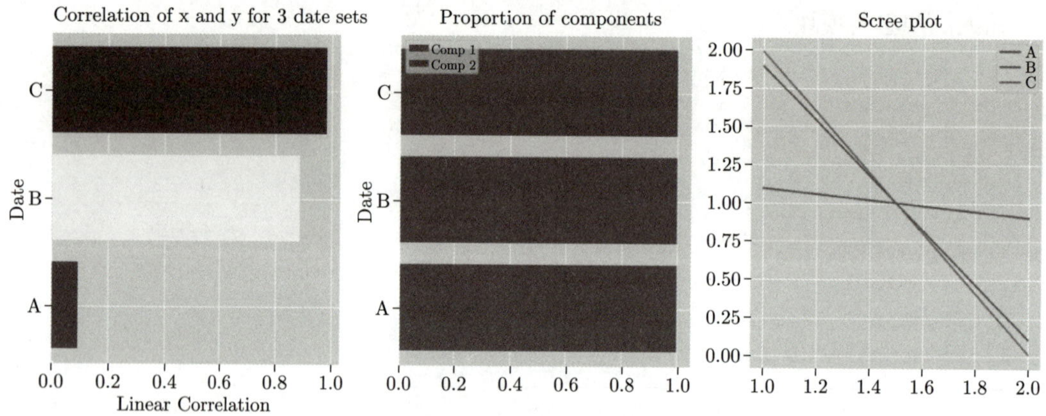

图 6.3.1 例 6.1 数据两个变量的相关系数、主成分比例及悬崖碎石图

```
Eva=[]
for a in EVA:
    Eva.append([x/np.sum(EVA[a]) for x in EVA[a]])
Eva=np.array(Eva)
labels=["A","B","C"]
Comp=['Comp 1','Comp 2']

plt.figure(figsize=(18,6))
plt.subplot(1,3,1)
plt.barh(labels,Cor,color=["red","yellow","green"])
plt.xlabel("Linear Correlation")
plt.ylabel('Data')
plt.title('Correlation of x and y for 3 data sets')
plt.subplot(1,3,2)
plt.barh(labels, Eva.T[0], label=Comp[0])
plt.barh(labels, Eva.T[1], label=Comp[1],left=Eva.T[0])
plt.ylabel('Data')
plt.title('Proportion of components')
plt.legend()
plt.subplot(1,3,3)
for a in EVA:
```

```
    plt.plot([1,2],EVA[a],label=a)
plt.legend()
plt.title('Scree plot')
```

6.3.2　例 6.2 联合国人口学数据

1. 成对散点图

读入数据及生成成对散点图 (图 6.3.2):

```
w=pd.read_csv("Dp.csv")

df = w.drop(columns = ['Country.or.Area'])
df.head()

g = sns.PairGrid(df, diag_sharey=False)
g.map_upper(sns.scatterplot)
g.map_lower(sns.kdeplot)
g.map_diag(sns.kdeplot)
g.fig.set_size_inches(27,10)
```

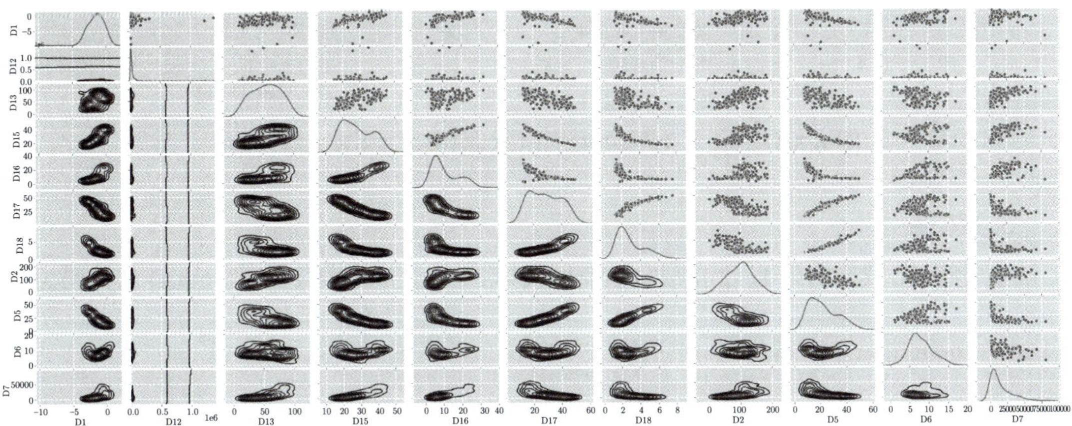

图 6.3.2　例 6.2 数据成对散点图

2. 解特征值问题及生成悬崖碎石图及累积贡献率图

解例 6.2 特征值问题及生成悬崖碎石图及累积贡献率图 (图 6.3.3).

```
eva,eve=np.linalg.eig(np.corrcoef(df.T))
cumeva=np.cumsum(eva)/np.sum(eva)

plt.figure(figsize=(15,5))
plt.subplot(121)
```

```
plt.plot(np.arange(1,12),eva)
plt.plot(np.arange(1,12),eva,'bo')
plt.title('Scree plot')
plt.ylabel('Eigen value')
plt.xlabel('Component')
plt.subplot(122)
plt.plot(np.arange(1,12),cumeva)
plt.plot(np.arange(1,12),cumeva,'bo')
plt.ylabel('Cumulative contribution rate')
plt.xlabel('Component')
plt.title('Cumulative contribution rate')
```

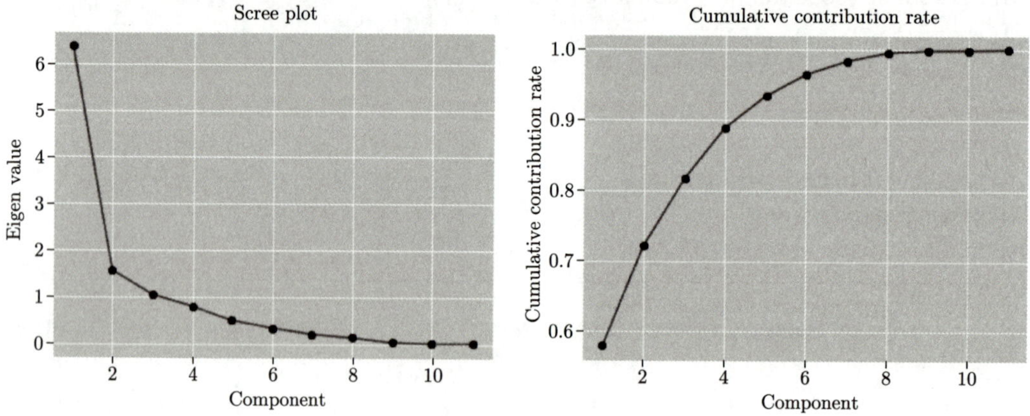

图 6.3.3 例 6.2 数据悬崖碎石图 (左图) 及累积贡献率图 (右图)

3. 载荷图

生成例 6.2 数据的第 1、2 主成分载荷图及第 3、5 主成分载荷图 (图 6.3.4) 的代码为:

```
loadings=np.sqrt(eva)*eve

plt.figure(figsize=(15,5))
plt.subplot(121)
plt.scatter(loadings[:,0],loadings[:,1])
for i in range(eva.shape[0]):
    plt.text(loadings[i,0],loadings[i,1],w.columns[1:][i])
plt.hlines(0,-1,1,'b','dotted')
plt.vlines(0,-1,1,'b','dotted')
plt.title('Loadings')
plt.xlabel('Component 1')
plt.ylabel('Component 2')
plt.grid(True)
plt.subplot(122)
```

```
plt.scatter(loadings[:,2],loadings[:,4])
for i in range(eva.shape[0]):
    plt.text(loadings[i,2],loadings[i,4],w.columns[1:][i])
plt.hlines(0,-1,1,'b','dotted')
plt.vlines(0,-1,1,'b','dotted')
plt.title('Loadings')
plt.xlabel('Component 3')
plt.ylabel('Component 5')
plt.grid(True)
```

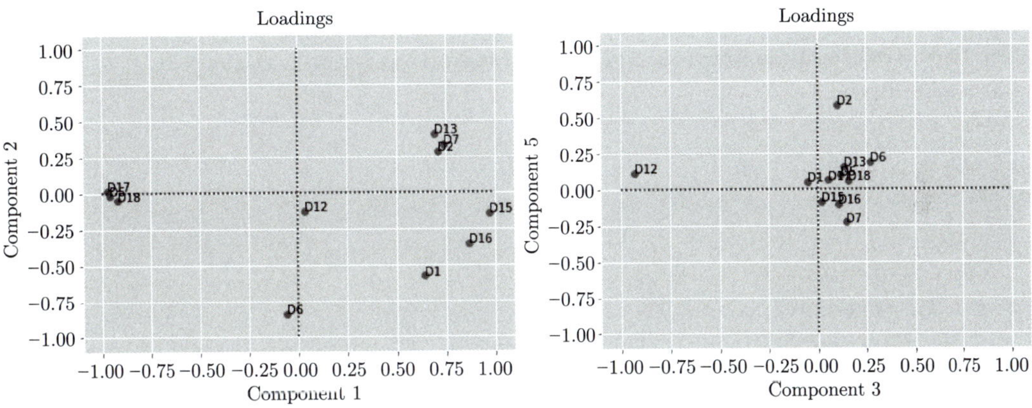

图 6.3.4　例 6.2 数据的第 1、2 主成分载荷图 (左图) 及第 3、5 主成分载荷图 (右图)

4. 第 1、2、3 主成分和原始变量的相关系数条形图

生成例 6.2 数据第 1、2、3 主成分和原始变量的相关系数条形图 (图 6.3.5) 的代码为:

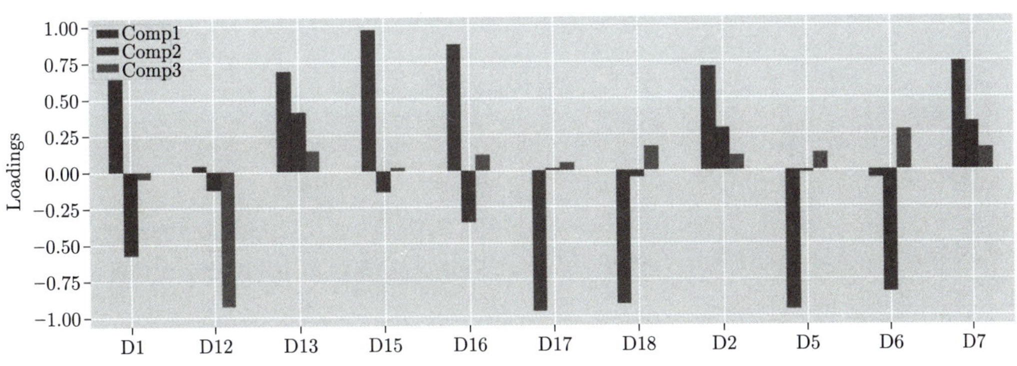

图 6.3.5　例 6.2 数据的第 1、2、3 主成分和原始变量的相关系数条形图

```
df=pd.DataFrame(data=loadings[:,0:3],  index=w.columns[1:],
        columns=['Comp1','Comp2','Comp3'])

df.plot(kind='bar',figsize=(15,5))
```

```
plt.ylabel('Loadings')
plt.gca().yaxis.set_major_formatter(ticker.FormatStrFormatter('%.2f'))
plt.gca().xaxis.set_tick_params(rotation=0)
```

5. 观测值在新坐标下的记分

生成例 6.2 数据观测值在新坐标下的记分图 (图 6.3.6) 的代码为:

```
from sklearn.preprocessing import StandardScaler
scaler = StandardScaler()
sc=scaler.fit_transform(w.iloc[:,1:]).dot(eve)
top20=w.sort_values(by=['D12','D7'],ascending=False).index[:20]
sc1=sc[top20,:]

w1=w.iloc[top20,:]

fig=plt.figure(figsize=(20,7))
plt.scatter(sc1[:,0],sc1[:,1])
for i in range(sc1.shape[0]):
    plt.text(sc1[i,0],sc1[i,1],np.array(w1['Country.or.Area'])[i])
plt.hlines(0,-4.5,4.5,'b','dotted')
plt.vlines(0,-2,1.1,'b','dotted')
plt.title('Sample Principal Components')
plt.xlabel('Component 1')
plt.ylabel('Component 2')
plt.grid(True)
plt.show()
```

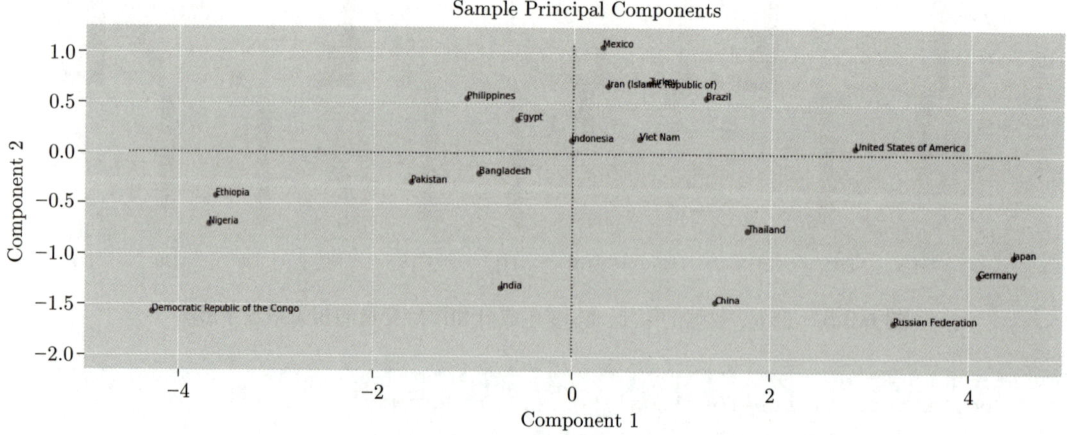

图 6.3.6 例 6.2 数据观测值在新坐标下的记分图

6.3.3 例 6.3 图片主成分降维

为图片主成分降维, 先装入必要的模块及一些函数:

```
import scipy
import matplotlib.pyplot as plt
import numpy as np
from PIL import Image
from pylab import imread,subplot,imshow,title,gray,figure,show,
  NullLocator
```

下面是具体生成用不同主成分个数降维的图像 (图 6.3.7) 的代码 (分别取 10、50 和 100 个主成分), 其中所用的函数 pltPCA 以及它所需要的函数 comp_2d (在后面给出) 需要首先运行.

```
a = plt.imread("YaDing.jpg")
pltPCA(a,10);pltPCA(a,50);pltPCA(a,100)
```

图 6.3.7 例 6.3 亚丁村照片分别选取的主成分个数为 10、50、100 的压缩照片及做对比的原始照片 (自上左到下右排列)

下面是图像压缩主成分分析函数 (comp_2d):

```
def comp_2d(image_2d,numpc=100):
    cov_mat = (image_2d.T - np.mean(image_2d , axis = 1)).T
    eig_val, eig_vec = np.linalg.eigh(np.cov(cov_mat))
    p = np.size(eig_vec, axis =1)
    idx = np.argsort(eig_val)
    idx = idx[::-1]
    eig_vec = eig_vec[:,idx]
    eig_val = eig_val[idx]
    if numpc <p or numpc >0:
        eig_vec = eig_vec[:, range(numpc)]
    score = np.dot(eig_vec.T, cov_mat)
    recon = (np.dot(eig_vec, score).T + np.mean(image_2d, axis = 1)).T
    recon_img_mat = np.uint8(np.absolute(recon))
    return recon_img_mat
```

下面是使用上述函数和画图的函数 (`pltPCA`):

```
def pltPCA(a,numpc):
    a_np = np.array(a)
    a_r = a_np[:,:,0]
    a_g = a_np[:,:,1]
    a_b = a_np[:,:,2]
    a_r_recon, a_g_recon, a_b_recon = comp_2d(a_r,numpc),\
    comp_2d(a_g,numpc), comp_2d(a_b,numpc)
    recon_color_img = np.dstack((a_r_recon, a_g_recon, a_b_recon))
    recon_color_img = Image.fromarray(recon_color_img)
    fig = plt.figure(figsize=(4, 3), dpi=72)
    ax = fig.add_axes([0.0, 0.0, 1.0, 1.0], frameon=False, aspect=1)
    ax.set_xticks([])
    ax.set_yticks([])
    imshow(recon_color_img)
```

6.3.4 例 6.2 人口学数据聚类

首先输入一些可能需要的模块及选择例 6.2 人口学数据, 根据两个变量降序排列得到 40 个观测值的子数据集:

```
import pandas as pd
import numpy as np
import matplotlib.pyplot as plt
from __future__ import division #整数除法得到浮点值
from sklearn.cluster import AgglomerativeClustering, KMeans
import scipy.cluster.hierarchy
import seaborn as sns
```

```
%matplotlib inline
from scipy.cluster import hierarchy

w=pd.read_csv("Dp.csv")
w40=w.sort_values(by=['D12','D13'],ascending=False).index[:40]
w40=w.iloc[w40,:]
u=w40[w40.columns[1:]]
u.index=w40[w40.columns[0]] #把w40的第一列变成index
```

1. 例 6.2 人口学数据各个国家分层聚类图

生成例 6.2 人口学数据各个国家分层聚类图 (图 6.3.8) 的代码为:

```
Z= hierarchy.linkage(u, method='average', metric='euclidean')
hierarchy.set_link_color_palette(['m', 'c', 'y', 'k'])
fig = plt.figure(figsize=(10, 5), dpi=72)
hierarchy.dendrogram(Z, labels=u.index.tolist(), leaf_rotation=0,
    orientation="left", leaf_font_size=6, color_threshold=None,
    above_threshold_color='blue')
hierarchy.set_link_color_palette(None)
```

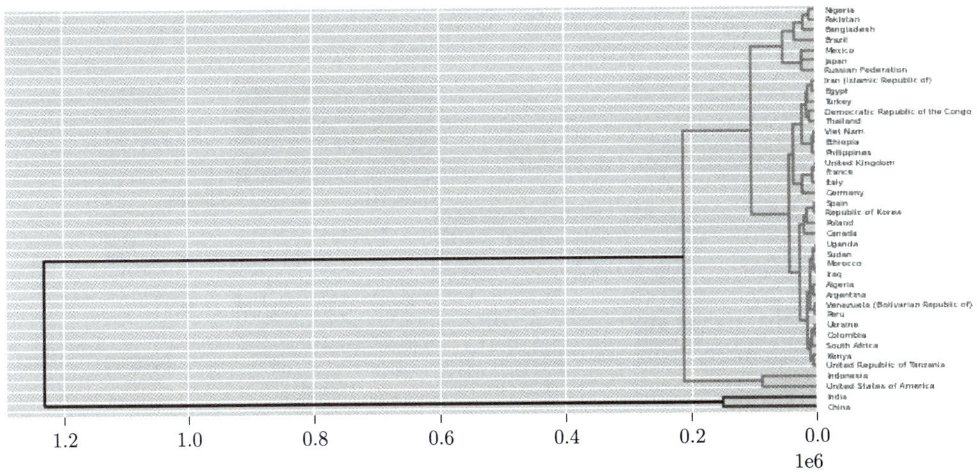

图 6.3.8 例 6.2 人口学数据 40 个国家的分层聚类图

2. 例 6.2 人口学数据相关系数热量图

生成例 6.2 人口学数据相关系数热量图 (图 6.3.9) 的代码为:

```
plt.figure(figsize=(18,6))
sns.heatmap(u.corr())
```

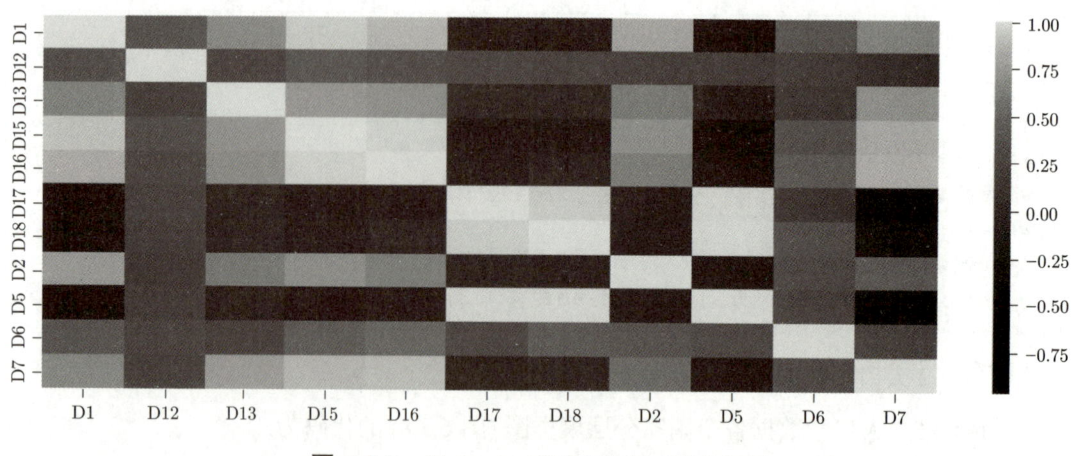

图 6.3.9 例 6.2 人口学数据相关系数热量图

3. 例 6.2 人口学数据分层聚类热量图

生成例 6.2 人口学数据分层聚类热量图 (图 6.3.10) 的代码为:

```
sns.clustermap(u, metric="correlation", method="complete", cmap="Blues",
    standard_scale=1,figsize=(20,8))
```

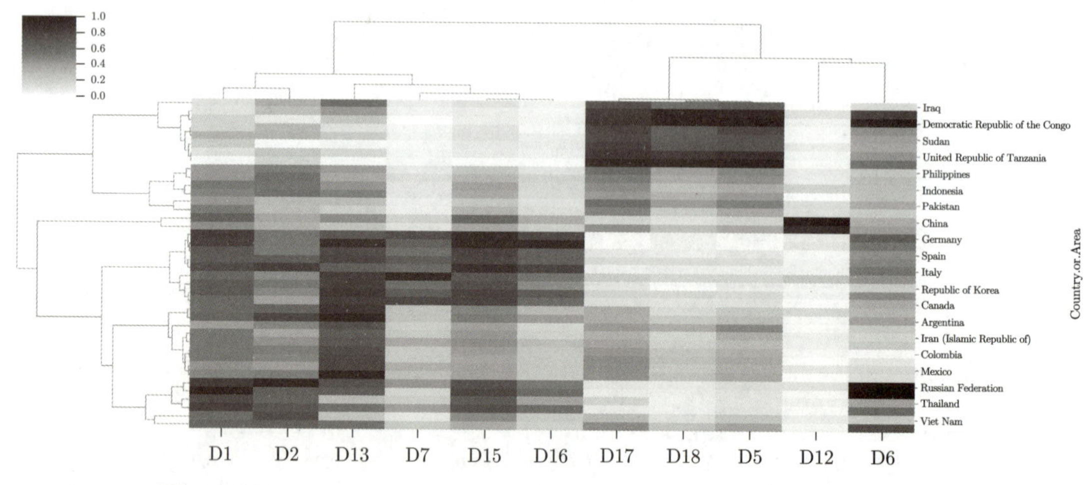

图 6.3.10 例 6.2 人口学数据分层聚类热量图 (包括变量及观测值的聚类)

4. 例 6.2 人口学数据 6 种分层聚类图

使用 6 种方法生成例 6.2 人口学数据的分层聚类图 (图 6.3.11). 这里的方法没有包括图 6.3.8 所用的 `'average'`.

```
Method=['single','complete','weighted','centroid','median','ward']
fig,axes=plt.subplots(2,3,figsize=(27,9))
hierarchy.set_link_color_palette(['m', 'c', 'y', 'k'])
```

```
for k, M in enumerate(Method):
    plt.subplot(2,3,k+1)
    Z= hierarchy.linkage(u, method=M, metric='euclidean')
    hierarchy.dendrogram(Z, labels=u.index.tolist(), orientation="left",
    above_threshold_color='blue')
    plt.title(M)
hierarchy.set_link_color_palette(None)
```

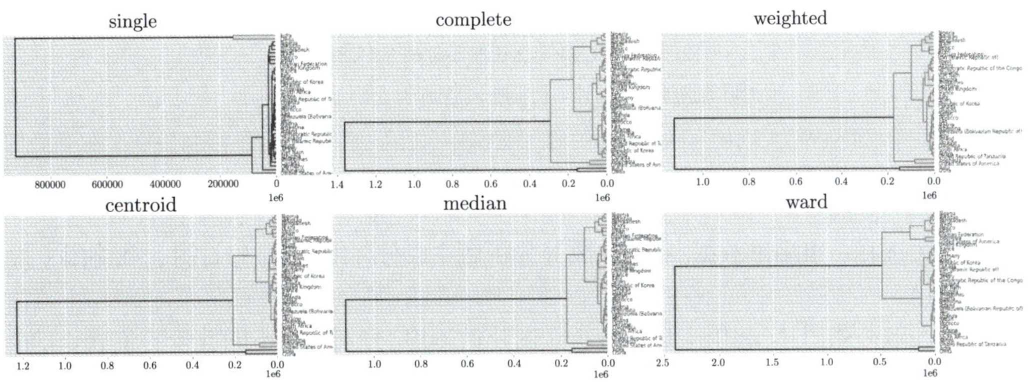

图 6.3.11 例 6.2 人口学数据 6 种分层聚类图

6.3.5 例 6.5 图像的聚类

这里对该油画做了 k 分别为 2、6、30、300 的聚类，也就是说用聚类得到的 2、6、30 及 300 种颜色来重新形成油画. 图 6.3.12 自左至右为 $k = 2, 6, 30, 300$ 的聚类结果.

```
from sklearn.cluster import MiniBatchKMeans
from PIL import Image
winter = Image.open("winter-landscape-moscow-1873.jpg")

d=np.array(winter)
d = d / 255.0
d = d.reshape(np.prod(d.shape[:2]), 3)
plt.figure(figsize=(26,22))
fig.subplots_adjust(wspace=0)
pp=np.array([2,6,30,300])
for i in range(4):
    K=140+i+1
    plt.subplot(K)
    k = MiniBatchKMeans(pp[i]);k.fit(d)
    new = k.cluster_centers_[k.predict(d)]
    dd = new.reshape(np.array(dance).shape)
    imshow(dd)
```

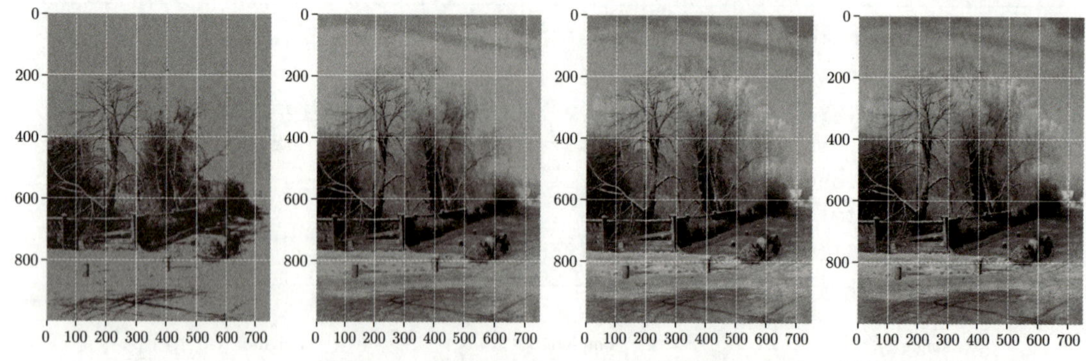

注: 自左至右为 $k = 2, 6, 30, 300$ 的聚类结果

图 6.3.12 例 6.5《冬景》油画的 k 均值聚类

6.4 习题

1. 自主选择一组多维数据, 利用主成分分析做主成分降维, 并作碎石图、载荷图、得分图等可视化.

2. 随便取一张图片, 利用主成分分析做图片的压缩 (分别采用不同数量的主成分), 并产生压缩后的图片.

3. 自主选择一组数据, 利用聚类分析做各种可视化探索.

4. 自由选取一张图片, 作图像色彩聚类可视化分析.

第 7 章　关联规则: 大量比例的计算、展示及解释

7.1　概述

在调查数据中有大量定性变量, 这些定性变量产生大量的比例, 计算机如何使用这些比例是关联规则分析 (association analysis) 的目标. 关联规则分析也称关联规则挖掘 (association rule mining), 它试图在一个很大的数据集中找出关联或相关的关系.

关联规则 (association rules) 显示出在一个给定的数据集中频繁地一同出现的变量. 关联规则挖掘由 Agrawal, Imielinski & Swami(1993)①最先提出.

最常用的例子是购物篮分析. 在超市收款台上的条码机通过扫描记录了每一个顾客所购买的全部物品, 商家就获得了什么商品是被最频繁购买的、哪些商品被同时频繁购买等信息. 根据这些信息, 他们可用最优的方式安排货架, 确定哪些商品需要摆在一起, 哪些商品需要促销, 以及如何利用广告宣传商品. 下面就是最早传说的一个故事.

啤酒和尿布的故事.

一个超市挖掘了所有顾客的交易, 他们吃惊地发现, 最经常和尿布一同售出的是啤酒; 他们还发现, 购买者主要是在星期五下午购物的 25 到 35 岁的男性. 他们分析, 由于尿布体积大, 而平时购物的又是女性, 所以往往将购买尿布的责任交给当父亲的丈夫在周末完成. 而周末意味着喝啤酒, 因此, 啤酒就成为尿布的同时购买物. 于是超市把啤酒放在尿布旁, 结果由于方便, 新父亲购买更多的啤酒, 就连平时不买啤酒的新父亲也开始购买了. 最终啤酒销量大增. 有人说这发生在 7-11 便利店, 有人说是在沃尔玛, 但这也有可能完全是口头文学. 无论是否有这回事, 数据挖掘得到的结果往往出人意料. 这就是科学探讨.

关联规则的原理很简单, 就是看一些事情同时出现的频率. 比如, 看买什么东西和买尿布同时出现的频率高. 原理虽然很简单, 但要在巨大的数据集中找出这些规律并且和其他规律比较可不那么简单, 主要是对计算方法的挑战.

关联规则用途广泛, 除了可以用于以分类变量为主的如交易数据、问卷调查等数据中, 还可以用于带有连续变量的数据中, 这可以通过把连续变量离散化来实现.

例 7.1 (storeTR.csv)　商店购物数据, 该数据给出了涉及 120 种商品的 7 501 条交易数据, 每条交易 (数据的行) 在每个商品下面或者是 0 (没有购买), 或者是 1 (购买). 原始数据在文件 `store_data.csv` 中, 每行是每个顾客购买商品的名称 (120 种商品范围内的). 目前的数

---

① Agrawal R Imielinski T, Swami A. Mining associations between sets of items in large databases. *ACM SIGMOD Int'l Conf. on Management of Data,* Washington D.C., May 1993.

据是从原始数据变换来的, 删去商品名字未知 (“nan”) 的一列 (使得结果更容易解释, 但不一定合理).

7.2 一些基本概念和术语

在关联规则所使用的数据中, 每一个观测称为一个事务或交易 (transaction), 每一个二分变量 (用 1 或者 0 表示有无交易) 则称为一个项目或项 (item). 一个数据为事务的集合, 称为事务数据集. 多个项目组成的集合称为项目集或项集 (itemset). 用 X 表示一个项目或者项目集, Y 表示与 X 没有交的另一个项目或项目集, 那么记号 $X => Y$ 表示 X 和 Y 同时出现的一个规则 (rule). 在 $X => Y$ 中, 称 X 为前项 (也称为条件项或左项, antecedent, left-hand-side or LHS of the rule), 而称 Y 为后项 (也称为结果项或右项, consequent, right-hand-side or RHS of the rule). 而我们感兴趣的是涉及这个规则的有关频数或频率所导出或包含的信息. 这些信息包括:

(1) **支持度** (support). 假定整个事务数据集有 N 个事务, 用 $\sigma(Z)$ 表示事务集 Z 的频数 (Z 中包含的事务个数).

① X 的支持度: 定义为整个数据集中项目 X 发生的频率. 用 T_X 表示包含项目 X 的事务集, 则 X 的支持度为:

$$\text{supp}(X) \equiv \frac{\sigma(T_X)}{N} = \frac{X\text{ 出现的数目}}{\text{事务数总和}} \tag{7.2.1}$$

例: 如果 X 是“买房子”, 则 supp(X) 则是在“所有人中买房子的比例”.

② $X => Y$ 的支持度: 定义为前项和后项在整个数据集中同时发生的频率. 仍然用 T_X 表示包含项目 X 的事务集, 而 T_Y 表示包含项目 Y 的事务集, 则 $X => Y$ 的支持度为:

$$\text{supp}(X => Y) \equiv \frac{\sigma(T_X \cap T_Y)}{N} = \frac{X\text{ 和 }Y\text{ 同时出现的事务数目}}{\text{事务数总和}} \tag{7.2.2}$$

显然, 支持度的前后项是对称的. 有的文献用频数而不是这里的比率 (频率) 来定义支持度. 例: 如果 X 是“买房子”, Y 是“买汽车”, 则 supp($X => Y$) 是在“所有人中既买房子又买汽车的比例”.

(2) **置信度** (confidence). $X => Y$ 的置信度 (注意, 和传统统计术语中的“置信度”无关): 定义为支持度和前项频率之比, 即:

$$\text{conf}(X => Y) \equiv \frac{\text{supp}(X => Y)}{\text{supp}(X)} = \frac{\sigma(T_X \cap T_Y)}{\sigma(T_X)} \tag{7.2.3}$$

置信度的前后项是不对称的. 例: 如果 X 是“买房子”, Y 是“买汽车”, 则 conf($X => Y$) 是在“买房子的人中买汽车的比例”.

(3) **提升** (lift). $X => Y$ 的提升: 定义为置信度和后项频率之比, 即:

$$\text{lift}(X => Y) \equiv \frac{\text{supp}(X => Y)}{\text{supp}(X)\text{supp}(Y)} = \frac{\sigma(T_X \cap T_Y) \times N}{\sigma(T_X)\sigma(T_Y)} \tag{7.2.4}$$

提升的前后项是对称的. 例: 如果 X 是“买房子”, Y 是“买汽车”, 则 $\text{lift}(X => Y)$ 是:

$$\frac{\text{买房子的人中买汽车的比例}}{\text{所有人中买汽车的比例}} = \frac{\text{买汽车的人中买房子的比例}}{\text{所有人中买房子的比例}}$$

该比值显示了对买房子的人推销汽车比对所有人推销汽车所提升的效率倍数.

7.3　概观例 7.1 的数据

首先输入数据, 并且显示支持度大于 0.05 的最频繁的项集 (图 7.3.1).

```
library(tidyverse)
library(arules)
w=read.csv('storeTR.csv')
Store <- as(as.matrix(w), "transactions")
itemFrequencyPlot(Store, support = 0.05, cex.names = 0.8) #图
```

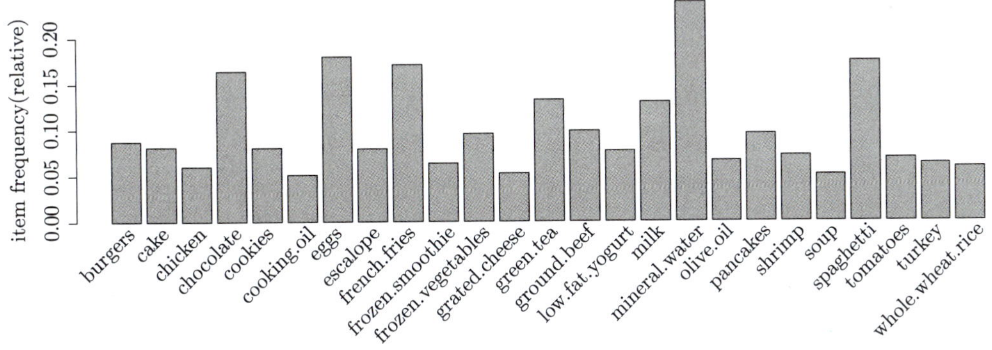

图 7.3.1　例 7.1 数据的最频繁项集

图 7.3.1 显示了支持度超过 5%的有 25 种物品, 其中买矿泉水 (`mineral.water`) 的最多 (支持度有 23.8%, 可以用代码 `mean(w$mineral.water)` 得到).

用下面的语句求各个项或项集的频率数值并显示出来:

```
fsets=eclat(Store,parameter=list(support=0.05,maxlen=10))
inspect(sort(fsets, by = "support")[1:10]) #显示支持度最大的10项
```

输出如下, 显示了该数据集支持度最大的 10 个项 (集) 及其所占的比率:

```
     items             support    count
[1]  {mineral.water}   0.23836822 1788
[2]  {eggs}            0.17970937 1348
[3]  {spaghetti}       0.17411012 1306
[4]  {french.fries}    0.17091055 1282
[5]  {chocolate}       0.16384482 1229
```

```
[6]  {green.tea}          0.13211572  991
[7]  {milk}               0.12958272  972
[8]  {ground.beef}        0.09825357  737
[9]  {frozen.vegetables} 0.09532062  715
[10] {pancakes}           0.09505399  713
```

7.4 求规则

下列语句中的第 1 条求各种规则 (这是关联规则的最主要的计算), 这里要求的是支持度和置信度均在 0.01 以上. 在执行这行代码时, 会输出一些信息, 并指出产生了满足条件的 456 条规则.

下面语句第 2 条则假定我们关心牛奶 (milk) 的销售和什么有关, 在把 `milk` 作为右项的规则中抽出提升大于 1.2 的那部分 (各种规则的子集).

```
rules=apriori(Store,parameter=list(support=0.01, confidence=0.01))
x=subset(rules, subset = rhs %in% "milk" &lift > 1.2)
```

然后我们可以在下面代码的选项 `by="..."`, 按照支持度 (support)、置信度 (confidence) 或者提升 (lift) 的排序列出关联规则. 这里列出的是按照提升的排序 (只列出前面 7 个):

```
> inspect(sort(x, by = "lift")[1:7])
    lhs                                    rhs    support    confidence lift     count
[1] {frozen.vegetables,mineral.water} => {milk} 0.01106519 0.3097015 2.389991  83
[2] {soup}                             => {milk} 0.01519797 0.3007916 2.321232 114
[3] {chocolate,spaghetti}              => {milk} 0.01093188 0.2789116 2.152382  82
[4] {ground.beef,mineral.water}        => {milk} 0.01106519 0.2703583 2.086376  83
[5] {chocolate,mineral.water}          => {milk} 0.01399813 0.2658228 2.051375 105
[6] {mineral.water,spaghetti}          => {milk} 0.01573124 0.2633929 2.032623 118
[7] {olive.oil}                        => {milk} 0.01706439 0.2591093 1.999567 128
```

我们来看一下这个按照提升从大到小输出的意义. 仅仅核对第 1 行. 第 1 行给出了左项为既买冷冻蔬菜又买矿泉水的项集 (2 项: `{frozen.vegetables,mineral.water}`), 右项为购买牛奶 (1 项: `{milk}`). 其中 (在原数据 `w` 中, 冷冻蔬菜在第 50 列, 矿泉水在第 73 列, 牛奶在第 72 列):

(1) 按照公式 (7.2.2) 支持度 (买这 3 种物品的人占总顾客数目的比例) 为:

$$\text{supp}(X => Y) = \frac{\sigma(T_X \cap T_Y)}{N} = \frac{83}{7\,501} = 0.011\,065\,19$$

可以用代码 (`table(w[,c(50,72:73)])[2,2,2]`) 核对分子 $\sigma(T_X \cap T_Y)$ 的值, 以及分母 N (`nrow(w)`) 的值.

(2) 按照公式 (7.2.3) 置信度 (买这 3 种物品的人占买前项 2 种物品顾客数目的比例) 为:

$$\text{conf}(X => Y) = \frac{\sigma(T_X \cap T_Y)}{\sigma(T_X)} = \frac{83}{268} = 0.309\,701\,5$$

分子与前面一样, 可以用代码 (`table(w[,c(50,73)])[2,2]`) 核对分母 $\sigma(T_X)$ 的值.

(3) 按照公式 (7.2.4) 提升 (在买前项 2 种物品的人中买牛奶的比例是在总顾客数中买牛奶的比例的倍数) 为:

$$\text{lift}(X => Y) = \frac{\sigma(T_X \cap T_Y) \times N}{\sigma(T_X)\sigma(T_Y)} = \frac{83 \times 7\,501}{268 \times 972} = 2.389\,991$$

其中只有 $\sigma(T_Y)$ 前面没有核对过, 可以用代码 (`sum(w[,72])`) 得到.

上面子集的语句 `subset` 可以很灵活, 下面是几个例子:

(1) 左项集涉及 2 项 (至少之一), 右项集涉及 3 项 (至少之一):

```
y=subset(rules, subset =lhs %in% c("cake","eggs")& rhs %in%
  c("milk","chocolate","soup") &lift > 1.2)
```

可得到的输出为:

```
> inspect(sort(y, by = "lift"))
    lhs                        rhs           support    confidence lift     count
[1] {eggs,mineral.water} => {milk}        0.01306492 0.2565445  1.979774  98
[2] {eggs,spaghetti}     => {chocolate}   0.01053193 0.2883212  1.759721  79
[3] {eggs,mineral.water} => {chocolate}   0.01346487 0.2643979  1.613709 101
[4] {eggs}               => {milk}        0.03079589 0.1713650  1.322437 231
[5] {cake}               => {milk}        0.01333156 0.1644737  1.269256 100
```

(2) 左项集至少要有 milk, 右项集可以是任意包含字符 `'frozen'` 的项

```
z=subset(rules, subset = lhs %ain% "milk" &rhs %pin%
        "frozen" &lift > .05)
```

可得到的输出为:

```
> inspect(sort(z, by = "lift"))
    lhs                        rhs                   support  confidence lift     count
[1] {milk,mineral.water} => {frozen.vegetables} 0.011065 0.23056    2.418737  83
[2] {milk}               => {frozen.vegetables} 0.023597 0.18210    1.910382 177
[3] {milk}               => {frozen.smoothie}   0.014265 0.11008    1.738373 107
```

7.5　关联规则的可视化

对于关联规则, 程序包 `arulesViz` 有很多可视化的函数, 不仅仅是图片, 还有互动可视化. 下面一一介绍.

7.5.1　例 7.1 数据关联规则散点图

下面代码得到前面得到的 456 条规则, 并且生成以支持度为横坐标、置信度为纵坐标、提升为色调深浅的散点图 (图 7.5.1). 如果使用选项 `engine = "interactive"` 或者使

用选项 engine = "htmlwidget", 则产生可以放大缩小、选择过滤参数等功能的互动可视化散点图 (这里不显示).

```
library(arulesViz);plot(rules)
sel <- plot(rules, engine = "interactive",jitter=0)
```

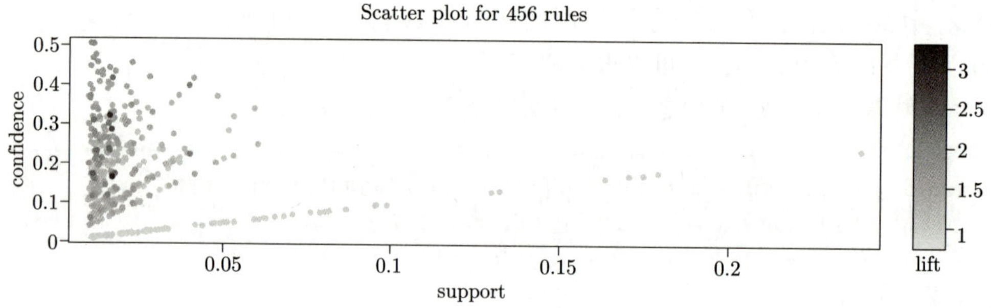

图 7.5.1 例 7.1 数据关联规则散点图

7.5.2 例 7.1 数据关联规则交互对话框

我们还可以产生规则表的交互对话框, 可以填入左项、右项并用滑块确定支持度、置信度及提升的范围来得到需要的结果 (图 7.5.2), 请自己动手操作.

```
inspectDT(rules)
```

产生的对话框可以存成网页, 并在浏览器上操作 (请自己操作).

```
page <- inspectDT(rules)
# 存成网页:
htmlwidgets::saveWidget(page, "arules.html", selfcontained = FALSE)
browseURL("arules.html") #展示在浏览器
```

Show 10 entries　　Search:

	LHS	RHS	support	confidence	lift	count
	All	All	All	All	All	All
[1]	{}	{body.spray}	0.011	0.011	1.000	86.000
[2]	{}	{cider}	0.011	0.011	1.000	79.000
[3]	{}	{melons}	0.012	0.012	1.000	90.000
[4]	{}	{yams}	0.011	0.011	1.000	86.000
[5]	{}	{nonfat.milk}	0.010	0.010	1.000	78.000
[6]	{}	{barbecue.sauce}	0.011	0.011	1.000	81.000

Showing 1 to 10 of 456 entries　　Previous 1 2 3 4 5 … 46 Next

图 7.5.2 规则表的交互对话框

7.5.3 矩阵图

下面从所有得到的规则中选出满足提升大于 1 的子规则 (一共 358 个), 并生成子规则二维及三维矩阵图 (图 7.5.3). 在左边子规则二维矩阵图中, 横坐标和纵坐标分别代表右项和左项, 点的颜色深浅代表 lift (通过选项`shading="lift"` 设置) 的大小. 在右边三维图 (通过选项`engine = "3d"` 设置) 平面上的头二维坐标和二维图相同, 而第三维竖直坐标代表 lift 的大小. 生成图 7.5.3 的代码为:

```
subrules <- subset(rules, lift>1)
subrules
plot(subrules, method="matrix", shading="lift")
plot(subrules, method="matrix", engine = "3d")
```

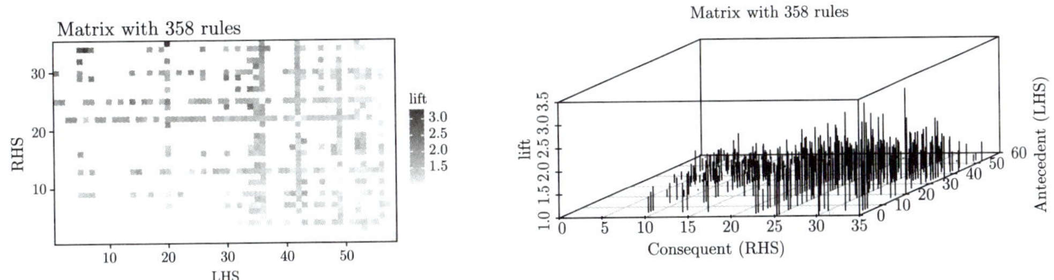

图 7.5.3 例 7.1 子规则二维及三维矩阵图

子规则的矩阵图可以使用选项 `control = list(reorder = "...")` 调整次序来点出, 这里的 `reorder` 选项可以是 `"support/confidence"` 或者 `"similarity"` 等. 也可以加上互动选项 `engine = "interactive"` 或者 `engine = "htmlwidget"` (这里不显示).

7.5.4 规则的分组矩阵图

可以产生分组矩阵图 (图 7.5.4). 这个图与图 7.5.3 类似, 但横坐标和纵坐标分别代表左项和右项, 左项和右项都是分组的项集, 项集所包含的项名字也都显示在图中. 这里点的大小代表着 lift 的大小, 也可以用选项 `engine = "interactive"` 来增加互动效应 (这里无法显示互动效果). 从图 7.5.4 的下面, 可以看到 “inspect” “zoom in” “zoom out” 和 “end” 等选项, 这些选项在实际操作中可以改变原先的选项, 或者显示附加的信息, 也可以改变图形的大小.

```
plot(rules, method="grouped matrix")
```

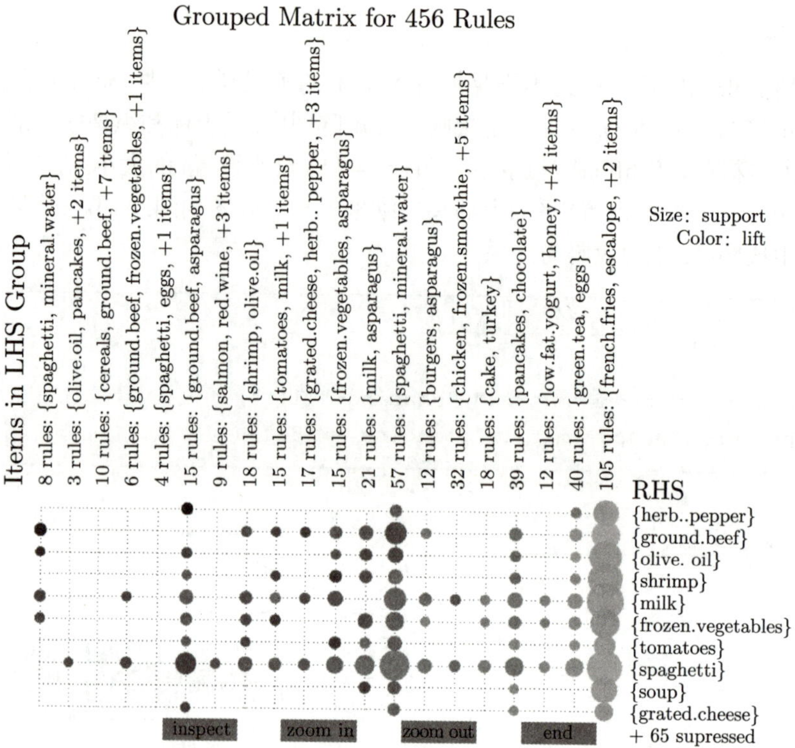

图 7.5.4 分组矩阵图

7.5.5 部分规则的关系图

随机选择部分 (这里取 25 个) 规则, 然后画出它们之间的关系图 (图 7.5.5 是同样内容两种不同形状的等价展示, 左图的信息量更大).

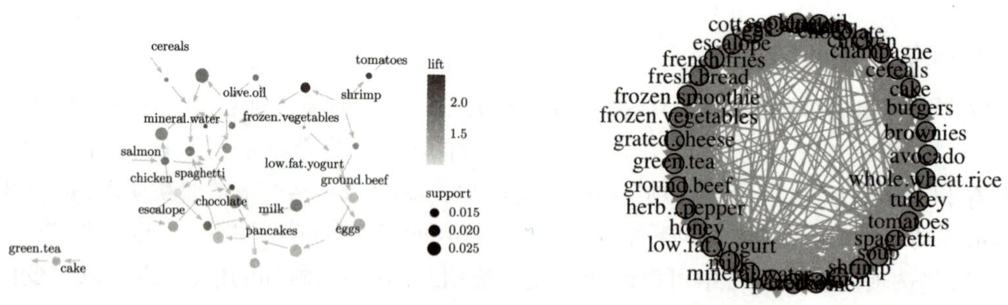

图 7.5.5 部分规则的两个不同显示的关系图

```
set.seed(888)
subrules2 <- sample(subrules, 25)
library(igraph)
plot(subrules2, method="graph")
```

```
g <- associations2igraph(subrules, associationsAsNodes = FALSE)
plot(g, layout = layout_in_circle)
```

7.5.6 使用 Graphviz 进行图形渲染

可以使用 Graphviz 对选择的少数规则进行图形渲染 (图 7.5.6).

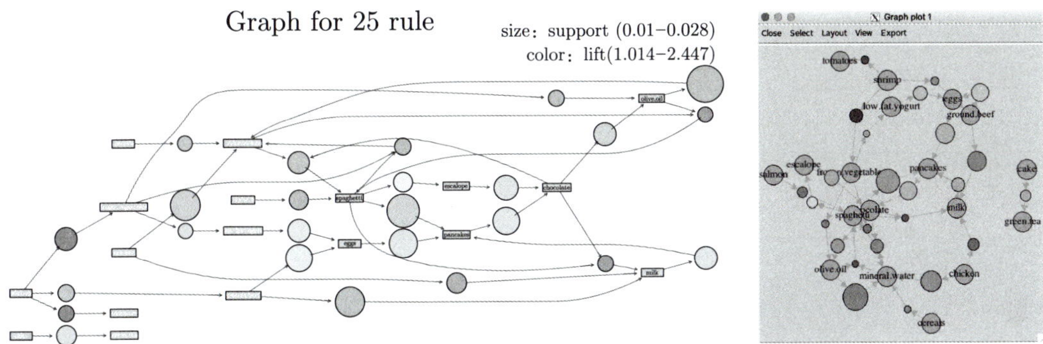

图 7.5.6　少数规则的 Graphviz 图形渲染 (右图为互动式界面)

```
if (!require("BiocManager", quietly = TRUE))
    install.packages("BiocManager")
BiocManager::install("Rgraphviz")
library(Rgraphviz)
plot(subrules2, method="graph", engine="graphviz")
#下面产生互动式 XQuartz 界面
plot(subrules2, method="graph", engine = "interactive")
```

7.5.7 部分规则的平行坐标图

下面产生前面选择的部分规则的平行坐标图 (图 7.5.7). 还可以改变选项 `control`, 使用诸如 `list(reorder=TRUE)` 来重新排序 (不显示).

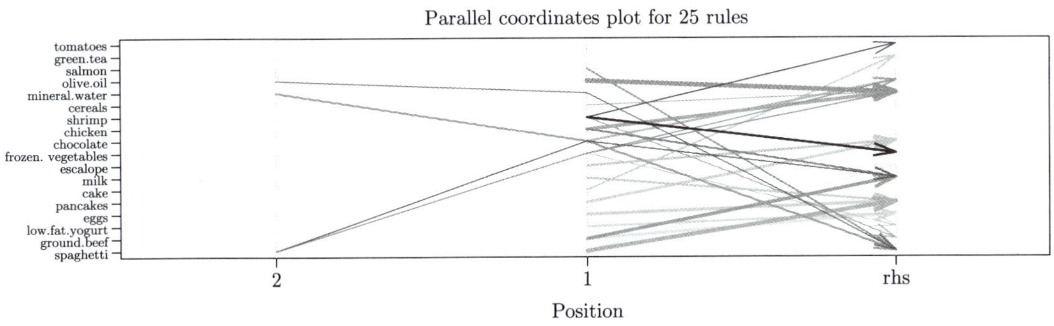

图 7.5.7　部分规则的平行坐标图

```
plot(subrules2, method="paracoord")
```

7.5.8 一条规则的双层图

这个图有些像马赛克图,但这里被称为双层图 (doubledecker plot). 双层图是为单独一条规则服务的 (图 7.5.8). 这里随机选择了一条规则,左项集有 2 项,右项集只有 1 项.

```
set.seed(313)
oneRule <- sample(rules, 1)
inspect(oneRule)
plot(oneRule, method="doubledecker", data = Store)
```

这里选中的一条规则为:

```
> inspect(oneRule)
    lhs                  rhs               support    confidence lift     count
[1] {chocolate,eggs} => {mineral.water} 0.01346487 0.4056225  1.701663 101
```

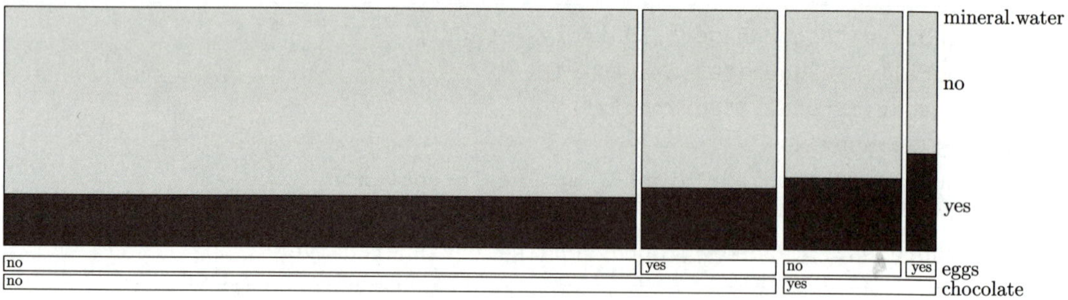

图 7.5.8　一条规则的双层图

7.6 本章的 Python 代码

载入必要的模块及数据:

```
import pandas as pd
from mlxtend.frequent_patterns import apriori
from mlxtend.frequent_patterns import association_rules
import matplotlib.pyplot as plt
from mpl_toolkits import mplot3d
import networkx as nx
%matplotlib inline

df=pd.read_csv('storeTR.csv')
```

7.6.1　例 7.1 数据关联规则的计算

对例 7.1 数据求频繁项集和规则的代码为:

```
frequent_itemsets = apriori(df, min_support=0.01, use_colnames=True)
rules = association_rules(frequent_itemsets, metric="lift",
min_threshold=1)
```

7.6.2　例 7.1 数据频繁项集图表示

把 `frequent_itemsets` 降序排列, 生成支持度大于 0.05 的那些项的条形图 (图 7.6.1).

```
f05=frequent_itemsets[frequent_itemsets['support']>0.05]
f05.plot(x='itemsets',y='support',kind='bar',figsize=(12,4),width=.8)
```

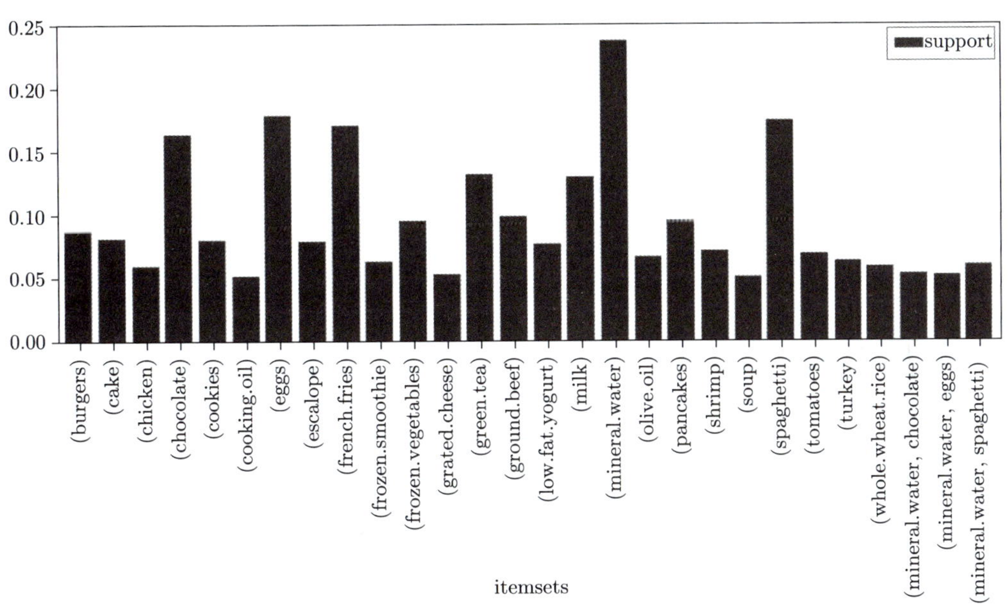

图 7.6.1　例 7.1 数据支持度大于 0.05 项的条形图

数据框 `rules` 的部分内容 (代码 `rules.iloc[:,[0,1,4,5,6]].head()`):

```
        antecedents        consequents   support  confidence      lift
0  (mineral.water)          (avocado)  0.011598    0.048658  1.459926
1        (avocado)    (mineral.water)  0.011598    0.348000  1.459926
2        (burgers)             (cake)  0.011465    0.131498  1.622319
3           (cake)          (burgers)  0.011465    0.141447  1.622319
4        (burgers)        (chocolate)  0.017064    0.195719  1.194537
```

7.6.3 规则的点图

1. 支持度和置信度 (显示提升大小) 的散点图

生成支持度和置信度的散点图 (图 7.6.2), 其中圆圈大小代表提升. 由于提升相对大小不明显, 这里做了变换.

```
support=rules['support'].values
confidence=rules['confidence'].values
lift=rules['lift'].values

plt.figure(figsize=(15,5))
plt.scatter(support, confidence,   alpha=0.3, s=lift**3*50)
plt.xlabel('support')
plt.ylabel('confidence')
plt.show()
```

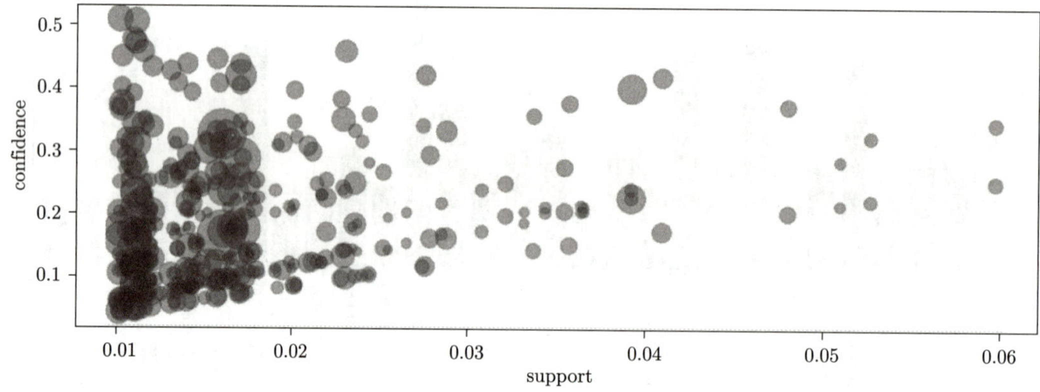

图 7.6.2 支持度和置信度的散点图

2. 支持度、置信度和提升的三维图

生成支持度、置信度和提升的三维图 (图 7.6.3).

```
from mpl_toolkits import mplot3d
%matplotlib inline
plt.figure(figsize=(15,5))
ax = plt.axes(projection='3d')
ax.scatter3D(support, confidence, lift, c=lift**3*50, cmap='Greens',
   marker='o')
pnt3d=ax.scatter3D(support, confidence, lift, c=lift**3*50, marker='o')
cbar=plt.colorbar(pnt3d)
cbar.set_label("Values (units)")
```

```
ax.set_xlabel('support')
ax.set_ylabel('confidence')
ax.set_zlabel('lift')
```

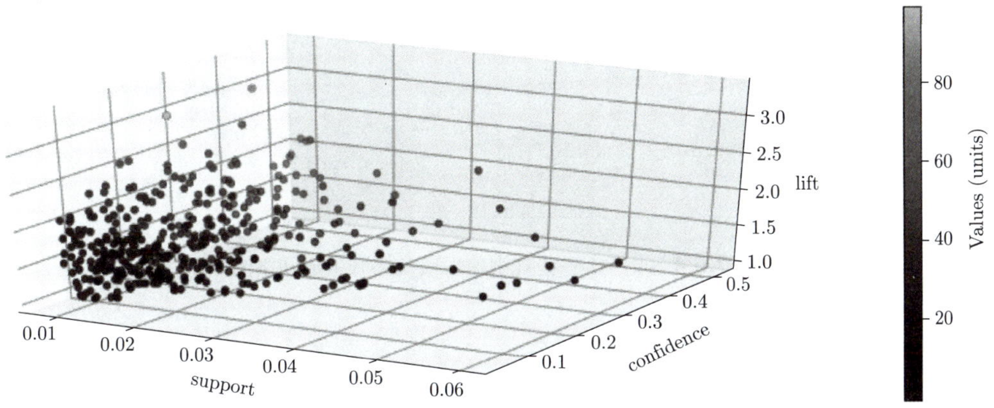

图 7.6.3 支持度、置信度和提升的三维图

7.6.4 根据前后项及提升画网络图

为了使网络图看得清楚, 选取提升大于 2.2 的规则, 根据前后项及提升生成网络图 (图 7.6.4).

```
Rules=rules.iloc[:,[0,1,6]][rules.iloc[:,[0,1,6]]['lift']>2.2]
D=list()
for i in range(len(Rules)):
    for j in Rules.iloc[i,0]:
        for k in Rules.iloc[i,1]:
            D.append((j,k,Rules.iloc[i,2]))
DG = nx.DiGraph()
DG.add_weighted_edges_from(D)
weights = [z[2]['weight'] for z in DG.edges(data=True)]
pos=nx.circular_layout(DG)
betCent = nx.betweenness_centrality(DG, normalized=True, endpoints=True)
node_size =  [v * 50000 for v in betCent.values()]
plt.figure(figsize=(18,9))
nx.draw_networkx(DG,pos=pos, with_labels=True,width=weights,
        alpoha=.2,font_weight='bold',font_size=20,
                node_size=node_size)
```

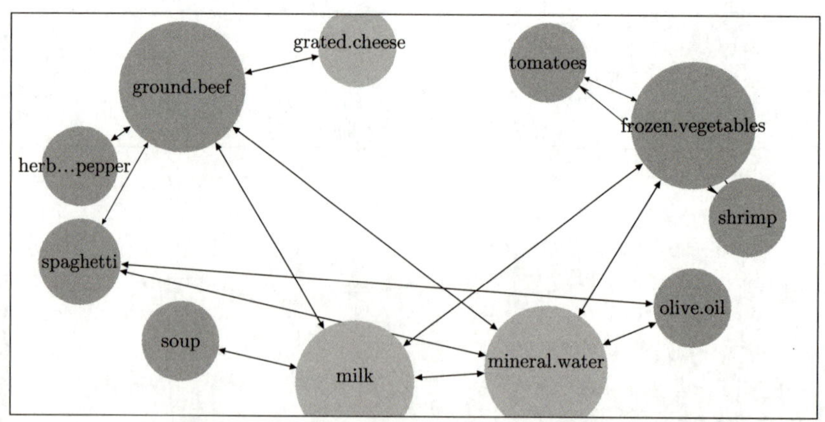

图 7.6.4 例 7.1 一些规则前后项及提升生成网络图

7.7 习题

1. 使用 R 和 Python 对程序包 `arules` 自带的 `IncomeESL` 数据进行关联规则可视化分析.

2. 尝试设计一份调研问卷, 独立编程计算各种关联规则并进行可视化分析.

第 8 章　社交网络的可视化

8.1　网络图概述

网络图是由两个关键部分组成的: (1) **节点** (node), 也称**顶点** (vertex); (2) **边** (edge), 也称**链接** (link) 或**联系** (tie). 图 8.1.1 是一个简单的网络图, 有 3 个名为 A、B、C 的节点; 有 3 条有向边连接它们.

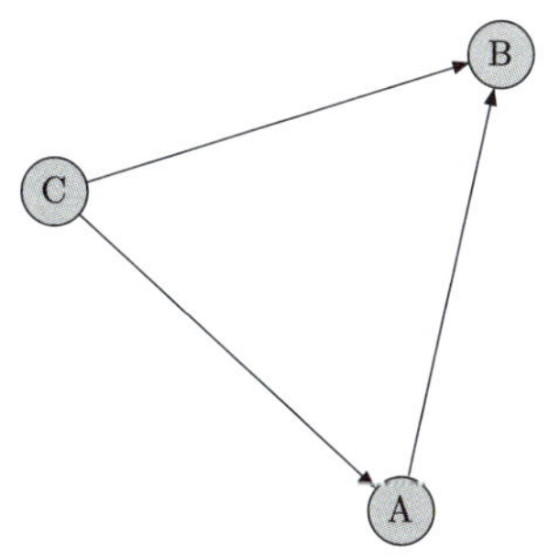

图 8.1.1　简单的网络图

下面介绍和网络图有关的概念:

(1) **节点**. 代表需要在网络中连接的实体 (所涉及的个体, 诸如人员、单位或各种事物), 如图 8.1.1 中的 A、B、C.

(2) **边**. 连接节点之间的线, 体现实体的交互作用或关系, 如图 8.1.1 中的 3 条边. **有向边**为带有 (箭头表示的) 方向的边, 否则为**无向边**.

(3) **邻接矩阵** (adjacency matrix), 也称社交矩阵 (sociomatrices). 这是一个方阵, 其中列名和行名是网络的节点. 这是 R 中的许多网络分析程序包都接受的标准数据格式. 在矩阵内, 在没有权重时, 1 表示节点之间存在连接, 0 表示没有连接, 而如果有权重度量, 则矩阵内显示的是该权重. 图 8.1.1 的邻接矩阵为 (这里行为有向关系的来源, 列为终点):

```
  A B C
A 0 1 0
B 0 0 0
C 1 1 0
```

(4) **边缘列表** (edge list). 至少包含两列的数据框: 一列节点对应于连接的来源, 另一列节点包含连接的目标. 数据中的每个节点都由唯一的标记符 (ID) 标记. 边缘列表可以有多种形式 (对于不同的程序包), 对于图 8.1.1, 可以是下面数据框形式 (`tidygraph`):

```
   from  to
1     1   2
2     3   1
3     3   2
```

也可以是下面的非数据框形式 (igraph):

```
+ 3/3 edges from d587f64 (vertex names):
[1] A->B C->A C->B
```

(5) **节点列表** (node list). 具有一列的数据框, 列出了在边缘列表中的节点 ID. 还可以增加数据的其他特征或属性. 对于图 8.1.1, 可以是下面数据框形式 (tidygraph):

```
   id label
1     1 A
2     2 B
3     3 C
```

也可以是下面的非数据框形式 (igraph):

```
+ 3/3 vertices, named, from d587f64:
[1] A B C
```

(6) **加权网络图** (weighted network graph). 边列表还可以包含描述边属性的其他列, 例如边的大小, 如果有衡量边大小的度量, 图形就可以加权. 图 8.1.2 就是图 8.1.1 的加权版本, 下面是相应加权后的邻接矩阵:

```
  A B C
A 0 1 0
B 0 0 0
C 2 3 0
```

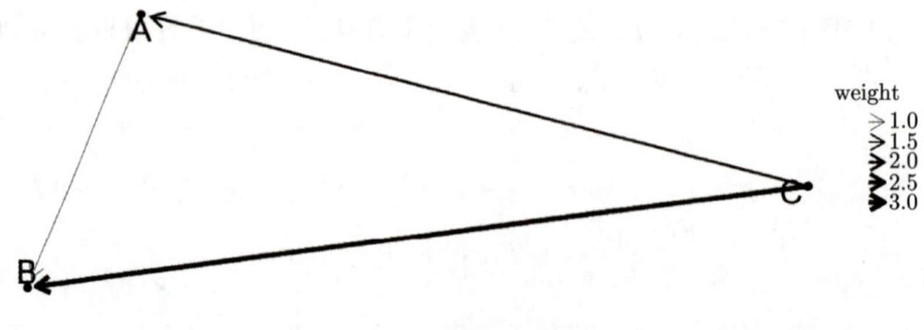

图 8.1.2 简单的加权网络图

(7) **有向和无向网络图** (directed and undirected network graph).

① 如果源与目标之间的关系并非同等, 则网络是有向的 (network is directed). 有向边表示节点的排序, 例如从一个节点延伸到另一个节点的关系 (在网络中可用箭头表示), 其中切换方向将更改网络的结构. 通过超链接将一个网页连接到另一个网页的万维网 (World Wide Web, WWW) 是定向网络的例子. 图 8.1.1 显然是有向网络.

② 如果两个节点间的关系是对等的, 则网络是无向的.

8.2　贸易数据案例

社交网络主要是反映不同个体之间交流的状况和强度, 下面用一个贸易的例子说明.

例 8.1 (w99.csv)　这是根据联合国数据整理的 13 个国家在 1999 年的双边进出口贸易数据. 数值不是贸易额, 而是每一笔双边交易占这 13 个国家的总贸易额的百分比.

社交网络可视化有大量的软件可以实现, 这里主要用 `tidygraph` 和 `ggraph`. 为了一般用途, 我们使用程序包 `tidyverse` 的程序包组. 这样选择对于熟悉 `ggplot` 的读者很方便, 各种操作比较灵活. 当然, 读者也可以尝试使用较早发展的自给自足的 `igraph`, 许多 `ggraph` 的思想和选项来自 `igraph`.

8.2.1　形成例 8.1 贸易数据的图形对象

形成例 8.1 贸易数据的图形对象的代码如下:

```
library(tidyverse)
library(tidygraph)
library(ggraph)
w99=read_csv('w99.csv')
w99.edge=w99 %>% rename(from=exporter,to=importer,weight=pct)
w99.node=tibble(id=unique(c(w99$importer,w99$exporter)))
trade<-tbl_graph(w99.node,w99.edge)
```

输入 `trade` 可显示其结构:

```
> trade
# A tbl_graph: 13 nodes and 156 edges
#
# A directed simple graph with 1 component
#
# Node Data: 13 x 1 (active)
  id
  <chr>
1 Australia
2 Brazil
3 Canada
4 China
5 Germany
```

```
6 India
# … with 7 more rows
#
# Edge Data: 156 x 3
   from    to weight
  <int> <int>  <dbl>
1     2     1 0.0131
2     3     1 0.0621
3     4     1 0.258
# … with 153 more rows
```

上面的函数 tbl_graph 是从输入的 nodes 和 edges (包含默认的 directed=TRUE 选项) 产生图形对象的关键函数.

8.2.2 产生各种形式的网络图形

下面类似于 ggplot 的代码产生了图 8.2.1.

```
trade %>%
  ggraph(layout = "gem") +
  geom_edge_link(aes(width = weight), alpha = 0.5,color='grey',
  arrow = arrow(length = unit(5, 'mm')), end_cap = circle(3, 'mm')) +
  geom_node_text(aes(label = id), size=6) +
  scale_edge_width(range = c(0.5, 2.5))+
  geom_node_point()
```

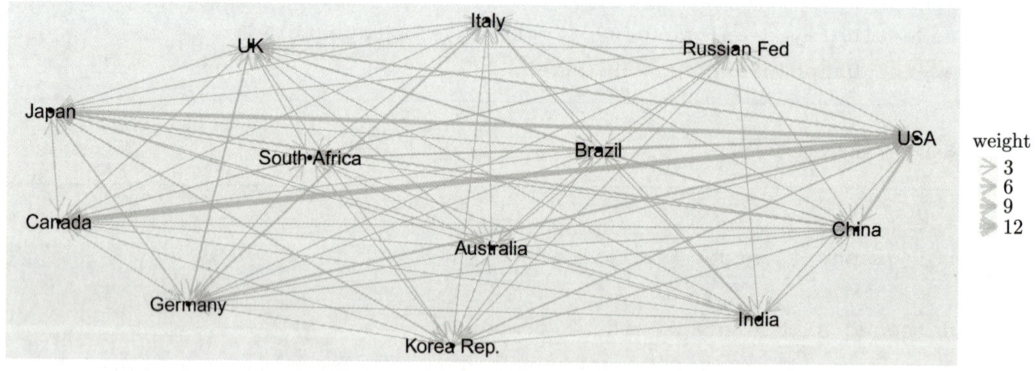

图 8.2.1 例 8.1 贸易数据的网络图 (gem 形式)

生成该图的代码虽然类似于 ggplot, 但有一些自己的要素, 每个都有相应的选项:

1. 在 ggraph 选项中的 layout='...' 中, 可以选择一些现成的图形展示模式, 如: 'star', 'circle', 'gem', 'dh', 'graphopt', 'grid', 'mds', 'randomly', 'fr', 'kk', 'drl', 'lgl'. 这些都来自 igraph 的选项 (形式为 layout.star, layout.gem,

layout.random, layout.kamada.kawai 等). 由于网络图形的摆放很自由, 如果不设定随机种子, 每一种可选模式都可以产生很多不同的图形. 当然, 所有来源于同一个图形对象的图形都是等价的, 仅仅是展示方法不同.

2. geom_node_point(): 产生节点.

3. geom_edge_link(): 产生边 (有向或无向) 的连接. 在上面代码中, 边的宽度由 weight 控制, 并且确定了边的颜色、透明度 (alpha) 以及箭头的特性. 为了控制宽度的显示, 后面使用了函数 scale_edge_width().

4. geom_edge_arc(): 可以产生曲线的边, 和 geom_edge_link() 类似.

5. geom_node_text(): 标明节点的名称、字符串及字体大小、颜色等.

6. 其他还有一些诸如 labs() 等 ggplot 也使用的函数.

下面产生贸易数据另一种形状的网络图 (图 8.2.2). 图 8.2.2 没有箭头, 但水平线上方的边从左向右指向, 而线下方的边从右向左指向.

```
trade %>%
  ggraph(layout = "linear")+
  geom_edge_arc(aes(width = weight,color=weight), alpha = 0.4) +
  geom_node_text(aes(label = id), size=5,color='darkblue',repel = TRUE) +
  geom_node_point()+
  scale_edge_width(range = c(0.5, 2.5))+
  geom_edge_diagonal()
```

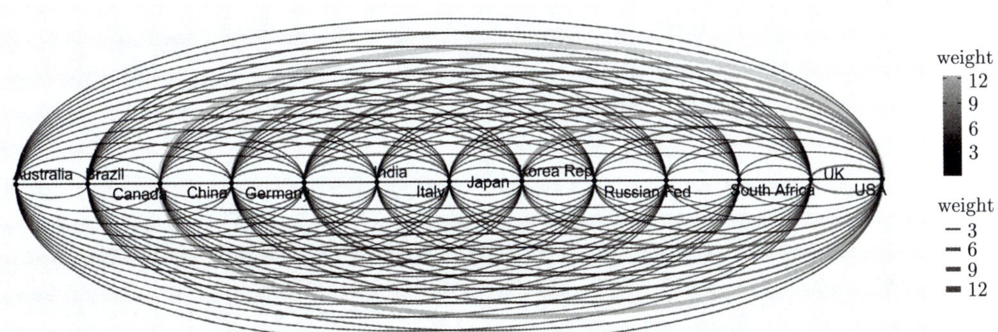

图 8.2.2　例 8.1 贸易数据的网络图 (linear 形式之一)

下面产生一个比较清晰的网络图 (图 8.2.3).

```
ggraph(trade, layout = "linear", circular = TRUE) +
  geom_edge_arc(aes(width = weight), alpha = 0.8) +
  scale_edge_width(range = c(0.2, 2)) +
  geom_node_text(aes(label = id), repel = TRUE) +
  labs(edge_width = "percentage") +
```

```
theme_graph()+
theme(legend.position = "top")
```

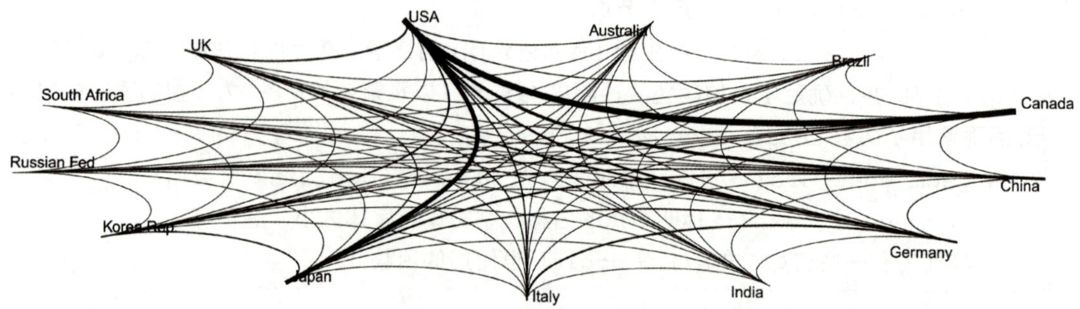

图 8.2.3 例 8.1 贸易数据的网络图 (linear 形式之二)

8.2.3 tbl_graph 对象也是 igraph 对象

我们用 tbl_graph 产生的对象也是 igraph 的对象, 因此可以用各种适用于 igraph 对象的函数, 比如, 使用 igraph 的函数 V() 和 E() 可以得到 igraph 形式的节点和边的信息. 这里如果只用代码 E(trade) 则相当于 E(trade)%>%print(), 这时 print(即程序包 igraph 打印函数 print.igraph.es 的简写) 的选项 full 默认打印适合于屏幕大小的信息量.

```
> library(igraph)

> V(trade)
+ 13/13 vertices, from e1379f5:
 [1]  1  2  3  4  5  6  7  8  9 10 11 12 13
> E(trade) %>% print(full=T)
+ 156/156 edges from f080a9c:
  [1]  2-> 1  3-> 1  4-> 1  5-> 1  6-> 1  7-> 1  8-> 1  9-> 1 10-> 1 11-> 1 12-> 1
 [12] 13-> 1  1-> 2  3-> 2  4-> 2  5-> 2  6-> 2  7-> 2  8-> 2  9-> 2 10-> 2 11-> 2
 [23] 12-> 2 13-> 2  1-> 3  2-> 3  4-> 3  5-> 3  6-> 3  7-> 3  8-> 3  9-> 3 10-> 3
 [34] 11-> 3 12-> 3 13-> 3  1-> 4  2-> 4  3-> 4  5-> 4  6-> 4  7-> 4  8-> 4  9-> 4
 [45] 10-> 4 11-> 4 12-> 4 13-> 4  1-> 5  2-> 5  3-> 5  4-> 5  6-> 5  7-> 5  8-> 5
 [56]  9-> 5 10-> 5 11-> 5 12-> 5 13-> 5  1-> 6  2-> 6  3-> 6  4-> 6  5-> 6  7-> 6
 [67]  8-> 6  9-> 6 10-> 6 11-> 6 12-> 6 13-> 6  1-> 7  2-> 7  3-> 7  4-> 7  5-> 7
 [78]  6-> 7  8-> 7  9-> 7 10-> 7 11-> 7 12-> 7 13-> 7  1-> 8  2-> 8  3-> 8  4-> 8
 [89]  5-> 8  6-> 8  7-> 8  9-> 8 10-> 8 11-> 8 12-> 8 13-> 8  1-> 9  2-> 9  3-> 9
[100]  4-> 9  5-> 9  6-> 9  7-> 9  8-> 9 10-> 9 11-> 9 12-> 9 13-> 9  1->10  2->10
[111]  3->10  4->10  5->10  6->10  7->10  8->10  9->10 11->10 12->10 13->10  1->11
[122]  2->11  3->11  4->11  5->11  6->11  7->11  8->11  9->11 10->11 12->11 13->11
[133]  1->12  2->12  3->12  4->12  5->12  6->12  7->12  8->12  9->12 10->12 11->12
[144] 13->12  1->13  2->13  3->13  4->13  5->13  6->13  7->13  8->13  9->13 10->13
[155] 11->13 12->13
```

还可以用 plot (实际上是程序包 igraph 的画图函数 plot.igraph) 直接点图 (图 8.2.4).

```
plot(trade, label=w99.node$id, layout = layout_nicely(trade),
     edge.width=w99.edge$weight)
```

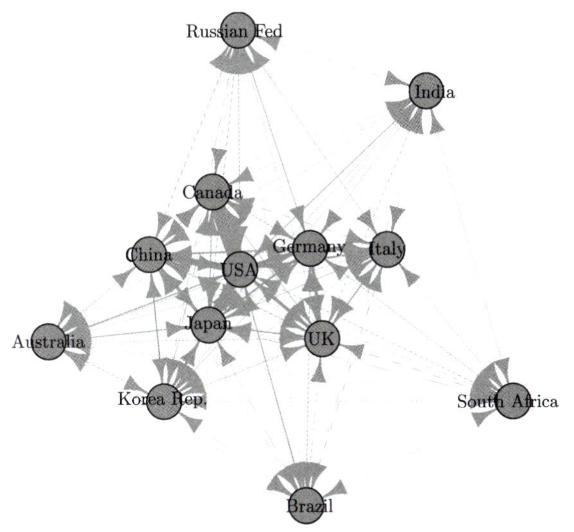

图 8.2.4　例 8.1 贸易数据的网络图 (`igraph` 的一个形式)

8.3　例 8.1 贸易数据的部分: 中国出口占比

我们取例 8.1 数据中国向其他 13 个国家出口的部分数据, 并画出网络图 (图 8.3.1).

```
wch=w99 %>% filter(exporter=='China')
countries <- c(
  wch$exporter, wch$importer
) %>% unique()
nodes <- tibble(
  id = 1:length(countries),
  label = countries
) %>%
  left_join(
    wch[, c("importer", "pct")],
    by = c("label" = "importer" )
    ) %>% mutate(
    pct = ifelse(
      is.na(pct), 0, pct
      )
  )
per_route <- wch %>%
  select(exporter, importer)
edges <- per_route %>%
```

```
  left_join(nodes, by = c("exporter" = "label")) %>%
  rename(from = id)
edges <- edges %>%
  left_join(nodes, by = c("importer" = "label")) %>%
  rename(to = id)
edges <- select(edges, from, to, pct=pct.y)
wch.graph <- tbl_graph(
  nodes = nodes, edges = edges, directed = TRUE
  )
##plot
ggraph(wch.graph, layout = "linear", circular = TRUE) +
  geom_edge_arc(aes(width = pct,color=pct), alpha = 0.8) +
  scale_edge_width(range = c(0.2, 2)) +
  geom_node_text(aes(label = label), repel = TRUE) +
  labs(edge_width = "percentage") +
  theme_graph()+
  theme(legend.position = "top")
```

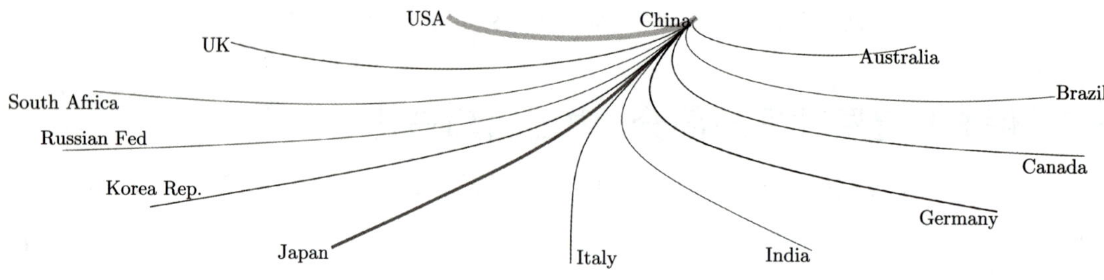

图 8.3.1 例 8.1 数据的中国出口占比网络图

还可以产生中国出口占比的树图 (图 8.3.2). 树图是一种用于显示层次结构数据的可视方法, 使用嵌套的矩形表示树图的分支. 每个矩形的面积与其所代表的数据量成正比.

```
require(ggpubr)
cols <- get_palette("Dark2", nrow(wch)+1)
# Visualize
set.seed(123)
ggraph(wch.graph, 'treemap', weight = pct) +
    geom_node_tile(aes(fill = label), size = 0.25, color = "white")+
  geom_node_text(
    aes(label = paste(label, paste0(round(pct,2),'%'), sep = "\n"),
        size = pct), color = "white"
    )+
  scale_fill_manual(values = cols)+
  scale_size(range = c(0, 6) )+
```

```
theme_void()+
theme(legend.position = "none")
```

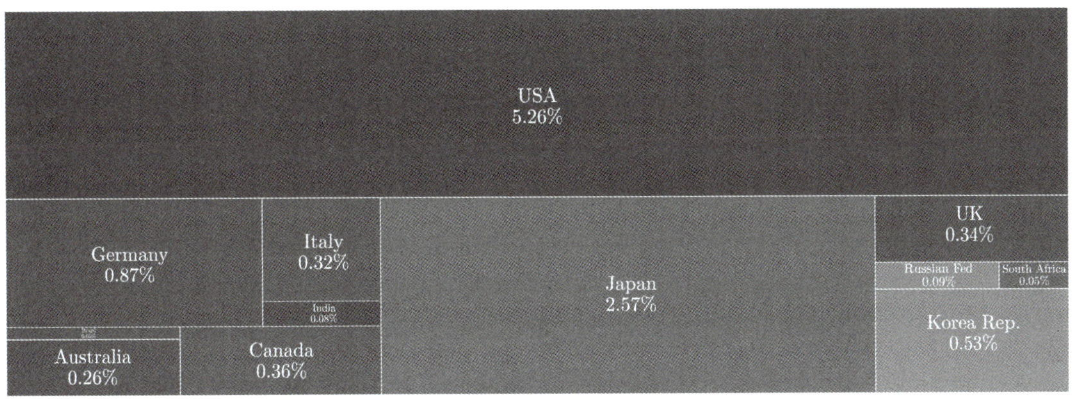

图 8.3.2　例 8.1 数据的中国出口占比的树图

8.4　中心性度量

为了介绍社交网络, 人们发明了大量的中心性度量. 下面介绍少数几个. 注意, 即使对于同样的中心性度量, 不同软件的计算方法也可能不一样, 绝对不是统一的. 众多度量的组合更是一个很大的数目, 需要根据应用来确定, 这里不做赘述.

1. **度中心性** (degree centrality) 是基于每个节点所拥有的连接数来确定的, 有向的可以分别算每个节点外向箭头及内向箭头数目, 或者放在一起算, 依软件不同而异. 这是一个一步度量.

2. **间接中心性** (betweenness centrality) 衡量一个节点位于其他节点之间最短路径上的次数. 节点 v 的间接中心性是通过它的所有对最短路径的部分之和:

$$c_B(v)=\sum_{s,t\in V}\frac{\sigma(s,t|v)}{\sigma(s,t)},$$

其中, V 是节点集合, $\sigma(s,t)$ 是最短 (s,t) 路径的数量; $\sigma(s,t|v)$ 是通过 s,t 以外的某个节点 v 的那些路径的数量. 如果 $s=t$, 则 $\sigma(s,t)=1$; 如果 $v\in s,t$, 则 $\sigma(s,t|v)=0$. 该度量显示了哪些节点是网络中节点之间的“桥梁”.

3. **紧密中心性** (closeness centrality) 是根据每个节点与网络中所有其他节点的“紧密度”来计算的. 计算所有节点之间的最短路径, 然后根据其最短路径总和为每个节点分配分数. 节点 u 的紧密中心性是所有 $n-1$ 个可到达节点 u 的节点与 u 的平均最短路径距离的倒数.

$$C(u)=\frac{n-1}{\sum_{v=1}^{n-1}d(v,u)}$$

其中, $d(v,u)$ 是 v 和 u 之间的最短路径距离, n 是可以到达 u 的节点数. Wasserman 和 Faust 提出了一种改进的公式, 用于具有多个连接组件的图形:

$$C_{WF}(u)=\frac{n-1}{N-1}\frac{n-1}{\sum_{v=1}^{n-1}d(v,u)}$$

4. **特征向量中心性** (eigen centrality) 根据节点与网络中其他节点的连接数来衡量节点的影响. 它进一步考虑了节点的连接程度、其连接的数量等. 特征向量中心性基于节点邻居的中心性来计算节点的中心性. 节点 i 的特征向量中心性是方程式

$$\boldsymbol{A}\boldsymbol{x}=\lambda\boldsymbol{x}$$

所定义的向量 x 的第 i 个元素. 其中 $\boldsymbol{A}$ 是具有特征值 λ 的图的邻接矩阵. 借助于 Perron-Frobenius 定理, 存在一个唯一解 x, 如果 λ 是邻接矩阵 A 的最大特征值, 则所有元素都是正的.

下面对于例 8.1 贸易数据来计算各种中心性度量, 并且把其中非常数的 8 种点出两两散点—相关系数图 (图 8.4.1):

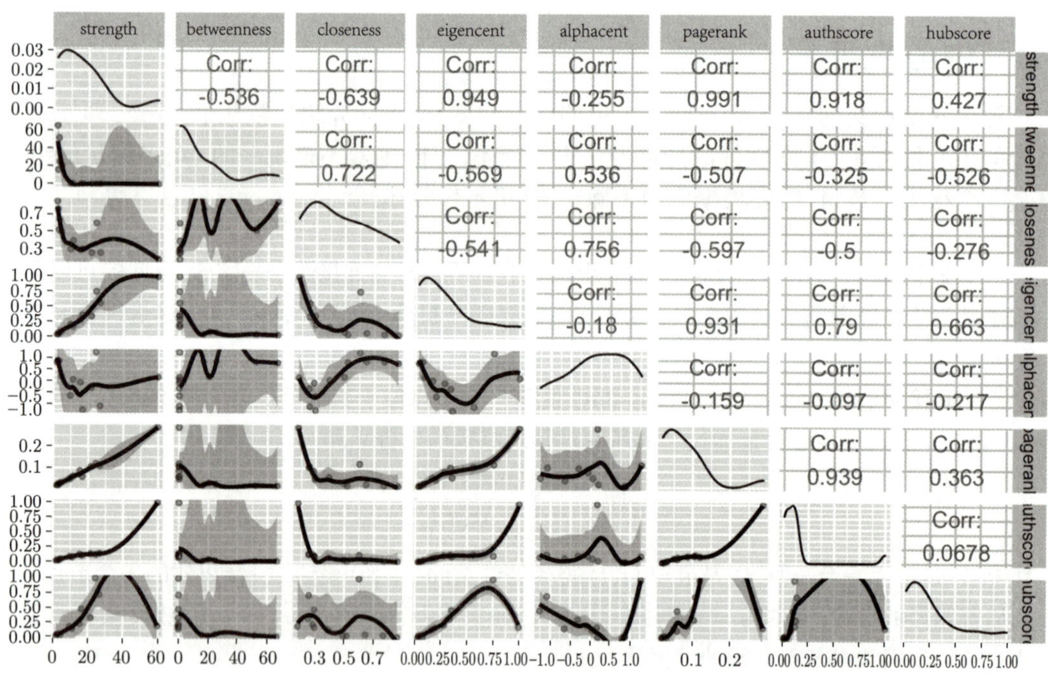

图 8.4.1 例 8.1 贸易数据各种中心性度量

```
library(igraph)
Cent=tibble(id=unique(c(w99$importer,w99$exporter)))
Cent$degree <- centr_degree(trade, mode = "all") %>% .[[1]]
Cent$strength <- graph.strength(trade)
Cent$betweenness <- betweenness(trade)
Cent$closeness <- closeness(trade)
```

```
Cent$eigencent <- eigen_centrality(trade) %>% .[[1]]
Cent$alphacent <- alpha_centrality(trade)
Cent$powercent <- power_centrality(trade)
Cent$pagerank <- page_rank(trade) %>% .[[1]]
Cent$eccent <- eccentricity(trade)
Cent$authscore <- authority_score(trade) %>% .[[1]]
Cent$hubscore <- hub_score(trade) %>% .[[1]]
Cent$subcent <- subgraph_centrality(trade)

library(GGally)
ggpairs(Cent[,-c(1,2,8,10,13)],
  lower = list(continuous = wrap("smooth_loess", alpha = 0.3, size=1)))
```

8.5 本章的 Python 代码

本节可能需要下面的模块，其中 networkx 为社交网络的专门模块，而 netwulf 是非常方便的在浏览器产生互动式可视化界面的模块.

```
import networkx as nx
import pandas as pd
import numpy as np
import matplotlib.pyplot as plt
%matplotlib inline
from netwulf import visualize
```

8.5.1 简单网络图的产生

1. 简单通过键盘构造网络图

首先我们考虑基于逐个节点和边的输入产生社交网络图形的要点.

(1) 事先可以使用 nx.Graph(对称无向图) 或 nx.DiGraph(有向图) 创立图形对象.

(2) 利用 add_edge 逐个输入边 (无向图).

```
g=nx.Graph()
g.add_edge('A', 'B')
g.add_edge('A', 'C')
g.add_edge('D', 'A')
g.add_edge('B', 'D')
```

(3) 利用上面的边通过 add_edges_from 建立有向图.

```
G=nx.DiGraph()
G.add_edges_from(g.edges)
```

(4) 查看两个节点的性质.

```
print(nx.info(g));print(nx.info(G))
```

输出为 (这里的 degree 是度中心性):

```
Name:
Type: Graph
Number of nodes: 4
Number of edges: 4
Average degree:   2.0000
Name:
Type: DiGraph
Number of nodes: 4
Number of edges: 4
Average in degree:   1.0000
Average out degree:   1.0000
```

(5) 还可以设定节点或边的一些特性, 比如对每个节点增加一个变量.

```
name={'A': 'Mars','B': 'Earth','C':'Jupiter','D': 'Venus'}
nx.set_node_attributes(G,name,"planet")
nx.get_node_attributes(G, 'planet')
```

输出为

```
{'A': 'Mars', 'B': 'Earth', 'C': 'Jupiter', 'D': 'Venus'}
```

(6) 画出上面构造的两个网络图 (图 8.5.1).

```
plt.figure(figsize=(18,7))
plt.subplot(121)
nx.draw(g, with_labels=True, node_size=1000, font_size=30)
plt.subplot(122)
nx.draw(G, with_labels=True, node_size=1000, font_size=30)
```

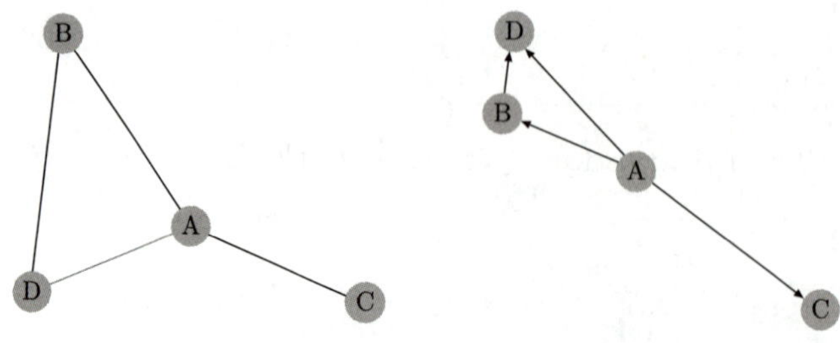

图 8.5.1 两个 (无向及有向) 网络图

2. 通过数组或文件构造网络图

用键盘输入数据往往并不方便, 下面介绍其他一些方法.

(1) 从 list 输入数据并产生网络图 (图 8.5.2).

```
x=[("A","B",0.5), ("C","A",0.75), ("B","C",0.9),
   ("D","B",1), ("A","D",0.49)]
G=nx.DiGraph()
G.add_weighted_edges_from(x)
weights = [z[2]['weight'] for z in G.edges(data=True)]
plt.figure(figsize=(18,7))
pos=nx.kamada_kawai_layout(G)#Kamada-Kawai路径长度成本函数定位节点
nx.draw(G, with_labels=True, pos=pos, width=weights,
   arrowsize=50,node_size=2000, font_size=30)
```

可以看其边的信息:

```
print(G.edges(data=True))
```

输出为:

```
[('A', 'B', {'weight': 0.5}), ('A', 'D', {'weight': 0.49}),
 ('B', 'C', {'weight': 0.9}), ('C', 'A', {'weight': 0.75}),
 ('D', 'B', {'weight': 1})]
```

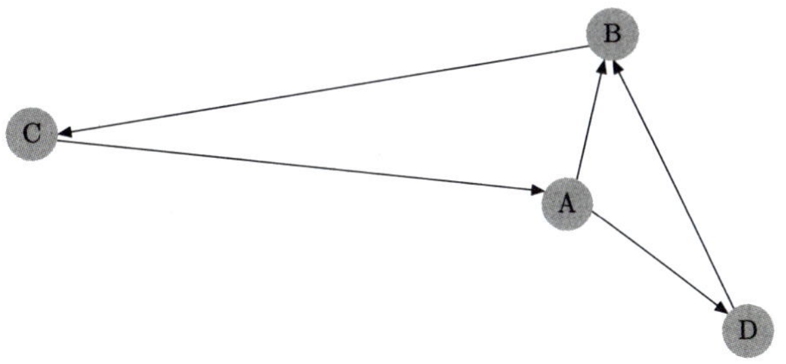

图 8.5.2　根据数组数据产生的加权有向图

(2) 从文本文件读入加权的数据并产生网络图 (图 8.5.3).

```
g0=nx.read_weighted_edgelist("trash3",create_using=nx.DiGraph())
weights = [g0[u][v]['weight'] for u,v in g0.edges]
plt.figure(figsize=(18,7))
pos=nx.kamada_kawai_layout(g0)
nx.draw(g0, with_labels=True, pos=pos, width=weights,
   arrowsize=50,node_size=2000, font_size=50)
```

可以看其边的信息:

```
print(g0.edges(data=True))
```

输出为:

```
[('a', 'b', {'weight': 5.46}), ('a', 'c', {'weight': 2.2149}),
 ('c', 'd', {'weight': 3.82}), ('d', 'e', {'weight': 8.47}),
 ('d', 'b', {'weight': 2.5}), ('e', 'a', {'weight': 9.71})]
```

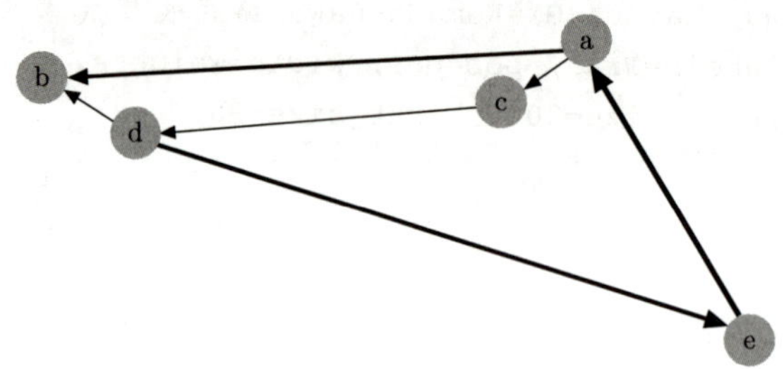

图 8.5.3 根据文件数据产生的加权有向图

3. 几种中心性度量的计算

这里我们用随机产生的图形来描述几种中心性度量. 产生图形 (图 8.5.4) 的代码如下:

```
d=nx.dense_gnm_random_graph(n=5, m=7,seed=1010)
nx.draw(d)
```

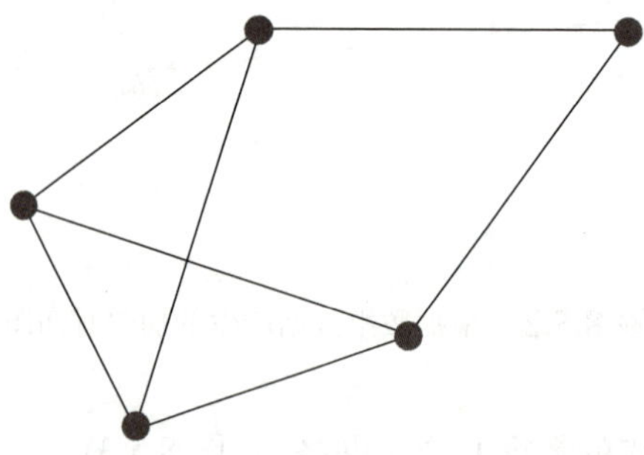

图 8.5.4 随机产生的网络图

(1) 度中心性. 输入代码:

```
print(nx.degree_centrality(d))
```

输出为:

```
{0: 0.75, 1: 0.5, 2: 0.75, 3: 0.75, 4: 0.75}
```

(2) 特征向量中心性. 输入代码:

```
print(nx.eigenvector_centrality(d))
```

输出为:

```
{0: 0.49122201059321235, 1: 0.3192129106225465, 2: 0.45579874413462684,
3: 0.49122201059321235, 4: 0.45579874413462684}
```

(3) 紧密中心性. 输入代码:

```
print(nx.closeness_centrality(d))
```

输出为:

```
{0: 0.8, 1: 0.6666666666666666, 2: 0.8, 3: 0.8, 4: 0.8}
```

(4) 间接中心性. 输入代码:

```
print(nx.betweenness_centrality(d))
```

输出为:

```
{0: 0.05555555555555555, 1: 0.05555555555555555, 2: 0.16666666666666666,
3: 0.05555555555555555, 4: 0.16666666666666666}
```

8.5.2 例 8.1 贸易数据的实践

1. 输入数据

```
w=pd.read_csv("w99.csv")
w.head()
```

输出为 (注意: 这里进口国在第一列, 出口国在第二列, 为了画有向图需要调整过来):

```
    importer exporter       pct
0  Australia   Brazil  0.013099
1  Australia   Canada  0.062089
2  Australia    China  0.258402
```

```
3  Australia  Germany  0.224798
4  Australia    India  0.026432
```

2. 把原始数据转换成网络图需要的三元组作为元素的 list 形式

```
D=list()
for i in range(len(w)):
    D.append(tuple(w.iloc[i,[1,0,2]]))
D[:15] #查看list的前15个元素
```

输出为:

```
[('Brazil', 'Australia', 0.0130987837544123),
 ('Canada', 'Australia', 0.0620893645370054),
 ('China', 'Australia', 0.25840168968950195),
 ('Germany', 'Australia', 0.224797662552341),
 ('India', 'Australia', 0.0264318604435524),
 ('Italy', 'Australia', 0.11433441312969803),
 ('Japan', 'Australia', 0.5295746800641189),
 ('Korea Rep.', 'Australia', 0.150573157747572),
 ('Russian Fed', 'Australia', 0.0007481562731646701),
 ('South Africa', 'Australia', 0.024889671519922),
 ('UK', 'Australia', 0.21144757686691698),
 ('USA', 'Australia', 0.8212108105665991),
 ('Australia', 'Brazil', 0.0165887423158797),
 ('Canada', 'Brazil', 0.0631161928513993),
 ('China', 'Brazil', 0.0561496912748291)]
```

3. 建立有向图对象

```
DG = nx.DiGraph()
DG.add_weighted_edges_from(D)
print(nx.info(DG))
```

输出为:

```
Name:
Type: DiGraph
Number of nodes: 13
Number of edges: 156
Average in degree:  12.0000
Average out degree:  12.0000
```

4. 产生网络图

用下面代码产生例 8.1 数据的网络图 (图 8.5.5).

```
weights = [z[2]['weight'] for z in DG.edges(data=True)]
pos=nx.circular_layout(DG)
betCent = nx.betweenness_centrality(DG, normalized=True, endpoints=True)
node_size =  [v * 50000 for v in betCent.values()]
plt.figure(figsize=(18,9))
nx.draw_networkx(DG,pos=pos, with_labels=True, width=weights,
                 alpoha=.2, font_weight='bold', font_size=20,
                 node_size=node_size)
```

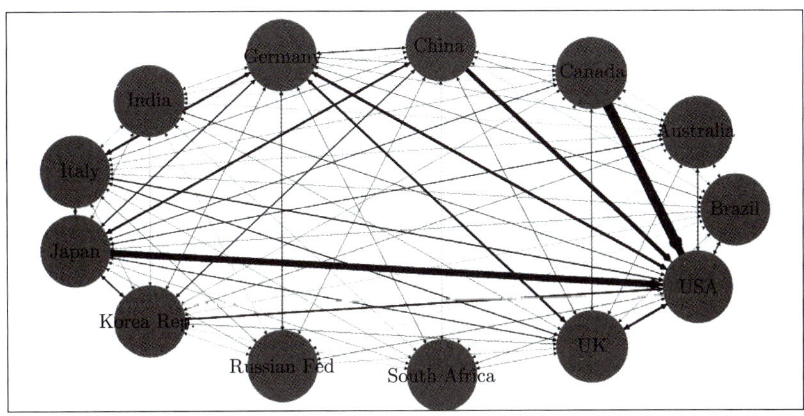

图 8.5.5　例 8.1 数据的网络图

8.5.3　例 8.1 中国出口部分数据

所有步骤和前面的例 8.1 全部数据类似, 产生网络图 (图 8.5.6).

```
u=pd.read_csv("wch.csv")

U=list()
for i in range(len(u)):
    U.append(tuple(u.iloc[i,[1,0,2]]))

UG = nx.DiGraph()
UG.add_weighted_edges_from(U)

weights = [z[2]['weight']*5 for z in UG.edges(data=True)]
pos = nx.spring_layout(UG)
betCent = nx.betweenness_centrality(UG, normalized=True, endpoints=True)
#node_color = [2.0 * DG.degree(v) for v in DG]
```

```
node_size =  [v * 100000 for v in betCent.values()]
plt.figure(figsize=(18,9))
nx.draw_networkx(UG, pos=pos, with_labels=True, width=weights,
                 alpha=1,font_weight='bold',font_size=20,
                 node_size=node_size)
```

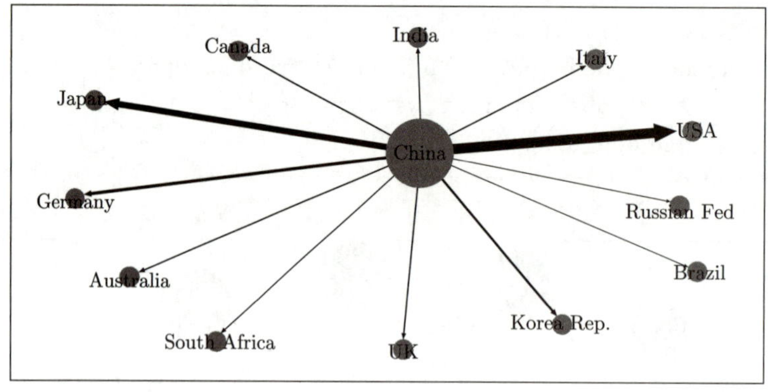

图 8.5.6 例 8.1 中国出口部分数据的网络图

8.5.4 利用 NETWULF 做互动式可视化

这个模块很强大, 可以在浏览器中产生有很多选择的可以互动的图像. 对于我们上面的例 8.1 数据, 除了输入模块之外只有一行代码. 生成如图 8.5.7 的图.

```
from netwulf import visualize
visualize(DG)
```

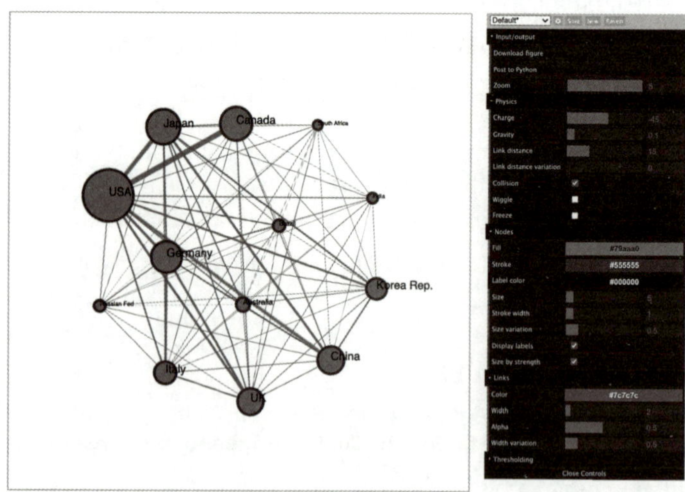

图 8.5.7 互动可视化界面

8.6 习题

1. 参考斯坦福社交网络分析项目网站 (Stanford Network Analysis Project) 选择自己感兴趣的数据, 利用 R 和 Python 两种语言尝试对其数据作社交网络可视化.

2. 关注各种社交平台, 比如微博、抖音、微信朋友圈等, 对你周围朋友的爱好等内容进行社交网络可视化分析.

第 9 章　词语分析的可视化

9.1　通过简单例子概述词语分析

词语分析涉及很多内容, 比如一篇文献使用的各种词语的频率, 有没有人们所关心的关键词, 和其他文献的相似程度, 某文献里正面及负面用词的程度, 哪些词是重要的, 等等. 这使得词语分析在实际中有广泛的应用.

从数据分析方法论的角度, 词语分析的方法似乎并没有多少特殊性, 但是, 由于词语数据特征的特殊性, 使得在套用数据分析模型之前的数据获取及预处理与以数量为主的数据有很大的不同, 这就造就了各种文字处理的方法及软件的发展.

首先载入一些会用到的程序包:

```
library(tidyverse) #通用的一组程序包
library(jiebaR)    #为中文断词使用的程序包
```

9.1.1　数据的输入及断词

首先要输入数据, 可以是文本格式, 也可以是诸如数据框等格式, 当然至少有一个变量是文本. 这里使用的例子是几段语录, 为有 9 段话及两个变量 (id 和 text) 的数据框 (zx.csv). 输入数据之后, 需要断词. 这里的断词和中文在过去没有标点符号时候的断句类似, 把一串中文断成有意义的词组. 我们使用程序包 jiedaR 中的函数 segment 及 worker 来对其包含的文本断词. 下面除了输入数据之外, 把数据中的第一段的文字断词:

```
library(jiebaR)
zx=read_csv("zx.csv")
zx[1,]$text %>% segment(worker())
```

输入的是一个字符串, 输出的结果除了自动删除标点符号和空格之外, 还做了断词, 结果有 31 个字符串:

```
 [1] "现在"  "我们" "有"   "一些"   "同志" "有" "个"   "毛病" "就是"
[10] "喜欢"  "捂"   "疮疤" "实际上" "是"   "讲" "面子" "不"   "讲"
[19] "真理"  "疮疤" "捂住" "怎么"   "行"   "呢" "有"   "疮疤" "叫"
[28] "医生"  "来"   "治"   "嘛"
```

虽然程序包 jiebaR 是为中文所写的, 这些断词好像并不完美, 有些词组并不是自然的词组, 这时需要给函数 worker 一个 “字典” 来纠正 (这里用的是文件 zxdict.txt 中的字, 并不完美). 在实践中, 不同类型及不同年代的文件, “字典” 也不应该相同. 除了字典之外, 如果我们对于一些诸如 “的” “有” “和” 等 “小字” 不感兴趣, 则可输入回避这些词的词典 (往往称为 stop_word, 这里用的是自己编的绝非完美的 stopzx.txt, 里面每个 “小字” 占一行), 这些词典也应该随着文件而变. 下面我们使用自己编的字典 zxdict.txt 及回避词典把 9 段文字都断词形成包含 9 个字符串的向量, 每个字符串中的词 (称为 token) 之间用空格分开:

```
seg <- worker(user = "zxdict.txt",stop_word ="stopzx.txt")
docs_segged <- vector()
for (i in seq_along(zx$text)) {
  segged <- segment(zx[i,]$text, seg)
  docs_segged[i] <- paste0(segged, collapse = " ")
}
docs_segged %>% tail(2)
```

输出的最后两段的断词为:

```
[1] "必须 坚持 民主集中制 原则 当前 特别 需要 强调 社会主义 民主 我们 党
    事业 千百万 事业 应当 允许 人民 讲话 鼓励 人民 关心 国家 大事 革命
    政党 怕 听 不到 人民 声音 最 可怕 鸦雀无声 害怕 民主 神经衰弱 表现"
[2] "是否 可以 制定 不同 意见 保护法 规定 什么 情况 允许 提出 不同 意见
    即使 提 意见 错误 应该 受 处罚"
```

形成一个 9×2 的数据框 (docs_df), 一列是文件号 (doc_id), 另一列是上面生成的字符串 (docs_segged):

```
docs_df <- tibble(
  doc_id = seq_along(docs_segged),
  content = docs_segged
)
```

9.1.2　把词从整个字符串中分开

要做词的频数分析等需要把前面用空格分开的词 (token) 所组成的整个字符串完全分开. 这有许多方法及形式, 这里使用程序包 tidytext 将上面 docs_df 中储存的 (已经断词) 的文本形成一个每一行为一个文件的一个词 (token) 的 265×2 数据框, 这里是按照数据框变量 docs_df$content 中的原始次序出现每个词, 重复的不会合并.

```
library(tidytext)
```

```
tidy_text_format <- docs_df %>%
  unnest_tokens(output = "word", input = "content",#标明输出及输入名
                token = "regex", pattern = " ") #空格为token的分隔符
tidy_text_format %>% head(9) %>% t()
```

输出为:

```
       [,1]   [,2]   [,3]   [,4]   [,5]   [,6]   [,7]   [,8]   [,9]
doc_id "1"    "1"    "1"    "1"    "1"    "1"    "1"    "1"    "1"
word   "现在" "我们" "一些" "同志" "有个" "毛病" "就是" "喜欢" "捂"
```

9.1.3 词的频数及多样性

现在可以计算词的频数了:

```
tidy_text_format %>%
  dplyr::count(word) %>% # count自动产生word中元素的频数表
  arrange(desc(n)) %>% head() %>% t() #降序排列
```

输出为:

```
     [,1]   [,2]     [,3]   [,4]   [,5]   [,6]
word "人民" "共产党" "就是" "干部" "意见" "我们"
n    "5"    "3"      "3"    "3"    "3"    "3"
```

可以计算每一段语录的词汇多样性, 也就是用词的种类占所有词汇种类的比例 (type-token ratio, TTR):

```
tidy_text_format %>%
  group_by(doc_id, word) %>%
  dplyr::summarise(n = n()) %>%  # 分组计算词频数
  ungroup() %>% # 解除分组
  group_by(doc_id) %>% #仅在文件组内
  dplyr::summarise(TTR = n()/sum(n)) %>% round(4) %>% t() # 计算TTR
```

输出为:

```
         [,1] [,2] [,3] [,4]   [,5]   [,6] [,7]   [,8] [,9]
doc_id 1.0000    2  3.0    4 5.0000 6.0000 7.00 8.0000 9.00
TTR    0.9091    1  0.5    1 0.7727 0.9143 0.88 0.9024 0.85
```

画出各个词 (token) 的频数条形图 (图 9.1.1).

```
ordered_count=tidy_text_format %>% dplyr::count(word) %>%
  mutate(word = reorder(word, n)) %>% top_n(10, n)
ggplot(ordered_count) +
  geom_bar(aes(word, n), stat = "identity",fill="blue") +
  theme(text = element_text(family = "STXihei"))+
  coord_flip()
```

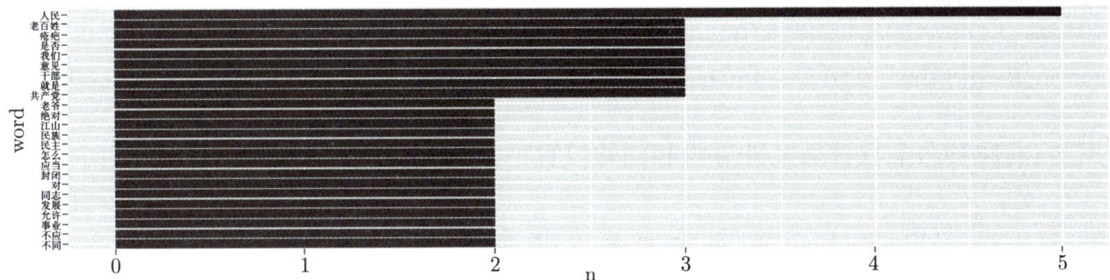

图 9.1.1　数据 zx.csv 的词频数条形图

还可以画出词云 (word cloud) 图 (图 9.1.2).

```
library(wordcloud2)
wordcloud2(ordered_count,fontFamily = "wqy-microhei")
```

图 9.1.2　数据 zx.csv 词频数的词云图

9.1.4　通过语料库查看关键词的上下文

为了进一步分析, 把前面的数据框 `docs_df` 转换成语料库 (corpus) 对象.

```
library(quanteda)
quanteda_corpus <- corpus(docs_df,
                          docid_field = "doc_id", #docid_field可选列索引
```

```
                text_field = "content") #text_field是字符向量
```

这里所用的程序包 quanteda 是词语分析非常重要的一个包，对于其他文字来说，往往只用这个包就差不多够用了.

给出关键词观察其上下文. 这里的关键词是"人民". 由于已经断词了，这里用函数 tokens 把它们取出来. 这里函数 kwic 的名字是 keywords-in-context 的缩写.

```
qcorp_tokens <- tokens(quanteda_corpus, "fastestword")
kwic(qcorp_tokens, "人民", window = 5, valuetype = "regex") %>% print()
```

输出为 (前面的两个数目是文件号码和词的位置):

```
 [3, 3]              江山 就是 | 人民 | 人民 就是 江山
 [3, 4]           江山 就是 人民 | 人民 | 就是 江山
[8, 18] 事业 千百万 事业 应当 允许 | 人民 | 讲话 鼓励 人民 关心 国家
[8, 21]   应当 允许 人民 讲话 鼓励 | 人民 | 关心 国家 大事 革命 政党
[8, 30]      革命 政党 怕 听 不到 | 人民 | 声音 最 可怕 鸦雀无声 害怕
```

9.2 两个词语文献的词频数比较

前面未介绍不同文件词频数的比较，下面来比较同时代作者朱自清及丰子恺的两篇散文《荷塘月色》及《梧桐树》的词频数.

9.2.1 基本处理过程

1. 输入数据

```
zhuziqing=read_csv("zzq.csv")
fengzikai=read_csv("fzk.csv")
```

2. 断词

```
library(jiebaR)
library(tidytext)
cutter <- worker(bylines = TRUE, stop_word = "stopzx.txt")
tidy_zhu <- zhuziqing %>%
  mutate(text = sapply(segment(V1, cutter),
  function(x){paste(x, collapse = " ")})) %>%
  unnest_tokens(word, text)
tidy_feng <- fengzikai %>%
  mutate(text = sapply(segment(V1, cutter),
  function(x){paste(x, collapse = " ")})) %>%
  unnest_tokens(word, text)
```

3. 把断词后的结果形成一个数据框

```
doc_seg=c(paste(tidy_zhu$word,collapse = " "),
               paste(tidy_feng$word,collapse = " "))
doc_df <- tibble(
  doc_id = seq_along(doc_seg),
  content = doc_seg
)
```

4. 形成一个语料库对象

```
library(quanteda)
quanteda_corpus <- corpus(doc_df,
                          docid_field = "doc_id",
                          text_field = "content")
```

5. 换一种方法 (通过 `dfm`) 产生合并及单独文献的词云 (图 9.2.1)

```
library(RColorBrewer)
library(quanteda.textplots)
dfm(quanteda_corpus)  %>%
textplot_wordcloud(color = rev(brewer.pal(10, "RdBu")),family = 'SimSun')
                   dfm(quanteda_corpus[1]) %>%
textplot_wordcloud(color = rev(brewer.pal(10, "RdBu")),family = 'SimSun')
                   dfm(quanteda_corpus[2]) %>%
textplot_wordcloud(color = brewer.pal(10, "RdBu"),family = 'SimSun')
```

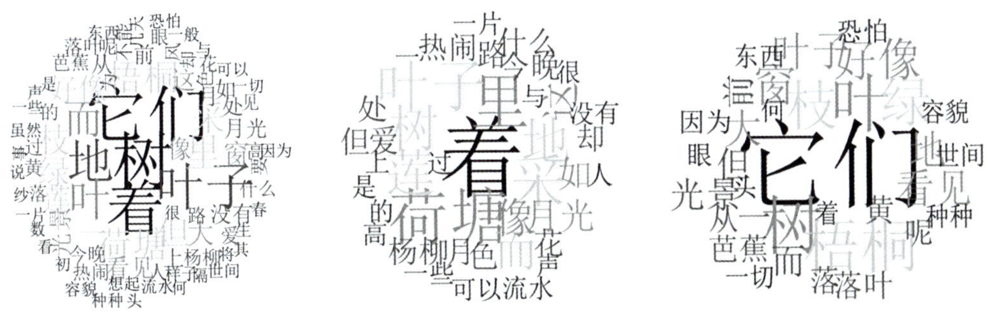

图 9.2.1　混合 (左图) 及单独文献 (中图:《荷塘月色》, 右图:《梧桐树》) 的词云

注: 这里函数 `dtm` (其名为 document term matrix 的缩写) 是一个 S4 对象, 如果记 `zf_dtm=dfm(quanteda_corpus)`, 则用代码:

```
zf_dtm=dfm(quanteda_corpus)
zf_dtm %>% slotNames()
```

可以得到该对象的变量 (类似于数据框的变量) 名字:

```
[1] "docvars"  "meta"      "i"        "p"        "Dim"      "Dimnames"
[7] "x"        "factors"
```

然后可以用符号 "@" 连接对象和变量名 (比如zf_dtm@Dimnames), 如数据框用符号 "$" 那样. 实际上, zf_dtm@Dimnames 是个 list, 可以给出下面 (仅显示部分) 的内容:

```
$docs
[1] "1" "2"

$features
  [1] "朱自清"  "荷塘"  "月"    "色"    "几天"  "心里"  "颇"
  [8] "宁静"    "今晚"  "在"    "院子"  "里"    "坐"    "着"
 [15] "乘凉"    "忽然"  "想起"  "日"    "走过"  "满月"  "光里"
```

9.2.2 频数比较图及相关

(1) 产生词的频数比较图 (图 9.2.2)

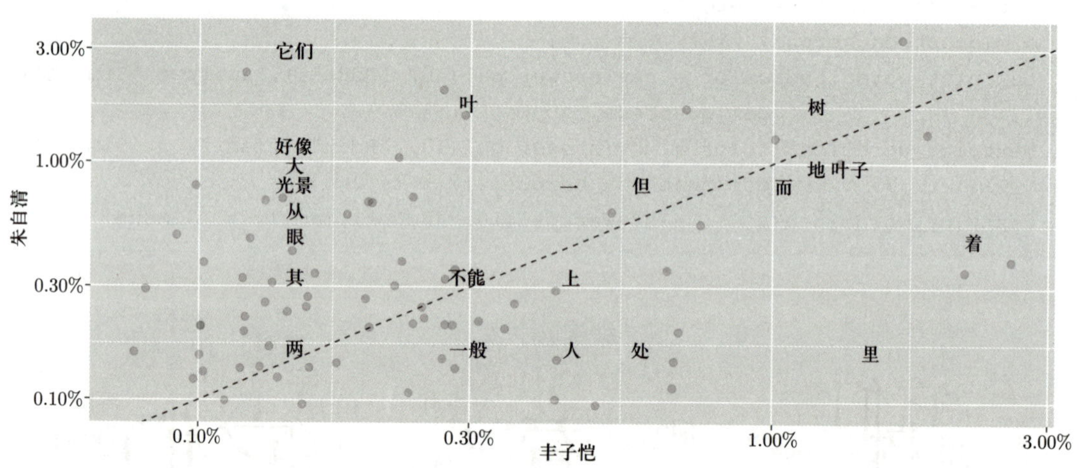

图 9.2.2 两篇散文词频数比较

从图 9.2.2 可以看出, 在词频数上, 两篇散文几乎没有多少共同之处. 下面是生成图 9.2.2 的代码:

```
library(scales)
library(showtext)
Frequency <- bind_rows(mutate(tidy_zhu, author = "朱自清"),
                       mutate(tidy_feng, author = "丰子恺")) %>%
  mutate(word = str_extract(word, "[^a-z0-9']+")) %>% #去掉一些英文字符
  dplyr::count(author, word) %>%
```

```
  group_by(author) %>%
  mutate(proportion = n / sum(n)) %>%
  select(-n) %>%
  spread(author, proportion) %>%
  gather(author, proportion, '朱自清':'丰子恺')

Frequency %>% pivot_wider(names_from = author,values_from=proportion)
         %>% drop_na() %>%
  ggplot(aes(x = '朱自清', y = '丰子恺')) +
  geom_abline(color = "gray40", lty = 2) +
  geom_jitter(alpha = 0.1, size = 2.5, width = 0.3, height = 0.3) +
  geom_text(aes(label = word), check_overlap = TRUE, vjust = 1.5,
            family = "STXihei") +
  scale_x_log10(labels = percent_format()) +
  scale_y_log10(labels = percent_format()) +
  scale_color_gradient(limits = c(0, 0.001), low = "darkslategray4",
                       high = "gray75") +
  theme(legend.position="none") +
  labs(y = "朱自清", x = "丰子恺") +
  theme(text = element_text(family = "STXihei"))
```

(2) 还可以计算相关系数

```
Frequency %>%
  pivot_wider(names_from = author,values_from=proportion) %>%
  drop_na() %>%  select(-word) %>% cor() %>% .[1,2]
```

输出的线性相关系数为:

```
[1] 0.2412789
```

这显示两者不相关.

9.3 文本的词频率分析

这里将用《今古奇观》小说来说明词频率分析. 该小说在文件`jingu.csv`中, 带有各卷的标记. 实际上从程序包 `gutenbergr` 使用函数 `gutenberg_download` 就可得到该小说的文本. 我们按照下面顺序说明.

9.3.1 读数据、断词、求频率

(1) 读入数据, 并且断词. 注意, 这里所用的忽略不重要词 (`stop_word`) 的词典并不一定合适, 应该对所研究的文字自己编写这个词典.

```
library(tidyverse)
library(jiebaR)
library(tidytext)
jingu=read.csv("jingu.csv")
cutter <- worker(bylines = TRUE, stop_word = "stopzx.txt")
jgc=jingu %>%
  unnest_tokens(word, text) %>% #Split a column into tokens
  dplyr::count(Chapter, word, sort = TRUE) %>%
  ungroup()
total_words <- jgc %>%
  group_by(Chapter) %>%
  dplyr::summarize(total = sum(n))
jgc <- left_join(jgc, total_words)
jgc %>% head() %>% t()
```

输出为:

```
        [,1]         [,2]         [,3]        [,4]         [,5]        [,6]
Chapter "CHAPTER 48" "CHAPTER 74" "CHAPTER 5" "CHAPTER 12" "CHAPTER 6" "CHAPTER 52"
word    "道"         "道"         "說"        "商"         "道"        "的"
n       "350"        "317"        "311"       "283"        "269"       "264"
total   "12923"      "14324"      "14951"     "11265"      "10925"     "11805"
```

上面输出的 n 除以 total(各章词总数) 就是相应词在其所在章的频率.

(2) 下面给出《今古奇观》中 3 卷词的不同频率的直方图 (图 9.3.1).

```
jgc %>% filter(Chapter=="CHAPTER 1" |Chapter=="CHAPTER 20"|
  Chapter=="CHAPTER 80" ) %>%
  ggplot(aes(n/total, fill = Chapter)) +
  geom_histogram(show.legend = FALSE) +
  facet_wrap(~Chapter, ncol = 3, scales = "free_y")
```

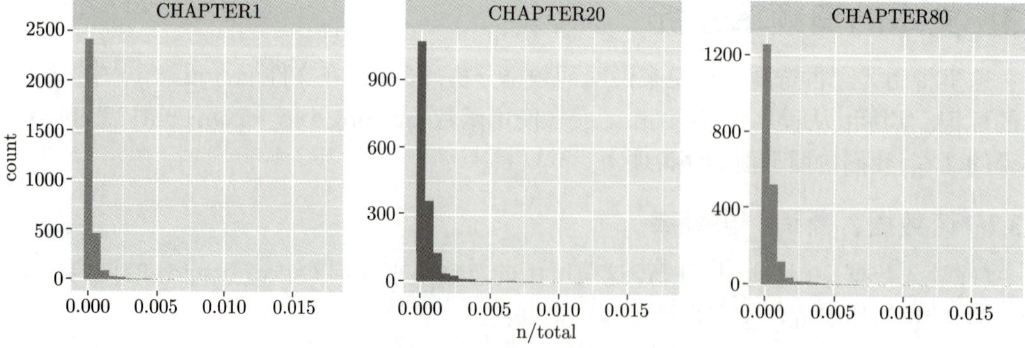

图 9.3.1 《今古奇观》中 3 卷词的不同频率的直方图

显然, 很大一部分词的频数都很少, 频数很大的词是少数, 这些词的频率反映在直方图右边的长尾上.

(3) 有一个所谓的 Zipf 律 (Zipf's law), 是指一个词的出现频率和其秩 (出现次数的升序排列中的秩) 成反比. 根据常识, 频率肯定是秩的非增函数, 而是否严格成反比并不重要. 下面展示我们数据分卷的秩和频率.

```
freq_rank <- jgc %>%
  group_by(Chapter) %>%
  mutate(rank = row_number(),
         'term frequency' = n/total)
freq_rank %>% head(5) %>% t()
```

输出为:

```
               [,1]          [,2]          [,3]          [,4]          [,5]
Chapter        "CHAPTER 48"  "CHAPTER 74"  "CHAPTER 5"   "CHAPTER 12"  "CHAPTER 6"
word           "道"          "道"          "說"          "商"          "道"
n              "350"         "317"         "311"         "283"         "269"
total          "12923"       "14324"       "14951"       "11265"       "10925"
rank           "1"           "1"           "1"           "1"           "1"
term frequency "0.02708349"  "0.02213069"  "0.02080128"  "0.02512206"  "0.02462243"
```

可以据此画出各卷词语频率及秩的关系 (对数尺度) 图 (图 9.3.2), 看来 Zipf 律并不那么精确, 仅仅在图 9.3.2 的中段就有近乎斜率为 -0.798 的直线形状.

```
freq_rank %>%
  ggplot(aes(rank, 'term frequency', color = Chapter)) +
  geom_line(size = 1.5, alpha = 0.8, show.legend = FALSE) +
  geom_abline(intercept=-1.297, slope=-0.798, color="navyblue",
    linetype = 2, size=1.5) +
  scale_x_log10() +
  scale_y_log10()
```

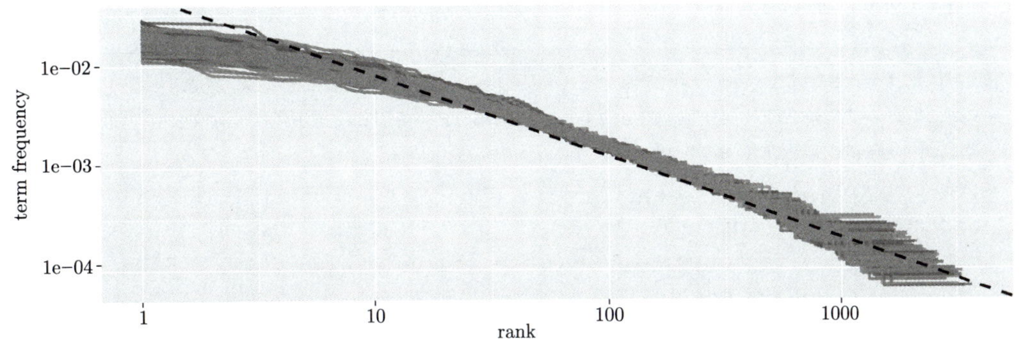

图 9.3.2　《今古奇观》中各卷词语频率和秩的关系图

9.3.2 词语的重要性

下面使用将术语频率和反向文档频率绑定到数据集 (bind the term frequency and inverse document frequency) 的函数 `bind_tf_idf` (前面英文术语的缩写) 来计算词语的重要性. 由于频数高的词不一定重要, 而重要的词频数可能很低. 为此引进了逆向文档频率 (inverse document frequency, idf) 的概念, 某个词的 idf 定义为:

$$\ln\left(\frac{\text{文档的数目}}{\text{包含该词的文档数量}}\right)$$

这可以作为权重, 与词频率的乘积就是词重要性的度量.

1. 计算重要性度量 tf-idf

利用函数 `bind_tf_idf` 可以得到乘积度量 `tf_idf`, 下面输出是按照该度量降序排列的头几个.

```
jgc <- jgc %>%
  bind_tf_idf(word, Chapter, n)
jgc %>%
  select(-total) %>%
  arrange(desc(tf_idf)) %>% head(5) %>% t()
```

输出为:

```
Chapter "CHAPTER 42" "CHAPTER 80" "CHAPTER 77" "CHAPTER 78" "CHAPTER 19"
word    "浩"         "李白"       "柟"         "郗"         "埴"
n       " 80"        " 90"        "148"        "125"        " 72"
tf      "0.02178649" "0.01762632" "0.01400984" "0.01351351" "0.01302460"
idf     "3.688879"   "3.688879"   "4.382027"   "4.382027"   "4.382027"
tf_idf  "0.08036774" "0.06502138" "0.06139151" "0.05921658" "0.05707415"
```

2. 重要性度量 tf-idf 的比较

可以把不同卷的 `tf_idf` 较高的词来做比较 (图 9.3.3).

产生图 9.3.3 的代码为:

```
jgc %>% filter(Chapter=="CHAPTER 1" | Chapter=="CHAPTER 20"|
  Chapter=="CHAPTER 40"| Chapter=="CHAPTER 60"| Chapter=="CHAPTER 70" |
  Chapter=="CHAPTER 80" ) %>%
  select(-total) %>%
  arrange(desc(tf_idf)) %>%
  mutate(word = factor(word, levels = rev(unique(word)))) %>%
  group_by(Chapter) %>%
  top_n(10) %>%
  ungroup %>%
```

```
    ggplot(aes(word, tf_idf, fill = Chapter)) +
    geom_col(show.legend = FALSE) +
    labs(x = NULL, y = "tf-idf") +
    facet_wrap(~Chapter, ncol = 3, scales = "free") +
    coord_flip()+
    theme(text = element_text(family = "STXihei"))
```

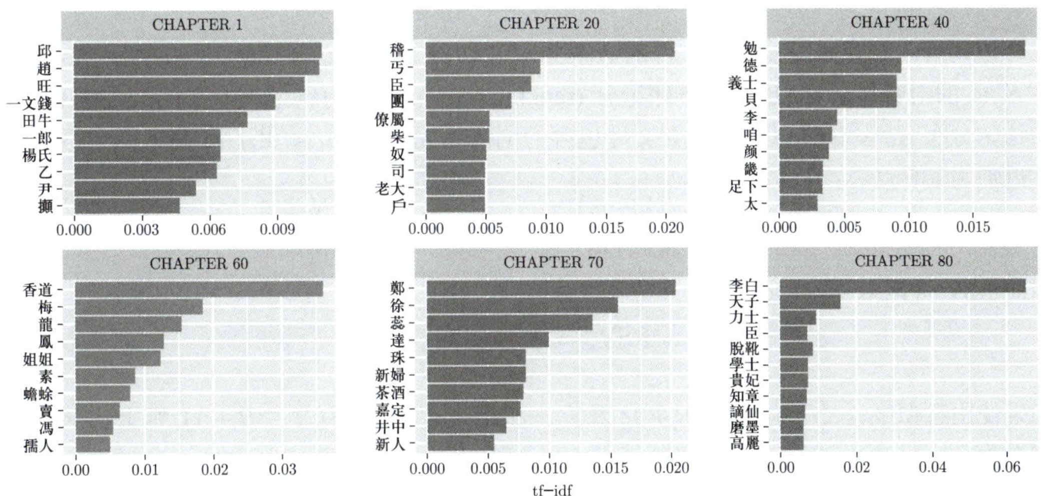

图 9.3.3　《今古奇观》一些卷的 tf-idf 较高的词的比较

9.3.3 关于词重要性及 RSV 的说明

文稿中的某些词的“重要”与否, 或者是否为“关键词”, 完全依赖于文稿本身的特征, 即使是专家甚至作者本人都可能无法确定某些词一定是或一定不是关键词. 使用词频 (tf) 或 tf-idf 或它们与其他某些考虑的方法的某种组合, 通过一些数学公式或算法来确定关键词都是某些尝试, 属于艺术范畴. 实际上, 各个软件 (即使声称使用某种方法) 确定关键词的方法都不相同, 无法说一种方法一定比另一种要好, 但都提供了一些建议, 以供人们在实际应用中参考. 作为备忘, 下面对此做一简介.

信息检索 (information retrieval, IR) 是在文档中搜索信息、搜索文档本身以及搜索描述数据的元数据以及文本、图像或声音的数据库的科学. 在信息检索科学中, idf 是检索状态值 (retrieval status value, RSV) 的一种, 下面简单介绍与 idf 及相似性度量有关的 Okapi BM25(BM 为 best matching 的缩写) 度量的数学意义.

先通过列联表 (表 9.3.1 和表 9.3.2) 介绍一些符号.

表 9.3.1　介绍符号的列联表 (频率)

文件 d		有关 ($R=1$)	无关 ($R=0$)
d 包含词语 t	$x_t=1$	p_t	u_t
d 不包含词语 t	$x_t=0$	$1-p_t$	$1-u_t$

文件 d 是由系列 $\boldsymbol{x}=(x_1,\cdots,x_M)$ 所描述的. 用向量 $\boldsymbol{q}$ 表示一系列词语组成的查询.

表 9.3.2 介绍符号的列联表 (频数)

文件 d		有关	无关	总计
d 包含词语 t	$x_t=1$	r_t	df_t-r_t	df_t
d 不包含词语 t	$x_t=0$	$R-r_t$	$N-R-\mathrm{df}_t+r_t$	$N-\mathrm{df}_t$
总计		R	$N-R$	N

记词语出现在有关及无关文件的概率分别为 $p_t=r_t/R$, $u_t=(\mathrm{df}_t-r_t)/(N-R)$. 考虑 p_t 及 u_t 的对数优势比, 也称为排序记分 (ranking score). 在所有词语在有关的文件中有固定的均匀分布 ($p_t=0.5$) 以及大多数文件包含的词语是无关的 ($u_i\approx \mathrm{df}_t/N$) 假定下, 对数优势比近似为 idf:

$$\log\frac{p_t/(1-p_t)}{u_t/(1-u_t)}=\log\frac{1-u_t}{u_t}\approx\log\frac{N}{\mathrm{df}_t}$$

因此 RSV 可以基于 idf 定义:

$$\mathrm{RSV}_d=\sum_{t\in q}\log\left[\frac{N}{\mathrm{df}_t}\right] \tag{9.3.1}$$

如果使用近似 $p_t=(r_t+0.5)/(R+1)$ 及 $u_t=(\mathrm{df}_t-r_t+0.5)/(N-R+1)$, 则上述 RSV 可定义为:

$$\mathrm{RSV}_d=\sum_{t\in q}\log\frac{p_t/(1-p_t)}{u_t/(1-u_t)}\approx\sum_{t\in q}\log\frac{(r_t+0.5)/(R-r_t+0.5)}{(\mathrm{df}_t-r_t+0.5)/(N-R-\mathrm{df}_t+r_t+0.5)}$$

式 (9.3.1) 还可以改进为:

$$\mathrm{RSV}_d=\sum_{t\in q}\log\left[\frac{N}{\mathrm{df}_t}\right]\cdot\frac{(k_1+1)\mathrm{tf}_{td}}{k_1[(1-b)+b\times(L_d/L_{\mathrm{ave}})+\mathrm{tf}_{td}]}$$

这里 tf_{td} 是词语 t 在文件 d 中的频率; L_d 是文件 d 的长度; d_{ave} 为平均文件长度; k_1 是正的调整参数 (大的值对应于稀少的词频), 它为 0 则反映了没有词频; b ($0\leqslant b\leqslant 1$) 是另一个调节参数, 根据文件长度来确定词语的尺度, 0 代表不调整. 对于很长的查询, 还可以改进为:

$$\mathrm{RSV}_d=\sum_{t\in q}\log\left[\frac{N}{\mathrm{df}_t}\right]\cdot\frac{(k_1+1)\mathrm{tf}_{td}}{k_1[(1-b)+b\times(L_d/L_{\mathrm{ave}})+\mathrm{tf}_{td}]}\cdot\frac{(k_2+1)\mathrm{tf}_{td}}{k_2+\mathrm{tf}_{td}}$$

这里的 k_2 是又一个正的调节参数. 更多的改进导致了 Okapi BM25:

$$\mathrm{RSV}_d=\sum_{t\in q}\log\left[\frac{\dfrac{r_t+0.5}{R-r_t+0.5}}{\dfrac{\mathrm{df}_t-r_t+0.5}{N-R-\mathrm{df}_t+r_t+0.5}}\right]\cdot\frac{(k_1+1)\mathrm{tf}_{td}}{k_1[(1-b)+b\times(L_d/L_{\mathrm{ave}})+\mathrm{tf}_{td}]}\cdot\frac{(k_3+1)\mathrm{tf}_{td}}{k_3+\mathrm{tf}_{td}}$$

有人建议, 上面的 $b=0.75, k_1=1.2, k_2\in[0,1\,000]$, 也有人建议, $b=0.75, 1.2\leqslant k_1,k_2\leqslant 2$. 这个 Okapi BM25 是 `snownlp` 目前采用的相似性度量的准则.

9.4　文本的情感分析

这里仍然使用《今古奇观》来作为对象, 并且做如下的分析.

9.4.1　断词并计算频数

首先对文字断词并展示位于前几个的词频数:

```
library(jiebaR)
library(tidytext)
cutter <- worker(bylines = TRUE, stop_word = "stopzx.txt")
tidy_jingu <- jingu %>%
  mutate(linenumber = row_number(), text = sapply(segment(text, cutter),
  function(x){paste(x, collapse = " ")})) %>%
  unnest_tokens(word, text)

tidy_jingu %>%
  dplyr::count(word, sort = TRUE) %>% head(10) %>% t()
```

输出为:

```
     [,1]   [,2]   [,3]   [,4]   [,5]   [,6]   [,7]   [,8]   [,9]   [,10]
word "道"   "人"   "之"   "不"   "家"   "來"   "小"   "兒"   "一個" "大"
n    "3287" "2260" "2228" "2067" "1853" "1799" "1748" "1668" "1667" "1666"
```

用条形图显示词频数较大的词 (图 9.4.1).

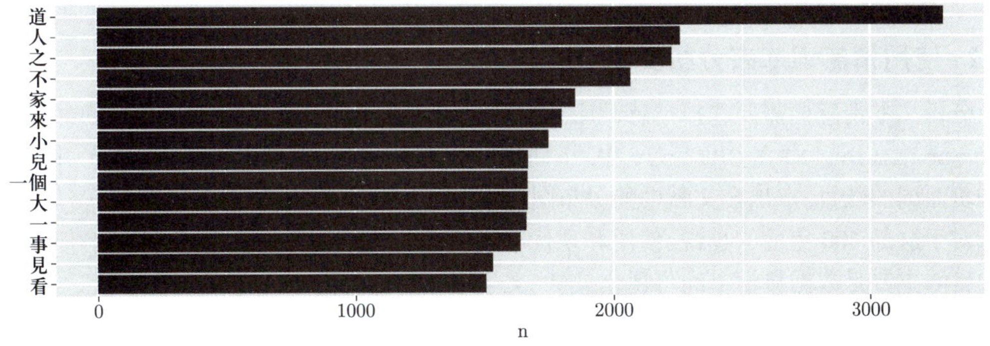

图 9.4.1　词频数条形图

```
tidy_jingu %>%
  dplyr::count(word, sort = TRUE) %>%
  filter(n > 1500) %>%
  mutate(word = reorder(word, n)) %>%
  ggplot(aes(word, n)) +
  geom_col(fill="navyblue") +
```

```
    xlab(NULL) +
    coord_flip()+
    theme(text = element_text(family = "STXihei"))
```

还可以产生涉及频数的词云图 (图 9.4.2).

```
library(wordcloud2)
tidy_jingu %>%
  dplyr::count(word) %>%
  top_n(80) %>%
  wordcloud2(fontFamily = "wqy-microhei")
```

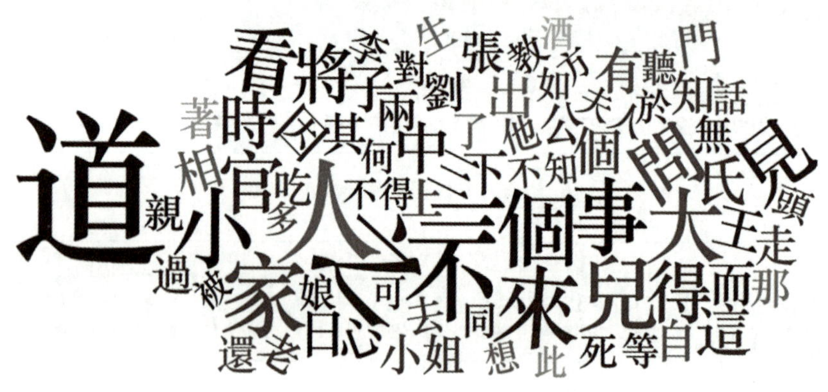

图 9.4.2　《今古奇观》词频数的词云图

9.4.2　使用情感词库来分析文本

分析文本情感词需要选择情感词库, 现有的是 NRC 词库①. 这里提供的中文繁体字版在文件 sentiment_NRC_CHT.csv 中. 下面把《今古奇观》和这个情感词库连接, 并计算正面和负面词的数目, 点出在文献中的分布图 (图 9.4.3). 注意: 这里的情感词库并不一定合理, 特别对于这部 400 年前的小说, 使用和现代小说一样的情感词库显然是不合理的, 但由于这里的目的主要是数据科学中的可视化, 这些文学细节留给明清小说专家来思考吧.

```
sentiment_NRC_CHT=read.csv("sentiment_NRC_CHT.csv")
names(sentiment_NRC_CHT)[1]="word"
nrc_jingu <- tidy_jingu %>%
  inner_join(sentiment_NRC_CHT)
nrc_jingu=nrc_jingu %>% dplyr::count(word,index = linenumber %/% 10,
```

① 产生者为 Saif M. Mohammad and Peter D. Turney. 参考文献为: Saif Mohammad and Peter Turney. Crowd sourcing a Word-Emotion Association Lexicon. *Computational Intelligence*, 29(3): 436-465, 2013. Wiley Blackwell Publishing Ltd. Saif Mohammad and Peter Turney. Emotions Evoked by Common Words and Phrases: Using Mechanical Turk to Create an Emotion Lexicon. In *Proceedings of the NAACL-HLT 2010 Workshop on Computational Approaches to Analysis and Generation of Emotion in Text*, June 2010, LA, California.

```
  Positive,Negative) %>%
  mutate(sentiment = Positive - Negative)

ggplot(nrc_jingu, aes(index, sentiment)) +
  geom_col(show.legend = FALSE) +
  geom_hline(yintercept = 0,color="red")
```

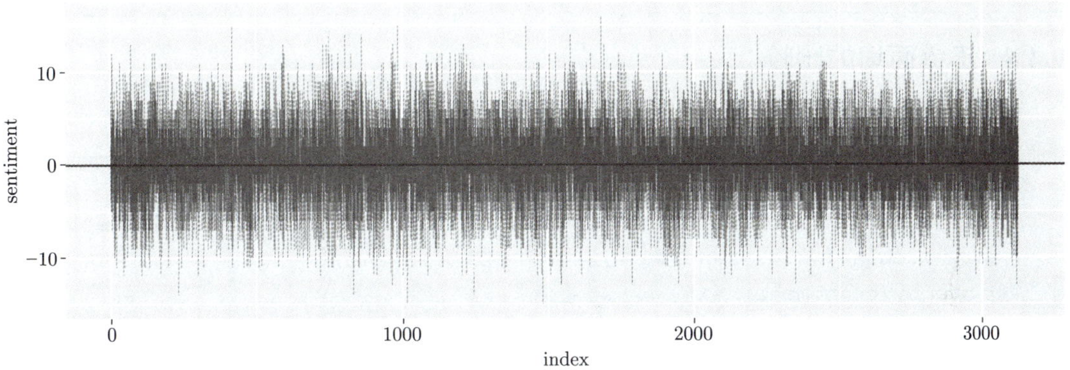

图 9.4.3　《今古奇观》正负面情感词的分布

9.4.3 正负面比较词云图

产生正负面情感词的比较词云图 (图 9.4.4).

图 9.4.4　《今古奇观》正负面情感词的词云图 (上半部分为负面, 下半部分为正面)

```
library(reshape2)
library(wordcloud)
nrc_jingu %>% mutate(sentiment=ifelse(sentiment==-1,
                                     "Negative","Positive"))%>%
  dplyr::count(word, sentiment, sort = TRUE) %>%
  acast(word ~ sentiment, value.var = "n", fill = 0) %>%
  comparison.cloud(colors = c("blue","red"),
        scale=c(5.5,.5),title.size=2,max.words = 100,family = "STXihei")
```

9.4.4 正负面词的比较

正负面词的比较 (图 9.4.5), 其中正负情感各自提取前 10 个.

```
nrc_jingu %>% mutate(sentiment=ifelse(sentiment==-1,
                                     "Negative","Positive"))%>%
  dplyr::count(word, sentiment, sort = TRUE) %>%
  group_by(sentiment) %>%
  top_n(10) %>%
  ungroup() %>%
  mutate(word = reorder(word, n)) %>%
  ggplot(aes(word, n, fill = sentiment)) +
  geom_col(show.legend = FALSE) +
  facet_wrap(~sentiment, scales = "free_y") +
  labs(y = "Contribution to sentiment",
       x = NULL) +
  coord_flip()+
  theme(text = element_text(family = "STXihei"))
```

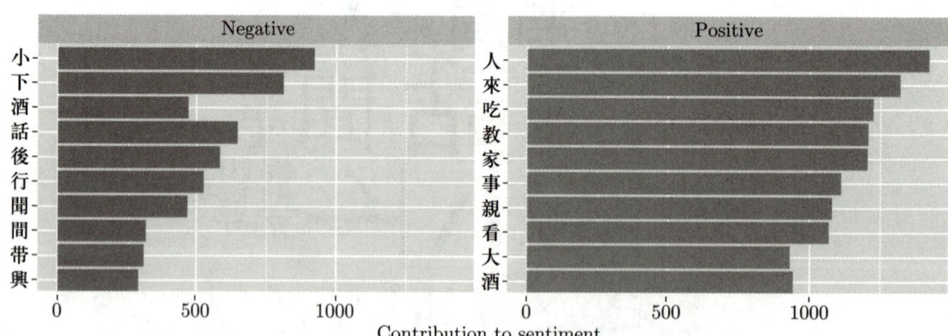

图 9.4.5 《今古奇观》最常用正负面情感词的比较

9.4.5 不同卷的情感词比较

虽然是一个人编撰的, 但由于《今古奇观》不是一个故事, 因此各卷的情感词分布并不相同. 图 9.4.6 显示了各卷情感词分布.

```
nrc_jingu2 <- tidy_jingu %>%
  inner_join(sentiment_NRC_CHT) #%>%
nrc_jingu2=
  nrc_jingu2 %>% group_by(Chapter) %>%
  dplyr::count(word, index=linenumber %/% 10, Positive,Negative) %>%
  mutate(sentiment = Positive - Negative)

nrc_jingu2 %>% filter(Chapter=="CHAPTER 1"|Chapter=="CHAPTER 10"|
  Chapter=="CHAPTER 20"|Chapter=="CHAPTER 40"|Chapter=="CHAPTER 60"|
  Chapter=="CHAPTER 80") %>%
ggplot(aes(index, sentiment, fill = Chapter)) +
  geom_col(show.legend = FALSE) +
  geom_hline(yintercept = 0,color="red")+
  facet_wrap(~Chapter, ncol = 3, scales = "free_x")
```

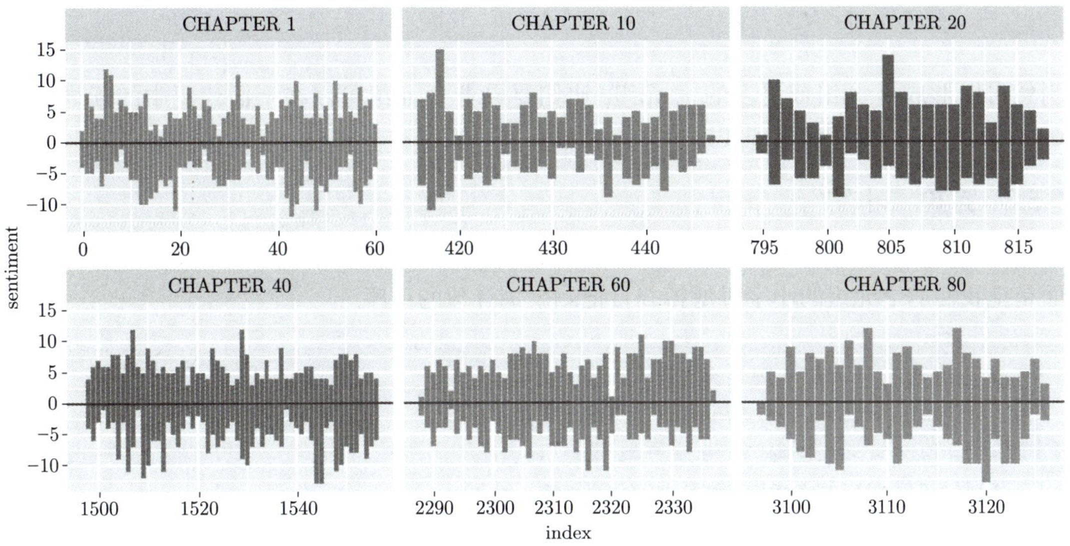

图 9.4.6　《今古奇观》不同卷正负面情感词的分布

9.5　词之间的关系: n 元组

在中文中, 一些单字组成词, 因此单字之间有搭配的亲疏关系, 而它们组成的多字词之间也有关系. 前面对于中文的断词实际上考虑了单字词、多字词及它们的各种关系. 英文或其他语种, 每个词本身有意义, 而若干词的搭配称为 n 元组 (n-grams). 对这些 n 元组的研究似乎集中在诸如英文这样的文献中, 因为对中文的断词或多或少包含了类似于 n 元组的研究.

这里我们使用王尔德 (Oscar Wilde) 的小说《道林・格雷的画像》(*The Picture of Dorian Gray*) 作为实践对象. 该小说已经在文件 `ThePictureofDorianGray.rds` 中, 可以读取. 我们实际上是从程序包 `gutenbergr` 使用代码 `gutenberg_download(174)` 得到的该

小说. 类似于断词, 可以用函数 unnest_tokens 来形成 n 元组. 我们如下着手.

9.5.1 形成 2 元组

```
library(tidyverse)
library(tidytext)
pdg=read.csv("pdg.csv")
gram_pdg <- pdg %>%
  unnest_tokens(grams, text,token = "ngrams", n = 2)
gram_pdg %>%drop_na()%>% dplyr::count(grams, sort = TRUE)
                                            %>% head(8) %>% t()
```

得到最频繁的几个 2 元组:

```
      [,1]     [,2]     [,3]    [,4]     [,5]   [,6]     [,7]          [,8]
grams "of the" "in the" "it is" "it was" "i am" "he had" "lord henry" "to be"
n     "401"    "285"    "235"   "232"    "227"  "215"    "213"        "175"
```

当然可以形成 3 元组或更多的 n 元组, 比如要寻求 4 元组可以在上面代码中的断词函数 unnest_tokens 中选 $n = 4$ 即可.

9.5.2 滤掉“小字”

由于有些多元组是由“小字”即停止词 (stop words) 组成, 没有多少意义, 需要除掉. 下面是把我们的 2 元组的小字过滤掉并且把剩余词计数的程序.

```
sep_pdg <-  gram_pdg %>%
  separate(grams, c("word1", "word2"), sep = " ")#先分开
filt_pdg <- sep_pdg %>%  #再过滤
  filter(!word1 %in% stop_words$word) %>%
  filter(!word2 %in% stop_words$word)
gram_counts <- filt_pdg %>%
  dplyr::count(word1, word2, sort = TRUE)
gram_counts %>% head(7) %>% t()
```

输出为:

```
      [,1]    [,2]     [,3]    [,4]       [,5]         [,6]     [,7]
word1 "lord"  "dorian" "sibyl" "basil"    "lady"       "cried"  "dear"
word2 "henry" "gray"   "vane"  "hallward" "narborough" "dorian" "fellow"
n     "213"   "141"    " 37"   " 28"      " 19"        " 18"    " 16"
```

9.5.3 用网络图形式展示前后词关系

可以把部分的前后词连接用网络图形式展示出来 (图 9.5.1).

```
library(ggraph)
library(tidygraph)
pdg_short=gram_counts %>%  filter(n>5)
pdg12.edge=pdg_short %>%
  rename(from=word1,to=word2,weight=n)
pdg12.node=tibble(id=unique(c(pdg_short$word1,pdg_short$word2)))
pdg12.net<-tbl_graph(pdg12.node,pdg12.edge)

pdg12.net %>%
  ggraph(layout = "linear", circular = TRUE) +
  geom_edge_arc(aes(width = weight), alpha = 0.8) +
  scale_edge_width(range = c(0.2, 2)) +
  geom_node_text(aes(label = id), repel = TRUE) +
  theme_graph()
```

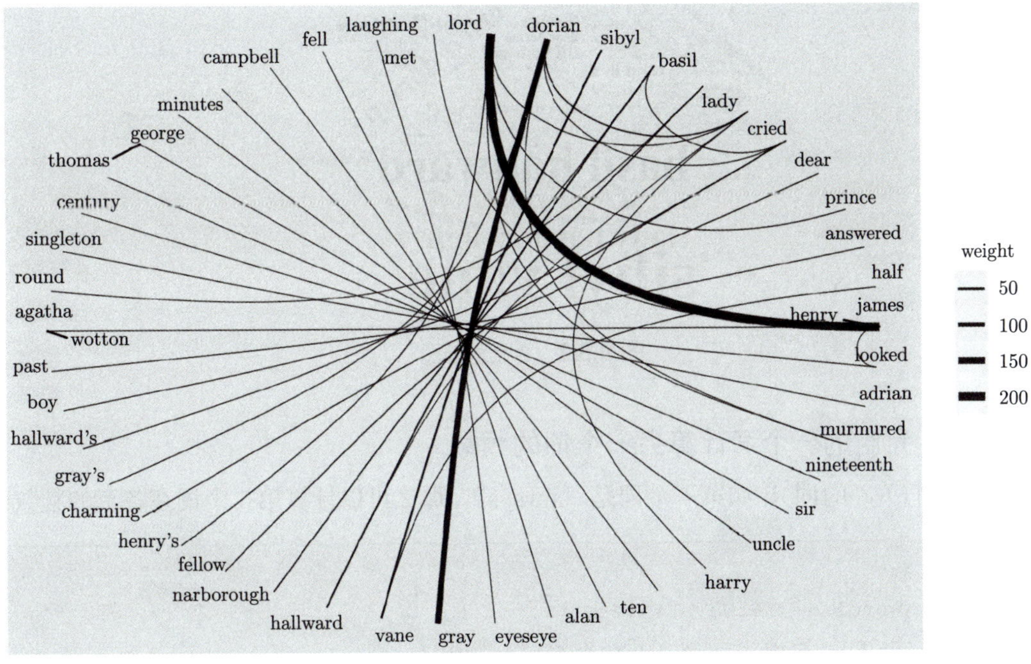

图 9.5.1　前后词连接的社交网络展示

9.5.4 把分开的词合并

把分开的词合并:

```
unit_pdg <- filt_pdg%>% drop_na() %>%
  unite(grams, word1, word2, sep = " ")
unit_pdg %>% dplyr::count(grams, sort = TRUE) %>% head(5) %>% t()
```

输出为:

```
      [,1]         [,2]          [,3]         [,4]             [,5]
grams "lord henry" "dorian gray" "sibyl vane" "basil hallward" "lady narborough"
n     "213"        "141"         " 37"        " 28"            " 19"
```

对此可以画出类似于词云的图 (图9.5.2). 显然, 图 9.5.2 中有很多都是人名.

```
library(wordcloud2)
unit_pdg %>%
  dplyr::count(grams) %>%
  top_n(80) %>%
  wordcloud2(size = 2,minSize = .3)
```

图 9.5.2　2 元组云图

9.5.5　从 2 元组的一个词计算另一个词的频数

对于我们关心的词, 比如第一个词是 “always”, 那么可以计算第二个词在各章的频数:

```
sep_pdg %>%
  filter(word1 == "always") %>%
  dplyr::count(Chapter, word2, sort = TRUE)
```

部分输出为:

```
  Chapter    word2     n
  <chr>      <chr> <int>
1 CHAPTER 1  been      2
2 CHAPTER 1  here      2
3 CHAPTER 15 want      2
4 CHAPTER 2  be        2
5 CHAPTER 2  young     2
```

9.5.6 考察前后词的情感

前后词搭配有不同的风格及情感色彩. 王尔德是语言大师, 极少用重复的语言类型, 下面考察用 quite 和 very 作为前词时后词的情感加权度量 (图 9.5.3), 这里使用的是 AFINN 情感词库 (在程序包 `tidytext` 中可以用代码 `get_sentiments("afinn")` 获取).

```
sentiments_afinn=read.csv("sentiments_afinn.csv")
i_words <- sep_pdg %>%
  filter(word1 %in% c("quite", "very")) %>%
  inner_join(sentiments_afinn, by = c(word2 = "word")) %>%
  dplyr::count(word1, word2, value, sort = TRUE)
i_words %>%
mutate(contribution = n * value) %>%
  arrange(desc(abs(contribution))) %>%
  mutate(word2 = reorder(word2, contribution)) %>%
  ggplot(aes(word2, n * value, fill = n * value > 0)) +
  geom_col(show.legend = FALSE) +
  facet_wrap(~word1, ncol = 2, scales = "free_x") +
  theme_grey(base_size = 5)+
  coord_flip()
```

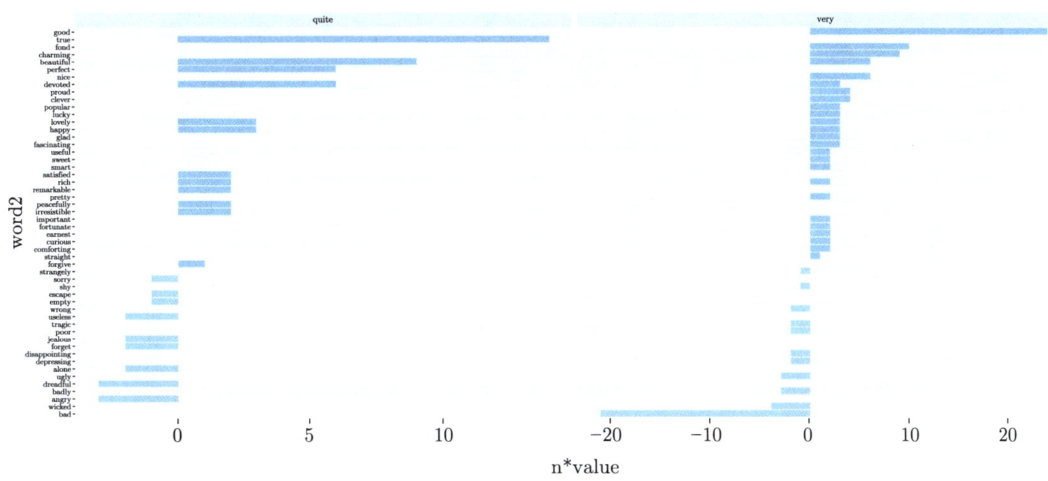

图 9.5.3　以 quite 和 very 作为前词时后词的情感加权度量

图 9.5.3 还可以用更加直观的网络图形式展示 (图 9.5.4), 这里没有区分正负情感.

```
library(ggraph)
library(tidygraph)
pdg.edge=i_words %>%
mutate(contribution = n * value) %>%
  rename(from=word1,to=word2,weight=contribution)
```

```
pdg.node=tibble(id=unique(c(i_words$word1,i_words$word2)))
pdg.net<-tbl_graph(pdg.node,pdg.edge)

pdg.net %>%
  ggraph(layout = "gem") +
  geom_edge_link(aes(width = abs(weight),color=(from=="1")),
                 alpha = 0.5,
                 arrow = arrow(length = unit(5, 'mm')),
                 end_cap = circle(3, 'mm')) +
  geom_node_text(aes(label = id), size=5,color="navyblue") +
  scale_edge_width(range = c(0.5, 2.5))+
  geom_node_point()+
  theme(legend.position = "none")
```

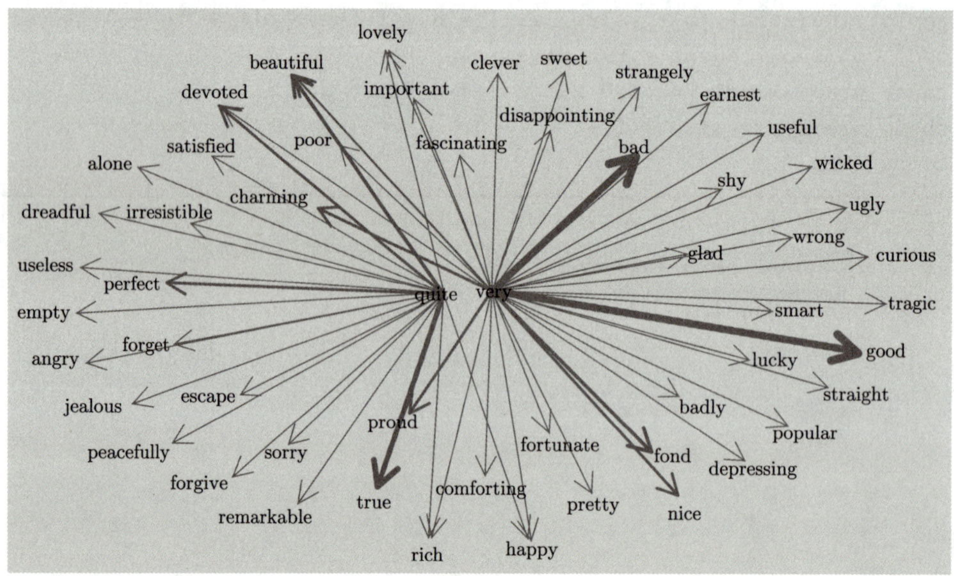

图 9.5.4 以 quite 和 very 作为前词时后词的情感加权度量的社交网络展示

9.5.7 2 元组的重要性度量 (tf-idf) 计算

当然还可以计算 2 元组的重要性度量 `tf_idf`:

```
tf_idf_pdg <- unit_pdg %>%
  dplyr::count(Chapter, grams) %>%
  bind_tf_idf(grams, Chapter, n) %>%
  arrange(desc(tf_idf))
tf_idf_pdg
```

输出的前几行为:

```
  Chapter    grams                  n     tf   idf tf_idf
  <chr>      <chr>              <int>  <dbl> <dbl>  <dbl>
1 CHAPTER 0  century dislike        2 0.0667  3.04  0.203
2 CHAPTER 0  oscar wilde            2 0.0667  3.04  0.203
3 CHAPTER 15 lady narborough       17 0.0444  2.35  0.104
4 CHAPTER 0  actor's craft          1 0.0333  3.04  0.101
```

下面是根据上面结果得到的某些章具有较高 `tf_idf` 的 2 元组条形图 (图 9.5.5).

```
tf_idf_pdg %>% filter(Chapter=="CHAPTER 1" | Chapter=="CHAPTER 3"|
  Chapter=="CHAPTER 15") %>%
  arrange(desc(tf_idf)) %>%
  mutate(grams = factor(grams, levels = rev(unique(grams)))) %>%
  group_by(Chapter) %>%
  top_n(5) %>%
  ungroup %>%
  ggplot(aes(grams, tf_idf, fill = Chapter)) +
  geom_col(show.legend = FALSE) +
  labs(x = NULL, y = "tf-idf") +
  facet_wrap(~Chapter, ncol = 3, scales = "free") +
  coord_flip()
```

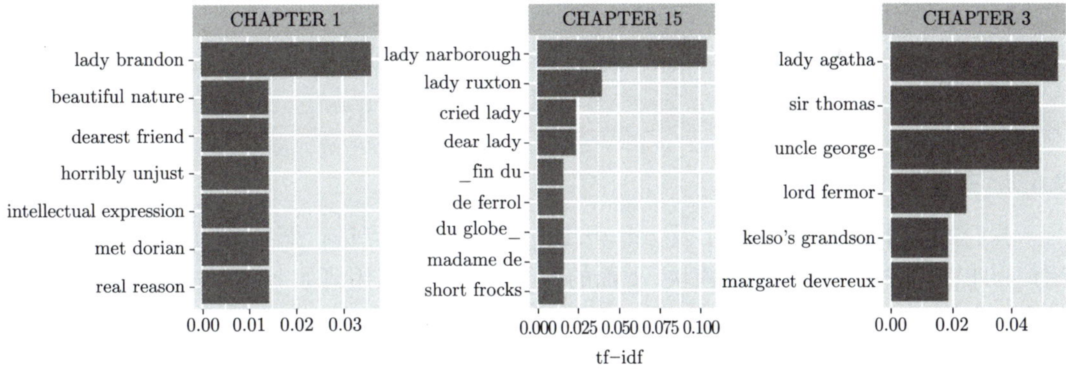

图 9.5.5　某些章具有较高 tf_idf 的 2 元组条形图

9.6 本章涉及的 Python 编程

9.6.1 概述

前面已经介绍了词语分析的基本要点, 它们包含了下面的内容:

(1) 断词. 这是一切后续工作的基础, 是绕不过去的一步, 而且由于汉语的特性, 中文断词和英文很不同. 在断词、确定词性及后续情感分析时可能需要下面的字典:

① 词典. 应根据不同的对象确定自己的词典、当然软件会有自己的词典, 但不一定合适. 不同时代、文体和领域的词汇很不相同, 因此, 作为断词的基础, 词典的选择或构建很重要. 当然, 这不一定是真正的词典, 可能有不同的形式 (也可能依赖于软件), 比如样本文字形成的字典. 这些词典可能包含其先验的词频和词性.

② 小字或标点组成的停止词典. 这些在语义分析中如果没有多大用处, 则可能应该除去, 但这也依赖于文字的年代、文体及领域. 软件也许有默认的词典, 而用户肯定可以自己构造词典. 当然, 是否除去这些词语与用户目标有关, 如果研究写作者的用词 (标点) 习惯, 也可能需要保留某些小字.

③ 正面或负面的情感字或词的词典, 这也依对象不同而变.

(2) 确定词频、词性或情感标签, 据此, 可以有以下若干直接应用:

① 根据词频并可能考虑其他因素来发明一些准则 (诸如基于 tf-idf 的准则) 以确定重要词 (关键词) 及句子甚至摘要.

② 根据不同文稿的用词计算它们的相似度.

③ 确定文稿的情感特点.

所有上面提及的, 很大一部分和词语分析的对象有关, 比如几个词典的确定, 但和编程及代码关系不大.

有些和对象无关, 但与编程者所选用的方法有关, 比如关键词的定义, 不同的软件就采取不同的方法, 但大都围绕着 tf-idf 准则, 又都有自己的改进. 这些不同没有正确或错误之分, 反映了不同的视角. 成熟的软件应该让用户有多种挑选余地. 在断词上, 有些软件给予用户更多的挑选余地.

本书只展示如何使用这些软件达到自己的目的, 并不想对任何选择加以评论或者表示支持.

9.6.2 主要软件概要

我们主要介绍软件 jieba 及 snownlp, 下面对其要点进行概括 (后面会通过实例介绍). 为此首先输入可能需要的模块. 下面的各个模块都可以用诸如 pip install jieba 等命令在终端安装, 注意别忘了在终端运行 pip install paddlepaddle, 使得下面代码中的断词部分顺利执行.

```
from wordcloud import WordCloud, STOPWORDS, ImageColorGenerator
import matplotlib.pyplot as plt
import jieba
import paddle
from jieba import posseg, analyse
jieba.enable_paddle() # 断词方法之一
jieba.enable_parallel(4)  # 开启并行断词
from snownlp import SnowNLP
import pandas as pd
import numpy as np
```

```
from hanziconv import HanziConv
from optparse import OptionParser
```

表 9.6.1 中的 text 代表字符串 (str) 形式的文稿 (可以有多份以换行区分); 而 seg 代表一个列表 (list), 每个列表 (list) 形式的元素为每个文档的断词结果.

表 9.6.1　jieba 与 snownlp 功能比较

目的	jieba	snownlp
断词代码	seg0=jieba.cut(text) 或 seg=jieba.lcut(text)	s=SnowNLP(text)
断词输出 (list) 断词及词性	等价性: seq=[x for x in seg0] list(posseg.cut(zx))	s.words list(s.tags)
关键词 (按照重要程度输出)	analyse.textrank(text,**kwargs) 或analyse.extract_tags(text, 或**kwargs)	s.keywords(n) (输出 n 个)
	可选输出数目、词性及权重 两个权重的定义不同	
	snownlp 专有	
断句		s.sentences
情感度		s.sentiments
摘要		s.summary()
分段断词文本: seg 断词在各文档的频数 断词的 idf		S=SnowNLP(Seg) S.tf S.idf
相似度		s.sim(text) 或S.sim(text)
snownlp 的 s.han 把文本的繁体换成简体, 而 s.pinyin 输出汉语拼音		

9.6.3　输入数据、断词, 画词云图

1. 输入数据及断词

我们还是用朱自清的《荷塘月色》及丰子恺的《梧桐树》作为文字对象. 输入数据并利用函数 jieba.lcut 断词.

```
zzq = open("zhuziqing.txt", "r", encoding='utf-8').read()
seg_zzq  = jieba.lcut(zzq, cut_all=True)
fzk = open("fengzikai.txt", "r", encoding='utf-8').read()
seg_fzk  = jieba.lcut(fzk, cut_all=True)
```

2. 画词云图

断词之后的结果为有许多字符串的列表 (list), 下面分别把每个作者断词后的结果组合成一个字符串, 并且把两个作者的结果合并成另一个字符串:

```
Fzk=" ".join(seg_fzk)
Zzq=" ".join(seg_zzq)
z_f=Zzq+Fzk
```

对每个作家的结果及混合结果画出三个词云图 (图 9.6.1).

```
wc=WordCloud(
    max_words=2000, # 最大显示的字数
    max_font_size=400, # 字体最大值
    random_state=1,
    scale=1, # 词云图的大小
font_path="simfang.ttf",
background_color="white",width=1920,height=1920)
plt.figure(figsize=(200,90))
plt.subplot(1,3,1)
wc.generate(Fzk)
plt.imshow(wc, interpolation="bilinear")
plt.subplot(1,3,2)
plt.axis("off")
wc.generate(Zzq)
plt.imshow(wc, interpolation="bilinear")
plt.axis("off")
plt.subplot(1,3,3)
wc.generate(z_f)
plt.imshow(wc, interpolation="bilinear")
plt.axis("off")
plt.show()
```

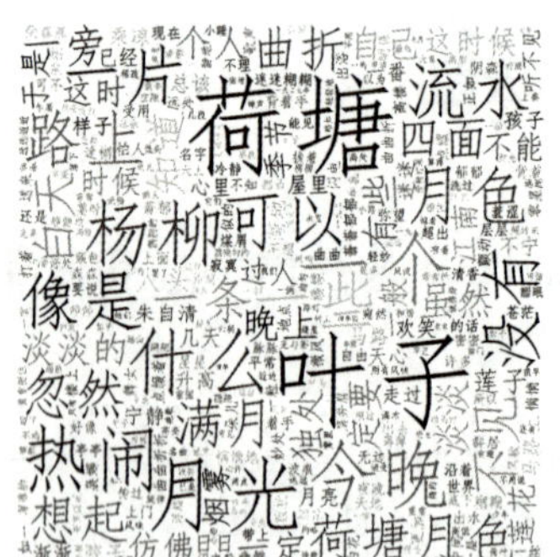

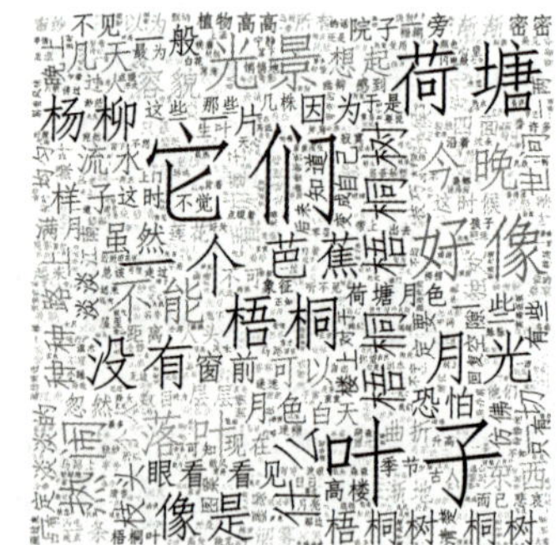

图 9.6.1 三个词云图 (左图:《梧桐树》, 中图:《荷塘月色》, 右图: 混合两者)

3. 求词频

编写一个求词频的函数 (去掉一个字的词):

```
def Word_Freq(seg):
    zd = {} #建立字典
    for word in seg:
        if len(word) <= 1: #不要空格, 小字和标点
            continue
        else:
            zd[word] = zd.get(word,0) + 1 #.keys()是词, .values()是频数
    Zd = list(zd.items())
    Zd.sort(key=lambda x:x[1],reverse=True) #按tuple[1]元素(第2个数)排序
    return(Zd)
```

分别求出两个文章及混合后的词频并打印出各自的前 6 个最频繁词:

```
freq_z=Word_Freq(seg_zzq)
freq_f=Word_Freq(seg_fzk)
freq_zf=Word_Freq(seg_zzq+seg_fzk)

print(freq_z[:6],'\n',freq_f[:6],'\n',freq_zf[:6])
```

输出为:

```
[('荷塘', 10), ('叶子', 9), ('月光', 5), ('一个', 5), ('今晚', 4), ('杨柳', 4)]
 [('它们', 18), ('梧桐', 10), ('好像', 7), ('看见', 6), ('叶子', 6), ('光景', 5)]
 [('它们', 19), ('叶子', 15), ('荷塘', 10), ('梧桐', 10), ('好像', 8), ('一个', 7)]
```

4. 产生前 10 位的词频条形图

为此, 首先定义一个条形图函数:

```
def BarPlot(A,xlab='',ylab='',title='',size=[None,None,None,None,None]):
    plt.barh(range(len(A)), A.values(), color = 'navy')
    plt.xlabel(xlab,size=size[0])
    plt.ylabel(ylab,size=size[1])
    plt.title(title,size=size[2])
    plt.yticks(np.arange(len(A)),A.keys(),size=size[3])
    for v,u in enumerate(A.values()):
        plt.text(u, v, str(round(u,4)), va = 'center',color='navy',
          size=size[4])
```

然后产生为画图准备的数据形式并产生三个图 (图 9.6.2).

```
article={'荷塘月色':freq_z,'梧桐树': freq_f,'荷塘月色及梧桐树': freq_zf}
B={}
for I,J in enumerate(article):
```

```
    A={}
    for k,i in enumerate(article[J]):
        if k>9: break
        A[i[0]]=i[1]
    B[J]=A

import matplotlib.pyplot as plt
plt.rcParams["font.family"]="SimHei"
plt.figure(figsize = (12,4))
for I,J in enumerate(B):
    plt.subplot(1,3,I+1)
    BarPlot(B[J],'词频','',J)
```

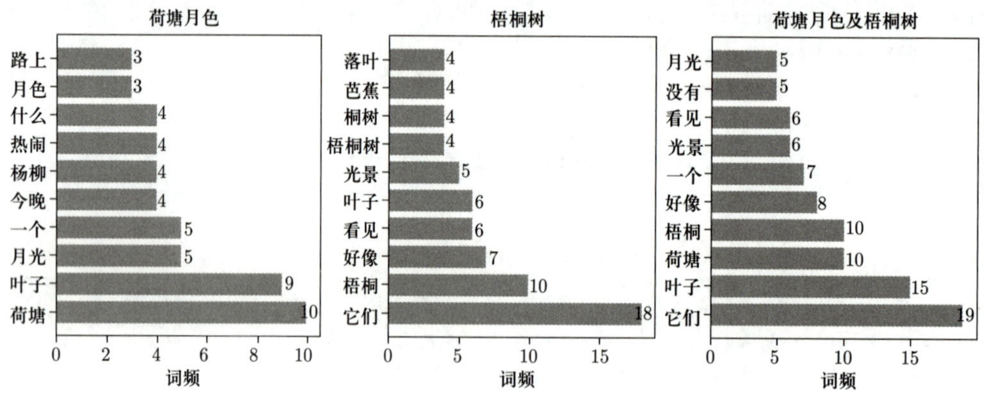

图 9.6.2 词频条形图 (左图: 《荷塘月色》, 中图: 《梧桐树》, 右图: 混合两者)

5. 产生词频散点图

这里使用两篇文章所有的共同词来比较词频并产生散点图 (图 9.6.3).

```
art={'荷塘月色':freq_z,'梧桐树': freq_f}
B0={}
for I,J in enumerate(art):
    A={}
    for i in art[J]:
        A[i[0]]=i[1]
    B0[J]=A

Pair=pd.DataFrame.from_dict(B0, orient='columns').dropna()
plt.figure(figsize=(20,10))
plt.scatter(Pair['梧桐树'], Pair['荷塘月色'])
plt.xlabel('梧桐树词频',size=30)
plt.ylabel('荷塘月色词频',size=30)
plt.grid(True)
```

```
#plt.plot((0, 0), (20, 20), linewidth=4, color='r')
for i, txt in enumerate(Pair.index):
    plt.annotate(txt, (Pair['梧桐树'][i], Pair['荷塘月色'][i]),size=35)
```

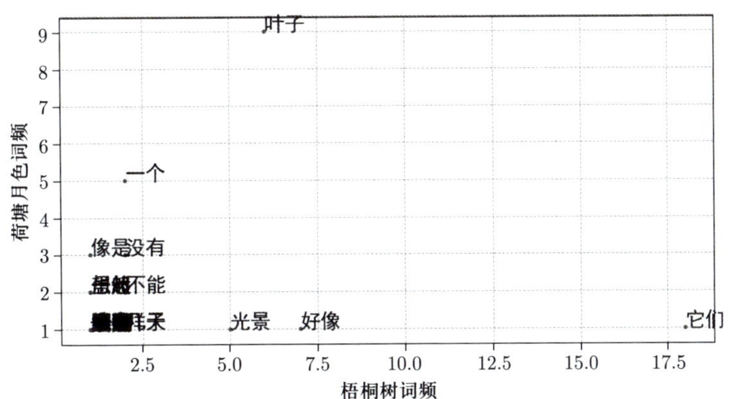

图 9.6.3　《荷塘月色》及《梧桐树》的两个字以上词的词频散点图

读者可能会注意到, 图 9.6.3 和图 9.2.2 很不相同, 这是自然的. 原因是我们没有刻意挑选字典及停用词, 这在两个软件是有区别的. 此外, 这里我们删除了单字词, 这造成了更大的区别. 如果为了文学研究的目的, 人们就应该认真对待这种和目标相关的实际问题了.

6. 词性

可以得到断词及词性:

```
from jieba import posseg, analyse

pos_zf = posseg.cut(zzq+fzk)

Pos_zf=[]
for i,x in enumerate(pos_zf):
    Pos_zf.append(x)
    if i>10: break

print(Pos_zf[:10])
```

输出为:

```
[pair('朱自清', 'nrfg'), pair(':', 'x'), pair('荷塘月色', 'ns'),
pair('\n', 'x'), pair('这', 'r'), pair('几天', 'm'), pair('心里', 's'),
pair('颇', 'd'), pair('不', 'd'), pair('宁静', 'nr')]
```

显然, 由于我们没有过滤一些标点符号, 上面输出的代号 (诸如 'nrfg'、's'、'd'、

'm' 等) 代表各种字符的词性. 关于汉语词性的代号, 请搜寻有关网页.

7. 关键词

前面曾经指出, 判断词是否重要可根据 tf-idf 指标找出最重要的词, 但 jieba 不完全使用 tf-idf, 而是使用一种称为 textrank 的方法, 它结合了 tf-idf 及与前后词的关系. 实际上, 不同的软件都有自己对 tf-idf 准则的调整, 这些准则各有利弊, 很难对比. 使用下面代码可得到按照 textrank 方法按重要性降序排列的 20 个名词 (选项 allowPOS=('n')) (也可以在选项中输入 withWeight=True 来得到排序所依赖的权重, 这里我们只关心次序, 忽略具体权重). 这里对两篇散文用了不同的函数 (分别是 analyse.extract_tags 和 analyse.textrank).

```
tags_zzq = analyse.extract_tags(zzq, topK=20, allowPOS=('n'))
tags_fzk = analyse.textrank(fzk, topK=20 ,allowPOS=('n'))

print("荷塘月色:\n", tags_zzq,"\n梧桐树:\n", tags_fzk)
```

输出为:

```
荷塘月色:
 ['月光', '流水', '莲子', '烟雾', '人头', '莲花', '季节', '光与影',
  '艳歌', '楞楞', '蝉声', '闰儿', '大衫', '煤屑', '青雾', '树色',
  '妖童', '羽杯', '倾船', '波痕']
梧桐树:
 ['光景', '梧桐', '枝头', '世间', '窗纱', '生叶', '梧桐树', '距离',
 '方才', '形状', '坦白', '绿叶', '团扇', '样子', '植物', '势力',
 '布置', '院子', '状态', '容貌']
```

9.6.4 移除停用词

图 9.6.1 所对应的两篇散文是写景的, “小字”即所谓停用词不多, 看不出有多大的问题. 下面我们看看《今古奇观》中的词频和关键词的选择.

1. 把《今古奇观》全部卷合并, 断词并产生词云图

下面是没有去掉一些“小字”产生词云图 (图 9.6.4 左图) 的程序, 而修改一点程序得到去掉 11 个“小字”的词云图 (图 9.6.4 右图), 由此可以看见去掉这些“小字”的效果.

```
# 输入数据
jg=pd.read_csv('jinguqiguan.csv')
ch=np.unique(jg.Chapter)

JG={}
for chap in ch:
```

```
    JG[chap]="".join(jg.loc[jg.Chapter==chap,"text"].dropna().tolist())

JGT="".join(jg.text.dropna().tolist()) #全部为一个string

JGTS=HanziConv.toSimplified(JGT) #繁体转换为简体

seg_jgt ="".join(jieba.cut(JGTS, cut_all=False)) #默认精确模式

#产生词云图:
from wordcloud import WordCloud, STOPWORDS, ImageColorGenerator
wc=WordCloud(
    max_words=2000,  # 设置最大显示的字数
    max_font_size=500,  # 设置字体最大值
    random_state=1,  # 设置有多少种随机生成状态, 即有多少种配色方案
    scale=1,  # 设置生成的词云图的大小
font_path="simfang.ttf",
background_color="white",width=1920,height=1080)
wc.generate(seg_jgt)
plt.imshow(wc, interpolation="bilinear")

plt.axis("off")
plt.show()
```

去掉 11 个“小字”及标点等的程序为:

```
import re
JGTS1=re.sub(r'[\W道罢说便日一次想是见指]',' ',JGTS)
seg_jgt1 ="".join(jieba.cut(JGTS1, cut_all=False)) #默认精确模式
```

把 `seg_jgt1` 代入画图程序 `seg_jgt` 的位置产生图 9.6.4 的右图.

```
wc.generate(seg_jgt1)
plt.imshow(wc, interpolation="bilinear")

plt.axis("off")
plt.show()
```

图 9.6.4　《今古奇观》去掉停止词之前 (左) 及之后 (右) 的词云图

从图 9.6.4 可以看出, 去掉少数几个停止词之后, 在词云图中的最频繁词变化很大, 如果由语言文字专家来确定停止词, 效果会更好.

2. 使用 snownlp 的实践

(1) 断词、词频、词性、重要句子、汇总. 模块 snownlp 是一个可处理中文的模块, 可以用它来考察情感问题. 下面首先对《荷塘月色》及《梧桐树》做断词和词频计算.

(2) 断词及得到的结果. 下面仅仅是示意从断词可以得到什么, 有些不一定有意义, 比如, 这里没有繁体字, .han 就没有意义.

```
from snownlp import SnowNLP
zzqzzq = open("zhuziqing.txt", "r", encoding='utf-8').read()
fzk = open("fengzikai.txt", "r", encoding='utf-8').read()

Sseg_zzq=SnowNLP(zzq)
Sseg_fzk=SnowNLP(fzk)

Title=["荷塘月色","梧桐树"]
for i,sseg in enumerate([Sseg_zzq,Sseg_fzk]):
    print('='*80,'\n',Title[i],'\n',"词:\n",sseg.words[:10],
    "\n词和词性:\n",list(sseg.tags)[:10],
      "\n繁体转简体",sseg.han[:5],'\n关键词\n',sseg.keywords(3),'\n',
      "汇总",sseg.summary(3),"\n重要句子:\n",sseg.sentences[:10])
```

输出为:

```
================================================================================
 荷塘月色
 词:
 ['朱', '自清', ':', '荷塘', '月', '色', '这', '几', '天', '心里']
词和词性:
 [('朱', 'nr'), ('自清', 'nr'), (':', 'w'), ('荷塘', 'nz'), ('月', 'n'),
  ('色', 'Ng'), ('这', 'r'), ('几', 'm'), ('天', 'q'), ('心里', 's')]
繁体转简体 朱自清:荷
关键词
 ['里', '上', '叶子']
 汇总 ['今晚若有采莲人', '静静地泻在这一片叶子和花上', '什么都可以不想']
重要句子:
 ['朱自清:荷塘月色', '这几天心里颇不宁静', '今晚在院子里坐着乘凉',
  '忽然想起日日走过的荷塘', '在这满月的光里', '总该另有一番样子吧',
  '月亮渐渐地升高了', '墙外马路上孩子们的欢笑', '已经听不见了',
  '妻在屋里拍着闰儿']
================================================================================
 梧桐树
```

```
词:
['丰', '子恺', ':', '梧桐树', '寓', '楼', '的', '窗前', '有', '好几']
词和词性:
[('丰', 'nr'), ('子恺', 'nr'), (':', 'w'), ('梧桐树', 'n'),
 ('寓', 'Vg'), ('楼', 'n'), ('的', 'u'), ('窗前', 'na'), ('有', 'v'),
 ('好几', 'm')]
繁体转简体 丰子恺:梧
关键词
['好像', '不', '上']
汇总 ['梧桐叶虽不及它大', '好像一个大绿障', '一直从低枝上挂到树顶']
重要句子:
['丰子恺:梧桐树', '寓楼的窗前有好几株梧桐树',
 '这些都是邻家院子里的东西', '但在形式上是我所有的',
 '因为它们和我隔着适当的距离', '好像是专门种给我看的',
 '它们的主人', '对于它们的局部状态也许比我看得清楚',
 '但是对于它们的全体容貌', '恐怕始终没看清楚呢']
```

(3) snownlp 计算词频 (tf) 及 idf. 要想得到前面那些句子的词频, 必须再把前面断词的结果 (稍做变化后) 再经过一次 `SnowNLP`, 为了和前面 (`jieba`) 的结果比较, 这里首先通过一个函数来选取非单字词并按照频率降序排列, 最后画出散点图 (图 9.6.5). 这个图和图 9.6.3 十分相像.

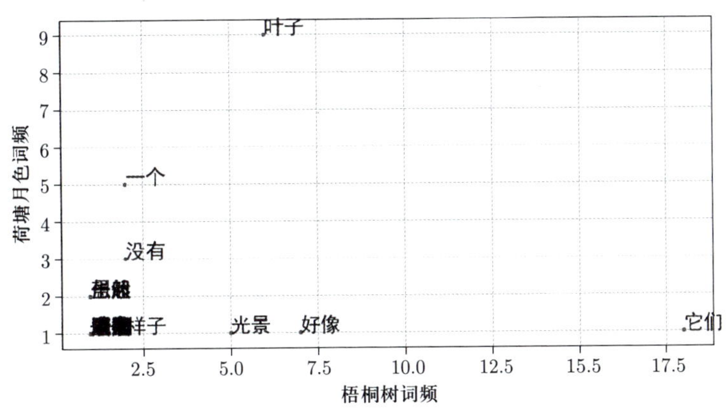

图 9.6.5　《荷塘月色》及《梧桐树》的两个字以上词的词频散点图 (snownlp)

```
SS_zzq=SnowNLP([Sseg_zzq.words])
SS_fzk=SnowNLP([Sseg_fzk.words])

def top_freq(stf):
    SZ=dict((key,value) for key, value in stf[0].items() if len(key) > 1)
    SZ={k: v for k, v in sorted(SZ.items(),
        key=lambda item: item[1],reverse=True)}
    return(SZ)
```

```
SB={'荷塘月色': top_freq(SS_zzq.tf),'梧桐树': top_freq(SS_fzk.tf) }
SPair=pd.DataFrame.from_dict(SB, orient='columns').dropna()

plt.figure(figsize=(20,10))
plt.scatter(SPair['梧桐树'], SPair['荷塘月色'])
plt.xlabel('梧桐树词频',size=30)
plt.ylabel('荷塘月色词频',size=30)
plt.grid(True)
for i, txt in enumerate(SPair.index):
    plt.annotate(txt, (SPair['梧桐树'][i], SPair['荷塘月色'][i]),size=35)
```

9.6.5 相似度比较

这里我们选择包含 9 段文字的数据 zx.csv, 轮流用每一段来看其与其他 8 段文字的相似度, 这样每一次都产生 8 个相似性度量. 我们所用的 9 段文字在断词前都经过了去掉标点符号及某些“小字”的筛选, 做相似性时是以断词后的结果为依据的.

(1) **读入数据、筛选并断词**, 得到的是 9 个字符串列表 (list) 作为元素的列表 (list).

```
w=pd.read_csv("zx.csv")
xzx=[x for x in w.text]#9个字符串
xzx1=[re.sub(r'[\W你的和是有一二三个到]',' ',x) for x in xzx]
xzx1=[SnowNLP(x).words for x in xzx1]
```

(2) **轮流以 1 段为测试文字, 以其他 8 段为训练文字做断词**. 输出的 `Sim` 是由 9 个由 8 个相似度量组成的列表 (list) 作为元素的列表 (list); 输出的 `SIM` 是由 9 个由 3 元数组组成的列表 (list), 每个 3 元数组的第 1 个为训练文件号码, 第 2 个为测试文件号码, 第 3 个为相似度 (负值取绝对值), 这是为了画网络图做准备; 输出的 `Color` 为一个颜色序列, 凡是相似度为负值用红色, 否则蓝色, 这也是为画图做准备. 而 `SIM9` 及 `CL9` 分别是 `SIM` 和 `Color` 的分段形式. 注意, 在为网络图准备的数据 `SIM`(`SIM9`) 中, 相似度为零的边没有包括在图中.

```
Sim=[];SIM=[];Color=[];SIM9=[];CL9=[]
for i in range(len(xzx1)):
    s=SnowNLP([xzx1[x] for x in range(len(xzx1)) if x!=i])
    a=[[x,i] for x in range(9) if x!=i]
    b=s.sim(xzx1[i])
    Sim.append(b)
    temp=[];CL=[]
    for j in range(len(a)):
        if b[j]!=0:
            if b[j]>0:
                Color.append("blue")
                CL.append("blue")
```

```
                y=(a[j][0],a[j][1],b[j])
                SIM.append(y)
                temp.append(y)
            else:
                Color.append("red")
                CL.append("red")
                z=(a[j][0],a[j][1],abs(b[j]))
                SIM.append(z)
                temp.append(z)
    SIM9.append(temp)
    CL9.append(CL)
```

(3) **画相似度的网络图.** 箭头是从训练集指向测试集, 红色代表负值度量 (见图 9.6.6).

```
import networkx as nx
import matplotlib.pyplot as plt
%matplotlib inline
from netwulf import visualize

G = nx.DiGraph()
for i in range(len(SIM)):
     G.add_edge(SIM[i][0], SIM[i][1], color=Color[i],
        weight=SIM[i][2])
pos=nx.circular_layout(G)
colors = [z[2]['color'] for z in G.edges(data=True)]
weights = [z[2]['weight'] for z in G.edges(data=True)]
plt.figure(figsize=(18,7))
nx.draw(G, with_labels=True, pos=pos,
        width=weights,arrowsize=50, node_size=2000,
        edge_color=colors, font_size=30)
```

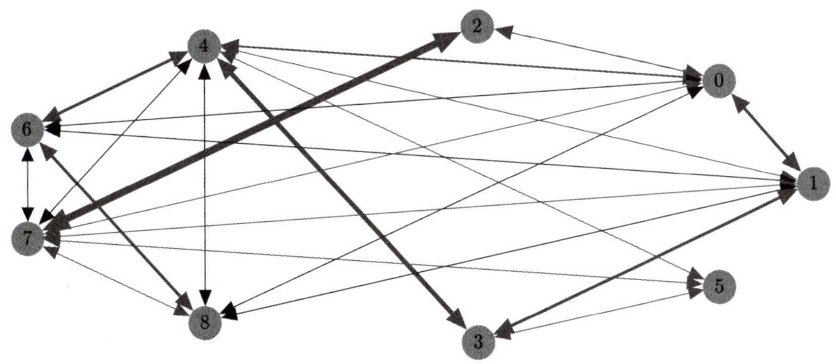

图 9.6.6　zx.csv 文件中 9 段文字的交叉相似度图

图 9.6.6 中的关系都是双向的, 因此有些分不清连线粗细所代表的相似度是代表哪个方向的, 当然, 这可以从单独的图 (图 9.6.7) 中看出. 产生图 9.6.7 的代码为:

```
plt.figure(figsize=(18,12))
for i in range(len(SIM9)):
    plt.subplot(3,3,i+1)
    G=nx.DiGraph()
    G.add_weighted_edges_from(SIM9[i])
    pos=nx.circular_layout(G)
    weights = [z[2]['weight'] for z in G.edges(data=True)]
    nx.draw(G, with_labels=True, pos=pos,
            width=weights,arrowsize=30, node_size=1000,
            edge_color=CL9[i], font_size=20)
```

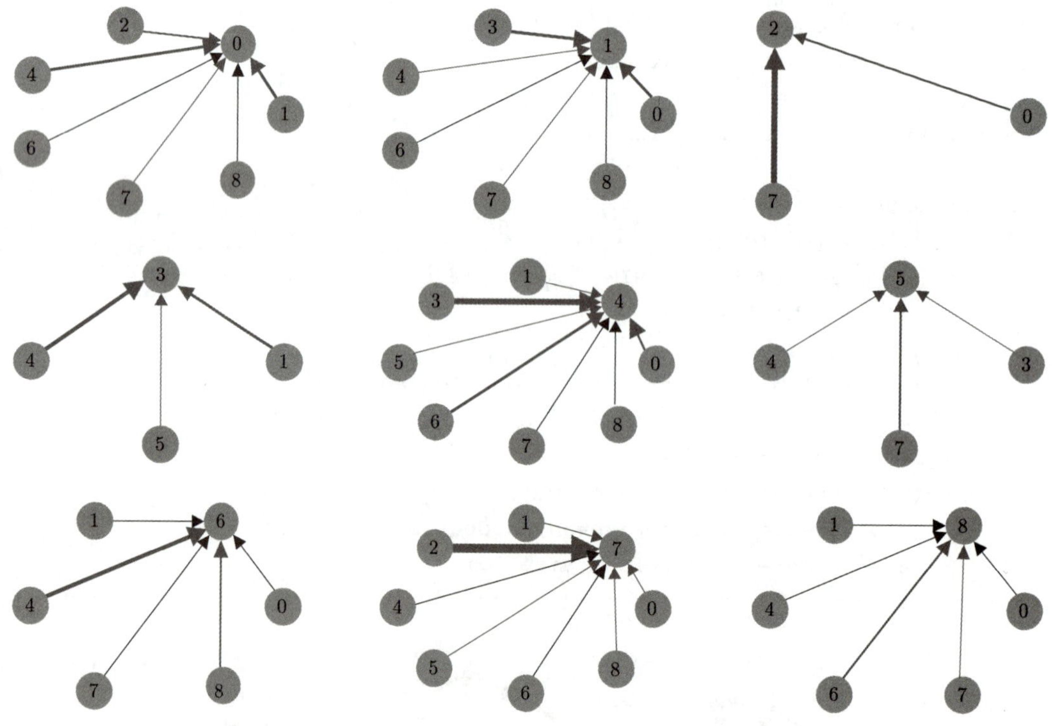

图 9.6.7 zx.csv 文件中 9 段文字的交叉相似度图 (分别形式)

9.6.6 词语情感分析: 商品评论得分案例

snownlp 有一个 jieba 目前没有的情感分析功能, 按照其提供的商品评价的训练集, 可直接用于商品评论得分分析. 当然, 如果我们收集其他方面的训练集, 也可以做有关领域的情感分析. snownlp 的情感分析对每个测试集给出取值 0 和 1 之间的得分, 如果训练时先输入负面训练集后输入正面集 (如果输入次序相反则对测试集结果的解释也相反), 则测试集得分靠近 0 的是负面情感, 接近 1 的是正面情感.

我们在格力京东自营旗舰店收集了型号为 KFR-35GW/NhDbB3 空调的售后 99 条评论 (数据 AirCS.csv), 其中 49 条是积极正面评价, 50 条是负面消极评价. 对该数据使用 `snownlp` 中的 `sentiments` 函数对其每条评论进行评分. 值得注意的是, 因为商品评论风格具有差异, 要想得到满意的情感分析评分结果, 需要在评分前收集大量相关数据进行训练. 由于获取的格力空调数据较少, 我们在网上下载了 `snownlp` 的关于购买书籍的评论作为训练集, 由于商品不同, 这个训练集对于空调数据的情感分析可能不太合适, 在实际应用中, 读者可以根据自己的需求建立相关商品评论特有的训练集.

下面就是使用训练集训练的代码. 我们先输入的是负面训练集:

```
from snownlp import sentiment
sentiment.train('neg.txt', 'pos.txt')
sentiment.save('sentiment.marshal')
```

上面已经训练了商品消极和积极评论的数据集, 下一步输入我们的测试集数据, 获取每条评论的情感得分, 包括正面和负面评价:

```
w=pd.read_csv('airCS.csv')
Score=[]
for i in w['Review']:
    s=SnowNLP(i)
    Score.append(s.sentiments)
w.insert(loc=2, column='Score', value=Score)
```

对该数据的正面和负面评论情感分值分别作直方图 (见图 9.6.8), 产生图 9.6.8 的代码为:

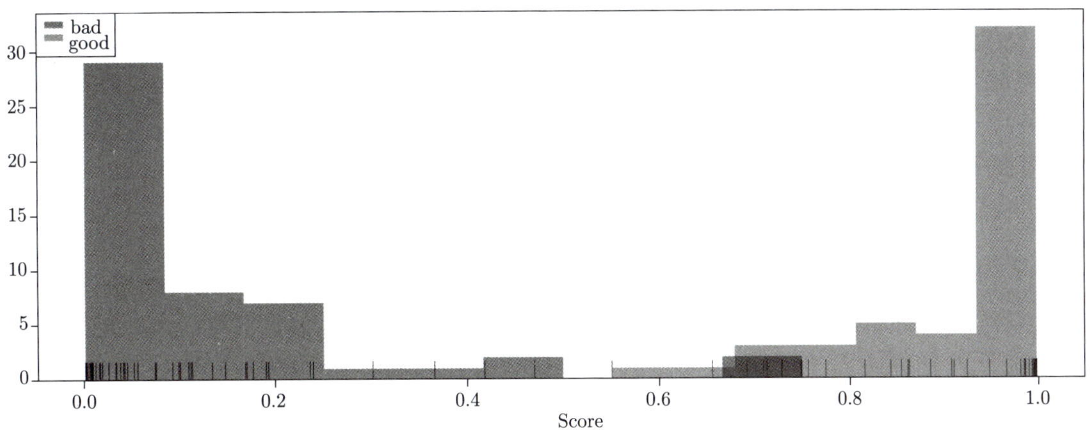

图 9.6.8　格力空调数据的正面和负面评论得分直方图

```
import seaborn as sns
fig, ax = plt.subplots(figsize=(20,7))
Color=["blue","red"]
```

```
for k,i in enumerate(np.unique(w['level'])):
    sns.distplot(w[w.level==i]['Score'], rug=True, hist=True,
                 rug_kws={"color": Color[k]},label=i, color=Color[k],
                 kde=False)
plt.legend()
plt.show()
```

通常情况正面评价得分一般在 0.5 ~ 1 之间, 负面评价得分在 0 ~ 0.5 之间. 但是, 该直方图显示, 在负面评价中有两条的得分大于 0.5, 这说明该模型有误判, 这种误判对于任何模型都会出现, 并不奇怪, 但重要的是找出误判的原因. 为此, 我们用下面的代码查看这两条评价:

```
w[w['level']=='bad'].sort_values(by=['Score']).tail(2)
```

输出为:

```
   level                     Review     Score
82   bad              里面有异常的声音    0.729123
80   bad  不是很凉快, 没有去年在实体店买得好    0.751791
```

为了寻找误判原因, 我们查看了训练集, 对这两个误判的句子做了如下研究:

(1) **第一句:** 在负面训练集的评价中, 只有一条包含有 (负面意义的) "异常" 字样, 而且还在其他负面词汇的语句之中, 不大可能会有什么训练效果, 还有一条评论包含的 "异常" 具有 "很" 或 "极其" 等形容程度的意义, 并非负面. 所以, 模型对第一句判断失误是必然的.

(2) **第二句:** 第二句的前半句 "不是很凉快", 不是关于书籍的训练集词语, 这不会是误判的原因. 因此很可能是第二句中的负面词 "没有" 与其企图否定的正面词语 "好" 相隔 8 个字而不被模型识别. 为了验证, 我们把这句话在程序中临时改成等价的 "不是很凉快, 比去年在实体店买得差", 之后再重复前面的情感分析, 发现这句话的得分降到 0.206 229, 这说明我们对误判原因的认识是正确的.

9.6.7 前后词的关系: 对汉语的 2 元组尝试

前面使用 R 软件用王尔德的小说描述了 2 元组的英文实践, 但没有对汉语做类似的分析. 在英文中, 词是基本单位, 几个词就构成几元组. 但汉语单字可以是词, 也是词的组成部分. 比如, 一个英文名字不会被拆开, 也不会和其他词合并, 而多个汉字组成的中文名字很可能被当成几个词, 名字中的每个字也可能被认为是其他词的一部分. 所以汉语的 n 元组分析不如英文容易.

本小节使用的是《今古奇观》小说第 1 卷的文本, 目的仅仅是描述如何产生汉语的 2 元组. 我们得到的结果不那么理想, 原因有很多, 比如: 由于没有构造词典及停止词词典, 出现了小说中的人名被拆开或和其他词结合的现象, 一些 300 年前的用语不被断词软件正确理解, 等等. 因此, 在实际应用中, 不仅应该考虑汉语特点, 还应该编写针对对象文本的字典以及停止词词典等. 这必须对文本对象充分了解, 必然还涉及许多文学及语言学问题. 相信实际工作者会做得比我们好. 下面是我们的步骤.

(1) 首先输入第 1 卷数据, 并且把它生成一个字符串, 然后去掉少数不必要的字符, 但保留标点符号以便于后来分段:

```
jg=pd.read_csv('jinguqiguan.csv')
ch=np.unique(jg.Chapter)

jg01=''
for txt in jg[jg['Chapter']=='CHAPTER 01']['text']:
    jg01=jg01+str(txt)

import re
jg02=re.sub(r'[\\\u3000\\na]','',jg01)#成为单独带标点字符串
```

(2) 把字符串按照标点符号分成若干子字符串形成的列表 (list), 以便于对每个短句子 (词群) 分别做断词:

```
jg02="".join((char if char.isalpha() else " ") for char in jg02).split()
```

(3) 为了形成 2 元组, 构造一个以字符串元素的列表 (list) 为对象的函数:

```
def twogram(seg):
    gram=[]
    for n in range(2, min(3,len(seg)+1)):
        for i in range(len(seg)-1):
            gram.append(" ".join(seg[i:i+2]))
    return(gram)
```

(4) 对每个句子 (词群) 分解成具有前后词的 2 元组:

```
jg03=[]
for i,x in enumerate(jg02): #对每个句子分词并形成2gram
    y=jieba.lcut(x)
    if len(y)>1:
        jg03.extend(twogram(y))
```

(5) 对前面得到的结果进行分词并存入 dict 之中, 按照 2 元组出现的频数降序排列. 我们还选择两个词至少有 4 个字的 2 元组:

```
from collections import Counter
Cjg=Counter(jg03)
```

```
Cjg1={k: v for k, v in sorted(Cjg.items(),
    key=lambda item: item[1],reverse=True)}
# 仅选择两个词至少4个字的2元组:
CJG={}
for i in Cjg1:
    if len(i)>4:
        CJG[i]=Cjg1[i]
```

这时可以打印出这些 2 元组, 但我们使用网络来描述频率比较高的若干 2 元组 (图 9.6.9):

```
plt.rcParams['font.sans-serif']=['SimHei']
G = nx.DiGraph()
for k,i in enumerate(CJG):
    if k<=40:
        G.add_edge(i.split(' ')[0],i.split(' ')[1],weight=CJG[i])
pos=nx.random_layout(G)
weights = [z[2]['weight'] for z in G.edges(data=True)]
plt.figure(figsize=(18,7))
nx.draw(G, with_labels=True, pos=pos, width=weights*500,
        arrowsize=20, node_shape='s', node_color='aquamarine',
        node_size=2000,font_size=25)
```

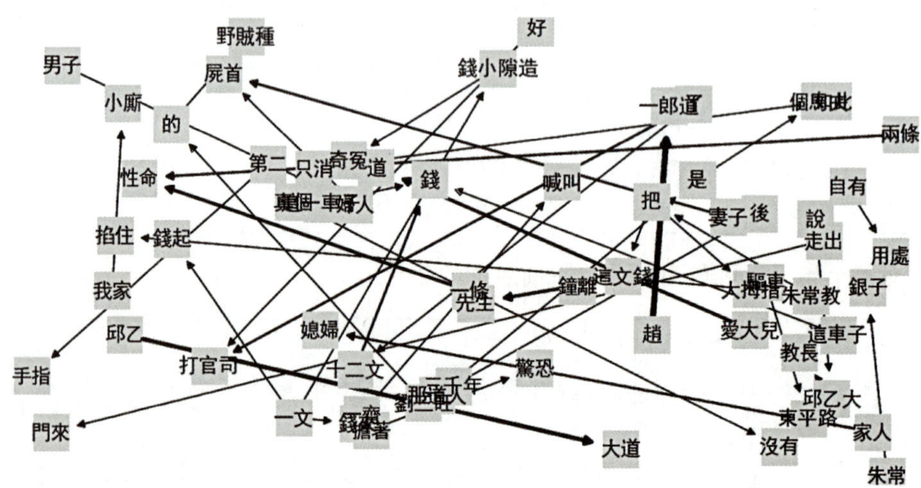

图 9.6.9 《今古奇观》小说第 1 卷内容的 2 元组尝试的网络图

9.7 习题

1. 自主选择一篇中文文章, 采用可视化技术对其做断词和词频比较等文本分析.

2. 利用网络爬虫技术挖掘和清洗网购平台如天猫或京东的客户评论, 并对其文本数据进行可视化的情感分析, 看看是否有收获.

教学支持说明

建设立体化精品教材，向高校师生提供整体教学解决方案和教学资源，是高等教育出版社“服务教育”的重要方式。为支持相应课程教学，我们专门为本书研发了配套教学课件及相关教学资源，并向采用本书作为教材的教师免费提供。

为保证该课件及相关教学资源仅为教师获得，烦请授课教师清晰填写如下开课证明并拍照后，发送至邮箱：jingguan@pub.hep.cn或wushl@hep.com.cn，也可通过QQ: 405603079进行索取。

咨询电话：010-58581020，编辑电话：010-58581016

证　明

兹证明____________________大学______________________学院/系第_______学年开设的_______________________课程，采用高等教育出版社出版的《　　　》（主编）作为本课程教材，授课教师为_________，学生_________个班，共_________人。授课教师需要与本书配套的课件及相关资源用于教学使用。

授课教师联系电话：__________________ E-mail:__________________

学院/系主任：______________（签字）

（学院/系办公室盖章）

20____年____月____日

读者意见反馈

为收集对教材的意见建议，进一步完善教材编写并做好服务工作，读者可将对本教材的意见建议通过如下渠道反馈至我社。

咨询电话　400-810-0598

反馈邮箱　gjdzfwb@pub.hep.cn

通信地址　北京市朝阳区惠新东街 4 号富盛大厦 1 座　高等教育出版社总编辑办公室

邮政编码　100029